Stefan Wilhelm

Wasseraufbereitung

Stefan Wilhelm

Wasseraufbereitung

Chemie und chemische Verfahrenstechnik

7., aktualisierte und ergänzte Auflage

Springer

Professor Dr.-Ing. Stefan Wilhelm
Fachhochschule Trier
Fachbereich BLV – Versorgungstechnik
Schneidershof
54293 Trier
wilhelm@fh-trier.de

ISBN 978-3-540-25163-7 e-ISBN 978-3-540-68887-7

DOI 10.1007/978-3-540-68887-7

Bibliografische Information der Deutschen Nationalbibliothek
Die Deutsche Nationalbibliothek verzeichnet diese Publikation in der Deutschen Nationalbibliografie; detaillierte bibliografische Daten sind im Internet über http://dnb.d-nb.de abrufbar.

Einbandgestaltung: WMX Design GmbH, Heidelberg
Satz und Herstellung: LE-TEX Jelonek, Schmidt & Vöckler GbR, Leipzig

Gedruckt auf säurefreiem Papier

9 8 7 6 5 4 3 2 1

springer.com

Vorwort

Vorwort zur siebten Auflage

In der vorliegenden Auflage wurden einige Aktualisierungen und Präzisierungen vorgenommen, die sich im Wesentlichen durch neue Vorschriften und Richtlinien in der chemischen Wasseraufbereitung ergeben haben.

Im Kapitel „Wasserchemische Berechnungen" wurde ein Beispiel zur Bestimmung des Kalk-Kohlensäure-Gleichgewichts aus einer Trinkwasseranalyse neu aufgenommen. Das Kapitel „Desinfektion" wurde vollständig überarbeitet.

Für Verbesserungs- und Ergänzungsvorschläge ist der Autor dankbar.

Trier, September 2007 *Stefan Wilhelm*

Vorwort zur sechsten Auflage

Das von Herrn Professor Hancke vorgegebene Konzept des Buches hat sich bewährt und bleibt auch für die vorliegende neue Auflage maßgebend. Ausgehend von der Wasserchemie, möchte das Buch auch weiterhin die Studierenden der Ingenieurwissenschaften in die vielschichtigen Fragestellungen der Wasserverwendung einführen und den Berufspraktikern wie bisher eine Hilfe bei ihrer täglichen Arbeit sein. In diese Auflage wurden im Kapitel ‚Physikalische Aufbereitungsverfahren' neuere Methoden membrantechnischer Wasseraufbereitung erstmals aufgenommen, um damit einem wichtigen Entwicklungstrend in der Wasserbehandlung zu entsprechen. Die Daten der Trinkwasserverordnung, insbesondere in Bezug auf neu definierte bzw. veränderte Grenzwerte, wurden aktualisiert.

Trier, April 2003 *Stefan Wilhelm*

Vorwort zur ersten Auflage

Chemische Wasseraufbereitungsverfahren sind Bestandteil vieler Wasseraufbereitungsanlagen in der Industrie und in kommunalen Wasserversorgungsunternehmen. Betrieben werden diese Wasseraufbereitungsanlagen häufig von technisch ausgebildetem Personal, das nur über geringe chemische Kenntnisse verfügt. Dieses Buch wendet sich an Studenten der Ingenieurwissenschaften, insbesondere an Studenten der Fachrichtungen Bauingenieurwesen, Maschinenbau, Verfahrenstechnik und Versorgungstechnik. Außerdem soll es auch erfahrene Betriebspraktiker ansprechen, die für den Betrieb chemischer Wasseraufbereitungsanlagen verantwortlich sind. Es ist das Anliegen des Autors, bei Technikern das Interesse für das Verstehen chemischer Zusammenhänge bei der Wasseraufbereitung zu wecken. Deswegen umfaßt das Buch auch die chemischen und wasserchemischen Grundlagen, die zum Verständnis der chemischen Wasseraufbereitungsverfahren notwendig sind. Das Buch beschreibt in den Abschnitten I und II zunächst die theoretischen allgemeinchemischen und wasserchemischen Grundlagen. Die Darstellung zielt nicht auf wissenschaftliche Genauigkeit, sondern auf gutes Verständnis elementarer Aussagen. Deshalb sind viele grundlegende Fakten sehr vereinfacht dargestellt. In den Abschnitten III bis VI sind spezielle chemische Wasseraufbereitungsverfahren erläutert, zudem die theoretischen Zusammenhänge kurz dargestellt. Die Dimensionierung chemischer Wasseraufbereitungsverfahren ist anhand vieler Beispielrechnungen erklärt. Abschnitt VII schließlich beschreibt den korrosionsfreien und sedimentationsfreien Transport von Wasser zum Verbraucher. Neu ist das zusammengefaßte Wissen über wasserchemische Grundlagen, chemische Wasseraufbereitungsverfahren und durch Trinkwasser verursachte Korrosion und deren Verhütung. Neu ist auch die einfache, gut verständliche Darstellung. Neu ist schließlich die konsequente Anwendung des SI-Systems. Der Autor hofft, daß das Buch sowohl Studenten als auch Praktikern, die chemische Wasseraufbereitungsanlagen planen oder betreiben, das Verständnis chemischer Zusammenhänge bei der Wasseraufbereitung erleichtert.

Schweich, Juni 1989 *Klaus Hancke*

Inhaltsverzeichnis

Kapitel 1
Allgemeine chemische Grundlagen

Wie alle Naturwissenschaften entwickelte sich auch die Chemie aus Einzelbeobachtungen. Mit zunehmender Erkenntnis konnten Theorien aufgestellt werden, welche das Systematisieren des Wissens gestatteten.

Das Fachgebiet Chemie wird heute wie folgt definiert:

„Die Chemie ist die Lehre von dem Aufbau, den Eigenschaften und den Reaktionen der Materie!“

Der Begriff Materie ist ein Oberbegriff und erweitert zu interpretieren. Die Materie tritt in verschiedenen Erscheinungsformen auf und zeigt sehr unterschiedliche Eigenschaften. Im Wesentlichen lässt sich Materie durch fünf Merkmale kennzeichnen:

- Raum
- Masse
- Energie
- Information
- Ordnung.

Dass jede Materie einen bestimmten Raum ausfüllt, eine bestimmte Masse und einen bestimmtem Energieinhalt aufweist, ist einfach verständlich. Ungewohnt sind zunächst die beiden letztgenannten Begriffe. Unter der Information ist zu verstehen, dass beispielsweise ein Molekül „weiß“, dass es mit einem bestimmten Molekül reagieren kann oder muss und mit einem bestimmten anderen Molekül nicht reagieren kann. Auch der Begriff der Ordnung ist dem mit der Chemie noch nicht so Vertrauten einleuchtend. Man denke nur daran, dass die chemischen Elemente im Periodensystem nach bestimmten Gesichtspunkten „geordnet“ sind oder an andere Ordnungssysteme, die Elemente oder Verbindungen z. B. aufgrund ähnlicher Eigenschaften zusammenfassen. Zunächst werden einige für das Verständnis der Wasserchemie wichtige chemische Grundsätze erläutert.

S. Wilhelm, *Wasseraufbereitung*
DOI: 10.1007/978-3-540-68887-7, © Springer 2008

1.1 Stoffarten

Alle Gegenstände unserer Umgebung haben eine bestimmte Gestalt und bestehen aus einem bestimmten Material, einem bestimmten Stoff. Bei diesem Stoff kann es sich um einen reinen Stoff oder um Stoffgemische handeln.

1.1.1 Reine Stoffe

Unter reinen Stoffen sind solche Stoffe zu verstehen, welche durch physikalische Methoden nicht mehr in weitere Stoffe zerlegt werden können. Reine Stoffe erhält man also durch fortgesetzte Trennung von Stoffgemischen. Zu ihrer Charakterisierung und Unterscheidung werden ihre spezifischen Eigenschaften benützt. Eigenschaften, die sich messen lassen, ohne dass dabei *bleibende* stoffliche Veränderungen auftreten, nennt man physikalische Eigenschaften. Dies sind z. B. Farbe, Dichte, Kristallform, Löslichkeit, Schmelz- und Siedepunkt von Stoffen. Im Gegensatz dazu beziehen sich die chemischen Eigenschaften von Stoffen auf ihr Verhalten gegenüber anderen Stoffen. Dies ist zum z. B. die Brennbarkeit oder das Verhalten gegenüber Säuren und Laugen.

1.1.2 Homogene und heterogene Mischungen

Wie bereits erwähnt, können reine Stoffe definitionsgemäß durch physikalische Methoden nicht mehr weiter zerlegt werden; reine Stoffe sind also naturgemäß einheitlich, d. h. homogen. Stoffgemische können dagegen einheitlich (homogen) oder uneinheitlich (heterogen) sein. Unter homogenen Stoffgemischen versteht man Mischungen, die aus einer einzigen Phase, einem einheitlichen Aggregatzustand bestehen. Unter heterogenen Stoffgemischen versteht man Mischungen, die aus mehreren Phasen bestehen, die nicht zwangsläufig unterschiedlich sein müssen. Zum besseren Verständnis sind mögliche Stoffgemische in den Tabellen 1.1 und 1.2 zusammengefasst.

Tabelle 1.1 Heterogene Stoffgemische

Zustand der Phasen	Bezeichnung	Beispiel
fest/fest	Gemenge	Erbsen/Linsen
fest/flüssig	Suspension	Schlammwasser
flüssig/flüssig	Emulsion	Milch, Bohröl
gasförmig/flüssig	Schaum	Bierschaum
	Nebel	Wolken
gasförmig/gasförmig	Gasgemisch	Luft
gasförmig/fest	Rauch	Rauch eines Feuers

Tabelle 1.2 Homogene Stoffgemische

Zustand der Phasen	Bezeichnung	Beispiel
fest	feste Lösung	Gold-Silber-Legierung
flüssig	Lösung	Salzwasser
gasförmig	Gasgemisch	Leuchtgas

Heterogene Stoffgemische lassen sich i. Allg. durch physikalische Methoden, also ohne dass sich die Eigenschaften der einzelnen Phasen ändern, in Reinstoffe zerlegen. Solche physikalischen Methoden sind z. B.:

- Sedimentation
- Flotation
- Filtration.

Aber auch manche homogene Stoffgemische können durch physikalische Methoden weiter zerlegt werden. So können homogene Flüssigkeitsgemische (Lösungen) durch Destillation getrennt werden. Durch Erhitzen wird das Lösungsmittel verdampft. Als Beispiel sei eine Kochsalzlösung, fachlich exakter eine wässrige Natriumchloridlösung, genannt. In dem Maß, wie das Wasser verdampft wird und die Konzentration der zurückbleibenden Lösung ansteigt, wird auch die Siedetemperatur allmählich höher, bis schließlich das Kochsalz vollständig auskristallisiert, wenn das Wasser verdampft ist. Eine Lösung (ein homogenes, flüssiges Stoffgemisch) zeigt also – im Gegensatz zu Reinstoffen – i. Allg. keinen konstanten Siedepunkt. Nur in besonderen Fällen verdampfen die beiden Komponenten im gleichen Massenverhältnis, so dass der Siedepunkt während der Destillation konstant bleibt und keine weitere Trennung des homogenen Stoffgemisches eintritt. Das sind die sogenannten konstant siedenden oder azeotropen Gemische; z. B. Ethanol mit Massenanteilen von 96%.

1.1.3 Trennung von Stoffgemischen

Mischungen zwischen festen Phasen (Gemenge) können durch Auslesen, Sieben oder unter Umständen aufgrund ihrer unterschiedlichen Dichte getrennt werden. Bringt man ein solches geeignetes Gemisch in eine entsprechende Flüssigkeit, so setzt sich vielleicht ein Stoff ab und der andere schwimmt auf der Flüssigkeit auf (Sedimentation und Flotation). Auf diese Weise können bestimmte, fein gemahlene Erze von Begleitgestein getrennt werden. Die Sedimentationsgeschwindigkeit kann durch Zentrifugieren oft wesentlich gesteigert werden. Unterscheiden sich die Bestandteile eines Stoffgemisches durch ihre Löslichkeit – in einem bestimmten Lösungsmittel, so kann man den leichter löslichen Bestandteil damit herauslösen (extrahieren). Dies geschieht z. B. bei der Gewinnung von Kochsalz. Man löst das Kochsalz mit Wasser aus dem Gestein heraus, fördert die Kochsalzlösung zur Oberfläche und gewinnt das reine Kochsalz anschließend durch Verdunsten oder Verdampfen des Wassers. Zur Trennung von Suspensionen dient häufig die Filtration. Zur Destillation von Salzlösungen oder von Flüssigkeitsgemischen, bei denen die Siedepunkte der Komponenten genügend weit auseinander liegen, benutzt man einfache Destillierkolben. Bei Flüssigkeitsgemischen mit nahe bei einander liegenden Siedepunkten werden Fraktionieraufsätze oder Fraktionierkolonnen zur Trennung der Komponenten verwendet. In diesen kondensiert ein großer Teil des beim Sieden entstandenen Dampfes wieder und nur die flüchtigsten Bestandteile gelangen zur Kondensation in den Kühler. Auch unterschiedliche Gefrierpunkte können zur Stofftrennung oder zum Aufkonzentrieren ausgenutzt werden. Gasgemische können durch unterschiedliche Dichte oder unterschiedliche chemische Reaktionsfähigkeit getrennt werden.

1.1.4 Einteilung reiner Stoffe

Eine sehr einfache Einteilung reiner Stoffe kann nach ihren wichtigsten physikalischen Eigenschaften vorgenommen werden. Diese Einteilung ist allerdings relativ unspezifisch. Man kann unterscheiden:

Metallische Stoffe
Wichtige Merkmale der Metalle sind: Elektrische Leitfähigkeit im festen und flüssigen Zustand; starker Glanz an frischen Schnittflächen.

Salzartige Stoffe
Wichtige Merkmale der salzartigen Stoffe sind: Elektrische Leitfähigkeit nur im flüssigen oder gelösten Zustand; alle Salze sind – allerdings in sehr unterschiedlichem Maße – wasserlöslich.

Flüchtige Stoffe
Wichtige Merkmale der flüchtigen Stoffe sind: Tiefe Schmelz- und Siedepunkte; keine elektrische Leitfähigkeit.

Diamantartige Stoffe
Wichtige Merkmale der diamantartigen Stoffe sind: Extrem hohe Härte; keine elektrische Leitfähigkeit; in keinem Lösungsmittel löslich.

Hochmolekulare Stoffe
Wichtige Merkmale der hochmolekularen Stoffe sind: Unlöslichkeit in Wasser; Löslichkeit in bestimmten organischen Lösungsmitteln.

Natürlich gibt es zwischen diesen so definierten Stoffgruppen Übergänge. So ist z. B. Glas sehr hart, in Wasser unlöslich, flüssiges Glas leitet den elektrischen Strom. Glas zeigt also Merkmale diamantartiger, hochmolekularer und salzartiger Stoffe. Die vorgenommene Einteilung anhand einiger physikalischer Eigenschaften ist somit sehr grob und hält einer genaueren Analyse nicht stand.

1.1.5 Elemente

Viele reine Stoffe lassen sich zwar durch physikalische Methoden nicht in weitere Stoffe zerlegen, sehr wohl aber durch chemische Reaktionen. Wird z. B. in einem Reagenzglas der Reinstoff Quecksilberoxid (ein orangerotes Pulver) erhitzt, so schlagen sich nach einiger Zeit am Glas Tropfen flüssigen Quecksilbers nieder und es entwickelt sich Sauerstoff:

$$2\mathrm{HgO} \leftrightharpoons 2\mathrm{Hg} + \mathrm{O_2}$$

Es ist also möglich, den Reinstoff Quecksilberoxid durch chemische Methoden (Methoden, die, im Gegensatz zu physikalischen Methoden, bleibende stoffliche Veränderungen hervorrufen) in weitere Stoffe zu zerlegen. Reinstoffe, welche wie Quecksilberoxid durch chemische Methoden in weitere stoffliche Komponenten zerlegt werden können, nennt man Verbindungen. Bei fortgesetzter Zerlegung von Gemischen und Verbindungen erhält man schließlich Substanzen, welche sich auch durch chemische Methoden nicht mehr in andere Stoffe zerlegen lassen. Diese Stoffe werden Grundstoffe oder Elemente genannt.

1.1.6 Verbindungen

Die Bildung einer Verbindung aus den Elementen ist ebenfalls ein chemischer Vorgang, der Synthese genannt wird. Als Beispiel einer Synthese sei die Reaktion der beiden Gase Wasserstoff und Sauerstoff zu flüssigem Wasser genannt:

$$2\mathrm{H_2} + \mathrm{O_2} \leftrightharpoons 2\mathrm{H_2O}$$

Die Eigenschaften der ursprünglichen Elemente verschwinden bei einer solchen Synthese vollkommen. Die entstehenden Verbindungen besitzen völlig andere Eigenschaften. Im Gegensatz zu Gemischen sind in Verbindungen ihre Komponenten, die Elemente, in einem ganz bestimmten Massenverhältnis enthalten.

Kapitel 2
Atomarer Aufbau der Materie

Die bisherigen Feststellungen sind keineswegs neu. Man kannte sie schon im 17. Jahrhundert. Man glaubte, dass die gefundenen Elemente die kleinsten, nicht mehr teilbaren Teilchen darstellten und nannte sie Atome. Rutherford erklärte 1903 die Radioaktivität als Zerfall der Atome. Sein Schüler, Niels Bohr, schuf 1913 sein berühmtes Atommodell. Er postulierte, dass das Atom aus einem Atomkern besteht, der positiv geladen ist und aus negativ geladenen Elektronen, die den Kern auf vorgegebenen Bahnen umfliegen.

2.1 Aufbau der Elemente

Ein Fundamentalsatz der Naturwissenschaften ist das Gesetz von der Erhaltung der Materie:

„Es kann keine Materie verloren gehen."

Die Summe aller Materie ist zwar konstant; die Materie existiert aber in den beiden Erscheinungsformen MASSE und ENERGIE. Die Materieart Masse kann sich in Energie und die Materieart Energie umgekehrt in Masse umwandeln. Albert Einstein entdeckte den mathematischen Zusammenhang, nach dem die Energiemenge errechnet werden kann, die durch Umwandlung einer bestimmten Masse entsteht:

$$E = m \cdot c^2 .$$

Die Energie E ist äquivalent dem Produkt aus der Masse m und dem Quadrat der Lichtgeschwindigkeit c.

2.1.1 Elementarteilchen

Wie bereits erwähnt, glaubte Dalton um das Jahr 1800 noch an die Unteilbarkeit der Atome. 100 Jahre später bewiesen die Arbeiten von Röntgen, Becquerel, Cu-

DOI: 10.1007/978-3-540-68887-7, © Springer 2008

rie, Rutherford und Hahn, dass die Atome in positiv geladene Atomrümpfe und in negativ geladene Elektronen aufgespaltet werden können und dass die Atomkerne umwandelbar und spaltbar sind. Nachdem das elektrisch positiv geladene Proton, das elektrisch neutrale Neutron und das elektrisch negativ geladene Elektron entdeckt worden waren, glaubte man in diesen Teilchen die Elementarteilchen der Materie gefunden zu haben. Bei der Untersuchung der kosmischen Strahlung entdeckte man jedoch sehr energiereiche Teilchen, deren Masse zwischen den leichten Elektronen und den wesentlich schwereren Nukleonen (Kernbestandteile: Protonen und Neutronen) einzuordnen war. Man bezeichnete diese Teilchen als Mesonen. Ferner fand man Teilchen mit größerer Masse als der Masse der Nukleonen und nannte sie Hyperonen. Die intensive Forschung der letzten Jahrzehnte brachte die Entdeckung von mehr als 200 Elementarteilchen, die nun systematisch zu ordnen sind. Aufgrund der Vielzahl der gefundenen Elementarteilchen werden seit ca. 20 Jahren Teilchen mit noch kleinerer Masse postuliert. Man nennt sie Quarks oder Ure. Der wissenschaftliche Beweis für ihre Existenz fehlt bis heute. Für das Verständnis der Wasserchemie genügt die Beschränkung auf jene klassischen Elementarteilchen, die beim Aufbau der Atome als Nukleonen und als negativ geladene Elektronen (Negatronen) in der Hülle des Atoms beteiligt sind. Die Elektronen spielen bei den chemischen Reaktionen der Materie eine wichtige Rolle.

2.1.2 *Atome*

Die Atome bestehen also aus dem Atomkern und der ihn umgebenden Elektronenhülle. Der Atomkern nimmt dabei nur einen sehr kleinen Teil des Atomvolumens ein (Atomradien ca. 10^{-10} m, Kernradien ca. 10^{-14} bis 10^{-15} m). Dieses Größenverhältnis kann man sich durch folgenden Vergleich veranschaulichen. Der Atomkern entspräche einer Kugel von 100 m Durchmesser innerhalb der Erdkugel mit 12 700 km Durchmesser. Dagegen ist die Masse des Atoms fast vollständig (>99,95%) im Atomkern konzentriert.

2.1.2.1 Atomkern und Nukleonen

Die Protonen (p+) und Neutronen (n) bauen den Atomkern auf. Sie haben fast die gleiche Masse von ca. $1{,}67 \times 10^{-24}$ g. Freie Neutronen – außerhalb von Atomkernen – sind nicht stabil; sie wandeln sich in einer gewissen Zeit in stabile Protonen (p^+) und Elektronen (e^-) um:

$$n = p^+ + e^- \ .$$

Nach dem Gesetz von der Erhaltung der Masse müsste die Addition der Massen eines Protons und eines Elektrons die Masse eines Neutrons ergeben. Da dies nicht der Fall ist, muss noch Energie entstehen:

$$n = p^+ + e^- + E \ .$$

Beim Zerfall von einem Mol Neutronen beträgt die freigesetzte Energiemenge $75{,}5 \times 10^6$ kJ. Ein Mol ist die Stoffmenge eines Systems bestimmter Zusammensetzung, das aus ebenso vielen Teilchen besteht, wie Atome in 12 g des Isotops Kohlenstoff-12 (^{12}C) enthalten sind.

2.1.2.2 Aufbau der Elemente – Kernreaktionen

Das einfachste Atom besteht aus einem Proton als einfach positiv geladenem Atomkern und einem Negatron (Elektron) als einfach negativ geladener Elektronenhülle. Dies ist das Wasserstoffatom.

Es gibt außerdem noch zwei andere Wasserstoffatome, deren Atomkerne anders aufgebaut sind. Sie enthalten alle nur ein Proton im Kern, daneben aber noch ein bzw. zwei Neutronen. Das Atom mit einem zusätzlichen Neutron im Atomkern bezeichnet man als schweren Wasserstoff oder Deuterium (der Kern heißt Deuteron oder Deuton). Das Atom mit zwei zusätzlichen Neutronen im Atomkern bezeichnet man als überschweren Wasserstoff oder Tritium (der Kern heißt Triton). Diese drei Atomarten des Wasserstoffs bezeichnet man als Isotope des Wasserstoffs. Das Kriterium eines Elementes ist die Anzahl der Protonen im Kern, die Kernladungszahl oder Ordnungszahl heißt. Die Ordnungszahl gibt natürlich gleichzeitig die Anzahl der Elektronen in der Elektronenhülle an, *denn alle Atome sind nach außen elektrisch neutral.*

Ordnungszahl, Nukleonenzahl, Ladungszahl und Stoffmengenzahl werden an das Elementsymbol geschrieben:

$$^{NZ}_{OZ}\mathrm{ELEMENTSYMBOL}^{LZ}_{SZ}$$

Beispielweise werden die 3 Isotope des Wasserstoffs folgendermaßen charakterisiert:

$$^{1}_{1}H^{0}_{1}\,,\quad ^{2}_{1}H^{0}_{1}\,,\quad ^{3}_{1}H^{0}_{1}$$

Atome oder Atomkerne gleicher Ordnungszahl, aber unterschiedlicher Nukleonenzahl, bezeichnet man als Isotope. Isotope sind also Atome oder Atomkerne eines Elementes, deren Protonenzahl gleich, deren Neutronenzahl aber unterschiedlich ist. Grundsätzlich tragen alle Isotope eines Elementes den gleichen Namen. Die einzige Ausnahme von dieser Regel sind die drei Isotope des Wasserstoffs (Protonium, Deuterium, Tritium). Bei anderen Elementen erfolgt die Kennzeichnung der Isotope durch ihre Nukleonenzahl, also z. B. Kohlenstoff-12 für ^{12}C. Isobare sind Atome oder Atomkerne, deren Nukleonenzahl gleich, deren Protonen- und Neutronenzahl aber unterschiedlich sind. Es handelt sich also um Atome verschiedener Elemente, die aber fast die gleiche Masse besitzen:

$$^{3}_{1}H\,,\quad ^{3}_{2}He$$

Isotone sind Atome oder Atomkerne, die eine gleiche Zahl von Neutronen aber eine ungleiche Zahl von Protonen besitzen; sie gehören also verschiedenen Elementen an:

$$^{13}_{6}C\,,\quad ^{14}_{7}N$$

Isodiaphere sind Atome oder Atomkerne mit gleicher Neutronenüberschusszahl. Man bezeichnet es als normal, dass der Atomkern ebenso viele Protonen wie Neutronen enthält. Sind mehr Neutronen als Protonen im Atomkern vorhanden, dann spricht man vom Neutronenüberschuss bzw. von der Neutronenüberschusszahl:

$$^{2}_{1}\mathrm{H}\,, \quad ^{13}_{6}\mathrm{C}$$

Unter Nukliden versteht man alle verschiedenen Atomarten, wobei häufig nicht unterschieden wird, ob es sich nur um die Atomkerne oder um die ganzen Atome (also einschließlich der Elektronenhülle) handelt. Richtigerweise beschränkt man den Ausdruck Nuklid aber auf den Atomkern. Die genaue Untersuchung der Masse der 3 Isotope des Wasserstoffs ergibt Differenzen zwischen der rechnerisch ermittelten Summe aus den einzelnen Atombestandteilen und der tatsächlich experimentell gemessenen Masse. Diese Differenz Δm wird als Massendefekt bezeichnet. Das bedeutet, dass bei der Bildung von Deuterium- und Tritiumkernen (Deuton und Triton) aus Protonen und Neutronen dieser Massenverlust als Energie ($E = m \cdot c^2$) frei wird.

$^{1}_{1}\mathrm{H}$	1 mol Protonen:	1,0072766 g
	1 mol Negatronen:	0,0005486 g
	1 mol Protonium:	1,0078252 g
$^{2}_{1}\mathrm{H}$	1 mol Protonen:	1,0072766 g
	1 mol Neutronen:	1,0086652 g
	1 mol Negatronen:	0,0005486 g
Rechnerisch:	1 mol Deuterium:	2,0164904 g
Experimentell ermittelt:	1 mol Deuterium:	2,0141022 g
	Δm	0,0023882 g

$$\begin{aligned} E = m \cdot c^2 &= 2{,}3882 \times 10^{-6} \cdot 3^2 \cdot (10^8)^2\,\mathrm{kg} \cdot \mathrm{m}^2/(\mathrm{s}^2 \cdot \mathrm{mol}) \\ &= 21{,}4938 \times 10^{-6}\,\mathrm{kg} \cdot \mathrm{m}^2/(\mathrm{s}^2 \cdot \mathrm{mol}) = 2{,}15 \times 10^{11}\,\mathrm{J/mol} \\ &= 2{,}15 \times 10^{8}\,\mathrm{kJ/mol} \end{aligned}$$

Also kann man folgende Gleichung aufstellen:

$$^{1}_{1}\mathrm{H} + ^{1}_{0}\mathrm{n} = ^{2}_{1}\mathrm{H} + 2{,}15 \times 10^{8}\,\frac{\mathrm{kJ}}{\mathrm{mol}}$$

Tritium entsteht auf die gleiche Weise:

$$^{2}_{1}\mathrm{H} + ^{1}_{0}\mathrm{n} = ^{3}_{1}\mathrm{H} + 6{,}05 \times 10^{8}\,\frac{\mathrm{kJ}}{\mathrm{mol}}$$

oder

$$^{1}_{1}\mathrm{H} + 2\,(^{1}_{0}\mathrm{n}) = ^{3}_{1}\mathrm{H} + 8{,}20 \times 10^{8}\,\frac{\mathrm{kJ}}{\mathrm{mol}}$$

Tritium erhält man aber auch bei der Kernreaktion von zwei Deuteronen, der einfachsten binuklearen Reaktion.

Die Kurzschreibweise für die allgemeine Reaktionsgleichung einer binuklearen Reaktion $A + B = C + D$ lautet: A (B, C) D. Das Nuklid A reagiert mit dem Nuklid B und bildet zwei neue Nuklide C und D:

$$^{2}_{1}H + ^{2}_{1}H = ^{1}_{1}H + ^{3}_{1}H + 3{,}9 \times 10^{8}\,\frac{kJ}{mol}$$

In Kurzschreibweise: d (d, p) t.

Bei dieser Kernreaktion werden außer Tritonen noch Protonen gebildet. Kernreaktionen, bei denen Deuteronen (d) zur Reaktion gebracht werden und Protonen (p) entstehen, werden als (d, p)-Prozesse bezeichnet. Das Wasserstoffisotop $^{3}_{1}H$, Tritium, ist nicht stabil. Unter Aussenden eines Negatrons (Elektron), d. h. β-Strahlung, wandelt sich der Tritiumkern in einen Heliumkern um, der 2 Protonen und ein Neutron besitzt. Dabei wird Energie frei, die das Elektron als kinetische Energie mitnimmt:

$$^{3}_{1}H = ^{3}_{2}He + e^{-} + 1{,}8 \times 10^{6}\,\frac{kJ}{mol}$$
$$^{1}_{0}n = ^{1}_{1}p + e^{-} + E\,.$$

Das Heliumisotop $^{3}_{2}He$ entsteht auch bei anderen Kernreaktionen. Deuteronen können außer im bereits genannten (d,p)-Prozess noch nach einem (d,n)-Prozess reagieren:

$$^{2}_{1}H + ^{2}_{1}H = ^{1}_{0}n + ^{3}_{2}He + 3{,}16 \times 10^{8}\,\frac{kJ}{mol}$$

Es scheinen statistische Gesetzmäßigkeiten vorzuliegen, ob bei der Reaktion von Deuteronen untereinander einmal Tritonen und Protonen, ein anderes Mal Helium-3-Kerne und Neutronen entstehen. Die beiden benachbarten isobaren Atome, das instabile Tritium und das stabile Helium-3, sind ein Beispiel für die von Joseph Mattauch aufgefundene Gesetzmäßigkeit:

„Es gibt keine benachbarten, stabilen Isobare".

Tritonen reagieren mit Deuteronen unter Bildung von Helium-4-Kernen und Neutronen:

$$^{3}_{1}H + ^{2}_{1}H = ^{1}_{0}n + ^{4}_{2}He + 1{,}7 \times 10^{9}\,kJ$$

Helium-4-*Kerne* mit 4 Nukleonen (2 Protonen und 2 Neutronen) werden als α-Teilchen bezeichnet. Das Helium-4-Isotop entsteht aber auch aus Protonen im sogenannten Proton-Proton-Zyklus.

$$4\,(^{1}_{1}H) = ^{4}_{2}He + 2e^{-} + 2e^{+} + 2{,}39 \times 10^{9}\,kJ$$

Der Reaktionsmechanismus ist noch nicht bekannt. Es ist anzunehmen, dass er stufenweise verläuft und nicht alle Protonen zur selben Zeit miteinander reagieren.

Diese Reaktion, die Bildung von Helium-4-Kernen aus Protonen, ist die wichtigste in der Sonne ablaufende Kernreaktion. Ein geringfügiger Teil der dabei in den Weltraum ausgestrahlten Energie trifft auch die Erde und deckt fast vollständig den Energiebedarf unseres Planeten.

Um die gesamte freiwerdende Energiemenge zu berechnen, ist noch die Zerstrahlung der 2 Positronen und 2 Negatronen zu berücksichtigen:

$$4\,({}^{1}_{1}\mathrm{H}) = {}^{4}_{2}\mathrm{He} + 2\mathrm{e}^{-} + 2\mathrm{e}^{+} + 2{,}39 \times 10^{9}\,\mathrm{kJ}$$
$$2\mathrm{e}^{-} + 2\mathrm{e}^{+} = 2 \cdot 9{,}80 \times 10^{7}\,\mathrm{kJ}$$
$$\overline{4\,({}^{1}_{1}\mathrm{H}) = {}^{4}_{2}\mathrm{He} + 2{,}59 \times 10^{9}\,\mathrm{kJ}}$$

Die bei der Kernfusion von 4 mol Wasserstoff (da der Wasserstoff die molare Masse von 1 g/mol hat also auch von 4 g Wasserstoff) zu Helium-4-Kernen abgegebene Energiemenge von $2{,}59 \times 10^{9}$ kJ reicht aus um ca. 6000 Mg (=t) Wasser von 0 °C auf 100 °C zu erwärmen oder eine 50 m^2-Wohnung 25 Jahre lang zu heizen.

Zur Verwertung dieser Energiemenge ist eine Steuerung der Kernfusion nötig, damit die Energie nicht innerhalb weniger Sekunden, sondern in längeren Zeiträumen frei wird. Die Entwicklung eines solchen Steuerungsmechanismus ist bis heute nicht gelungen.

Die explosionsartig ablaufende Kernfusionsreaktion hat man in der Wasserstoffbombe verwirklicht, allerdings mit anderen Reaktionsmechanismen.

Bisher wurden nur einige wenige Beispiele für Kernverschmelzungs- oder Kernfusionsreaktionen, vor allem der Isotope des Wasserstoffs, genannt. Theoretisch kennt man heute schon einige hundert Kernfusionsreaktionen, die zu der Erkenntnis geführt haben, dass die chemischen Elemente durch solche und ähnliche Kernreaktionen entstanden sind und auch immer noch im Weltraum entstehen.

2.1.2.3 Radioaktive Nuklide

Historisch betrachtet wurden jene Kernreaktionen zuerst entdeckt, bei denen natürliche Radioaktivität auftrat. Es handelt sich hierbei um Nuklide die zeitlich instabil sind und sich z. B. unter Aussendung von γ-Strahlen (Energiestrahlung), β^{-}-Strahlen (Negatronen), β^{+}-Strahlen (Positronen), α-Strahlen (Helium-4-Kernen) in andere Nuklide umwandeln.

Zu den natürlichen radioaktiven Nukliden traten im Laufe der Zeit viele künstlich hergestellte radioaktive Nuklide, wie z. B. Cobalt-60 und Iridium-192.

Unter den natürlich vorkommenden Radionukliden sind besonders jene bekannt geworden, an die sich ganze Zerfallsreihen anschließen. Hier sei nur die natürliche Zerfallsreihe des Uran-Isotops ${}^{238}_{92}\mathrm{U}$ genannt, dessen End-Nuklid das stabile Blei-Isotop ${}^{206}_{82}\mathrm{Pb}$ ist. Folgende radioaktiven Verschiebungssätze wurden von Fajans und Soddy aufgestellt:

Beim α-Zerfall (Aussendung von Helium-4-Kernen) nimmt die Nukleonenzahl um 4 Einheiten, die Ordnungszahl um 2 Einheiten ab.

$${}^{4}_{2}\mathrm{He}$$

Beim β^{-}-Zerfall ändert sich die Nukleonenzahl nicht, die Ordnungszahl nimmt um eine Einheit zu.

$${}^{3}_{1}\mathrm{H} = {}^{3}_{2}\mathrm{He} + \mathrm{e}^{-} + E$$

Tabelle 2.1 Radioaktive Zerfallsreihe des Uran-Isotops $^{238}_{92}U$

Nuklid	Name des Nuklids	Zerfallsart	Halbwertszeit
$^{238}_{92}U$	Uran-238	α	$4{,}51 \cdot 10^9$ a
$^{234}_{90}Th$	Thorium-234	β^-	24,1 d
$^{234}_{91}Pa$	Protactinium-234	β^-	1,18 min
$^{234}_{92}U$	Uran-234	α	$2{,}47 \cdot 10^5$ a
$^{230}_{90}Th$	Thorium-230	α	$7{,}50 \cdot 10^4$ a
$^{226}_{88}Ra$	Radium	α	1600 a
$^{222}_{86}Rn$	Radon-222	α	3,82 d
$^{218}_{84}Po$	Polonium-218	α	3,05 min
$^{214}_{82}Pb$	Blei-214	β^-	26,8 min
$^{214}_{83}Bi$	Bismut-214	β^-	19,8 min
$^{214}_{84}Po$	Polonium-214	α	$1{,}62 \cdot 10^{-4}$ s
$^{210}_{82}Pb$	Blei-210	β^-	22 a
$^{210}_{83}Bi$	Bismut-210	β^-	5 d
$^{210}_{84}Po$	Polonium-210	α	138,4 d
$^{206}_{82}Pb$	Blei-206	stabil	unendlich

Tabelle 2.1 zeigt die bekannteste radioaktive Zerfallsreihe, die Zerfallsreihe des Uran-Isotops $^{238}_{92}U$.

Die Halbwertszeit ist diejenige Zeit, in der die Hälfte der Stoffmenge eines vorhandenen instabilen Nuklids zerfallen ist.

2.2 Elektronenhülle und Periodensystem

2.2.1 Bohr'sches Atommodell

Die meisten chemischen Eigenschaften von Atomen und Molekülen werden von der Elektronenhülle und zwar von ihrem äußersten Teil bestimmt. Der Atomkern besitzt nur einen geringen Einfluss auf das chemische Verhalten. Die Anzahl der negativ geladenen Elektronen in einem Atom ist gleich der Anzahl der positiv geladenen Protonen im Atomkern; nach außen weisen Atome also keine elektrische Ladung auf, sie sind elektrisch neutral.

Für die negativ geladenen Elektronen ist der Ausdruck Negatronen, wie er in der Kernchemie üblich ist, nicht gebräuchlich. In den nicht zur Kernchemie gehörenden Gebieten der Chemie spricht man nur von Elektronen und meint damit die negativ geladenen Elektronen.

Nach unserer heutigen Modellvorstellung sind die Elektronen auf Schalen um den Atomkern angeordnet, den sie ständig umfliegen.

Diese Vorstellung, dass die Elektronen als elektrisch negativ geladene Teilchen den positiv geladenen Atomkern auf kreis- oder ellipsenförmigen Bahnen umfliegen, war nicht in der Lage alle Erscheinungen zu erklären. Eine der Hauptschwierigkeiten liegt darin, dass das rotierende Elektron als Ladungsteilchen nach den Gesetzen der klassischen Physik dauernd Energie abstrahlen und daher auf spiralförmigen Umlaufbahnen sich allmählich dem Kern nähern und in ihn stürzen müsste. Dies ist aber offensichtlich nicht der Fall.

Diese Forderung wird umgangen, wenn man das Elektron nicht mehr als Teilchen, sondern als eine elektrisch negativ geladene, kugelsymmetrische Raumladungswolke ansieht, deren größte Ladungsdichte bei den Bohr'schen Bahnradien erreicht wird.

Trotz aller Schwierigkeiten verwendet man nach wie vor die Elektronenschalen als nützliches Modell für die Interpretation der verschiedenen Energiestufen der Elektronen. Auf den Dualismus von Welle und Teilchen beim Elektron sei hier nicht eingegangen. Im Bereich der Wasserchemie kommt man mit der Vorstellung aus, das Elektron als Teilchen zu betrachten.

Eine Eigenschaft des Elektrons ist eng mit der Korpuskelvorstellung verknüpft: der Elektronendrall oder Elektronenspin. Darunter versteht man die Eigenrotation des kugelförmig angenommenen Elektrons um eine Achse, die durch seinen Mittelpunkt geht. Der Spin eines (ungepaarten) Elektrons verleiht diesem ein magnetisches Moment; das Atom ist paramagnetisch. Sind in einem Atom zwei Elektronen mit entgegengesetztem Drehsinn oder Spin vorhanden, heben sich die magnetischen Momente gegenseitig auf. Das Atom ist diamagnetisch.

2.2.2 Quantenzahlen

Die Elektronen in der Elektronenhülle des Atoms lassen sich mit den Quantenzahlen in ganz bestimmter Weise kennzeichnen und ordnen.

Dies sei in sehr vereinfachter Weise dargestellt:

Die Hauptquantenzahl n (n kann alle positiven, ganzzahligen Werte von eins bis unendlich annehmen) gibt an, in welcher Hauptschale sich ein Elektron befindet. Damit ist auch ein gewisses Maß für die Entfernung des Elektrons vom Kern, d. h. auch für seine Energiestufe gegeben.

Die Nebenquantenzahl oder Orbitaldrehimpulszahl l (l kann nur positive und ganzzahlige Werte von Null bis $(n-1)$ annehmen) charakterisiert die Unterschale in der sich ein Elektron aufhält. Die Elektronen der Nebenquantenzahl l haben besondere Bezeichnungen erhalten:

0. Unterschale $= s$
1. Unterschale $= p$
2. Unterschale $= d$
3. Unterschale $= f$
4. Unterschale $= g$
5. Unterschale $= h$, usw.

Die magnetische Quantenzahl m (m kann alle ganzzahligen Werte von $(+l)$ bis $(-l)$ annehmen) deutet auf das magnetische Verhalten des Elektrons hin.

Tabelle 2.2 Ordnung der Elektronen anhand der Quantenzahlen

n $(1 \cdots \infty)$	1	2				3								
l (0 bis n − 1)	0	0	1			0	1			2				
m (+ l bis − l)	0	0	+1	0	−1	0	+1	0	−1	+2	+1	0	−1	−2
s $(+\frac{1}{2}, -\frac{1}{2})$	$+\frac{1}{2}-\frac{1}{2}$	$+\frac{1}{2}-\frac{1}{2}$	$+\frac{1}{2}-\frac{1}{2}$	$+\frac{1}{2}-\frac{1}{2}$	$+\frac{1}{2}-\frac{1}{2}$	$+\frac{1}{2}-\frac{1}{2}$	$+\frac{1}{2}-\frac{1}{2}$	$+\frac{1}{2}-\frac{1}{2}$	$+\frac{1}{2}-\frac{1}{2}$	$+\frac{1}{2}-\frac{1}{2}$	$+\frac{1}{2}-\frac{1}{2}$	$+\frac{1}{2}-\frac{1}{2}$	$+\frac{1}{2}-\frac{1}{2}$	$+\frac{1}{2}-\frac{1}{2}$ usw.
Zahl der Elektronen	2 (s)	2 (s)	6 (p)			2 (s)	6 (p)			10 (d)				
	2	8				18								
	$2 \cdot 1^2$	$2 \cdot 2^2$				$2 \cdot 3^2$								

Die Spinquantenzahl s (s nimmt nur die Werte $+1/2$ und $-1/2$ an) kennzeichnet den Spin des Elektrons.

Eine wichtige Gesetzmäßigkeit für die Elektronen eines Atoms stellte Wolfgang Pauli 1925 auf. Das sogenannte Pauli-Prinzip sagt aus: In einem freien oder gebundenen Atom können niemals zwei Elektronen die gleichen vier Quantenzahlen aufweisen.

Nach dem Pauli-Prinzip können in einem Atom nur maximal zwei Elektronen das gleiche Energieniveau haben, wobei sich die beiden Elektronen durch entgegengesetzten Spin unterscheiden müssen.

Aufgrund dieser Vorstellung kommt man zu einer bestimmten Ordnung der Elektronen. Aus Tabelle 2.2 ergibt sich zwangsläufig die maximale Zahl der Elektronen pro Elektronenschale zu $2 \cdot n^2$.

Nach diesen Ausführungen lässt sich nun der Aufbau der Elektronenhülle – die Elektronenkonfiguration der Elemente – verstehen. Ausgehend vom Wasserstoff werden die Elemente mit steigender Ordnungszahl (= Protonenzahl = Elektronenzahl) systematisch betrachtet und in den Tabellen 2.3 bis 2.9 zusammengestellt.

2.2.3 Aufbau der Atome

2.2.3.1 Hauptquantenzahl $n = 1$; 1. Periode

Auf der ersten oder K-Schale haben maximal zwei Elektronen Platz.

$$2n^2 = 2 \cdot 1^2 = 2$$

Die arabischen Ziffern geben die Hauptquantenzahl wieder, die hochgestellte Zahl zeigt die Anzahl der Elektronen in der betreffenden Bahnfunktion an. Die Pfeile geben die Spinrichtung an.

Tabelle 2.3 Hauptquantenzahl $n = 1$; 1. Periode

				$1s$
1.	H	Wasserstoff	$1s^1$	↑
2.	He	Helium	$1s^2$	↑↓

2.2.3.2 Hauptquantenzahl $n = 2$; 2. Periode

Auf der zweiten oder L-Schale haben maximal 8 Elektronen Platz.

$$2n^2 = 2 \cdot 2^2 = 8$$

Im Lithium besetzt das dritte Elektron eine $2s$-Bahnfunktion, weil diese auf einem energetisch niedrigeren Niveau liegt als eine $2p$-Bahnfunktion der gleichen Schale. Es gilt die allgemeine Regel, dass im Grundzustand die Elektronen immer die energetisch günstigeren (niedrigeren) Bahnen bzw. Bahnfunktionen besetzen.

Das Lithiumatom ist wegen seines einen ungepaarten Elektrons paramagnetisch. Beim 4. Element Beryllium sind alle 4 Elektronen gepaart; das Berylliumatom ist infolgedessen diamagnetisch. Das Boratom ist wegen des ungepaarten $2p$-Elektrons paramagnetisch.

Beim Kohlenstoffatom stößt man erstmals auf eine Besonderheit. Wenn auch für die 6 Elektronen des Kohlenstoffatoms als Grundzustand die Elektronenkonfiguration $1s^2$, $2s^2$, $2p^2$ gefordert wird, so gibt das Pauli-Prinzip jedoch keinen Aufschluss darüber, ob die beiden p-Elektronen gepaart sein müssen oder nicht.

Hier gilt die erste Regel von Hund: Unterbahnen werden von den Elektronen in der Weise besetzt, dass diese Besetzung zunächst einfach, ohne Paarbildung, erfolgt. Erst nach Halbfüllung der Schale beginnt die Auffüllung zu gepaarten Elektronen.

Tabelle 2.4 Hauptquantenzahl $n = 2$; 2. Periode

						$1s$	$2s$	$2p$		
3.	Li	Lithium	$1s^2$	$2s$		2	↑			
4.	Be	Beryllium	$1s^2$	$2s^2$		2	↑↓			
5.	B	Bor	$1s^2$	$2s^2$	$2p$	2	2	↑		
6.	C	Kohlenstoff	$1s^2$	$2s^2$	$2p^2$	2	2	↑	↑	
7.	N	Stickstoff	$1s^2$	$2s^2$	$2p^3$	2	2	↑	↑	↑
8.	O	Sauerstoff	$1s^2$	$2s^2$	$2p^4$	2	2	↑↓	↑	↑
9.	F	Fluor	$1s^2$	$2s^2$	$2p^5$	2	2	↑↓	↑↓	↑
10.	Ne	Neon	$1s^2$	$2s^2$	$2p^6$	2	2	↑↓	↑↓	↑↓

Tabelle 2.5 Hauptquantenzahl $n = 3$; 3. Periode

								$1s$	$2s$	$2p$	$3s$	$3p$		
11.	Na	Natrium	$1s^2$	$2s^2$	$2p^6$	$3s$		2	2	6	↑			
12.	Mg	Magnesium	$1s^2$	$2s^2$	$2p^6$	$3s^2$		2	2	6	↑↓			
13.	Al	Aluminium	$1s^2$	$2s^2$	$2p^6$	$3s^2$	$3p$	2	2	6	2	↑		
14.	Si	Silicium	$1s^2$	$2s^2$	$2p^6$	$3s^2$	$3p^2$	2	2	6	2	↑	↑	
15.	P	Phosphor	$1s^2$	$2s^2$	$2p^6$	$3s^2$	$3p^3$	2	2	6	2	↑	↑	↑
16.	S	Schwefel	$1s^2$	$2s^2$	$2p^6$	$3s^2$	$3p^4$	2	2	6	2	↑↓	↑	↑
17.	Cl	Chlor	$1s^2$	$2s^2$	$2p^6$	$3s^2$	$3p^5$	2	2	6	2	↑↓	↑↓	↑
18.	Ar	Argon	$1s^2$	$2s^2$	$2p^6$	$3s^2$	$3p^6$	2	2	6	2	↑↓	↑↓	↑↓

2.2.3.3 Hauptquantenzahl $n = 3$; 3. Periode

Die 3. Hauptschale oder M-Schale kann maximal 18 Elektronen aufnehmen.

$$2 \cdot n^2 = 2 \cdot 3^2 = 18$$

Die 3. Hauptschale entwickelt sich in ihrem Aufbau bis zum Argon wie die 2. Hauptschale. Das nächste Elektron, das 19., sollte nun eigentlich als *d*-Elektron in die 3. Hauptschale eingebaut werden, da in dieser noch 10 *d*-Elektronen Platz haben. Dies geschieht aber nicht, sondern es wird eine 4*s*-Bahnfunktion besetzt. Auch das 20. Elektron tritt in die 4*s*-Bahnfunktion ein. Es beginnt zunächst der Aufbau der 4. Hauptschale, obwohl die 3. Hauptschale noch nicht voll besetzt ist.

2.2.3.4 Hauptquantenzahl $n = 4$; 4. Periode

Die 4. Hauptschale oder N-Schale kann maximal 32 Elektronen aufnehmen.

$$2 \cdot n^2 = 2 \cdot 4^2 = 32$$

Der Grund für diese unerwartete Reihenfolge in der tatsächlichen Besetzung der Elektronenschalen hängt mit den unterschiedlichen Energieniveaus der Elektronen-

Tabelle 2.6 Hauptquantenzahl $n = 4$; 4. Periode

									1*s*	2*s*	2*p*	3*s*	3*p*	3*d*	4*s*
19.	K	Kalium	$1s^2$	$2s^2$	$2p^6$	$3s^2$	$3p^6$	$4s$	2	2	6	2	6	–	↑
20.	Ca	Calcium	$1s^2$	$2s^2$	$2p^6$	$3s^2$	$3p^6$	$4s^2$	2	2	6	2	6	–	↑↓
			1*s*	2*s*	2*p*	3*s*	3*p*	3*d*					4*s*		
21.	Sc	Scandium	2	2	6	2	6	↑					2		
22.	Ti	Titan	2	2	6	2	6	↑	↑				2		
23.	V	Vanadium	2	2	6	2	6	↑	↑	↑			2		
24.	Cr	Chrom	2	2	6	2	6	↑	↑	↑	↑	↑	1		
25.	Mn	Mangan	2	2	6	2	6	↑	↑	↑	↑	↑	2		
26.	Fe	Eisen	2	2	6	2	6	↑↓	↑	↑	↑	↑	2		
27.	Co	Kobalt	2	2	6	2	6	↑↓	↑↓	↑	↑	↑	2		
28.	Ni	Nickel	2	2	6	2	6	↑↓	↑↓	↑↓	↑	↑	2		
29.	Cu	Kupfer	2	2	6	2	6	↑↓	↑↓	↑↓	↑↓	↑↓	1		
30.	Zn	Zink	2	2	6	2	6	↑↓	↑↓	↑↓	↑↓	↑↓	2		
			1*s*	2*s*	2*p*	3*s*	3*p*	3*d*	4*s*	4*p*					
31.	Ga	Gallium	2	2	6	2	6	10	2	↑					
32.	Ge	Germanium	2	2	6	2	6	10	2	↑	↑				
33.	As	Arsen	2	2	6	2	6	10	2	↑	↑	↑			
34.	Se	Selen	2	2	6	2	6	10	2	↑↓	↑	↑			
35.	Br	Brom	2	2	6	2	6	10	2	↑↓	↑↓	↑			
36.	Kr	Krypton	2	2	6	2	6	10	2	↑↓	↑↓	↑↓			

bahnen zusammen. Abschirmeffekte der inneren besetzten Schalen sind dafür verantwortlich. Für die Besetzung der Bahnfunktionen wurde bei den Atomen die nachstehende Reihenfolge ermittelt:

$$1s, 2s, 2p, 3s, 3p, 4s, 3d, 4p, 5s, 4d, 5p, 6s, 4f, 5d, 6p, 7s, 6d, 5f.$$

Also beginnt die Auffüllung der 3. Hauptschale mit den $10d$-Elektronen erst nach Besetzung der $4s$-Bahnfunktion mit 2 Elektronen.

Bei der Besetzung der $3d$-Bahnfunktion treten bei 2 Elementen, Chrom und Kupfer, Besonderheiten auf. Beim Chromatom tritt ein Elektron aus der $4s$-Bahnfunktion in die $3d$-Bahnfunktion über. Dadurch wird die $3d$-Bahnfunktion zur Hälfte besetzt. Es ist auch später zu beobachten, dass solche halbbesetzten Schalen bevorzugt werden, also offensichtlich einen energetisch günstigeren Zustand darstellen.

Beim Kupferatom findet ein ähnlicher Vorgang statt. Hier wechselt ein Elektron aus der $4s$-Bahnfunktion in die $3d$-Bahnfunktion über, wodurch die $3d$-Bahnfunktion aufgefüllt wird. Damit ist bereits beim Kupferatom die 3. Hauptschale ganz aufgefüllt (vorzeitige Vollbesetzung). Bei der Betrachtung der Elektronenkonfiguration ist also auch noch die Tendenz zu beachten, Unterschalen halb oder voll zu besetzen.

Nach der vollständigen Auffüllung der $3d$-Bahnfunktion und der Wiederbesetzung der $4s$-Bahnfunktion treten die folgenden Elektronen in die 4. Hauptschale ein, die maximal 32 Elektronen aufnehmen kann. Zunächst werden die $4p$-Elektronen aufgefüllt. Bevor der Aufbau der 4. Hauptschale, in der noch 10 Elektronen in der $4d$- Bahnfunktion und 14 Elektronen in der $4f$-Bahnfunktion Platz finden, weitergeht, wird zunächst mit der Bildung der 5. Hauptschale begonnen.

2.2.3.5 Hauptquantenzahl $n = 5$; 5. Periode

Die 5. Hauptschale oder O-Schale kann maximal 50 Elektronen aufnehmen:

$$2 \cdot n^2 = 2 \cdot 5^2 = 50$$

Nachdem bei Rubidium sowie bei Strontium 1 bzw. 2 Elektronen in die $5s$-Bahnfunktion aufgenommen worden sind, tritt das nächste Elektron beim Yttrium in die noch leere $4d$-Bahnfunktion ein, deren Aufbau damit beginnt. Vom Niob an tritt eine Besonderheit insofern auf, als eines von den beiden $5s$-Elektronen in die $4d$-Bahnfunktion wechselt. Steigende Kernladung und die sich frühzeitig bemerkbar machende Tendenz zur halbbesetzten Schale, wie überhaupt die beiden noch leeren Bahnfunktionen der 4. Hauptschale, begünstigen die Neigung, möglichst rasch wenigstens die $4d$-Bahnfunktion aufzufüllen. Ganz besonders auffällig ist dieser Zug beim Palladium, bei dem beide $5s$-Elektronen in die $4d$-Bahnfunktion übergewechselt sind.

Nach dem Auffüllen der $4d$-Bahnfunktion, die beim Palladium beendet ist, wird die $5s$-Bahnfunktion der 5. Hauptschale beim Silber und Cadmium erneut mit 2 Elektronen besetzt. Anschließend beginnt der Aufbau der $5p$-Bahnfunktion. Die

Tabelle 2.7 Hauptquantenzahl $n = 5$; 5. Periode

			1s	2s	2p	3s	3p	3d	4s	4p	4d					4f	5s
37.	Rb	Rubidium	2	2	6	2	6	10	2	6	–					–	↑
38.	Sr	Strontium	2	2	6	2	6	10	2	6	–					–	↑↓
39.	Y	Yttrium	2	2	6	2	6	10	2	6	↑					–	2
40.	Zr	Zirkonium	2	2	6	2	6	10	2	6	↑	↑				–	2
41.	Nb	Niob	2	2	6	2	6	10	2	6	↑	↑	↑	↑		–	1
42.	Mo	Molybdän	2	2	6	2	6	10	2	6	↑	↑	↑	↑	↑	–	1
43.	Te	Technetium	2	2	6	2	6	10	2	6	↑↓	↑	↑	↑	↑	–	1
44.	Ru	Ruthenium	2	2	6	2	6	10	2	6	↑↓	↑↓	↑	↑	↑	–	1
45.	Rh	Rhodium	2	2	6	2	6	10	2	6	↑↓	↑↓	↑↓	↑	↑	–	1
46.	Pd	Palladium	2	2	6	2	6	10	2	6	↑↓	↑↓	↑↓	↑↓	↑↓	–	–

			1s	2s	2p	3s	3p	3d	4s	4p	4d	4f	5s	5p		
47.	Ag	Silber	2	2	6	2	6	10	2	6	10	–	↑			
48.	Cd	Cadmium	2	2	6	2	6	10	2	6	10	–	↑↓			
49.	In	Indium	2	2	6	2	6	10	2	6	10	–	2	↑		
50.	Sn	Zinn	2	2	6	2	6	10	2	6	10	–	2	↑	↑	
51.	Sb	Antimon	2	2	6	2	6	10	2	6	10	–	2	↑	↑	↑
52.	Te	Tellur	2	2	6	2	6	10	2	6	10	–	2	↑↓	↑	↑
53.	J	Jod	2	2	6	2	6	10	2	6	10	–	2	↑↓	↑↓	↑
54.	Xe	Xenon	2	2	6	2	6	10	2	6	10	–	2	↑↓	↑↓	↑↓

$4f$-Bahnfunktion bleibt auch jetzt noch unbesetzt. Beim Xenon wird mit der Elektronenkonfiguration $5s^2$, $5p^6$ in der äußersten Schale eine Elektronenkonfiguration erreicht, wie wir sie schon beim Neon ($2s^2$, $2p^6$), Argon ($3s^2$, $3p^6$) und Krypton ($4s^2$, $4p^6$) kennen gelernt haben. Diese Elektronenkonfiguration n (s^2p^6) nennt man Edelgaskonfiguration. Diese gasförmigen Elemente, zu denen noch Helium ($1s^2$) gehört, zeichnen sich chemisch durch besondere Beständigkeit, also besondere Reaktionsträgheit aus. Deshalb nennt man sie Edelgase.

Das 55. Elektron könnte nun in die noch leere $4f$-Bahnfunktion oder in die 5. Hauptschale ($5d$-, $5f$-, $5g$-Bahnfunktion) aufgenommen werden. Es beginnt jedoch wiederum zuerst der Aufbau einer neuen Hauptschale.

2.2.3.6 Hauptquantenzahl $n = 6$; 6. Periode

Die 6. Hauptschale oder P-Schale kann maximal 72 Elektronen aufnehmen.

$$2 \cdot n^2 = 2 \cdot 6^2 = 72$$

Das nächste Elektron wird beim Lanthan in die $5d$-Bahnfunktion aufgenommen. Anschließend beginnt aber vom Cer an die Auffüllung der $4f$-Bahnfunktion. Beim Cer wechselt als Besonderheit ein Elektron aus der $5d$-Bahnfunktion in die $4f$-Bahnfunktion. Diese charakteristische Situation wiederholt sich nachdem die $4f$-Bahnfunktion halbbesetzt ist beim Terbium. Beim Hafnium wird die Auffüllung der $5d$-Bahnfunktion fortgesetzt. Beim Platin und beim Gold wechselt wieder je ein

Tabelle 2.8 Hauptquantenzahl $n = 6$; 6. Periode

			1*s*	2*s*	2*p*	3*s*	3*p*	3*d*	4*s*	4*p*	4*d*	4*f*	5*s*	5*p*	5*d*	5*f*	5*g*	6*s*
55.	Cs	Cäsium	2	2	6	2	6	10	2	6	10	–	2	6	–	–	–	↑
56.	Ba	Barium	2	2	6	2	6	10	2	6	10	–	2	6	–	–	–	↑↓

			K	L	M	4*s*	4*p*	4*d*	4*f*							5*s*	5*p*	5*d*	5*f*	5*g*	6*s*
57.	La	Lanthan	2	8	18	2	6	10								2	6	↑	–	–	2
58.	Ce	Cer	2	8	18	2	6	10	↑	↑						2	6	–	–	–	2
59.	Pr	Praseodym	2	8	18	2	6	10	↑	↑	↑					2	6	–	–	–	2
60.	Nd	Neodym	2	8	18	2	6	10	↑	↑	↑	↑				2	6	–	–	–	2
61.	Pm	Promethium	2	8	18	2	6	10	↑	↑	↑	↑	↑			2	6	–	–	–	2
62.	Sm	Samarium	2	8	18	2	6	10	↑	↑	↑	↑	↑	↑		2	6	–	–	–	2
63.	Eu	Europium	2	8	18	2	6	10	↑	↑	↑	↑	↑	↑	↑	2	6	–	–	–	2
64.	Gd	Gadolinium	2	8	18	2	6	10	↑	↑	↑	↑	↑	↑	↑	2	6	↑	–	–	2
65.	Tb	Terbium	2	8	18	2	6	10	↑↓	↑↓	↑	↑	↑	↑	↑	2	6	–	–	–	2
66.	Dy	Dysprosium	2	8	18	2	6	10	↑↓	↑↓	↑↓	↑	↑	↑	↑	2	6	–	–	–	2
67.	Ho	Holmium	2	8	18	2	6	10	↑↓	↑↓	↑↓	↑↓	↑	↑	↑	2	6	–	–	–	2
68.	Er	Erbium	2	8	18	2	6	10	↑↓	↑↓	↑↓	↑↓	↑↓	↑	↑	2	6	–	–	–	2
69.	Tm	Thulium	2	8	18	2	6	10	↑↓	↑↓	↑↓	↑↓	↑↓	↑↓	↑	2	6	–	–	–	2
70.	Yb	Ytterbium	2	8	18	2	6	10	↑↓	↑↓	↑↓	↑↓	↑↓	↑↓	↑↓	2	6	–	–	–	2
71.	Lu	Lutetium	2	8	18	2	6	10	↑↓	↑↓	↑↓	↑↓	↑↓	↑↓	↑↓	2	6	↑	–	–	2

			K	L	M	4*s*	4*p*	4*d*	4*f*	5*s*	5*p*	5*d*					5*f*	5*g*	6*s*	6*p*		
72.	Hf	Hafnium	2	8	18	2	6	10	14	2	6	↑	↑				–	–	2			
73.	Ta	Tantal	2	8	18	2	6	10	14	2	6	↑	↑	↑			–	–	2			
74.	W	Wolfram	2	8	18	2	6	10	14	2	6	↑	↑	↑	↑		–	–	2			
75.	Re	Rhenium	2	8	18	2	6	10	14	2	6	↑	↑	↑	↑	↑	–	–	2			
76.	Os	Osmium	2	8	18	2	6	10	14	2	6	↑↓	↑	↑	↑	↑	–	–	2			
77.	Ir	Iridium	2	8	18	2	6	10	14	2	6	↑↓	↑↓	↑	↑	↑	–	–	2			
78.	Pt	Platin	2	8	18	2	6	10	14	2	6	↑↓	↑↓	↑↓	↑↓	↑	–	–	1			
79.	Au	Gold	2	8	18	2	6	10	14	2	6	↑↓	↑↓	↑↓	↑↓	↑↓	–	–	1			
80.	Hg	Quecksilber	2	8	18	2	6	10	14	2	6	10					–	–	2			
81.	Tl	Thallium	2	8	18	2	6	10	14	2	6	10					–	–	2	↑		
82.	Pb	Blei	2	8	18	2	6	10	14	2	6	10					–	–	2	↑	↑	
83.	Bi	Bismut	2	8	18	2	6	10	14	2	6	10					–	–	2	↑	↑	↑
84.	Po	Polonium	2	8	18	2	6	10	14	2	6	10					–	–	2	↑↓	↑	↑
85.	At	Astat	2	8	18	2	6	10	14	2	6	10					–	–	2	↑↓	↑↓	↑
86.	Rn	Radon	2	8	18	2	6	10	14	2	6	10					–	–	2	↑↓	↑↓	↑↓

Elektron von der 6*s*- in die 5*d*-Bahnfunktion. Beim Thallium beginnt die Besetzung der 6*p*-Bahnfunktion, die beim Radon mit der Edelgaskonfiguration $6(s^2p^2)$ beendet ist. Die 5*f*- und 5*g*-Bahnfunktionen bleiben frei.

2.2.3.7 Hauptquantenzahl $n = 7$; 7. Periode

Die 7. Hauptschale oder Q-Schale kann maximal 98 Elektronen aufnehmen.

$$2 \cdot n^2 = 2 \cdot 7^2 = 98$$

Tabelle 2.9 Hauptquantenzahl $n = 7$; 7. Periode

		K	L	M	N	5*s*	5*p*	5*d*	5*f*	5*g*	6*s*	6*p*	6*d*	6*f*	6*g*	6*h*	7*s*
87. Fr	Francium	2	8	18	32	2	6	10	–	–	2	6	–	–	–	–	↑
88. Ra	Radium	2	8	18	32	2	6	10	–	–	2	6	–	–	–	–	↑↓
89. Ac	Actinium	2	8	18	32	2	6	10	–	–	2	6	↑	–	–	–	2
90. Th	Thorium	2	8	18	32	2	6	10	–	–	2	6	↑↑	–	–	–	2
91. Pa	Protac-tinium	2	8	18	32	2	6	10	↑ ↑	–	2	6	1	–	–	–	2
92. U	Uran	2	8	18	32	2	6	10	↑ ↑ ↑	–	2	6	1	–	–	–	2
93. Np	Neptunium	2	8	18	32	2	6	10	↑ ↑ ↑ ↑ ↑	–	2	6	–	–	–	–	2
94. Pu	Plutonium	2	8	18	32	2	6	10	↑ ↑ ↑ ↑ ↑ ↑	–	2	6	–	–	–	–	2
95. Am	Americium	2	8	18	32	2	6	10	↑ ↑ ↑ ↑ ↑ ↑ ↑	–	2	6	–	–	–	–	2
96. Cm	Curium	2	8	18	32	2	6	10	↑ ↑ ↑ ↑ ↑ ↑ ↑	–	2	6	↑	–	–	–	2
97. Bk	Berkelium	2	8	18	32	2	6	10	↑↓ ↑ ↑ ↑ ↑ ↑ ↑	–	2	6	↑	–	–	–	2
98. Cf	Californium	2	8	18	32	2	6	10	↑↓ ↑↓ ↑↓ ↑ ↑ ↑ ↑	–	2	6	–	–	–	–	2
99. Es	Einsteinium	2	8	18	32	2	6	10	↑↓ ↑↓ ↑↓ ↑↓ ↑ ↑ ↑	–	2	6	–	–	–	–	2
100. Fm	Fermium	2	8	18	32	2	6	10	↑↓ ↑↓ ↑↓ ↑↓ ↑↓ ↑ ↑	–	2	6	–	–	–	–	2
101. Md	Mende-levium	2	8	18	32	2	6	10	↑↓ ↑↓ ↑↓ ↑↓ ↑↓ ↑↓ ↑	–	2	6	–	–	–	–	2
102. No	Nobelium	2	8	18	32	2	6	10	↑↓ ↑↓ ↑↓ ↑↓ ↑↓ ↑↓ ↑↓	–	2	6	–	–	–	–	2
103. Lr	Lawrencium	2	8	18	32	2	6	10	↑↓ ↑↓ ↑↓ ↑↓ ↑↓ ↑↓ ↑↓	–	2	6	↑	–	–	–	2
104. Ku	Kurcha-tovium	2	8	18	32	2	6	10	↑↓ ↑↓ ↑↓ ↑↓ ↑↓ ↑↓ ↑↓	–	2	6	↑↑	–	–	–	2
105. Ha	Hahnium	2	8	18	32	2	6	10	↑↓ ↑↓ ↑↓ ↑↓ ↑↓ ↑↓ ↑↓	–	2	6	↑↑↑	–	–	–	2
106.	„Eka-Wolfram“	2	8	18	32	2	6	10	↑↓ ↑↓ ↑↓ ↑↓ ↑↓ ↑↓ ↑↓	–	2	6	↑↑↑↑	–	–	–	2

Beim Francium tritt das 87. Elektron in die 7*s*-Bahnfunktion ein, ohne dass vorher die 5*f*-, 5*g*-, 6*d*-, 6*f*-, 6*g*- und 6*h*-Bahnfunktionen besetzt worden sind. Die schon in der 6. Periode recht deutliche Tendenz zu einem häufigen Elektronenwechsel zwischen verschiedenen Bahnfunktionen verstärkt sich in der 7. Hauptgruppe.

2.2.4 Periodensystem der Elemente

Im vergangenen Kapitel wurden lediglich die Elemente nach steigender Ordnungszahl (entspricht steigender Protonenzahl im Atomkern und steigender Elektronenzahl in der Elektronenhülle) aufgelistet.

Ordnet man die Elemente nach vergleichbarer Elektronenkonfiguration in der jeweils äußersten Schale und schreibt diese Elemente untereinander, so entsteht das periodische System der Elemente (Faltblatt im Anhang des Buches).

Innerhalb einer horizontalen Reihe des Periodensystems (einer Periode) wird eine Elektronenschale aufgefüllt; die Anzahl der Elemente einer solchen Periode wird dadurch bestimmt, wie viele Plätze auf dieser Elektronenschale vorhanden sind, d. h. wie viele Elektronen sie aufnehmen kann. Nach der Theorie der Quantenzahlen kann die K-Schale 2, die L-Schale 8, die M-Schale 18 Elektronen usw. aufnehmen. Das erklärt, warum die einzelnen Perioden immer länger werden.

Die senkrechten Reihen des Periodensystems bilden die Elementgruppen I–VIII. Innerhalb der einzelnen Gruppen ist aufgrund der Gleichartigkeit der Elektronenkonfiguration in der äußersten Schale ähnliches Verhalten vorhanden.

Die I. Gruppe wird Alkaligruppe genannt und enthält Elemente, die in der jeweils äußersten Elektronenschale die Elektronenkonfiguration $n(s^1)$ aufweisen. Dies sind folgende Elemente:

Schale	Elektronenkonfiguration	Element
K	$1s^1$	H
L	$2s^1$	Li
M	$3s^1$	Na
N	$4s^1$	K
0	$5s^1$	Rb
P	$6s^1$	Cs
Q	$7s^1$	Fr

Die II. Hauptgruppe wird Erdalkaligruppe genannt und enthält Elemente, die in der jeweils äußersten Elektronenschale die Elektronenkonfiguration $n(s^2)$ aufweisen. Die s-Bahnfunktion der jeweils äußersten Schale ist also voll besetzt.

Die III. Hauptgruppe wird Erdmetallgruppe genannt und enthält Elemente die in der jeweils äußersten Elektronenschale die Elektronenkonfiguration $n(s^2p^1)$ aufweisen.

Die IV. Hauptgruppe wird Kohlenstoff-Siliciumgruppe genannt und enthält Elemente, die in der jeweils äußersten Elektronenschale die Elektronenkonfiguration $n(s^2p^2)$ aufweisen.

Die V. Hauptgruppe wird Stickstoff-Phosphorgruppe genannt und enthält Elemente, die in der jeweils äußersten Elektronenschale die Elektronenkonfiguration $n(s^2p^3)$ aufweisen.

Die VI. Hauptgruppe ist die Gruppe der Chalkogene und enthält Elemente, die in der jeweils äußersten Elektronenschale die Elektronenkonfiguration $n(s^2p^4)$ aufweisen.

Die VII. Hauptgruppe ist die Gruppe der Halogene und enthält Elemente, die in der jeweils äußersten Elektronenschale die Elektronenkonfiguration $n(s^2p^5)$ aufweisen.

Die VIII. Hauptgruppe ist die Gruppe der Edelgase und enthält Elemente, die in der jeweils äußersten Elektronenschale die Elektronenkonfiguration $n(s^2p^6)$ aufweisen. Bei den Edelgasen sind die Elektronen kugelsymmetrisch um den Atomkern angeordnet; dies ist ein besonders energiearmer und damit stabiler Zustand.

Die Übergangsmetalle (Elemente 21–30, 39–48, 57–80, 89–105) gehören als Nebengruppenelemente zu den erwähnten Hauptgruppenelementen. Bei ihnen werden die noch nicht aufgefüllten 2. oder 3. äußersten Bahnfunktionen (d- oder f-Bahnfunktionen) mit Elektronen aufgefüllt.

Die Hauptgruppenelemente sind die Elemente der Gruppen Ia–VIIIa.

Die Nebengruppenelemente sind die Elemente der Gruppen Ib–VIIIb.

2.2.4.1 Atom- und Ionenradien

Die Größe von Atomen und Ionen übt einen wesentlichen Einfluss aus auf ihre Anordnung in Gittern von Festkörpern und auf die Ionisierungsenergie.

Ionen entstehen, wenn elektrisch neutrale Atome Elektronen aufnehmen oder abgeben und dadurch ihre elektrische Neutralität verlieren.

Positive Ionen (Kationen) sind stets beträchtlich kleiner als die Atome, aus denen sie durch Elektronenabgabe entstanden, negative Ionen (Anionen) sind stets erheblich größer als die Atome, aus denen sie durch Elektronenaufnahme entstanden. Die Größenverhältnisse sind in Abb. 2.1 dargestellt.

Abbildung 2.1 zeigt, dass die Atom- und Ionenradien innerhalb einer Elementgruppe von oben nach unten zunehmen. Dagegen nehmen die Atom- und Ionenradien innerhalb einer Periode von links nach rechts ab, weil die Kernladung – bei konstanter Anzahl der Elektronenschalen – ansteigt und infolge der wachsenden Kernladungszahl die Teilchen immer mehr schrumpfen.

2.2.4.2 Ionisierungsenergie

Als Ionisierungsenergie wird die Energie bezeichnet, welche zur vollständigen Abtrennung des am wenigsten fest gebundenen Elektrons von einem Atom oder Ion aufzuwenden ist. Die Ionisierungsenergie stellt ein direktes Maß für den Energie-

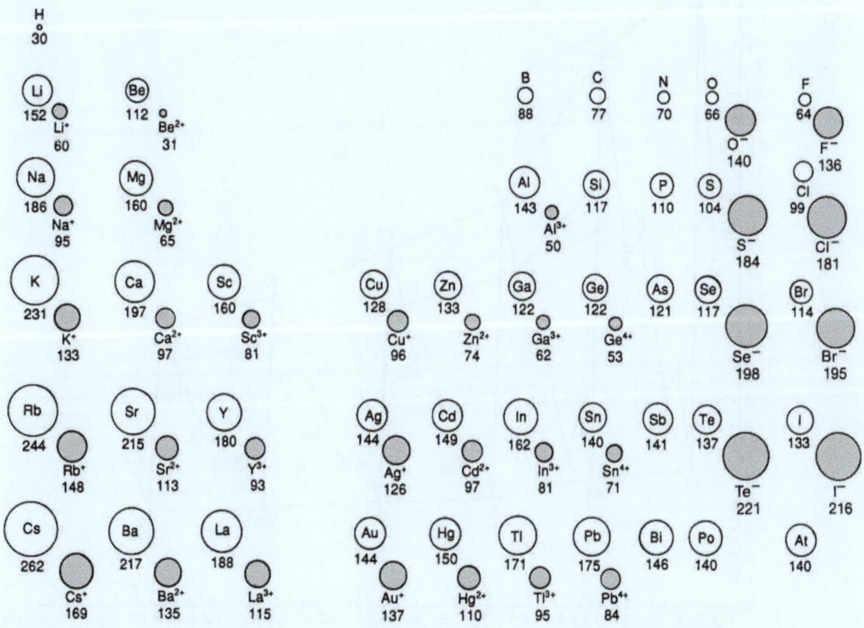

Abb. 2.1 Atom- und Ionenradien in pm (Ausschnitt aus dem Periodensystem)

zustand des betreffenden Elektrons dar; sie ist um so kleiner, je höher dessen Energie ist.

Die Größe der Ionisierungsenergie hängt von verschiedenen Faktoren ab:

Die Ionisierungsenergie nimmt mit wachsender Kernladung zu und mit wachsendem Atomradius ab. Allerdings schirmen die inneren Elektronenschalen die Wirkung der wachsenden Kernladung stark ab.

Die Größe der Ionisierungsenergie hängt von der Nebenquantenzahl ab. *s*-Elektronen sind schwerer zu entfernen als *p*-Elektronen usw., weil sie der anziehenden Kernladung näher sind.

Die Größe der Ionisierungsenergie hängt auch von der Ladung des entsprechenden Teilchens ab; die Abspaltung eines 2. Elektrons – d. h. die Abspaltung eines Elektrons von einem positiv geladenen Ion – erfordert viel mehr Energie, als die Entfernung des ersten Elektrons, aus dem betreffenden Atom.

Die Ionisierungsenergien ausgewählter Elemente sind in Tabelle 2.10 und in Abb. 2.2 dargestellt. Verfolgt man die Zu- und Abnahme der Ionisierungsenergien der Elemente der beiden ersten Perioden anhand von Abb. 2.2, dann lässt sich folgende Erklärung für die Zu- und Abnahme der Ionisierungsenergien geben.

Die starke Zunahme der Ionisierungsenergie vom Wasserstoff zum Helium ist durch die erhöhte Kernladung bedingt. Der sehr starke Abfall zum Lithium ist eine

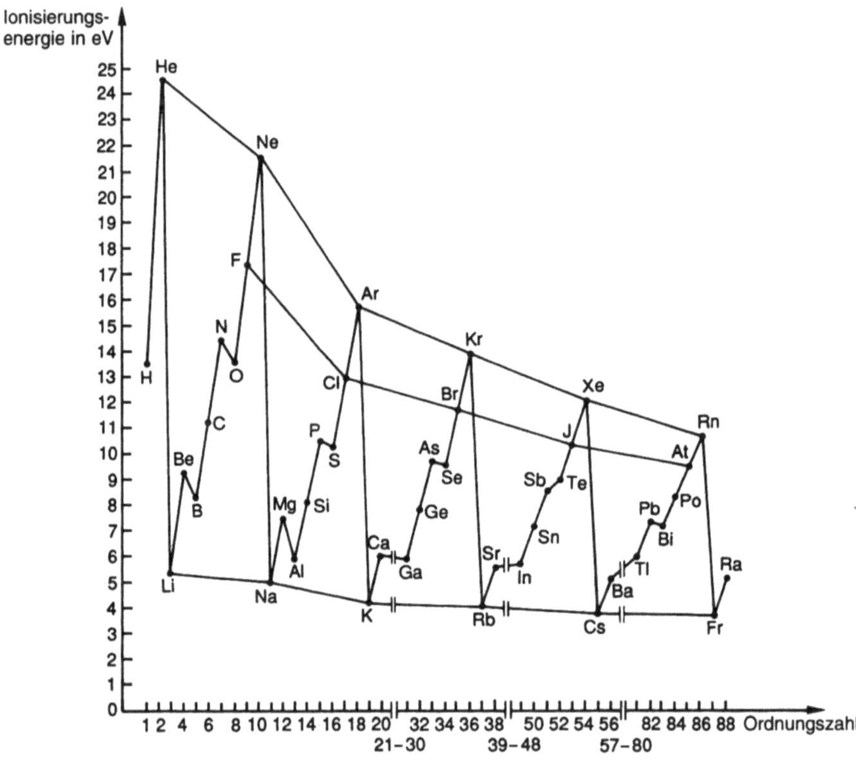

Abb. 2.2 Ionisierungspotentiale der Hauptgruppenelemente

Tabelle 2.10 Molare Masse, Ionisierungsenergien und Elektronenaffinität der Elemente bis zur Ordnungszahl 30

			M/g/mol	Ionisierungsenergie in kJ/mol					Elektronen-affinität in kJ/mol
				1.	2.	3.	4.	5.	
1	H	Wasserstoff	1.00797	1313	–	–	–	–	72
2	He	Helium	4.0026	2336	5250	–	–	–	
3	Li	Lithium	6.941	520	7298	11 824	–	–	50
4	Be	Beryllium	9.01218	900	1757	14 839	21 019	–	−59
5	B	Bor	10.811	801	1428	3664	25 038	32 868	19.3
6	C	Kohlenstoff	12.01115	1087	2353	4622	6218	37 892	121
7	N	Stickstoff	14.0067	1402	2856	4572	7465	9442	−8.4
8	O	Sauerstoff	15.9994	1314	3387	5305	7461	10 978	142
9	F	Fluor	18.9984	1681	3375	6050	8416	11 033	333
10	Ne	Neon	20.179	2081	3965	6180	9379	12 213	
11	Na	Natrium	22.9898	496	4564	6917	9546	13 377	71
12	Mg	Magnesium	24.305	738	1451	7746	10 551	13 650	−29.3
13	Al	Aluminium	26.9815	577	1818	2747	11 573	14 839	59
14	Si	Silicium	28.086	787	1578	3228	4354	16 078	159
15	P	Phosphor	30.9738	1012	1905	2910	4949	6281	67
16	S	Schwefel	32.064	1000	2257	3379	4564	6992	199
17	Cl	Chlor	35.453	1256	2299	3768	5158	6540	362
18	Ar	Argon	39.948	1520	2667	3953	5778	7244	
19	K	Kalium	39.102	419	3069	4438	5879	7537	0
20	Ca	Calcium	40.08	590	1147	5024	6461	8123	
21	Sc	Scandium	44.9559	632	1235	2387	7134	8876	
22	Ti	Titan	47.90	657	1311	2713	4162	4162	
23	V	Vanadium	50.9414	649	1415	2868	4631	6289	
24	Cr	Chrom	51.996	653	1591	2994	4857	7034	
25	Mn	Mangan	54.9380	717	1509	3057	5024	7327	
26	Fe	Eisen	55.847	758	1562	2960	5510	7537	
27	Co	Kobalt	58.9332	758	1645	3232	5108	8081	
28	Ni	Nickel	58.71	737	1752	3391	5401	7537	
29	Cu	Kupfer	63.546	746	1958	2847	5686	7913	
30	Zn	Zink	65.37	906	1733	3860	5987	8290	−88

Folge der Tatsache, dass das am wenigsten stark gebundene Elektron des Lithium-Atoms, das 2*s*-Elektron, zur II. Hauptschale gehört und dass die um eine Einheit gestiegene Kernladung durch die beiden 1*s*-Elektronen sehr stark abgeschirmt wird. Vom Lithium zum Beryllium nimmt die Ionisierungsenergie wieder zu, weil die Kernladung ansteigt, die Elektronen einer Schale ein anderes Elektron der gleichen Schale jedoch kaum abschirmen. Beim Bor (Elektronenkonfiguration $1s^2$, $2s^2$, $2p^1$) tritt eine deutliche Abnahme der Ionisierungsenergie auf, denn die *p*-Elektronen sind energiereicher als die *s*-Elektronen der gleichen Hauptquantenzahl. Die beim Sauerstoffatom zu beobachtende ebenfalls deutliche Abnahme der Ionisierungsenergie ist darauf zurückzuführen, dass beim Stickstoff die $2p$-Bahnfunktion zur Hälfte besetzt ist (erhöhte Stabilität halb besetzter Unterschalen).

In der gleichen Weise erklärt sich der Verlauf der Ionisierungsenergiekurven der anderen Perioden.

Innerhalb einer Elementgruppe nimmt die Ionisierungsenergie mit steigender Ordnungszahl ab, da die Atomradien zunehmen; die zunehmende Hauptquantenzahl und die abschirmende Wirkung der inneren Elektronen können die zunehmende Kernladung kompensieren.

Tabelle 2.10 zeigt, dass die 2., 3. … Ionisierungsenergie eines Atoms erwartungsgemäß wesentlich größer ist als die 1. Ionisierungsenergie. Ganz besonders groß ist die Zunahme der Ionisierungsenergie bei der Abspaltung eines weiteren Elektrons dann, wenn sämtliche Elektronen einer Hauptschale bereits abgetrennt sind und das nächste Elektron von der nächstinneren Schale entfernt werden muss.

Element	Elektronenkonfiguration	Sprung bei der Ionisierungsenergie
Be	$1s^2, 2s^2$	3. IE
B	$1s^2, 2s^2, 2p^1$	4. IE
Na	$1s^2, 2s^2, 2p^6, 3s^1$	2. IE

Der enorme Unterschied zwischen den zur Abspaltung von Elektronen der äußersten und der 2. äußersten Schale erforderlichen Energien ist einer der Gründe dafür, dass von den Metallen der I. und II. Hauptgruppe und der III. und IV. Nebengruppe fast ausschließlich edelgasähnliche Ionen gebildet werden.

2.2.4.3 Elektronenaffinität

Unter der Elektronenaffinität versteht man die mit der Aufnahme von Elektronen durch ein neutrales Atom verbundenen Energie. Die Größe der Elektronenaffinität wird im Wesentlichen durch die gleichen Faktoren bestimmt, die bereits im Zusammenhang mit der Ionisierungsenergie diskutiert wurden; denn die Elektronenaffinität eines neutralen Atoms entspricht zahlenmäßig der Ionisierungsenergie des betreffenden einfach negativ geladenen Anions, nur das Vorzeichen ist natürlich umgekehrt.

Die Elektronenaffinität des einfach positiv geladenen Kations entspricht der 1. Ionisierungsenergie des neutralen Atoms mit umgekehrtem Vorzeichen.

In Formeln ausgedrückt:

Ionisierungsenergie (IE) ist die Energie folgender Vorgänge:

$$X^0 \rightarrow X^+ + e^-$$
$$X^- \rightarrow X^0 + e^-$$

Elektronenaffinität (EA) ist die Energie folgender Vorgänge:

$$X^+ + e^- \rightarrow X^0$$
$$X^0 + e^- \rightarrow X^-$$

Drückt man dies in praktischen Beispielen anhand der Zahlenwerte der Tabelle 2.10 für die Elemente Wasserstoff und Chlor aus:

$$
\begin{aligned}
&H^0 \rightarrow H^+ + e^- \quad && IE = +1313\,kJ/mol \\
&H^0 \leftarrow H^+ + e^- \quad && EA = -1313\,kJ/mol \\
&H^- \rightarrow H^0 + e^- \quad && IE = -72\,kJ/mol \\
&H^- \leftarrow H^0 + e^- \quad && EA = +72\,kJ/mol
\end{aligned}
$$

$$
\begin{aligned}
&Cl^0 \rightarrow Cl^+ + e^- \quad && IE = +1256\,kJ/mol \\
&Cl^0 \leftarrow Cl^+ + e^- \quad && EA = -1256\,kJ/mol \\
&Cl^- \rightarrow Cl^0 + e^- \quad && IE = -362\,kJ/mol \\
&Cl^- \leftarrow Cl^0 + e^- \quad && EA = +362\,kJ/mol
\end{aligned}
$$

Zuverlässige Werte der Elektronenaffinität sind nur für wenige Atome bekannt, dagegen natürlich für alle Kationen, da diese ja zahlenmäßig der 1. Ionisierungsenergie des neutralen Atoms, mit umgekehrtem Vorzeichen, entsprechen.

2.2.4.4 Wertigkeit

Um Ordnung in die Vielfalt der bei den verschiedenen Verbindungen beobachteten Zahlenverhältnisse zu bringen, wurde schon sehr früh der Begriff der Wertigkeit oder Valenz geschaffen. Die Wertigkeit muss als Oberbegriff verstanden werden; es gibt mehrere Möglichkeiten, die Wertigkeit eines Elementes oder einer Verbindung festzustellen. Man bedient sich je nach zu beurteilender Verbindung unterschiedlicher Methoden zur Feststellung der Wertigkeit. In der Wasserchemie spielen vorrangig folgende Unterbegriffe für die Wertigkeit eine Rolle. Die Wertigkeit kann z. B. durch das Ionenäquivalent, also durch die Ladungszahl des Ions, festgestellt werden.

Beispiel

Na^{1+}: Natriumionen tragen die Ladungszahl 1, sind also einwertig.
PO_4^{3-}: Phosphationen tragen die Ladungszahl 3, sind also dreiwertig.

Die Wertigkeit kann z. B. durch das Neutralisationsäquivalent, also durch die Anzahl der H^+- oder OH^--Ionen, die es bindet oder ersetzt, festgestellt werden.

Beispiel

HCl: In der Salzsäure kann ein Wasserstoffion durch andere Ionen, z. B. Natriumionen ersetzt werden; also ist Salzsäure einwertig.
H_2SO_4: In der Schwefelsäure können zwei Wasserstoffionen durch andere Ionen, z. B. Natriumionen, ersetzt werden; also ist Schwefelsäure zweiwertig.

NaOH: In der Natronlauge kann ein Hydroxidion durch andere Ionen, z. B. Chloridionen ersetzt werden; also ist Natronlauge einwertig.

Ca(OH): Im Calciumhydroxid können zwei Hydroxidionen durch andere Ionen, z. B. Chloridionen, ersetzt werden; also ist Calciumhydroxid zweiwertig.

Die Wertigkeit kann z. B. durch das Redoxäquivalent, die Oxidationszahl, ausgedrückt werden. Die Oxidationszahl eines Atoms ist eine Zahl mit positivem oder negativem Vorzeichen. Sie gibt die Ladung an, welche das Atom haben würde, wenn man die Elektronen in dem entsprechenden Atomverband in bestimmter Weise den einzelnen Atomen zuteilt.

Beispiel

$H^{1+}[|\overline{\underline{Cl}}|]^{1-}$

Kapitel 3
Chemische Bindung

3.1 Ionenbindung

Ein Atom verhält sich nach außen hin wie ein elektrisch nicht geladener Körper, weil die Anzahl der Protonen im Kern gleich der Anzahl der Elektronen in der Hülle ist.

Gibt aber das Atom ein oder mehrere Elektronen ab, dann überwiegt die positive Kernladung, so dass das Teilchen nach außen hin eine positive Ladung zeigt. Die Abgabe der Elektronen erfolgt aus der äußersten Schale der Elektronenhülle, weil zu deren Abtrennung die geringste Energie aufgewendet werden muss. Diese positiv geladenen Teilchen bezeichnet man als Kationen, weil sie in einem elektrischen Gleichspannungsfeld zur negativ geladenen Kathode wandern.

Die abgegebenen Elektronen können von anderen Atomen in deren äußerste Elektronenhülle aufgenommen werden. Dadurch übersteigt die Zahl der Elektronen die Zahl der Protonen im Kern und das Teilchen zeigt nach außen hin eine negative Ladung, die von der Anzahl der aufgenommenen Elektronen abhängig ist. Diese negativ geladenen Teilchen nennt man Anionen, weil sie in einem elektrischen Gleichspannungsfeld zur positiv geladenen Anode wandern.

Die Zahl der Ladungen, die Ladungszahl (am Elementsymbol oben rechts geschrieben), ergibt sich aus der Zahl der abgegebenen oder aufgenommenen Elektronen.

Ionen entstehen leicht, wenn Atome von metallischen Elementen mit Atomen von nicht metallischen Elementen zusammentreffen. Die treibende Kraft ist dabei wie bei jeder freiwillig ablaufenden chemischen Reaktion das Bestreben, einen Zustand geringerer freier Enthalpie einzunehmen. Im Bereich der Wasserchemie ist das ein Zustand geringeren Energieniveaus; bei der Reaktion wird also Energie abgegeben. Solche Reaktionen nennt man exotherme Reaktionen.

Endotherme Reaktionen erfordern dagegen die Zuführung von Energie; sie laufen ohne Energiezufuhr nicht ab.

Die Atome der metallischen Elemente geben häufig leicht ein oder mehrere Elektronen von ihrer äußersten Schale an die Atome der nichtmetallischen Elemente ab.

S. Wilhelm, *Wasseraufbereitung*
DOI: 10.1007/978-3-540-68887-7, © Springer 2008

Als Beispiel dient die Reaktion von Natrium und Chlor zu Natriumchlorid:

$$Na^0 \rightleftharpoons Na^+ + e^-$$
$$Cl^0 + e^- \rightleftharpoons Cl^-$$

Gesamtreaktion:

$$Na^0 + Cl^0 \rightleftharpoons Na^+Cl^- + E$$

Bei binären chemischen Verbindungen, d. h. Verbindungen, die nur aus zwei Elementen aufgebaut sind, wird zuerst der elektropositive Bestandteil ohne Veränderung des Elementnamens genannt. Dann folgt der elektronegative Bestandteil, wobei an den Elementnamen die Silbe „id“ angehängt wird. Im vorgenannten Beispiel heißt die entstandene Verbindung also Natriumchlorid.

Wenn ein Elementatom eine unterschiedliche Anzahl von Elektronen abgibt, also verschiedene Wertigkeiten annehmen kann, wird die Wertigkeit als römische Ziffer in Klammern wie folgt geschrieben:

$$FeCl_2 = \text{Eisen(II)-chlorid}$$
$$FeCl_3 = \text{Eisen(III)-chlorid}$$

Wie viele Elektronen abgegeben oder aufgenommen werden, ist nicht nur von den beiden Reaktionspartnern abhängig, sondern auch von den Reaktionsbedingungen, unter denen sie zusammentreffen.

Häufig wird bei diesem Übergang in den Ionenzustand eine Edelgaskonfiguration der Elektronen angestrebt, d. h. 8 Elektronen auf der jeweils äußersten Elektronenschale $(n(s^2p^6))$.

Liegt eine solche edelgasähnliche Elektronenkonfiguration vor, die man auch als Achterschale oder Oktett bezeichnet, verteilen sich die Elektronen kugelsymmetrisch um den Atomkern.

Ein Beispiel für einen derartigen Elektronenübergang bei der Bildung von Natriumchlorid ist in Abb. 3.1 angegeben.

Der Übergang von Elektronen ist, wie aus Abb. 3.1 deutlich hervorgeht, mit einer Änderung der Größe der beteiligten Ionen verknüpft.

Wie die Angabe der Teilchenradien zeigt, verkleinert sich der Radius bei der Abgabe von Elektronen, er vergrößert sich bei der Aufnahme von Elektronen. Unterschiedlich geladene Ionen üben erwartungsgemäß elektrostatische Anziehungs-

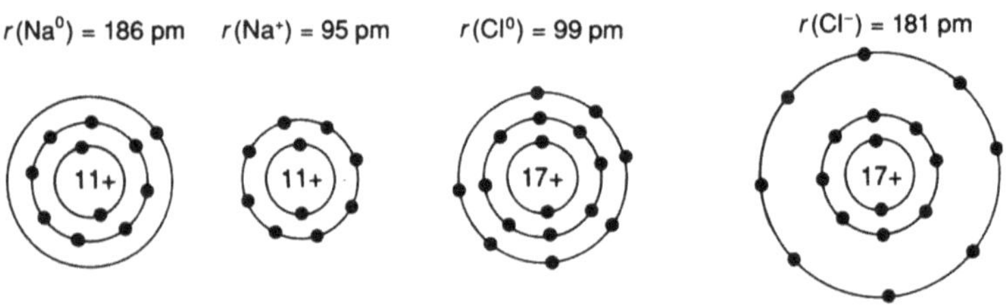

Abb. 3.1 Bildung von Natriumchlorid

Abb. 3.2 Kristallgitter von Natrium- und Cäsiumchlorid

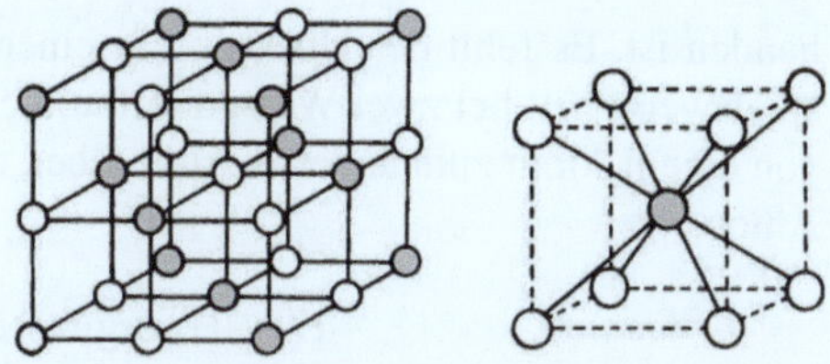

kräfte aufeinander aus, die zu einer Bindung führen. Diese Bindung wird als Ionenbindung bezeichnet.

Im festen Zustand bilden Verbindungen mit Ionenbindung Kristalle, die aus Ionengittern aufgebaut sind. Ihre Struktur ist von der Zusammensetzung der Verbindung, besonders vom Ladungs- und vom Größenverhältnis der beteiligten Ionen, abhängig. Die von den Ionen ausgehenden elektrostatischen Anziehungskräfte sind keine gerichteten Kräfte, d. h. sie sind nicht nur in eine bestimmte Richtung wirksam, sondern wirken kugelsymmetrisch in den Raum. Das bedeutet, jedes Ion versucht sich mit so vielen Ionen entgegengesetzter Ladung zu umgeben, wie räumlich Platz finden.

Das einfachste Ionenkristallgitter besitzt das Natriumchlorid. Im kubisch flächenzentrierten Natriumchloridgitter sind beide Teilgitter, das Kationen- und das Anionenteilgitter, kubisch-flächenzentriert. Beim kubisch-flächenzentrierten Gitter sind auf einem gedachten Würfel die Ecken und die Schnittpunkte der Seitendiagonalen besetzt. Die beiden Teilgitter sind beim Natriumchloridgitter ineinander gestellt (Abb. 3.2). Jedes Natriumion ist oktaedrisch von 6 Chloridionen und jedes Chloridion von 6 Natriumionen umgeben, deren gemeinsame Eigenschaft ist, dass sie gleich weit vom gedachten, zentralen Ion entfernt sind. Das kubisch-flächenzentrierte Natriumchloridgitter zeigt also die Koordinationszahl 6.

Der Natriumchloridkristall weist ein Stoffmengenverhältnis von $n(\mathrm{Na}^+) : n(\mathrm{Cl}^-) = 1 : 1$ auf, entspricht also der Formel NaCl und ist daher insgesamt elektrisch neutral. Im kubisch-flächenzentrierten NaCl-Gitter kristallisiert die überwiegende Zahl der Alkalihalogenide. Auch die Erdalkalichalkogenide kristallisieren im kubisch-flächenzentrierten Gitter.

Eine Ausnahme bildet das Cäsium, das im sogenannten Cäsiumchloridgitter, einem kubisch-raumzentrierten Gitter, kristallisiert. Beim kubisch-raumzentrierten Gitter sind die Mitte und die Ecken eines gedachten Würfels besetzt, so dass jedes zentrale Ion in der Würfelmitte von 8 entgegengesetzt geladene Ionen auf den Würfelecken umgeben ist, deren gemeinsame Eigenschaft die gleiche Entfernung vom zentralen Ion ist (Abb. 3.2). Das kubisch-raumzentrierte Cäsiumchloridgitter zeigt also die Koordinationszahl 8.

3.2 Elektronenpaarbindung (Kovalenzbindung, Atombindung)

Der Elektronenübergang von einem Atom zu einem anderen Atom, der zur Ionenbindung führt, ist häufig deshalb nicht möglich, weil keine „treibende Kraft“ vorhanden ist. Es fehlt der Übergang in einen energetisch günstigeren Zustand. Beispielsweise tritt bei zwei Wasserstoffatomen oder zwei Chloratomen kein Elektron von einem Atom zum anderen Atom über, es erfolgt keine Bildung von Kation und Anion.

$$H^0 + H^0 \text{ ergibt } \textit{nicht } H^+ + H^-$$
$$Cl^0 + Cl^0 \text{ ergibt } \textit{nicht } Cl^+ + Cl^-$$

Zwei solche Atome können sich aber auf eine andere Weise miteinander verbinden:

$$H^{\cdot} + .H = H{:}H = H{-}H$$
$$:\ddot{\underset{..}{Cl}}. + {}^{\cdot}\ddot{\underset{..}{Cl}}: = :\ddot{\underset{..}{Cl}}{:}\ddot{\underset{..}{Cl}}: = |\overline{\underline{Cl}}{-}\overline{\underline{Cl}}|$$

Das ungepaarte Elektron des einen Atoms verbindet sich mit dem ungepaarten Elektron des anderen Atoms – entgegengesetzter Spin vorausgesetzt – zu einem gemeinsamen Elektronenpaar. Formal kann sich jedes Atom so verhalten, als besäße es eine edelgasähnliche Elektronenkonfiguration:

Die Elektronenpaarbindung ist nicht darauf beschränkt, dass sich zwischen zwei Atomen nur eine einfach-kovalente Bindung (Einfachbindung) ausbilden kann. Es können auch zwei oder maximal drei Elektronenpaare eine Bindung bewirken; das sind dann sogenannte Doppel- und Dreifachbindungen:

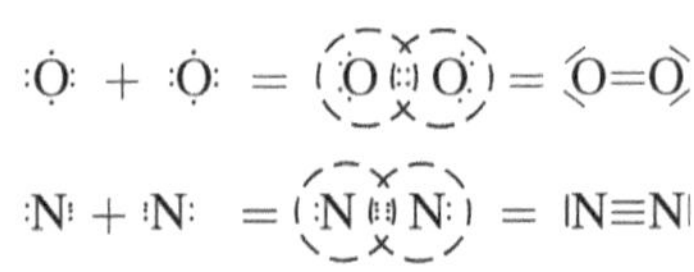

Die Elektronenpaarbindung ist die häufigste Bindungsart, weil das Element, von dem die meisten Verbindungen bekannt sind – der Kohlenstoff – die kovalente Bindung aufgrund seiner Elektronenkonfiguration $(1s^2, 2s^2, 2p^2)$ bevorzugt. Um zur Edelgaskonfiguration zu kommen (der Voraussetzung zum Aufbau einer Ionenbindung), müsste der Kohlenstoff entweder vier Elektronen abgeben oder aufnehmen. Dies ist energetisch nicht möglich.

Bei den bisher genannten Elementen verbinden sich meist nur jeweils zwei Atome der gleichen Art. Beim Sauerstoff, Schwefel und Stickstoff und einigen anderen Elementen existieren auch Verbindungen mit 3 kovalent verbundenen Atomen gleicher Art.

Beim Kohlenstoff können dagegen Abertausende von Kohlenstoffatomen untereinander kovalente Bindungen ausbilden. Neben Einfachbindungen treten Doppel- und Dreifachbindungen in vielerlei Kombinationen auf. Die Vielzahl der Verbindungen der Kohlenstoffchemie beruht auf dieser Fähigkeit der Kohlenstoffatome, sich untereinander und auch mit anderen Atomen mittels Elektronenpaarbindungen in mannigfacher Weise linear oder verzweigt oder ringförmig zu verknüpfen.

Elektronenpaarbindungen, die sich zwischen gleichartigen Atomen (A–A) ausbilden, unterscheiden sich von solchen, die sich zwischen verschiedenartigen Atomen (A–Z) ausbilden.

Bei der Elektronenpaarbindung zwischen zwei A-Atomen üben beide A-Atome die gleiche Wirkung auf das gemeinsame Elektronenpaar aus. Bei der Elektronenpaarbindung zwischen einem A-Atom und einem Z-Atom wirkt das A-Atom anders auf das gemeinsame Elektronenpaar als das Z-Atom. Zieht z. B. das Z-Atom stärker Elektronen an als das A-Atom, wird das gemeinsam genutzte Elektronenpaar mehr zum Z-Atom hin verschoben sein:

$$A : A \,, \; A \,:\!Z$$

Bei der symmetrischen Anordnung des Elektronenpaars im A–A-Molekül fallen die Schwerpunkte der positiven und der negativen Ladungen zusammen. Sie liegen genau in der Mitte zwischen den beiden A-Atomkernen.

Beim A–Z-Molekül ist dies nicht der Fall. Der Schwerpunkt der positiven Ladungen ergibt sich aus der Kernladung des A- und des Z-Atoms und liegt auf der Verbindungslinie zwischen den beiden Kernen. Wenn nun das gemeinsam genutzte Elektronenpaar mehr vom Z-Atom angezogen wird, muss der Schwerpunkt aller negativen Ladungen mehr zum Z-Atom hin verschoben sein. Die unsymmetrische Verteilung des gemeinsamen Elektronenpaares führt also zu einer Trennung der Schwerpunkte von positiver und negativer Ladung eines Moleküls. Das A–Z-Molekül wird also zwangsläufig zu einem Dipolmolekül.

Wenn die Elektronenanziehung des Z-Atoms sehr stark ist, tritt das ursprünglich oder vorübergehend gemeinsam genutzte Elektronenpaar ganz zum Z-Atom über und beide Atome trennen sich. Das heißt, das A-Atom wurde zum A^{+}-Kation und das Z-Atom zum Z^{-}-Anion; jetzt liegt eine Ionenbindung vor.

Es ist also festzustellen, dass es alle möglichen Übergänge von der unpolaren, kovalenten Bindung bei A–A-Molekülen, über die polare, kovalente Bindung bei A–Z-Molekülen, bis zur Ionenbindung der $A^{+}Z^{-}$-Verbindung geben kann.

3.3 Metallbindung

Das Hauptmerkmal der Metalle ist die elektrische Leitfähigkeit im festen Zustand. Diese beruht auf Elektronen, welche sich im Metallgitter frei bewegen können. Die sehr unterschiedlichen elektrischen Leitfähigkeiten von Metallen deuten darauf hin, dass nicht alle Metalle die gleiche Zahl an Elektronen freisetzen können. Da die freien Elektronen laufend mit den Atomen des Metallgitters zusammenstoßen und außerdem elektrische Kräfte aufeinander ausüben, ist ihre Bewegung nicht so frei wie die von Gasmolekülen, die im leeren Raum herumfliegen und nur untereinander zusammenstoßen können. Daher spricht man von einem „quasi-freien Elektronen-

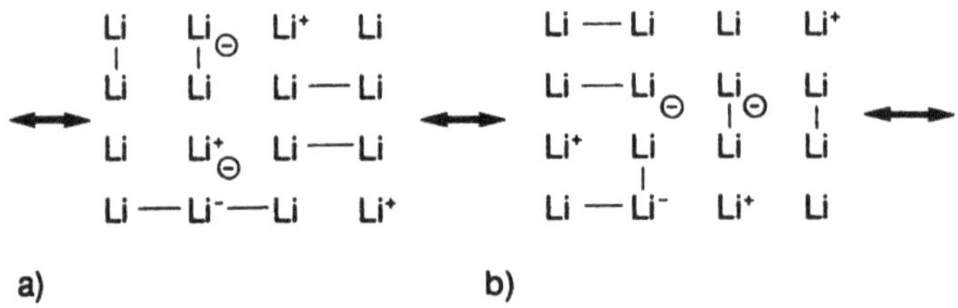

Abb. 3.3 Metallbindung bei Lithium

gas“, um die besondere Situation der Elektronen in den Metallen zu kennzeichnen. Am anschaulichsten lässt sich das zurzeit bevorzugte Modell der Metallbindung am Formelbild gemäß Abb. 3.3 aufzeigen:

Im Zustand a geben einige Lithium-Atome Elektronen ab, die als quasi-freie Elektronen die metallische Leitfähigkeit des Lithiums bewirken:

$$Li^0 \rightarrow Li^+ + e^-$$

Dabei werden aus den Lithiumatomen Lithiumkationen. Außer dieser Ionisierung können zwei Lithiumatome, die über je ein Elektron in ihrer äußersten Elektronenschale verfügen, eine gemeinsame Elektronenpaarbindung eingehen.

Ferner können sich drei Lithiumatome durch Elektronenpaarbindung miteinander verknüpfen. Dafür ist es notwendig, dass das mittlere Lithiumatom noch ein Elektron aufnimmt. Dieses Elektron kann entweder aus dem „Elektronengas“ oder von einem benachbarten Lithiumatom stammen, das dann zum Lithiumkation wird. Damit erhält das Lithiumatom, das ein Elektron übernommen hat, eine negative Ladung, ist also zum Anion geworden. Ferner sind Lithiumatome vorhanden, die sich an keiner der beschriebenen Bindungsarten beteiligen. Die Metallbindung ist nach dieser Modellvorstellung eine Bindungsart, zu der verschiedene Phänomene beitragen. Der Zustand a ist jedoch nicht unveränderlich. Schon nach Bruchteilen von Sekunden liegt ein anderes Formelbild vor (z. B. Zustand b). Aber auch dieser Zustand ändert sich wieder. Mit anderen Worten:

Das Charakteristikum der Metallbindung ist ein ständiger Wechsel der verschiedenen Bindungselemente. Dennoch bleibt im zeitlichen Mittel die Anzahl der quasifreien Elektronen konstant; das heißt, die elektrische Leitfähigkeit verändert sich zeitlich nicht. Die vielen metallischen Elemente und ihre Kombinationen bevorzugen einige wenige räumliche Kristall-Anordnungen, auf die hier nicht näher eingegangen werden kann.

3.4 Zwischenmolekulare Kräfte

Bisher wurden chemische Bindungen betrachtet, welche innerhalb eines Moleküls auftreten oder zur Ionenwechselwirkung oder zur Metallbindung gehören.

Das Gebiet der zwischen den Molekülen wirksamen Kräfte war bisher ausgeklammert. Man gliedert die zwischen den Molekülen wirksamen Kräfte in Wechselwirkungen zwischen

- Ionen und Dipolmolekülen
- Ionen und Molekülen mit induziertem Dipolmoment
- Dipolmolekülen und anderen Dipolmolekülen
- Dipolmolekülen und Molekülen mit induziertem Dipolmoment
- Molekülen mit induziertem Dipolmoment und anderen Molekülen mit induziertem Dipolmoment.

Der Begriff der van-der-Waals'schen Kräfte ist auf die letzte Gruppe beschränkt.

Eine besondere Gruppe von zwischenmolekularen Kräften, die Wasserstoffbrückenbindung, wird in einem besonderen Abschnitt beschrieben.

Betrachtet sei zunächst die Wechselwirkung zwischen Ionen in einem flüssigen oder gasförmigen Medium, soweit ihr Verhalten ein anderes als im festen Zustand ist.

Im Festkörper, vor allem im kristallisierten Zustand, ist die Einwirkung der entgegengesetzt geladenen Nachbarionen im zeitlichen Mittel konstant; sie wird durch die Symmetrie ausgeglichen (z. B. NaCl-Gitter). Anders ist es, wenn Ionen keinen stationären Ort (im zeitlichen Mittel) einnehmen. Betrachtet sei als Beispiel ein kleines Kation und ein großes Anion gemäß Abb. 3.4. Bei großer Entfernung zwischen Kation und Anion findet praktisch keine gegenseitige Beeinflussung statt. Bei kleiner werdendem Abstand wird jedoch die äußerste Elektronenschale des großen Anions durch das kleine Kation deformiert, da das Kation die negativ geladene Elektronenwolke des Anions anzieht. Die Deformation ist umso größer, je kleiner das Kation und je höher seine positive Ladung ist.

Die Deformation ist im Wesentlichen auf die äußerste Elektronenschale beschränkt, aber hier auch besonders wirkungsvoll. Diese Verzerrung der Ladungsverteilung in einem Ion bezeichnet man als Polarisation. Der Effekt der gegenseitigen Polarisation von Ionen steht neben dem Phänomen der Coulomb'schen Kräfte (elektrische Anziehung und Abstoßung), das starrelastische Kugeln als Elektrizitätsträger voraussetzt.

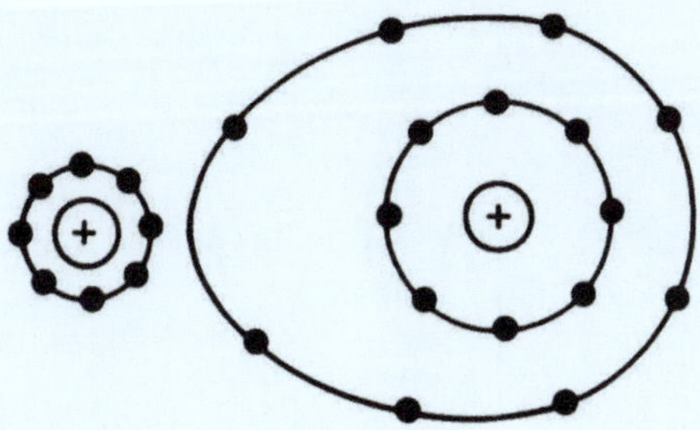

Abb. 3.4 Wechselwirkung zwischen einem kleinen Kation und einem großen Anion mit kugelsymmetrischer Elektronenverteilung

3.4.1 Wechselwirkung zwischen Ionen und Dipolmolekülen

Die Wechselwirkung zwischen Ionen und Molekülen mit einem Dipolmoment ist zunächst eine elektrostatische, wobei ein Kation den negativen Teil des Dipolmoleküls anzieht. Daneben tritt aber als Folge der beschriebenen Deformationserscheinung eine Vergrößerung des Dipolmoments auf. Ein Kation zieht die negativen Elektronen an und stößt die positiven Kerne weiter ab. Beim Wassermolekül könnte man aufgrund der Abstoßungseffekte auch an eine Verkleinerung des Winkels zwischen den Bindungen denken, die zu einem größeren Dipolmoment führen muss (Abb. 3.5).

Alle Ionen in wässriger Lösung umgeben sich kugelsymmetrisch mit Wasserdipolmolekülen, deren zu der Ionenladung entgegengesetzter Ladungspol zum Ion hinzeigt. Dies sei am Beispiel eines Natriumions aufgezeigt. Diesen Vorgang nennt man die Hydratation von Ionen (Abb. 3.6).

3.4.2 Wechselwirkung zwischen Ionen und Molekülen mit induziertem Dipolmoment

Die Wechselwirkung zwischen Ionen und Molekülen mit induziertem Dipolmoment ist mit der zwischen Ionen und einem permanenten Dipolmolekül vergleichbar, sobald das Dipolmoment in dem betreffenden Molekül induziert worden ist. Solche induzierten Dipolmomente können durch Ionen hervorgerufen werden. So könnte

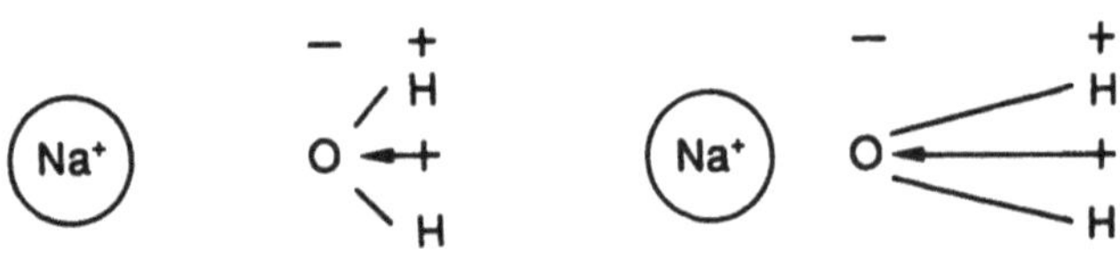

Abb. 3.5 Wechselwirkung zwischen einem Natriumion und einem Wassermolekül

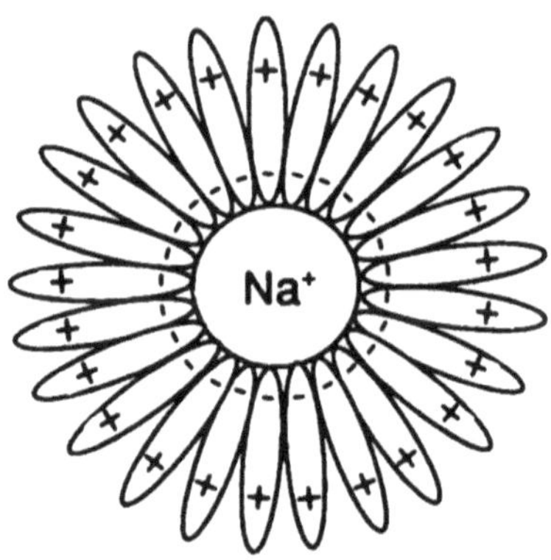

Abb. 3.6 Hydratation eines Natriumions

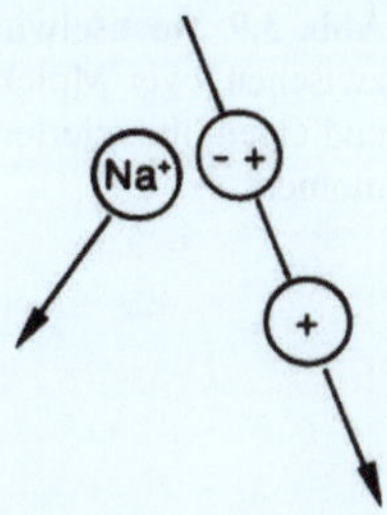

Abb. 3.7 Wechselwirkung zwischen einem Ion und einem Molekül mit induziertem Dipolmoment

ein Kation durch Anziehung der Elektronen in einem Molekül ohne Dipolmoment ein solches verursachen (Abb. 3.7).

3.4.3 Wechselwirkung zwischen zwei Dipolmolekülen

Bei der Dipol–Dipol-Anziehung kennt man zwei verschiedene räumliche Anordnungen. Man unterscheidet die Kopf-Fuß-Assoziation, an der mehrere Dipolmoleküle beteiligt sein können, und Quadrupole (Abb. 3.8).

3.4.4 Wechselwirkung zwischen Dipolmolekülen und Molekülen mit induziertem Dipolmoment

Diese Wechselwirkung zeigt keine Besonderheit und lässt sich aus den bisherigen Erläuterungen erklären.

3.4.5 Wechselwirkung zwischen Molekülen mit induziertem Dipolmoment

Als van-der-Waals'sche Kräfte bezeichnet man die Wechselwirkung zwischen Molekülen mit induziertem Dipolmoment. Die Moleküle mit induziertem Dipolmoment können von der gleichen oder von einer anderen Art sein. Dipolmomente können durch vorhandene Ionen oder durch andere elektrische Ladungen (z. B. an ei-

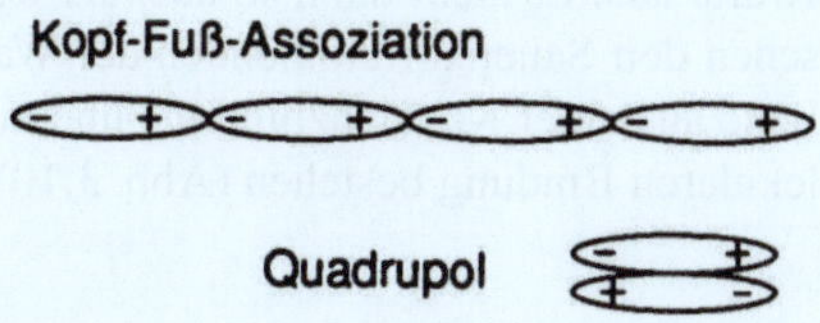

Abb. 3.8 Wechselwirkung zwischen zwei Dipolmolekülen

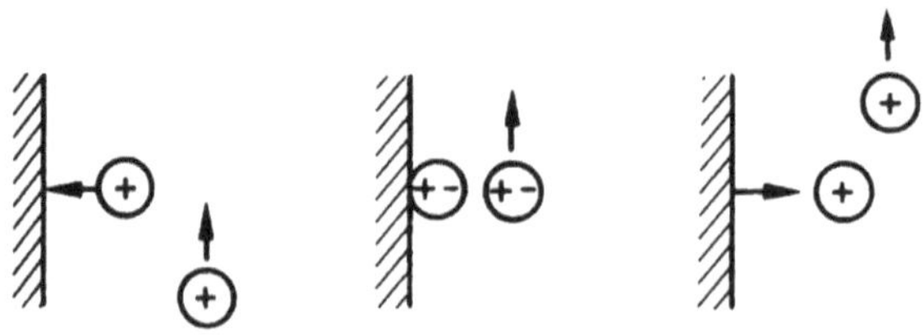

Abb. 3.9 Wechselwirkung zwischen zwei Molekülen und einem induzierten Dipolmoment

ner Oberfläche oder an einer Grenzfläche) induziert werden. Aber sie können auch durch einen Zusammenstoß der Moleküle untereinander oder mit einer Wand oder allgemein mit einer Oberfläche entstehen. Dies sei an einem kugelsymmetrischen Atom, aus dem alle Edelgase bestehen, demonstriert (Abb. 3.9). Beim Aufprall auf die Wand tritt eine Deformation des Atoms ein. Der träge Kern fliegt nach dem Aufprall noch weiter, während die Elektronenhülle zwar auf der Aufprallseite deformiert, auf der entgegengesetzten Seite aber nicht deformiert wird. Als Folge dieser Deformation entfernen sich der positive und der negative Ladungsschwerpunkt voneinander. Das deformierte Atom mit seinem Dipolmoment induziert in einem anderen in der Nähe befindlichen Atom ein Dipolmoment. Wenn sich das erste Atom wieder von der Wand weg bewegt, gewinnt es seine ursprüngliche Gestalt zurück und verliert sein Dipolmoment. Damit verliert auch das zweite Atom wieder sein Dipolmoment.

Die zwischenmolekularen Kräfte sind immer vorhanden. Sie werden meistens von den stärkeren Coulomb'schen Kräften überlagert. Ihre Hauptwirkung erzielen sie in unmittelbarer Nähe der Moleküle. Die zwischenmolekularen Anziehungskräfte sind ausgesprochene Nahkräfte, während die Coulomb'schen Abstoßungskräfte weiter in den Raum hinausreichen.

3.5 Wasserstoffbrückenbindung

Insbesondere in der Wasserchemie spielt die Wasserstoffbrückenbindung eine große Rolle. Offenbar sind die Anziehungskräfte bei den stark polaren Kovalenzbindungen, insbesondere im Wassermolekül, aber auch beim Fluorwasserstoff- und beim Ammoniakmolekül, besonders groß. Durch die stark polaren Kovalenzbindungen entstehen ausgesprochen permanente Dipole. Diese Dipolkräfte sind wesentlich größer als die van-der-Waals'schen Kräfte, weil im Gegensatz zu den induzierten Dipolen die Ladungsverteilung dauernd unsymmetrisch ist. Zwischen den negativen und positiven Dipolenden der Wassermoleküle bilden sich zwischenmolekulare Kräfte aus. Es sieht dann so aus, als würde das Wasserstoffatom eine Brücke zwischen den Sauerstoffatomenden der Wassermoleküle bilden, welche auf der einen Seite aus einer Kovalenzbindung und auf der anderen Seite aus einer zwischenmolekularen Bindung bestehen (Abb. 3.10).

Abb. 3.10 Wasserstoffbrückenbindung

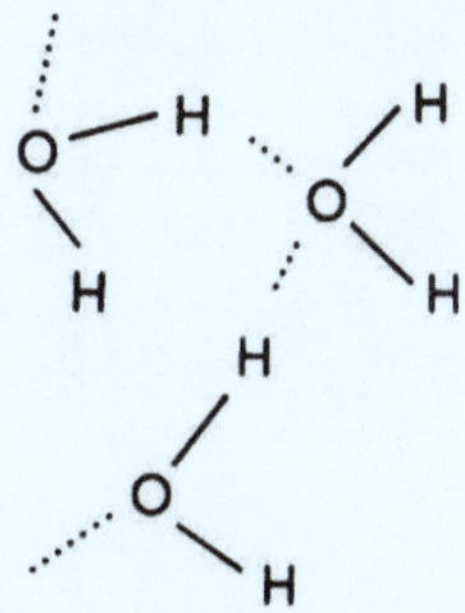

Die Wasserstoffbrückenbindung ist nicht auf zwei Moleküle beschränkt. Es können sich mehrere Wassermoleküle zusammenlagern, wobei sich von jedem Sauerstoffatom aus eine tetraedrische Anordnung der Wasserstoffatome ergibt.

Auch wenn die Struktur des Wassers heute noch nicht als geklärt angesehen werden kann, so kann man doch mit Sicherheit polymere Moleküle im Wasser als vorherrschend ansehen, so dass die Formel $(H_2O)_n$ für flüssiges Wasser eigentlich korrekter als die monomere Formel H_2O ist. Sie wird trotzdem weiter als Kürzel für $(H_2O)_n$ verwendet werden.

In diesen Zusammenhang gehört auch das Wasserstoffion H^+ hinein. Da in wässrigen Säuren oder in anderen Flüssigkeiten, die Wasserstoffionen enthalten müssten, keine nackten Protonen (H^+-Ionen) nachzuweisen sind, liegt das Vorhandensein von Assoziaten mit Wasser nahe.

Zunächst kommt die Anlagerung an ein Wassermolekül in Betracht. Das entstehende H_3O^+-Ion bezeichnet man als Oxonium-Ion. Im wässerigen Milieu muss wieder mit Assoziationen des Oxonium-Ions mit mono- oder polymeren Wassermolekülen gerechnet werden. In Wirklichkeit ist das Wasserstoffion wahrscheinlich $H_3O^+ \cdot (H_2O)_n$, ein Hydroxonium- oder Hydroniumion. Es wird trotzdem weiter die Abkürzung H^+ verwendet und als Wasserstoffion bezeichnet.

Kapitel 4
SI-Einheiten der Wasserchemie

1984 trat das 1969 erlassene „Gesetz über Einheiten im Messwesen“ endgültig in Kraft. Für die Wasserchemie bedeutet das, dass folgende Begriffe nicht mehr verwendet werden sollen:

- Gesamthärte
- Carbonathärte
- Nichtcarbonathärte
- Magnesiahärte
- Calciumhärte.

Außerdem sind folgende, den Wasserchemikern sehr geläufige Einheiten nicht mehr anzuwenden:

- Grad deutscher Härte (°dH)
- Val
- Gewichtsprozent
- Volumprozent
- Molprozent
- Gewichts-Volumprozent

Was zunächst wie eine Katastrophe aussieht, entpuppt sich bei näherer Betrachtung als Segen; denn die SI-Einheiten verlangen eine viel präzisere Ausdrucksweise als das alte Maßsystem. Dennoch werden die Praktiker, die Jahrzehnte mit „°dH“ gearbeitet haben und schon den Sprung zum „Val“ 1970 nicht mitgemacht haben, weiter im alten Maßsystem denken und arbeiten. Nachfolgend werden zunächst die neuen SI-Einheiten definiert. Die alten Einheiten werden in Klammern genannt, soweit das möglich ist. Anschließend werden Umrechnungsfaktoren zwischen alten und neuen Einheiten und zu amerikanischen, englischen und französischen Einheiten erläutert und angewandt.

S. Wilhelm, *Wasseraufbereitung*
DOI: 10.1007/978-3-540-68887-7, © Springer 2008

4.1 Definitionen

4.1.1 Stoffmenge n

Die Basisgröße Stoffmenge beschreibt die Quantität einer Stoffportion auf der Grundlage der Anzahl der darin enthaltenen Teilchen bestimmter Art. Die Einheit der Basisgröße Stoffmenge ist das Mol.

Das Mol ist die Stoffmenge einer Stoffportion, die aus ebenso vielen Einzelteilchen besteht, wie Atome in 12 g des Kohlenstoffisotops ^{12}C enthalten sind. Die Stoffportion bezeichnet einen abgegrenzten Materiebereich, also die bestimmte, abgemessene Menge eines Stoffes:

50 g Schwefelsäurelösung
15 kg Eisenspäne
5 l Wasser.

Benutzt man die Basisgröße Stoffmenge, müssen die Einzelteilchen spezifiziert sein und können Atome, Moleküle, Ionen, Elektronen, oder andere Teilchen oder Gruppen von Teilchen genau angegebener Zusammensetzung sein.

Die Angabe erfolgt als Größengleichung:

$$n_1(\mathrm{S}) = 32{,}0\,\mathrm{mol}$$
$$n_1(\mathrm{S_8}) = 4{,}0\,\mathrm{mol}$$
$$n(\mathrm{H_2SO_4}) = 0{,}5\,\mathrm{mol}$$
$$n(\mathrm{Cl^-}) = 0{,}1\,\mathrm{mol}$$

Gleiche Indizes charakterisieren, dass die Aussagen identisch sind.

4.1.2 Äquivalent (Äquivalentteilchen)

Das Äquivalent ist der gedachte Bruchteil $1/z$ eines Teilchens X im Sinne der Moldefinition. Die Wertigkeit z ergibt sich beim Ionenäquivalent durch die Ladungszahl des Ions, beim Neutralisationsäquivalent durch die Anzahl der H^+-Ionen oder OH^--Ionen, die es bindet oder ersetzt, und beim Redoxäquivalent durch die Anzahl der pro Teilchen abgegebenen oder aufgenommenen Elektronen. Für die symbolische Darstellung von Äquivalenten wird der Bruchteil $1/z$ vor das Symbol des Teilchens X gesetzt:

$$n(1/2\,\mathrm{Ca^{2+}}) = 5{,}0\,\mathrm{mmol}$$
$$n(1/2\,\mathrm{H_2SO_4}) = 0{,}1\,\mathrm{mol}$$

4.1.3 Molare Masse M (früher Atomgewicht, Molekulargewicht)

Die molare Masse eines Stoffes X ist der Quotient aus seiner Masse $m(\mathrm{X})$ und seiner Stoffmenge $n(\mathrm{X})$:

$$M(\mathrm{X}) = m(\mathrm{X})/n(\mathrm{X})\,.$$

Zur Angabe der molaren Massen von Stoffen als Größengleichung werden die Symbole für deren Teilchen in Klammern hinter das Formelzeichen M gesetzt.

$$M(\mathrm{H}) = 1{,}008\,\mathrm{g/mol}$$
$$M(\mathrm{H_2}) = 2{,}016\,\mathrm{g/mol}$$
$$M(\mathrm{NaOH}) = 40\,000\,\mathrm{g/mol}$$
$$M(\mathrm{HCl}) = 36{,}500\,\mathrm{g/mol}$$

4.1.4 Zusammensetzung von Mischphasen

Unter Phase versteht man eine homogene gasförmige, flüssige oder feste Stoffportion. Eine Phase kann aus einem Stoff oder aus mehreren Stoffen bestehen. Eine aus mehreren Stoffen bestehende Phase wird Mischphase genannt. Zur Beschreibung der Zusammensetzung einer Mischphase, die aus mehreren Stoffen besteht, kann man für jeden einzelnen Stoff i eine der folgenden Größen verwenden:

Masse $m(\mathrm{i})$
Stoffmenge $n(\mathrm{i})$
Volumen $V(\mathrm{i})$

4.1.5 Massenanteil w (früher Gewichtsprozent)

Der Massenanteil w eines Stoffes X in einer Mischung ist der Quotient aus seiner Masse $m(\mathrm{X})$ und der Masse m der Mischung:

$$w(\mathrm{X}) = m(\mathrm{X})/m$$
$$w(\mathrm{NaOH}) = 0{,}50$$
$$w(\mathrm{HCl}) = 32{,}00\%$$
$$w(\mathrm{Fe_2O_3}) = 0{,}87$$

4.1.6 Stoffmengenanteil x (früher Molprozent)

Der Stoffmengenanteil x eines Stoffes X in einer Mischung aus den Stoffen X und Y ist der Quotient aus seiner Stoffmenge $n(\mathrm{X})$ und der Summe der Stoffmengen $n(\mathrm{X})$ und $n(\mathrm{Y})$:

$$x(\mathrm{X}) = n(\mathrm{X})/(n(\mathrm{X}) + n(\mathrm{Y}))$$
$$x_2(\mathrm{C_2H_5OH}) = 0{,}45$$
$$x_2(\mathrm{C_2H_5OH}) = 45{,}00\%$$

4.1.7 Volumenanteil ψ (früher Volumprozent)

Der Volumenanteil ψ eines Stoffes X in einer Mischung aus den Stoffen X und Y ist der Quotient aus seinem Volumen $V(\mathrm{X})$ und der Summe der Volumina $V(\mathrm{X})$ und $V(\mathrm{Y})$ *vor* dem Mischvorgang:

$$\psi(\mathrm{X}) = V(\mathrm{X})/(V(\mathrm{X}) + V(\mathrm{Y}))$$
$$\psi_3(\mathrm{O_2}) = 0{,}21 \qquad \psi_3(\mathrm{O_2}) = 21{,}00\%$$

4.1.8 Massenkonzentration ρ (früher Konzentration und Gewichts-Volumprozent)*

Die Massenkonzentration ρ^* eines Stoffes X in einer Mischung ist der Quotient aus seiner Masse $m(\mathrm{X})$ und dem Volumen V der Mischung:

$$\rho^*(\mathrm{X}) = m(\mathrm{X})/V$$
$$\rho^*(\mathrm{H_2SO_4}) = 25\ \mathrm{g/l}$$

4.1.9 Stoffmengenkonzentration c (früher molare Konzentration)

Die Stoffmengenkonzentration c eines Stoffes X in einer Mischung ist der Quotient aus seiner Stoffmenge $n(\mathrm{X})$ und dem Volumen V der Mischung:

$$c(\mathrm{X}) = n(\mathrm{X})/V$$
$$c_4(\mathrm{NaOH}) = 0{,}5\ \mathrm{mol/l}$$
$$c_5(\mathrm{Ca^{2+}}) = 0{,}8\ \mathrm{mmol/l}$$

4.1.10 Äquivalentkonzentration c(1/zX) (früher Valkonzentration)

Die Äquivalentkonzentration $c(1/z\,\mathrm{X})$ eines Stoffes X in einer Mischung ist der Quotient aus seiner Äquivalentstoffmenge $n(1/z\,\mathrm{X})$ und dem Volumen V der Mischung:

$$c(1/z\,X) = n(1/z\,X)/V$$
$$c_4(NaOH) = 0{,}5\,mol/l$$
$$c_5(1/2Ca^{2+}) = 1{,}6\,mmol/l$$

4.1.11 *Volumenkonzentration σ (früher Volumprozent)*

Die Volumenkonzentration σ eines Stoffes X in einer Mischung ist der Quotient aus seinem Volumen $V(X)$ und dem Volumen V der Mischung:

$$\sigma(X) = V(X)/V$$
$$\sigma(C_2H_5OH) = 0{,}38$$

4.1.12 *Molalität b (früher Mol-Gewichtsprozent)*

Die Molalität b eines gelösten Stoffes X ist der Quotient aus seiner Stoffmenge $n(X)$ und der Masse $m(Lm)$ des Lösungsmittels:

$$b(X) = n(X)/m(Lm)$$
$$b(NaCl) = 0{,}1\,mol/kg$$

4.1.13 *Titer t*

Der Titer t ist der Quotient aus der tatsächlichen, vorliegenden Äquivalentkonzentration $c(1/z\,X)$ einer Maßlösung (IST-WERT) und der angestrebten Äquivalentkonzentration $c^*(1/z\,X)$ derselben Maßlösung (SOLL-WERT):

$$t = c(1/z\,X)/c^*(1/z\,X)\,,$$

Angabe der Äquivalentkonzentration $c^*(1/z\,X)$ mit Titer.

$$c_6^*(1/2H_2SO_4) = 0{,}1\,mol/l\,;$$
$$t = 1{,}020$$

Die tatsächlich vorliegende Konzentration $c(1/z\,X)$ erhält man durch Umstellen der Gleichung:

$$t = c(1/z\,X)/c^*(1/z\,X)\,;$$
$$c(1/z\,X) = c^*(1/z\,X) \cdot t\,;$$
$$c_6(1/2H_2SO_4) = 0{,}1 \cdot 1{,}020 = 0{,}1020\,mol/l$$

4.2 Umrechnung von deutschen Härtegraden in andere Maßeinheiten

Der Grad deutscher Härte ist wie folgt definiert:

1 ° dH entspricht einer Massenkonzentration an Calciumoxid (CaO) in Wasser von 10 mg/l.

CaO hat die molare Masse 56,079 g/mol. Da CaO zweiwertig ist, hat es die äquimolare Masse von 56,079/2 = 28,04 g/mol. Das bedeutet, eine 1-milliäquivalente Lösung weist eine Massenkonzentration an Calciumoxid von ca. 28 mg/l auf.

Damit ist die Umrechnungsmöglichkeit der Äquivalentkonzentration in ° dH und umgekehrt gegeben:

$$^\circ\mathrm{dH}/2{,}8 = c(1/2\mathrm{CaO})$$
$$c(1/2\mathrm{CaO}) \cdot 2{,}8 = {}^\circ\mathrm{dH}\,.$$

Mittels der vorgenannten Definitionen können alle Konzentrationsangaben im Bereich der Wasserchemie auf ° dH umgerechnet werden. Dividiert man Massenkonzentration durch die äquimolare Masse des betreffenden Ions und multipliziert mit 2, 8, dann ist das Ergebnis die Konzentrationsangabe des betreffenden Ions in ° dH.

Beispiel

$$\rho^*\,(\mathrm{SO_4^{2-}}) = 10\,\mathrm{mg/l}$$
$$1/2\mathrm{M}\left(\mathrm{SO_4^{2-}}\right) = 48{,}028\,\mathrm{mg/mmol}$$
$$(10/48{,}028) \cdot 2{,}8 = 0{,}58\,^\circ\mathrm{dH}.$$

Die Massenkonzentration an Sulfationen von 10 mg/l entspricht also 0,58 ° dH.

Tabelle 4.1 ermöglicht die Umrechnung von ° dH in Massenkonzentration, Äquivalentkonzentration und Stoffmengenkonzentration (SI-Einheiten).

Tabelle 4.2 ermöglicht die Umrechnung von Massenkonzentration in ° dH, Stoffmengenkonzentration und Äquivalentkonzentration.

Tabelle 4.3 ermöglicht die Umrechnung von Äquivalentkonzentration oder Stoffmengenkonzentration in ° dH und Massenkonzentration.

Beispiele für die Handhabung der Tabellen 4.1 bis 4.3:

Ein Rohwasser weist eine Gesamthärte von 7 ° dH auf. Wie groß sind die Massen-, Stoffmengen- und die Äquivalentkonzentration? (Multiplikatoren aus Tabelle 4.1)

$$\rho^*(\mathrm{CaO}) = 7 \cdot 10 = 70\,\mathrm{mg/l}$$
$$c(\mathrm{CaO}) = 7 \cdot 0{,}18 = 1{,}26\,\mathrm{mmol/l}$$
$$c(1/2\mathrm{CaO}) = 7 \cdot 0{,}36 = 2{,}52\,\mathrm{mmol/l}$$

Ein Rohwasser weist eine Massenkonzentration $\rho^*(\mathrm{SO_4^{2-}}) = 90{,}0\,\mathrm{mg/l}$ auf. Wie groß sind die ° dH, die Stoffmengen- und die Äquivalentkonzentration? (Multipli-

Tabelle 4.1 Umrechnung von °dH in Massenkonzentration, Stoffmengenkonzentration und Äquivalentkonzentration

Ion bzw. Molekül	deutsche Härtegrade in °dH	Massenkonzentration $\varrho^*(X)$ in mg/l	Stoffmengenkonzentration $c(X)$ in mmol/l	Äquivalentkonzentration $c(1/z\,X)$ in mmol/l
Ca^{2+}	1	7,14	0,18	0,36
Mg^{2+}	1	4,36	0,18	0,36
Na^+	1	8,21	0,36	0,36
K^+	1	13,93	0,36	0,36
NH_4^+	1	6,43	0,36	0,36
Fe^{2+}	1	9,97	0,18	0,36
Mn^{2+}	1	9,81	0,18	0,36
CO_3^{2-}	1	10,71	0,18	0,36
HCO_3^-	1	21,79	0,36	0,36
Cl^-	1	12,68	0,36	0,36
SO_4^{2-}	1	17,14	0,18	0,36
NO_3^-	1	22,14	0,36	0,36
PO_4^{3-}	1	11,32	0,12	0,36
CaO	1	10,00	0,18	0,36
CO_2	1	7,86	0,18	0,36
SiO_2	1	10,71	0,18	0,36

katoren aus Tabelle 4.2.)

$$90 \cdot 0{,}058 = 5{,}22\,°\text{dH}$$
$$c\,(SO_4^{2-}) = 90 \cdot 0{,}010 = 0{,}9\,\text{mmol/l}$$
$$c\,(1/2SO_4^{2-}) = 90 \cdot 0{,}021 = 1{,}89\,\text{mmol/l}$$

Ein Rohwasser weist eine Äquivalentkonzentration an Calciumionen von $c(1/2Ca^{2+}) = 2{,}7\,\text{mmol/l}$ auf. Wie groß sind die Stoffmengenkonzentration, die deutschen Härtegrade und die Massenkonzentration? (Multiplikatoren aus Tabelle 4.3.)

$$c(Ca^{2+}) = 2{,}7 \cdot 0{,}5 = 1{,}35\,\text{mmol/l}$$
$$2{,}7 \cdot 2{,}8 = 7{,}56\,°\text{dH}$$
$$\rho^*(Ca^{2+}) = 2{,}7 \cdot 20 = 54\,\text{mg/l}$$

Ein Rohwasser weist eine Stoffmengenkonzentration an Magnesiumionen von $c(Mg^{2+}) = 1{,}8\,\text{mmol/l}$ auf. Wie groß sind die Äquivalentkonzentration, die deutschen Härtegrade und die Massenkonzentration? (Multiplikatoren aus Tabelle 4.3.)

$$c(1/2Mg^{2+}) = 1{,}8/0{,}5 = 3{,}6\,\text{mmol/l}$$
$$3{,}6 \cdot 2{,}8 = 10{,}08\,°\text{dH}$$
$$\rho^*(Mg^{2+}) = 3{,}6 \cdot 12{,}15 = 43{,}7\,\text{mg/l}$$

Tabelle 4.2 Umrechnung von Massenkonzentration in °dH, Stoffmengenkonzentration und Äquivalentkonzentration

Ion bzw. Molekül	Massenkon-zententration $\varrho^*(X)$ in mg/l	deutsche Härtegrade in °dH	Stoffmengen-konzentration $c(X)$ in mmol/l	Äquivalentkon-zentration $c(1/z\,X)$ in mmol/l
Ca^{2+}	1	0,140	0,025	0,050
Mg^{2+}	1	0,230	0,041	0,082
Na^+	1	0,122	0,043	0,043
K^+	1	0,072	0,026	0,026
NH_4^+	1	0,156	0,056	0,056
Fe^{2+}	1	0,100	0,018	0,036
Mn^{2+}	1	0,102	0,018	0,036
CO_3^{2-}	1	0,093	0,017	0,033
HCO_3^-	1	0,046	0,016	0,016
Cl^-	1	0,079	0,028	0,028
SO_4^{2-}	1	0,058	0,010	0,021
NO_3^-	1	0,045	0,016	0,016
PO_4^{3-}	1	0,088	0,011	0,032
CaO	1	0,100	0,018	0,036
CO_2	1	0,127	0,023	0,046
SiO_2	1	0,093	0,017	0,034

Tabelle 4.3 Umrechnung von Äquivalentkonzentration in Stoffmengenkonzentration, °dH und Massenkonzentration

Ion bzw. Molekül	Äquivalent-konzentration $c(1/z\,X)$ in mmol/l	Stoffmengen-konzentration $c(X)$ in mmol/l	deutsche Härtegrade in °dH	Massenkon-zentration $\varrho^*(X)$ in mg/l
Ca^{2+}	1	0,50	2,80	20,00
Mg^{2+}	1	0,50	2,80	12,15
Na^+	1	1,00	2,80	23,00
K^+	1	1,00	2,80	39,00
NH_4^+	1	1,00	2,80	18,00
Fe^{2+}	1	0,50	2,80	27,93
Mn^{2+}	1	0,50	2,80	27,45
CO_3^{2-}	1	0,50	2,80	30,00
HCO_3^-	1	1,00	2,80	61,00
Cl^-	1	1,00	2,80	35,50
SO_4^{2-}	1	0,50	2,80	48,00
NO_3^-	1	1,00	2,80	62,00
PO_4^{3-}	1	0,33	2,80	31,70
CaO	1	0,50	2,80	28,00
CO_2	1	0,50	2,80	22,00
SiO_2	1	0,50	2,80	30,00

4.3 Umrechnung amerikanischer, englischer und französischer Härtegrade

Die Definition der amerikanischen, englischen und französischen Härtegrade weicht von der deutschen Definition ab, weil sie sich auf eine wässrige Lösung von $CaCO_3$ und teilweise auf andere Volumengrößen als auf Liter bezieht.

1 °aH entspricht einer wässrigen Lösung von 1 grain/USgal$CaCO_3$.

1 °eH entspricht einer wässrigen Lösung von 1 grain/Impgal $CaCO_3$.

1 °fH entspricht einer wässrigen Lösung von 10 mg/l $CaCO_3$

Tabelle 4.4 gibt Umrechnungsfaktoren zur Umrechnung der unterschiedlichen Härtegrade und zur Umrechnung auf die Äquivalentkonzentration an.

Beispiel

Ein Rohwasser weist 3,8 ° aH auf. Wie groß sind die deutschen, englischen und französischen Härtegrade und die Äquivalentkonzentration?

$$3{,}8 \cdot 0{,}96 = 3{,}65\,°\text{dH}$$

$$3{,}8 \cdot 1{,}20 = 4{,}56\,°\text{eH}$$

$$3{,}8 \cdot 1{,}71 = 6{,}50\,°\text{fH}$$

$$3{,}8 \cdot 0{,}34 = 1{,}29\,\text{mmol/l} = c(1/2\text{Ca}^{2+} + 1/2\text{Mg}^{2+})$$

Wasseranalysen aus England oder Amerika weisen häufig die Besonderheit auf, dass alle Analysenangaben in ppm $CaCO_3$ ausgedrückt sind. Der Grund dafür liegt in der Bilanzierbarkeit der Analysenwerte.

Die Umrechnung dieser Analysenwerte in °dH oder Massen-, Stoffmengen- oder Äquivalentkonzentrationen kann mithilfe der Tabelle 4.3 erfolgen. Die in ppm $CaCO_3$ angegebenen Analysenwerte werden durch die milliäquimolare Masse von $CaCO_3$ ($1/2M(CaCO_3)$ = 50,044 mg/mmol) dividiert. Dadurch erhält man die Äquivalentkonzentration und kann dann mittels Tabelle 4.3 auch die anderen Konzentrationen einfach errechnen.

Tabelle 4.4 Faktoren zur Umrechnung in andere Härtegrade und die entsprechende Äquivalentkonzentration

Von	in ⟶ °dH	°aH	°eH	°fH	$c(1/z\text{X})$ in mmol/l
°dH	–	1,04	1,25	1,79	0,36
°aH	0,96	–	1,20	1,71	0,34
°eH	0,80	0,83	–	1,43	0,29
°fH	0,56	0,58	0,70	–	0,20
$c(1/z\text{X})$	2,80	3,23	3,50	5,00	–

Beispiel

In der Wasseranalyse ist der Wert für die SO_4^{2-}-Ionenkonzentration mit 130 ppm $CaCO_3$ angegeben. Wie groß sind die Äquivalent-, Stoffmengenkonzentration, die deutschen Härtegrade und die Massenkonzentration?

$$c\,(1/2\mathrm{SO_4^{2-}}) = 130/50,044 = 2{,}598\,\mathrm{mmol/l}$$
$$c\,(\mathrm{SO_4^{2-}}) = 2{,}598 \cdot 0{,}5 = 1{,}299\,\mathrm{mmol/l}$$
$$2{,}598 \cdot 2{,}8 = 7{,}274\,^\circ\mathrm{dH}$$
$$2{,}598 \cdot 48 = 127{,}704\,\mathrm{mg/l} = \rho^*\,(\mathrm{SO_4^{2-}})$$

Kapitel 5
Grundgesetze der allgemeinen Chemie (Auswahl)

5.1 Gesetze der Stöchiometrie

Nach dem zunächst beobachteten Gesetz der konstanten Proportionen ist die Zusammensetzung einer chemischen Verbindung immer die gleiche. Daraus folgt, dass das Massenverhältnis der an einer Verbindung beteiligten Elemente konstant ist.

So ist das Massenverhältnis im Kochsalz immer

$$m(\mathrm{Na}):m(\mathrm{Cl}) = 1:1{,}54\,.$$

Später stellte man fest, dass sich zwei oder mehr Elemente oft auch zu mehr als einer Verbindung vereinen können. Man fand heraus, dass die Massenverhältnisse der Elemente dieser verschiedenen Verbindungen im Verhältnis einfacher, ganzer Zahlen zueinander stehen. Dies ist die Formulierung des Gesetzes der multiplen Proportionen.

Beispiele

Verbindung	Massenverhältnis
CO	$m(\mathrm{C}):m(\mathrm{O}) = 1:1{,}33$
CO_2	$m(\mathrm{C}):m(\mathrm{O}) = 1:2{,}66\ (2\cdot 1,33)$
$FeCl_2$	$m(\mathrm{Fe}):m(\mathrm{Cl}) = 1:1{,}27\ (2\cdot 0{,}635)$
$FeCl_3$	$m(\mathrm{Fe}):m(\mathrm{Cl}) = 1:1{,}90\ (3\cdot 0{,}635)$

Diese beobachteten Massenverhältnisse waren das Ergebnis mühevoller Analytik. Man kannte die Massenverhältnisse in einigen Verbindungen, hatte aber zunächst keine Erklärung für das Zustandekommen dieser Massenverhältnisse.

Die beobachteten Massenverhältnisse sagten noch nichts darüber aus, wie eine Verbindung aufgebaut ist.

Erst die Atomhypothese, dass die Materie aus Atomen besteht, und die Molekülhypothese, dass die Atome sich zu Molekülen vereinigen, sowie die bei Gasreaktio-

S. Wilhelm, *Wasseraufbereitung*
DOI: 10.1007/978-3-540-68887-7, © Springer 2008

nen beobachteten Volumenänderungen führten zu einem weiteren Verständnis der zunächst beobachteten Massenverhältnisse. Man erkannte, dass das Massenverhältnis Ausdruck der an der Verbindung beteiligten molaren Massen ist.

Es wird hier bewusst auf die weitere historische Entwicklung der stöchiometrischen Gesetze verzichtet, da durch die Einführung der Basisgröße Stoffmenge mit dem Gültigwerden der SI-Einheiten das Verhältnis der an einer Verbindung beteiligten Massen klargestellt ist.

Verbindung	Massenverhältnis der beteiligten Elemente	Verhältnis der molaren Massen der beteiligten Elemente
H_2O	$m(\mathrm{H}):m(\mathrm{O}) = 1:8$	$2M(\mathrm{H}):M(\mathrm{O}) = 2:16 = 1:8$
CH_4	$m(\mathrm{C}):m(\mathrm{H}) = 3:1$	$M(\mathrm{C}):4M(\mathrm{H}) = 12:4 = 3:1$
CO	$m(\mathrm{C}):m(\mathrm{O}) = 1:1{,}33$	$M(\mathrm{C}):M(\mathrm{O}) = 12:16 = 1:1{,}33$
CO_2	$m(\mathrm{C}):m(\mathrm{O}) = 1:2{,}66$	$M(\mathrm{C}):2M(\mathrm{O}) = 12:2\cdot 16 = 1:2{,}66$

Avogadro postulierte, dass in gleichen Volumina aller Gase bei gleichem Druck und gleicher Temperatur die gleiche Anzahl von Teilchen enthalten ist. Beim Umgebungsdruck von 1013 hPa und einer Temperatur von 0 °C sind in 22,4 l stets $6{,}023 \times 10^{23}$ Teilchen enthalten. Das Volumen von 22,4 l, das sog. Molvolumen, errechnet sich aus der allgemeinen Zustandsgleichung für ideale Gase, die hier nicht behandelt wird.

Zu Ehren Avogadros wurde diese konstante Anzahl von Teilchen in 22,4 l aller Gase unter Normalbedingungen Avogadro'sche Konstante genannt.

Daraus resultierte später die Aussage, dass die Stoffmenge 1 mol aller Stoffe stets die gleiche Anzahl von Teilchen enthält, nämlich $N_\mathrm{A} = 6{,}023 \times 10^{23}$ Teilchen/mol.

Die heute übliche Formelsprache geht im Wesentlichen auf Berzelius zurück, der die Abkürzung der Elementnamen als Symbole für die Elemente einführte und gleichzeitig diesem Symbol neben der qualitativen Bedeutung auch einen quantitativen Sinn gab. Fe bedeutet nicht nur Eisen, sondern entspricht auch der Stoffmenge von 1 mol Eisen. Dadurch wurde es möglich, in einfacher Weise die Zusammensetzung von Verbindungen anzugeben.

Die einfachste Formel einer Verbindung, die Substanzformel, ist Ausdruck des Stoffmengenverhältnisses der an der Verbindung beteiligten Elemente.

Die Substanzformel wird oft auch als empirische Formel bezeichnet, da sie immer das Ergebnis einer quantitativen Analyse darstellt, also experimentell bestimmt werden muss.

5.2 Beispiele stöchiometrischer Berechnungen

Eine Verbindung enthält $w(\mathrm{Ca}) = 29{,}4\%$, $w(\mathrm{S}) = 23{,}6\%$ und $w(\mathrm{O}) = 47\%$. Wie lautet die Substanzformel?

$$M(X) = m(X)/n(X)$$
$$n(X) = m(X)/M(X)$$
$$n(\text{Ca}) = 29{,}4\,\text{g}/40{,}08\,\text{g/mol} = 0{,}734\,\text{mol}$$
$$n(\text{S}) = 23{,}6\,\text{g}/32{,}06\,\text{g/mol} = 0{,}736\,\text{mol}$$
$$n(\text{O}) = 47{,}0\,\text{g}/15{,}999\,\text{g/mol} = 2{,}938\,\text{mol}$$
$$n(\text{O}):n(\text{Ca}) = 2{,}938\,\text{mol}/0{,}734\,\text{mol} \approx 4$$
$$n(\text{Ca}):n(\text{S}):n(\text{O}) \approx 1:1:4$$

Substanzformel: $CaSO_4$

Wie viel Liter Chlorwasserstoffgas enthält 1 l Salzsäure mit $w(\text{HCl}) = 0{,}3$? ($\rho(\text{HCl mit } w(\text{HCl}) = 0{,}3) = 1152\,\text{kg/m}^3$)

$$M(\text{HCl}) = 1{,}008\,g/mol + 35{,}453\,\text{g/mol} = 36{,}461\,\text{g/mol}$$
$$m(\text{X}) = V(\text{X}) \cdot \rho(\text{X})$$
$$m(\text{HCl}) = 1 \cdot 1{,}1521\,\text{kg/l} = 1{,}152\,\text{kg mit } w(\text{HCl}) = 0{,}3$$
$$1{,}152 \cdot 0{,}3 = x_1 \cdot 1;\ x_1 = 0{,}3456\,\text{kg} = m(\text{HCl mit } w(\text{HCl}) = 1)$$
$$36{,}461\,\text{g/mol}/22{,}4\,\text{l/mol} = 345{,}6\,\text{g}/x_2$$
$$x_2 = V(\text{HCl}) = 212{,}32\,\text{l}$$

2,07 g reines Blei werden in Salpetersäure aufgelöst. Die dadurch entstandene Bleinitratlösung wird mit Salzsäure, Chlorgas und Ammoniumchlorid versetzt. Dadurch werden die Bleiionen quantitativ in Ammoniumhexachloroplumbat $((NH_4)_2PbCl_6)$ überführt. Wie groß ist die maximal mögliche Ausbeute an Ammoniumhexachloroplumbat?

$$Pb + 2HNO_3 \rightarrow Pb(NO_3)_2 + H_2$$
$$Pb(NO_3)_2 + 2HCl + Cl_2 + 2NH_4Cl \rightarrow (NH_4)_2PbCl_6 + 2HNO_3$$
$$M(\text{Pb}) = 207{,}19\,\text{g/mol}$$
$$M((NH_4)_2PbCl_6) = 2 \cdot 14{,}007\,\text{g/mol} + 8 \cdot 1{,}008\,\text{g/mol} + 207{,}19\,\text{g/mol} + 6 \cdot 35{,}453\,\text{g/mol} = 455{,}986\,\text{g/mol}$$
$$207{,}19\,\text{g/mol}/2{,}07\,\text{g} = 455{,}986\,\text{g/mol}/x$$
$$x = m((NH_4)_2PbCl_6) = 4{,}556\,\text{g}$$

4,22 g einer Mischung aus $CaCl_2$ und NaCl werden in Wasser gelöst und mit Na_2CO_3-Lösung versetzt. Dadurch werden die Calciumionen quantitativ als unlösliches $CaCO_3$ ausgefällt. Der $CaCO_3$-Niederschlag wird abfiltriert und durch Glühen in CaO überführt. Dabei erhält man $m(\text{CaO}) = 0{,}959$ g. Wie groß ist $w(CaCl_2)$ in der ursprünglichen Mischung?

$$CaCl_2 + NaCl + Na_2CO_3 \rightarrow CaCO_3 + 3NaCl$$
$$CaCO_3 + E \rightarrow CaO + CO_2$$

$$M(\mathrm{CaCl_2}) = 40{,}08\,\mathrm{g/mol} + 2 \cdot 35{,}453\,\mathrm{g/mol} = 110{,}986\,\mathrm{g/mol}$$
$$M(\mathrm{CaO}) = 40{,}08\,\mathrm{g/mol} + 15{,}999\,\mathrm{g/mol} = 56{,}079\,\mathrm{g/mol}$$
$$110{,}986\,\mathrm{g/mol}/x_1 = 56{,}079\,\mathrm{g/mol}/0{,}959\,\mathrm{g}$$
$$x_1 = m(\mathrm{CaCl_2}) = 1{,}898\,\mathrm{g}$$
$$4{,}22\,\mathrm{g}/100\% = 1{,}898\,\mathrm{g}/x_2\,; x_2 = w(\mathrm{CaCl_2}) = 44{,}98\%$$

Sowohl festes Magnesiumcarbonat als auch festes Calciumcarbonat setzen beim Erhitzen CO_2 frei. Wie groß ist $w(\mathrm{MgCO_3})$ in einer Mischung aus $CaCO_3$ und $MgCO_3$, die beim Glühen 50% ihrer Masse verliert?

$$\mathrm{MgCO_3} + \mathrm{E} \rightarrow \mathrm{MgO} + \mathrm{CO_2}$$
$$\mathrm{CaCO_3} + \mathrm{E} \rightarrow \mathrm{CaO} + \mathrm{CO_2}$$
$$\mathrm{M(MgCO_3)} = 24{,}305\,\mathrm{g/mol} + 12{,}011\,\mathrm{g/mol} + 3 \cdot 15{,}999\,\mathrm{g/mol} = 84{,}313\,\mathrm{g/mol}$$
$$\mathrm{M(CaCO_3)} = 40{,}08\,\mathrm{g/mol} + 12{,}011\,\mathrm{g/mol} + 3 \cdot 15{,}999\,\mathrm{g/mol} = 100{,}088\,\mathrm{g/mol}$$
$$\mathrm{M(CO_2)} = 12{,}011\,\mathrm{g/mol} + 2 \cdot 15{,}999\,\mathrm{g/mol} = 44{,}009\,\mathrm{g/mol}$$
$$84{,}313\,\mathrm{g/mol}/100\% = 44{,}009\,\mathrm{g/mol}/x_1\,;\ x_1 = \Delta m_1 = 52{,}2\%$$
$$100{,}088\,\mathrm{g/mol}/100\% = 44{,}009\,\mathrm{g/mol}/x_2\,;\ x_2 = \Delta m_2 = 43{,}97\%$$
$$w(\mathrm{MgCO_3}) = a$$
$$w(\mathrm{CaCO_3}) = b$$
$$a + b = 100\,;\ b = 100 - a$$
$$(a+b) \cdot 50 = 52{,}2 \cdot a + 43{,}97 \cdot b$$
$$100 \cdot 50 = 52{,}2 \cdot a + 43{,}97(100 - a)$$
$$5000 = 52{,}2 \cdot a + 4397 - 43{,}97 \cdot a$$
$$8{,}23 \cdot a = 603$$
$$a = w(\mathrm{MgCO_2}) = 73{,}27\%$$

Rohphosphat mit $w(\mathrm{Ca_3(PO_4)_2}) = 0{,}88$ wird mit Schwefelsäure zu Phosphorsäure mit $w(\mathrm{H_2PO_4}) = 0{,}45$ umgesetzt. Welche Masse H_3PO_4 mit $w(\mathrm{H_3PO_4}) = 0.45$ entsteht aus 1000 kg Rohphosphat?

$$\mathrm{Ca_3(PO_4)_2} + 3\mathrm{H_2SO_4} \rightarrow 3\mathrm{CaSO_4} + 2\mathrm{H_3PO_4}$$
$$M(\mathrm{Ca_3(PO_4)_2}) = 3 \cdot 40{,}08\,\mathrm{g/mol} + 2 \cdot 30{,}974\,\mathrm{g/mol} + 8 \cdot 15{,}999\,\mathrm{g/mol} = 310{,}18\,\mathrm{g/mol}$$
$$M(\mathrm{H_3PO_4}) = 3 \cdot 1{,}008\,\mathrm{g/mol} + 30{,}974\,\mathrm{g/mol} + 4 \cdot 15{,}999\,\mathrm{g/mol} = 97{,}994\,\mathrm{g/mol}$$
$$m(\mathrm{Ca_3(PO_4)_2}) = 1000 \cdot 0{,}88 = 880\,\mathrm{kg}$$
$$310{,}18\,\mathrm{kg/kmol}/880\,\mathrm{kg} = 2 \cdot 97{,}994\,\mathrm{kg/kmol}/x_1$$
$$x_1 = m(\mathrm{H_3PO_4}\ \text{mit}\ w(\mathrm{H_3PO_4}) = 1) = 556{,}35\,\mathrm{kg}$$

$$556{,}35\,\text{kg} \cdot 1 = x_2 \cdot 0{,}45$$
$$x_2 = m(\text{H}_3\text{PO}_4 \text{ mit } w(\text{H}_3\text{PO}_4) = 0{,}45) = 1236{,}33\,\text{kg}$$

Durch Einleiten von CO_2 in eine gesättigte Natriumcarbonatlösung entsteht Natriumhydrogencarbonat. Welche Masse Natriumhydrogencarbonat gewinnt man aus $m(\text{Na}_2\text{CO}_3) = 250\,\text{g}$ mit $w(\text{Na}_2\text{CO}_3) = 0{,}97$ bei einer Ausbeute von 65%?

$$\text{Na}_2\text{CO}_3 + \text{CO}_2 + \text{H}_2\text{O} \rightleftharpoons 2\text{NaHCO}_3$$
$$250 \cdot 0{,}97 \cdot 0{,}65\,\text{g} = 157{,}63\,\text{g} = m(\text{Na}_2\text{CO}_3),\ \text{das sich umsetzt!}$$
$$M(\text{Na}_2\text{CO}_3) = 2 \cdot 22{,}99\,\text{g/mol} + 12{,}011\,\text{g/mol}$$
$$+\,3 \cdot 15{,}999\,\text{g/mol} = 105{,}988\,\text{g/mol}$$
$$M(\text{NaHCO}_3) = 22{,}99\,\text{g/mol} + 1{,}008\,\text{g/mol} + 12{,}011\,\text{g/mol}$$
$$+\,3 \cdot 15{,}999\,\text{g/mol} = 84{,}006\,\text{g/mol}$$
$$105{,}988\,\text{g/mol}/157{,}63\,\text{g} = 2 \cdot 84{,}006\,\text{g/mol}/x$$
$$x = m(\text{NaHCO}_3 \text{ mit } w(\text{NaHCO}_3) = 1) = 249{,}88\,\text{g}$$

Aus 1,2 kg Pyrit mit $w(\text{FeS}_2) = 0.49$ wurden in einer Versuchsanlage 0,82 kg H_2SO_4 mit $w(\text{H}_2\text{SO}_4) = 0.96$ gewonnen. Wie groß war die prozentuale Ausbeute?

$$4\text{FeS}_2 + 11\text{O}_2 \rightleftharpoons 2\text{Fe}_2\text{O}_3 + 8\text{SO}_2$$
$$8\text{SO}_2 + 4\text{O}_2 \rightleftharpoons 8\text{SO}_3$$
$$8\text{SO}_3 + 8\text{H}_2\text{O} \rightleftharpoons 8\text{H}_2\text{SO}_4$$
$$m(\text{FeS}_2) = 1200 \cdot 0{,}49\,\text{g} = 588\,\text{g}$$
$$M(\text{FeS}_2) = 55{,}847\,\text{g/mol} + 2 \cdot 32{,}06\,\text{g/mol} = 119{,}967\,\text{g/mol}$$
$$M(\text{H}_2\text{SO}_4) = 2 \cdot 1{,}008\,\text{g/mol} + 32{,}06\,\text{g/mol}$$
$$+\,4 \cdot 15{,}999\,\text{g/mol} = 98{,}072\,\text{g/mol}$$
$$4 \cdot 119{,}976\,\text{g/mol}/588\,\text{g} = 8 \cdot 98{,}072\,\text{g/mol}/x_1$$
$$x_1 = m(\text{H}_2\text{SO}_4 \text{ mit } w(\text{H}_2\text{SO}_4) = 1) = 961{,}37\,\text{g}$$
$$961{,}37\,\text{g} \cdot 1 = x_2 \cdot 0{,}96$$
$$x_2 = m(\text{H}_2\text{SO}_4 \text{ mit } w(\text{H}_2\text{SO}_4) = 0{,}96) = 1001{,}43\,\text{g}$$
$$1001{,}43\,\text{g}/100\% = 820\,\text{g}/x_3$$
$$x_3 = 81{,}88\%\ \text{Ausbeute}$$

5.3 Massenwirkungsgesetz

5.3.1 Grundlagen

Der Gleichgewichtszustand von chemischen Reaktionen, die in homogenen (aus einer Phase bestehenden) gasförmigen oder flüssigen Systemen ablaufen, wird vom Massenwirkungsgesetz beschrieben.

Bei der allgemein formulierten chemischen Reaktion

$$n_\mathrm{a} \cdot \mathrm{A} + n_\mathrm{b} \cdot \mathrm{B} \rightleftharpoons n_\mathrm{c} \cdot \mathrm{C} + n_\mathrm{d} \cdot \mathrm{D}$$

reagieren die Stoffe A und B miteinander und bilden die Stoffe C und D.

Aber auch die Stoffe C und D reagieren miteinander und bilden die Stoffe A und B.

n_a bis n_d sind die stöchiometrischen Umsatzzahlen der Reaktion.

Aus beiden gegenläufigen Reaktionen stellt sich ein Gleichgewicht ein, für welches das Massenwirkungsgesetz gilt

$$n^{\mathrm{nc}}(\mathrm{C}) \cdot n^{\mathrm{nd}}(\mathrm{D}) / (n^{\mathrm{na}}(\mathrm{A}) \cdot n^{\mathrm{nb}}(B)) = K_\mathrm{c} \text{ oder}$$
$$c^{\mathrm{nc}}(\mathrm{C}) \cdot c^{\mathrm{nd}}(\mathrm{D}) / (c^{\mathrm{na}}(\mathrm{A}) \cdot c^{\mathrm{nb}}(\mathrm{B})) = K_\mathrm{c}$$

c(A) bis c(D) sind die Stoffmengenkonzentrationen der Stoffe A bis D.

n_a bis n_d sind die stöchiometrischen Umsatzzahlen der Stoffe A bis D.

K_c ist die chemische Gleichgewichts- oder Massenwirkungsgesetzkonstante.

Im Gleichgewichtszustand verändert sich das Verhältnis aus dem Produkt der Stoffmengenkonzentrationen der entstandenen Stoffe, potenziert mit ihren stöchiometrischen Umsatzzahlen und dem Produkt der Stoffmengenkonzentrationen der Ausgangsstoffe, potenziert mit deren stöchiometrischen Umsatzzahlen, nicht.

Der Zahlenwert der Massenwirkungsgesetzkonstanten K_c, bezieht sich jeweils auf eine bestimmte Temperatur. Da hier die Grundlagen zur Wasserchemie gelegt werden und Wasser in Wasserwerken seine Temperatur praktisch nicht verändert, wird auf die Umrechnung der Massenwirkungsgesetzkonstanten auf andere Temperaturen nicht eingegangen.

Bei den nachfolgenden Betrachtungen sei also davon ausgegangen, dass die Temperatur des reagierenden Systems konstant bleibt; die Reaktionen verlaufen isotherm.

Neben der erwähnten Form des Massenwirkungsgesetzes, bei der das Verhältnis der Stoffmengen oder der Stoffmengenkonzentrationen angegeben wird, verwendet man häufig noch eine 2. Form. Bei ihr wird das Verhältnis der Partialdrücke der Stoffe angegeben. Die Gleichgewichtskonstante wird als K_p bezeichnet. K_c und K_p sind relativ einfach ineinander umrechenbar. Da K_p in der Wasserchemie keine Rolle spielt, wird hier nicht darauf eingegangen.

Am einfachsten lässt sich das Massenwirkungsgesetz anhand von Gasreaktionen erläutern.

Die Erläuterung der Bedeutung des Massenwirkungsgesetzes geschieht an nachfolgendem Beispiel.

Welche Stoffmengen Kohlenstoffdioxid und Wasserstoff entstehen im Gleichgewicht, wenn je 4,5 mol Kohlenstoffmonoxid und Wasserdampf zur Reaktion gebracht werden und $K_\mathrm{c} = 4$ beträgt?

$$\begin{array}{lccl} \mathrm{CO} & + & \mathrm{H_2O} & \rightleftharpoons \mathrm{CO_2} + \mathrm{H_2} \\ 4{,}5\,\mathrm{mol} & & 4{,}5\,\mathrm{mol} & \end{array}$$

$$(4{,}5-x)+(4{,}5-x) \rightleftharpoons x + x$$
$$K_c = x\cdot x/((4{,}5-x)\cdot(4.5-x)) = 4$$
$$x^2 = 4(20{,}25-4{,}5\cdot x-4{,}5\cdot x+x^2)$$
$$81-36\cdot x+3\cdot x^2 = 0$$
$$x^2-12\cdot x+27 = 0$$
$$x_{1/2} = (12\pm(144-108)^{1/2})/2$$
$$x_{1/2} = 6\pm 3\,\text{mol}$$
$x_1 = 9$ mol, Lösung nicht möglich,

da nur 9 mol Ausgangsmaterial zur Verfügung stehen.

$$x_2 = 3\,\text{mol}$$

Im Gleichgewicht stehen sich also je 1,5 mol CO und H_2O und je 3 mol CO_2 und H_2 gegenüber.

Welche Stoffmengen befinden sich im Gleichgewichtszustand, wenn die Ausgangsstoffmengen an CO : H_2O vom Verhältnis 1 : 1 auf 1 : 4 geändert wird?

$$CO + H_2O \rightleftharpoons CO_2 + H_2$$
4,5 mol   18 mol
$$(4{,}5-x)+(18-x) \rightleftharpoons x + x$$
$$K_c = x\cdot x/((4{,}5-x)\cdot(18-x)) = 4$$
$$x^2 = 4(81-18\cdot x-4{,}5x+x^2)$$
$$324-90\cdot x+3\cdot x^2 = 0$$
$$x^2-30\cdot x+108 = 0$$
$$x_{1/2} = (30\pm(900-432)^{1/2})/2 = 15\pm 10{,}82\,\text{mol}$$
$x_1 = 25{,}82$ mol, Lösung nicht möglich,

da nur 22,5 mol Ausgangsmaterial zur Verfügung stehen.

$$x_2 = 4{,}18\,\text{mol}$$

Im Gleichgewicht stehen sich also 0,32 mol CO und 13,82 mol H_2O und je 4,18 mol CO_2 und H_2 gegenüber.

Im ersten Beispiel wurden 3 mol CO umgesetzt, im 2. Beispiel wurden 4,18 mol umgesetzt, das entspricht einer Ausbeutesteigerung von ca. 40%. Dieses Ergebnis ist von großer wirtschaftlicher Bedeutung. Durch Erhöhen der Konzentration eines Ausgangsstoffes kann eine größere Ausbeute am gewünschten wertvollen Endstoff erzielt werden. Das gleiche Ergebnis kann man auch durch Verringerung der Stoffmenge am nicht erwünschten Endstoff, z. B. durch eine Nebenreaktion, erzielen.

Das an dieser Stelle kurz beschriebene Massenwirkungsgesetz soll verdeutlichen, dass chemische Reaktionen fast nie nur in eine gewünschte Richtung ablaufen. Wäre das der Fall, könnte man bei chemischen Reaktionen das mathematische Gleichheitszeichen verwenden. Da aber immer, wenn auch in unterschiedlichem Maß, Rückreaktionen auftreten, sich also ein chemisches Gleichgewicht einstellt, verwendet man bei der Formulierung chemischer Reaktionen die in beide Reaktionsrichtungen zeigenden Pfeile. Damit wird ausgedrückt, dass es sich um Gleichgewichte handelt.

5.3.2 Prinzip des kleinsten Zwanges von Le Chatelier und Braun

Wird auf ein System, das sich im Gleichgewichtszustand befindet, von außen ein Zwang ausgeübt, dann verschiebt sich das Gleichgewichtssystem in der Weise, dass es diesem äußeren Zwang ausweicht.

Solche äußeren Zwänge sind bei chemischen Reaktionen Druck, Temperatur und Konzentration.

Die Bedeutung dieses Gesetzes soll am Beispiel der Ammoniaksynthese nach Haber-Bosch verdeutlicht werden. Die Ammoniaksynthese ist ein schwach exothermer Vorgang und verläuft nach folgender Reaktionsgleichung:

$$N_2 + 3H_2 \rightleftharpoons 2NH_3 + E$$

Stickstoff und Wasserstoff reagieren unter Bildung von Ammoniak unter Freisetzung von 46,1 kJ pro Mol Ammoniak bei einer Reaktionstemperatur von 25 °C.

Wird dem Prozess von außen Wärme zugeführt, dann verschiebt sich das Systemgleichgewicht in der Weise, dass Ammoniak teilweise wieder in Stickstoff und Wasserstoff zerfällt, weil dieser Vorgang Energie verbraucht. Man sagt, das Gleichgewicht verschiebt sich nach links. Der umgekehrte Vorgang, die Abführung von Wärme, führt zu einer Gleichgewichtsverschiebung nach rechts, weil bei dieser Reaktion Energie entsteht. Werden die Temperaturen zu niedrig, dann kann sich allerdings das Gleichgewicht nicht mehr einstellen, weil die Reaktionsgeschwindigkeit zu klein wird.

Eine Druckerhöhung wirkt sich auf die Ammoniaksynthese in der Weise aus, dass sich das Gleichgewicht nach rechts verschiebt, da die Bildung von NH_3 aus N_2 und H_2 unter Verminderung der Stoffmenge abläuft, das Gesamtvolumen sich also verringert. Aus dem vorausgegangenen Abschnitt ist bekannt, dass die Erhöhung der Konzentration eines der Ausgangsstoffe zu einer größeren Ausbeute an Ammoniak führen wird. Diese Zusammenhänge wurden von Haber theoretisch für die Ammoniaksynthese erarbeitet und von Bosch bei der BASF in die Praxis umgesetzt.

5.4 Reaktionsgeschwindigkeit und chemisches Gleichgewicht

Die Bedeutung der chemischen Reaktionsgeschwindigkeit soll an einer stark vereinfachten Ableitung des Massenwirkungsgesetzes verdeutlicht werden. Ausgangspunkt der Überlegung ist allein die Vorstellung von der ständigen Bewegung der Moleküle, wobei deren Situation bei einer einfachen Gasreaktion am leichtesten zu verstehen ist:

$$\mathrm{AB} + \mathrm{XZ} \rightleftharpoons \mathrm{AZ} + \mathrm{BX} .$$

Die Gasmoleküle AB und XZ reagieren zu AZ und BX und umgekehrt. Betrachten wir zunächst ausschließlich die von links nach rechts verlaufende Reaktion

$$\mathrm{AB} + \mathrm{XZ} \rightarrow \mathrm{AZ} + \mathrm{BX} .$$

Die Gasmoleküle AB und XZ bewegen sich im Gasraum frei und regellos und stoßen gelegentlich zusammen. Nur bei einem solchen Zusammenstoß von AB- mit XZ-Molekülen können diese Moleküle miteinander reagieren. Wir definieren als Reaktionsgeschwindigkeit der Hinreaktion $v_{\rightarrow}$ die Abnahme der Stoffmengenkonzentration an AB-Gasmolekülen pro Zeiteinheit:

$$v_{\rightarrow} = -\mathrm{d}c(\mathrm{AB})/\mathrm{d}t$$

Ebenso kann man als Reaktionsgeschwindigkeit aber auch die Abnahme der Stoffmengenkonzentration an XZ-Gasmolekülen pro Zeiteinheit oder die Zunahme der Stoffmengenkonzentration an AZ- oder BX-Molekülen pro Zeiteinheit definieren:

$$v_{\rightarrow} = -\mathrm{d}c(\mathrm{AB})/\mathrm{d}t = -\mathrm{d}c(\mathrm{XZ})/\mathrm{d}t = \mathrm{d}c(\mathrm{AZ})/\mathrm{d}t = \mathrm{d}c(\mathrm{BX})/\mathrm{d}t$$

Die Reaktionsgeschwindigkeit der Hinreaktion $v_{\rightarrow}$ ist der Anzahl der Zusammenstöße von AB- mit XZ-Molekülen pro Zeiteinheit proportional.

$$v_{\rightarrow} \sim z$$
$$v_{\rightarrow} = k_1 \cdot z$$

Die Zahl der Zusammenstöße pro Zeiteinheit ist der Anzahl der vorhandenen AB- und XZ-Moleküle proportional. Verdoppelt man z. B. die Anzahl der AB-Moleküle, dann verdoppelt sich die Anzahl der Zusammenstöße zwischen AB- und XZ-Molekülen. Statt der Anzahl der Moleküle wird die Stoffmengenkonzentration angesetzt:

$$z \sim c(\mathrm{AB}) \cdot c(\mathrm{XZ})$$
$$z = k_2 \cdot c(\mathrm{AB}) \cdot c(\mathrm{XZ}) .$$

Daraus ergibt sich

$$v_{\rightarrow} = k_1 \cdot k_2 \cdot c(\mathrm{AB}) \cdot c(\mathrm{XZ}) ; \text{ für } k_1 \cdot k_2 = k_{\rightarrow}$$
$$v_{\rightarrow} = k_{\rightarrow} \cdot c(\mathrm{AB}) \cdot c(\mathrm{XZ}) .$$

$k_{\rightarrow}$ ist die Reaktionsgeschwindigkeitskonstante der Hinreaktion. Die Reaktionsgeschwindigkeit ist den Stoffmengenkonzentrationen der Reaktionsteilnehmer proportional.

Für die Rückreaktion gilt:

$$\mathrm{AB} + \mathrm{XZ} \leftarrow \mathrm{AZ} + \mathrm{BX} .$$

Stellt man für die Rückreaktion die gleichen Überlegungen an, so kommt man zu folgender Gleichung:

$$v_{\leftarrow} = k_{\leftarrow} \cdot c(\mathrm{AZ}) \cdot c(\mathrm{BX}) .$$

$k_{\leftarrow}$ ist die Reaktionsgeschwindigkeitskonstante der Rückreaktion. Die Reaktionsgeschwindigkeit ist den Stoffmengenkonzentrationen der Reaktionsteilnehmer proportional.

Betrachtet man zunächst wiederum nur die Reaktionsgeschwindigkeit der Hinreaktion $v_{\rightarrow}$ unter der Voraussetzung, dass die Reaktionsprodukte AZ und BX laufend aus dem Gasgemisch entfernt werden. Unter dieser Voraussetzung würde die Reaktionsgeschwindigkeit der Hinreaktion laufend abnehmen und schließlich gegen Null gehen, da die Stoffmengenkonzentrationen der Ausgangsmoleküle AB und XZ laufend abnehmen würden.

Im Geschwindigkeits-Zeit-Diagramm ergäbe sich ein Kurvenverlauf gemäß Abb. 5.1.

Bleiben die Reaktionsprodukte AZ und BX in dem geschlossenen System erhalten, dann fällt die Reaktionsgeschwindigkeit der Hinreaktion $v_{\rightarrow}$ vom Zeitpunkt Null an laufend, während die Reaktionsgeschwindigkeit der Rückreaktion $v_{\leftarrow}$ die zum Zeitpunkt Null ebenfalls Null war, ständig ansteigt, da die Stoffmengenkonzentration an AZ- und BX-Molekülen zunächst laufend zunimmt. Beide Reaktionsgeschwindigkeiten müssen dabei einmal gleich groß werden. Die bis zu diesem Zeitpunkt verstrichene Zeit nennt man Reaktionszeit oder Produktionsdauer. Dieser Zusammenhang ist in Abb. 5.2 dargestellt.

Die Gesamtreaktionsgeschwindigkeit

$$v_{\mathrm{G}} = v_{\rightarrow} - v_{\leftarrow}$$

wird Null, wenn $v_{\rightarrow} = v_{\leftarrow}$ ist. Diesen Zustand, bei dem der Gesamtumsatz Null geworden ist, bezeichnet man als Gleichgewichtszustand. Dabei sind, wie Abb. 5.2.

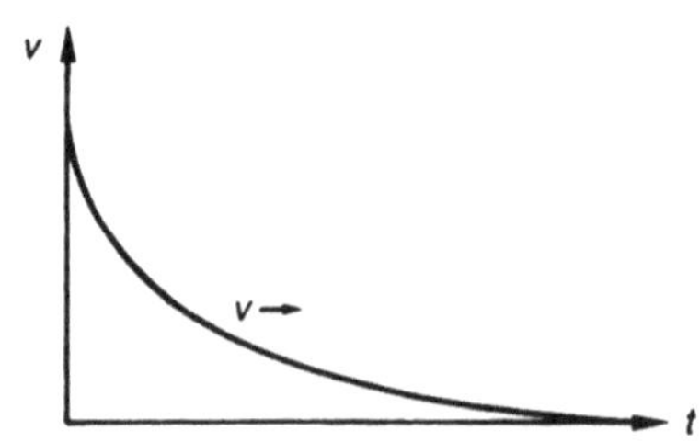

Abb. 5.1 Geschwindigkeits-Zeit-Diagramm der Hinreaktion unter der Voraussetzung der ständigen Entfernung der Reaktionsprodukte

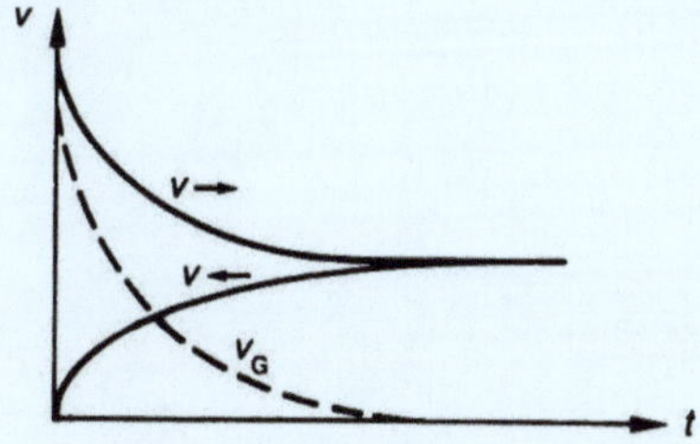

Abb. 5.2 Geschwindigkeits-Zeit-Diagramm der Hin- und Rückreaktion

verdeutlicht, die beiden einzelnen Reaktionsgeschwindigkeiten nicht Null. Das bedeutet, dass dauernd Reaktionen von links nach rechts und von rechts nach links erfolgen; aber beide Umsätze sind gleich groß. Der chemische Gleichgewichtszustand stellt daher kein statisches sondern ein dynamisches Gleichgewicht dar.

Setzt man in die Gleichung

$$v_G = v_{\rightarrow} - v_{\leftarrow}$$

die abgeleiteten Größen ein, so erhält man

$$v_G = k_{\rightarrow} \cdot c(\mathrm{AB}) \cdot c(\mathrm{XZ}) - k_{\leftarrow} \cdot c(\mathrm{AZ}) \cdot c(\mathrm{BX}) = 0$$
$$k_{\rightarrow}/k_{\leftarrow} = c(\mathrm{AZ}) \cdot c(\mathrm{BX})/(c(\mathrm{AB}) \cdot c(\mathrm{XZ}))$$
$$\text{für } k_{\rightarrow}/k_{\leftarrow} = K_c$$
$$K_c = c(\mathrm{AZ}) \cdot c(\mathrm{BX})/(c(\mathrm{AB}) \cdot c(\mathrm{XZ}))$$

Damit wurde das Massenwirkungsgesetz theoretisch abgeleitet.

Kapitel 6
Typen anorganischer Reaktionen

6.1 Säure-/Base-Gleichgewicht

Salzsäure, eine Lösung von Chlorwasserstoffgas in Wasser, leitet den elektrischen Strom, muss also verschiebbare Ionen enthalten. Chlorwasserstoffgas besteht aus Molekülen und enthält keine Ionen. Reines Wasser besteht ebenfalls aus Molekülen und enthält keine Ionen. Die in der Salzsäure enthaltenen Ionen müssen also beim Lösen des Chlorwasserstoffgases in Wasser entstanden sein. Die Gegenwart von Wasser ist dabei von entscheidender Bedeutung, denn eine Lösung von Chlorwasserstoffgas in Benzin oder Benzol leitet den elektrischen Strom nicht.

Fügt man zu der verdünnten Salzsäure eine Silbersalzlösung, z. B. Silbernitrat, dann entsteht ein weißes, schwerlösliches Salz, Silberchlorid:

$$HCl + AgNO_3 \rightleftharpoons AgCl + HNO_3$$

Diese Reaktion ist der Beweis dafür, dass die Salzsäure freie Chloridionen enthalten muss; sonst hätte das HCl-Molekül in seiner Gesamtheit reagieren müssen. Beim Lösen von HCl-Gas in Wasser sind also aus den HCl-Molekülen Chloridionen und Wasserstoffionen entstanden. Dies ist nur dadurch zu erklären, dass sich beim Zusammenstoß von einem HCl- mit einem H_2O-Molekül die Kovalenzbindung zwischen dem H-Atom und dem Cl-Atom löst, wobei das bindende, gemeinsam genutzte Elektronenpaar dem Cl-Atom verbleibt:

$$H{:}\ddot{\underset{..}{Cl}}{:} \rightarrow H^+ + \left[|\overline{\underline{Cl}}|\right]^-$$

Wie bereits früher erläutert, kommt das Proton (H^+) in der geschriebenen Form nicht vor. Das Proton wird durch ein freies Elektronenpaar des negativ polarisierten O-Atoms im Wassermolekül gebunden:

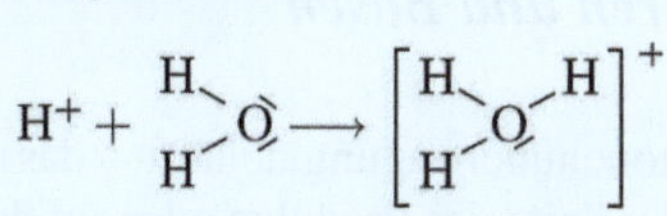

DOI: 10.1007/978-3-540-68887-7,

Die neue O−H-Bindung ist polarer als die Cl−H-Bindung und die entstehenden Ionen hydratisieren sich; beide Effekte bewirken, dass Energie abgegeben werden kann und ermöglichen damit den Protonenübergang. Das Wasserstoffion kann aber nur dann das bindende Elektronenpaar verlassen, wenn das HCl-Molekül mit einem anderen Teilchen zusammenstößt, das freie Elektronenpaare besitzt und dadurch Protonen binden kann. Benzin oder Benzol enthält ausschließlich Moleküle ohne freie Elektronenpaare. Deshalb löst sich HCl-Gas in Benzin oder Benzol als Molekül ohne Protonen abzuspalten. Aus diesem Grunde leitet eine Lösung von Salzsäure in Benzin oder Benzol den elektrischen Strom nicht.

Die am Beispiel der Salzsäure erläuterte Dissoziation findet natürlich auch bei anderen Säuren, z. B. Schwefelsäure, Salpetersäure, Ethansäure, statt. In wässrigen Lösungen von Säuren sind also hydratisierte Oxoniumionen, das sind Hydroniumionen ($H_3O^+ \cdot (H_2O)_n$), vorhanden. Allerdings vermögen Säuren nicht nur an Wasser, sondern auch an andere Moleküle, z. B. Alkohole, Protonen abzugeben; eine Lösung von HCl-Gas in Alkohol leitet den elektrischen Strom ebenfalls, da die alkoholische R−OH-Gruppe ebenfalls freie Elektronenpaare enthält:

$$R-\bar{\underline{O}}-H$$

Die gemeinsame Eigenschaft aller Säuren ist die Möglichkeit, H^+-Ionen (Protonen) abspalten zu können.

Säuren sind Protonenspender!

Auch durch Einleiten von Ammoniakgas in Wasser enthält man eine den elektrischen Strom leitende Lösung. Es muss also ebenfalls Dissoziation stattfinden:

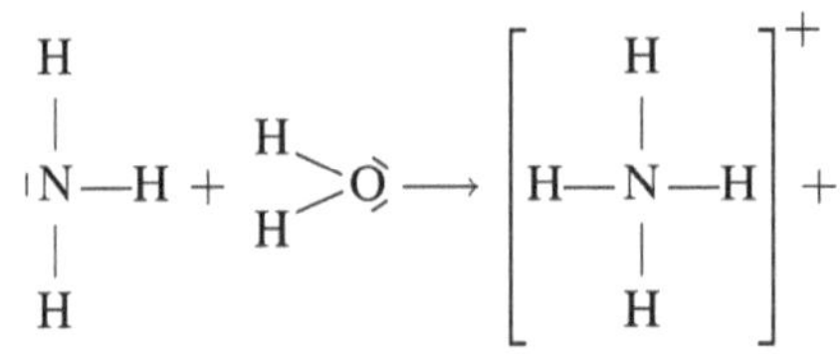

Die in wässriger Ammoniaklösung vorhandenen Hydroxidionen (OH^-) sind dadurch entstanden, dass ein Proton von einem H_2O-Molekül auf ein NH_3-Molekül übergegangen ist. Moleküle, die wie Ammoniakmoleküle Protonen zu binden vermögen, werden als Basen, Laugen oder Alkalien bezeichnet.

Basen sind Protonenempfänger!

Der Vorgang der Protonenübertragung, also sowohl das Entstehen von Protonen als auch das Binden von Protonen wird als Protolyse bezeichnet.

6.1.1 Stärke von Säuren und Basen

Wie vollständig eine Protonenübertragung abläuft – das heißt, ob das betreffende Gleichgewicht mehr auf der Seite der Produkte oder auf der Seite der Edukte liegt –

hängt davon ab, wie leicht die als Protonenspender wirkende Säure Protonen abgibt und wie leicht die Base die Protonen bindet, also von der Stärke der Säure oder Base. Wendet man das Massenwirkungsgesetz auf die Reaktion einer Säure (HA) oder Base (B) mit Wasser an, so erhält man:

Reaktion Säure mit Wasser

$$HA + H_2O \rightleftharpoons H_3O^+ + A^-$$

Reaktion Base mit Wasser

$$B + H_2O \rightleftharpoons BH^+ + OH^-$$

$$K_1 = c(A^-) \cdot c(H_3O^+)/(c(HA) \cdot c(H_2O))$$

$$K_2 = c(BH^+) \cdot c(OH^-)/(c(B) \cdot c(H_2O))$$

Die in verdünnter, wässriger Lösung konstante Konzentration der Wassermoleküle kann in die Konstanten einbezogen werden, so dass man folgende Ausdrücke erhält:

$$K_s = c(A^-) \cdot c(H_3O^+)/c(HA)$$

$$K_b = c(BA^+) \cdot c(OH^-)/c(B)$$

Die beiden Konstanten K_s und K_b werden Säure- und Basenkonstante genannt und charakterisieren die Stärke einer Säure oder Base.

Für Berechnungen wird, in Anlehnung an die etwas später erfolgende Definition des pH-Wertes, häufig der negative dekadische Logarithmus der Konstanten, pK_s bzw. pK_b, verwendet.

Tabelle 6.1 zeigt die pK_s-Werte einiger Säure-/Base-Paare. Die bei der Dissoziation entstehenden Anionen sind ja definitionsgemäß auch Basen, da sie in der Lage sind, Protonen zu binden.

Sehr starke Säuren ($K_s > 100$) reagieren mit Wasser praktisch zu 100%; ihre Lösungen enthalten beinahe ausschließlich H_3O^+-Ionen und die konjugierte Base.

K_s-Wert einer Säure und K_b-Wert ihrer *konjugierten* Base hängen in einfacher Weise voneinander ab:

$$HA + H_2O \rightleftharpoons H_3O^+ + A^- \qquad A^- + H_2O \rightleftharpoons HA + OH^-$$

$$K_s = c(A^-) \cdot c(H_3O^+)/c(HA)$$

$$K_b = c(HA) \cdot c(OH^-)/c(A^-)$$

$$K_s \cdot K_b = c(H_3O^+) \cdot c(A^-) \cdot c(HA) \cdot c(OH^-)/(c(HA) \cdot c(A^-))$$

$$K_s \cdot K_b = c(H_3O^+) \cdot c(OH^-)$$

Das Ionenprodukt der Ionen des Wassers $c(H_3O^+) \cdot c(OH^-)$ wird durch die Konstante K_W ($K_W = K_s \cdot K_b$) ausgedrückt:

$$K_W = c(H_3O^+) \cdot c(OH^-) .$$

Tabelle 6.1 zeigt eine Zusammenstellung der wichtigsten Säure-/Base-Paare, geordnet nach abnehmender Säurestärke (zunehmende pK_s-Werte) bzw. zunehmender Basenstärke.

Tabelle 6.1 pK_S-Werte einiger Säure-Base-Paare bei 25 °C ($pK_S = -\log K_S$)

Säure		konjugierte Base	pK_s
$HClO_4$	Perchlorsäure	ClO_4^-	−9
HCl	Chlorwasserstoff	Cl^-	−6
H_2SO_4	Schwefelsäure	HSO_4^-	−3
H_3O^+	Hydronium-Ion	H_2O	−1,74
HNO_3	Salpetersäure	NO_3^-	−1,32
$HClO_3$	Chlorsäure	ClO_3^-	0
HSO_4^-	Hydrogensulfat-Ion	SO_4^{2-}	1,92
H_2SO_3	Schweflige Säure	HSO_3^-	1,96
H_3PO_4	Phosphorsäure	$H_2PO_4^-$	1,96
$[Fe(H_2O)_6]^{3+}$	Hexaquo-Eisen(III)-Ion	$[Fe(OH)(H_2O)_5]^{2+}$	2,2
HF	Fluorwasserstoff	F^-	3,14
$HCOOH$	Methansäure	$HCOO^-$	3,7
CH_3COOH	Ethansäure	CH_3COO^-	4,76
$[Al(H_2O)_6]^{3+}$	Hexaquo-Aluminium-Ion	$[Al(OH)(H_2O)_5]^{2+}$	4,9
H_2CO_3	Kohlensäure	HCO_3^-	6,46
H_2S	Schwefelwasserstoff	HS^-	7,06
HSO_3^-	Hydrogensulfit-Ion	SO_3^{2-}	7,2
$H_2PO_4^-$	Dihydrogenphosphat-Ion	HPO_4^{2-}	7,21
$HClO$	Unterchlorige Säure	ClO^-	7,25
NH_4^+	Ammonium-Ion	NH_3	9,21
HCN	Blausäure	CN^-	9,4
$[Zn(H_2O)_6]^{2+}$	Hexaquo-Zink-Ion	$[Zn(OH)(H_2O)_5]^+$	9,66
HCO_3^-	Hydrogencarbonat-Ion	CO_3^{2-}	10,40
H_2O_2	Wasserstoffperoxid	HO_2^-	11,62
HPO_4^{2-}	Hydrogenphosphat-Ion	PO_4^{3-}	12,32
HS^-	Hydrogensulfid-Ion	S^{2-}	12,9
H_2O	Wasser	OH^-	15,74
OH^-	Hydroxid-Ion	O^{2-}	24

6.2 Redoxvorgänge

Ursprünglich definierte man Vorgänge, bei denen Sauerstoff verbraucht wird, als Oxidation und Vorgänge, bei denen Sauerstoff aus einer Verbindung abgespalten wird, als Reduktion.

Typische Oxidationsreaktionen sind Verbrennungsvorgänge, bei denen Sauerstoff verbraucht wird.

Nun gibt es aber viele Reaktionen, die sich äußerlich nicht im Geringsten von eigentlichen Verbrennungen unterscheiden, an denen aber kein Sauerstoff beteiligt ist.

So „verbrennt" z. B. erhitztes Natrium bei Zugabe von Chlorgas in ganz ähnlicher Weise, wie es in reinem Sauerstoff verbrennt. Ebenso verbrennen Schwefel, Wasserstoff oder eine Kerze in einer Chlorgasatmosphäre nahezu so gut wie in Luft. Deswegen hat es sich als zweckmäßig erwiesen, den Begriffen Oxidation und Reduktion einen erweiterten Sinn zu geben, damit sie auch auf solche, den eigentlichen Oxidationen ähnliche, Vorgänge angewendet werden können.

Untersucht man die Vorgänge näher, die sich bei der Verbrennung von z. B. Natrium in reinem Sauerstoffgas oder in Chlorgas abspielen, so erkennt man, dass in beiden Fällen die Metallatome ihre Außenelektronen abgeben und zu positiv geladenen Ionen werden. Diese Elektronen werden von den Nichtmetallatomen aufgenommen:

$$\mathrm{Na}\cdot^{0} + \cdot\overline{\underline{\mathrm{Cl}}}| \rightarrow \mathrm{Na}^{+} + [|\overline{\underline{\mathrm{Cl}}}|]^{-}$$

$$\begin{matrix}\mathrm{Na}\cdot^{0} \\ \mathrm{Na}\cdot^{0}\end{matrix} + \cdot\overline{\mathrm{O}}| \rightarrow \begin{matrix}\mathrm{Na}^{+} \\ \mathrm{Na}^{+}\end{matrix} + [|\overline{\underline{\mathrm{O}}}|]^{2-}$$

Das Gemeinsame dieser Reaktionen besteht darin, dass die Metallatome Elektronen abgeben. Bei der Verbrennung von Wasserstoff in Sauerstoffgas oder Chlorgas findet keine Abgabe von Elektronen durch Wasserstoffatome statt.

$$\begin{matrix}\mathrm{H}^{0} \\ \mathrm{H}^{0}\cdot\end{matrix} + \cdot\overline{\mathrm{O}}| \longrightarrow \begin{matrix}\mathrm{H} \\ \mathrm{H}\end{matrix}\!\!>\!\mathrm{O}\rangle$$

Es tritt jedoch insofern ein Entzug von Elektronen ein, als die entstehenden H–O- bzw. H–Cl-Kovalenzbindungen stark polar sind und das O- bzw. Cl-Atom das bindende Elektronenpaar stärker zu sich heranzieht.

Um alle Reaktionen in gleicher Weise behandeln zu können, wird der Ausdruck Oxidation für alle Vorgänge verwendet, bei welchen einem Teilchen (Atom, Ion, Molekül) Elektronen entzogen werden.

Oxidation = Elektronenabgabe

Die einem Teilchen entzogenen Elektronen werden von anderen Teilchen (in den vorgenannten Beispielen von den Chlor- bzw. Sauerstoffatomen) aufgenommen. Für diesen Vorgang verwendet man die Bezeichnung Reduktion.

Reduktion = Elektronenaufnahme

Ein Teilchen kann nur Elektronen abgeben, wenn diese von anderen Teilchen aufgenommen werden. Das bedeutet, dass Oxidation und Reduktion stets gekoppelt verlaufen. Solche Reaktionen nennt man Redoxvorgänge.

Redoxvorgänge = Elektronenverschiebung

Substanzen, die andere oxidieren können und damit Oxidation bewirken, nennt man Oxidationsmittel. Sie selbst werden dabei reduziert. Oxidationsmittel sind z. B. Sauerstoffgas, Chlorgas, Kaliumpermanganat ($KMnO_4$).

Umgekehrt wirken Substanzen, denen leicht Elektronen entzogen werden können, als Reduktionsmittel. Sie selbst werden dabei oxidiert. Reduktionsmittel sind z. B. alle unedlen Metalle, aber auch Wasserstoffgas, Kohlenstoff und Schwefeldioxid.

Der Ablauf der meisten Redoxreaktionen ist – im Gegensatz zum Ablauf der Protolysen – sehr kompliziert und in vielen Fällen noch nicht genau bekannt.

Reine Elektronenübertragungen, wie sie vereinfacht dargestellt wurden, sind sehr selten. Redoxreaktionen sind meist mit Komplexreaktionen oder Protonenübertragungen gekoppelt. Aus diesem Grund lässt sich oft durch Beobachtung des Reaktionsverlaufes oder aus der stöchiometrischen Gleichung schwer erkennen, wo und wie Elektronen verschoben werden.

Als Beispiel sei die Reaktion von konzentrierter Salpetersäure mit Kupfer betrachtet:

$$\mathrm{Cu + 4HNO_3 \rightleftharpoons Cu(NO_3)_2 + 2NO_2 + 2H_2O}$$

Dass das Kupferatom oxidiert wird, ist einfach zu erkennen. Welches Atom wird reduziert?

Das ist nur dann zu erkennen, wenn die Ladungszahlen (rechts oben am Elementsymbol) mit geschrieben werden:

$$\mathrm{Cu^0 + 4H^{1+}N^{5+}O_3^{2-} \rightleftharpoons Cu^{2+}(N^{5+}O_3^{2-})_2 + 2N^{4+}O_2^{2-} + 2H_2^{1+}O^{2-}}$$

Jetzt ist leicht zu erkennen, dass die beiden Stickstoffatome im Stickstoff(IV)-oxid die beiden vom Kupferatom abgegebenen Elektronen aufgenommen haben, also reduziert wurden.

6.2.1 Stärke von Oxidations- und Reduktionsmitteln

Reduktionsmittel sind Stoffe, die Elektronen abgeben können, Oxidationsmittel können Elektronen aufnehmen.

Ebenso wie eine Säure umso stärker ist, je leichter sie Protonen abspaltet, wirkt ein Stoff umso stärker reduzierend, je leichter er Elektronen aufnimmt. Wie Protonenabspaltung und -aufnahme sind auch die Elektronenübertragungen umkehrbar. Oxidierte und reduzierte Stufe eines Atoms bilden ein Redoxpaar, vergleichbar mit dem Säure-/Base-Paar:

$$\mathrm{Na^0 \underset{Red}{\overset{Ox}{\rightleftharpoons}} Na^+ + e^-}$$

$$\mathrm{2Cl^- \underset{Red}{\overset{Ox}{\rightleftharpoons}} Cl_2^0 + 2e^-}$$

In der Metallreihe sind die Metalle nach der Neigung geordnet, mit verdünnten Säuren Wasserstoff zu entwickeln, wobei die Metalle selbst als Ionen in Lösung gehen:

$$\mathrm{2Na^0 + 2H^+Cl^- \rightleftharpoons 2Na^+Cl^- + H_2^0}$$

Dabei werden den Metallatomen Elektronen entzogen. Je unedler ein Metall ist, desto leichter wird es oxidiert.

Umgekehrt lässt sich ein Metallion in wässriger Lösung umso leichter reduzieren, je edler das entstehende Metall ist.

Um Oxidations- und Reduktionsvermögen von Metallen und Metallsalzen vergleichen zu können, ist es zweckmäßig, nicht die Metalle selbst, sondern die entsprechenden Redoxpaare in einer Reihe, der Redoxreihe, zu ordnen. Die Redoxreihe gestattet allerdings nur, das Reduktions- bzw. Oxidationsvermögen verschiedener Stoffe in wässriger Lösung zu vergleichen.

Ein oxidierbarer Stoff kann nur durch ein in der Redoxreihe unterhalb von ihm stehendes Oxidationsmittel oxidiert werden.

Da man die Redoxpotenziale zwischen den Atomen und ihren Ionen nicht messen kann, hat man das Redoxpotenzial zwischen atomarem Wasserstoff und Wasserstoffionen gleich Null gesetzt und drückt die Redoxpotenziale im Vergleich zur sog. „Wasserstoffelektrode" aus. Die Vergleichspotenziale einiger Elemente und Verbindungen gegenüber Lösungen, welche ihre Ionen in einer Äquivalentkonzentration von 1 mol/l aufweisen, sind in Tabelle 6.2 wiedergegeben.

Da die Wasserstoffelektrode nur sehr schwer zu handhaben ist, entwickelte man für die technische Anwendung besser zu handhabende Elektroden, z. B. die Kalo-

Tabelle 6.2 Redoxreihe (Normalspannungsreihe)

Red (reduzierte Form)	**Ox** (oxidierte Form)		**Normalpotential** E_0 in V
Li	Li^+	$+ e^-$	−3,03
K	K^+	$+ e^-$	−2,92
Ca	Ca^{2+}	$+ 2e^-$	−2,76
Na	Na^+	$+ e^-$	−2,71
Mg	Mg^{2+}	$+ 2e^-$	−2,35
Al	Al^{3+}	$+ 3e^-$	−1,69
Se^{2-}	Se	$+ 2e^-$	−0,77
Zn	Zn^{2+}	$+ 2e^-$	−0,76
S^{2-}	S	$+ 2e^-$	−0,51
Fe	Fe^{2+}	$+ 2e^-$	−0,44
Pb	Pb^{2+}	$+ 2e^-$	−0,13
$2H_2O + H_2$	$2H_3O^+$	$+ 2e^-$	0,00
Cu^+	Cu^{2+}	$+ e^-$	+0,17
Cu	Cu^{2+}	$+ 2e^-$	+0,35
$4OH^-$	O_2	$+ 2H_2O + 4e^-$	+0,40
$2I^-$	I_2	$+ 2e^-$	+0,58
Fe^{2+}	Fe^{3+}	$+ e^-$	+0,75
Ag	Ag^+	$+ e^-$	+0,81
Hg	Hg^{2+}	$+ 2e^-$	+0,86
$6H_2O + NO$	NO_3^-	$+ 4H_3O^+ + 3e^-$	+0,95
$2Br^-$	Br_2	$+ 2e^-$	+1,07
$12H_2O + Cr^{3+}$	CrO_4^{2-}	$+ 8H_3O^+ + 3e^-$	+1,30
$2Cl^-$	Cl_2	$+ 2e^-$	+1,36
Au	Au^{3+}	$+ 3e^-$	+1,38
$12H_2O + Mn^{2+}$	MnO_4^-	$+ 8H_3O^+ + 5e^-$	+1,50
$3H_2O + O_2$	O_3	$+ 2H_3O^+ + 2e^-$	+1,90
$2SO_4^{2-}$	$S_2O_8^{2-}$	$+ 2e^-$	+2,05
$2F^-$	F_2	$+ 2e^-$	+2,85

melelektrode. Das Potenzial der Kalomelelektrode unterscheidet sich vom Potenzial der Wasserstoffelektrode um $+0{,}25\,\mathrm{V}$.

6.2.2 Beispiele für Redoxreaktionen in der Wasserchemie

Redoxreaktionen spielen in der Wasserchemie vorrangig als Oxidationsreaktionen bei der Oxidation von Eisen- bzw. Manganionen oder bei der Oxidation von organischer Substanz eine Rolle.

Zweiwertige Eisen- und Manganionen liegen in wässriger Lösung in gelöster Form vor und müssen vor der Einspeisung in das Leitungsnetz zur unlöslichen drei- bzw. vierwertigen Form oxidiert werden, die nicht mehr wasserlöslich sind und durch Filtration aus dem Wasser entfernt werden können:

$$4\mathrm{FeCl_2} + \mathrm{O_2} + 10\mathrm{H_2O} \rightleftharpoons 4\mathrm{Fe(OH)_3} + 8\mathrm{HCl}$$

$$2\mathrm{MnCl_2} + \mathrm{O_2} + 4\mathrm{H_2O} \rightleftharpoons 2\mathrm{MnO(OH)_2} + 4\mathrm{HCl}$$

Organische Verbindungen in Form von Bakterien werden durch Oxidationsmittel, z. B. Chlorgas, abgetötet (reduziert). Um einen Chlorgasüberschuss im aufbereiteten Wasser nachzuweisen, misst man häufig das Redoxpotenzial.

Kapitel 7
Definition wichtiger wasserchemischer Begriffe

Nachdem in den ersten sechs Kapiteln ausgewählte Themen der allgemeinen Chemie – mit strengem Bezug zum Wasser – dargestellt wurden, werden jetzt wichtige Begriffe der Wasserchemie definiert.

7.1 pH-Wert

Das Massenwirkungsgesetz lässt sich auf alle Reaktionen in homogener Phase anwenden, also auch auf Ionenreaktionen. Besonders wichtig sind die Reaktionen im Lösungsmittel Wasser. Die Anwendung des Massenwirkungsgesetzes beginnt schon bei der elektrolytischen Reaktion des Wassers selbst:

$$H_2O \rightleftharpoons H^+ + OH^-$$

Das auf die vorgenannte Reaktion angewandte Massenwirkungsgesetz lautet:

$$K(H_2O) = c(H^+) \cdot (OH^-)/c(H_2O)$$
$$K(H_2O \text{ bei } 25\,°C) = 1{,}8 \times 10^{-16}\,\text{mol/l}$$

Reines Wasser ist also kaum dissoziiert, d. h., die Konstante K aus dem Massenwirkungsgesetz ist für diese Reaktion sehr klein. Deshalb kann man die Gleichung rechnerisch vereinfachen. Die Stoffmengenkonzentration des undissoziierten Wassers kann als konstant angesehen werden und wird deshalb in die Massenwirkungsgesetzkonstante mit eingearbeitet:

$$K(H_2O) \cdot c(H_2O) = K_W$$
$$K_W(\text{ bei } 25\,°C) = c(H^+) \cdot c(OH^-) = 10^{-14}\,(\text{mol/l})^2$$

Man erhält eine neue Massenwirkungsgesetzkonstante K_W, die als Ionenprodukt des Wassers bezeichnet wird. Bei 25 °C hat sie den Wert 10^{-14} (mol/l)^2, bei 100 °C den Wert 10^{-12} (mol/l)^2.

S. Wilhelm, *Wasseraufbereitung*
DOI: 10.1007/978-3-540-68887-7, © Springer 2008

In reinem Wasser müssen die Wasserstoffionen, die grundsätzlich als Abkürzung für die Hydroniumionen verwendet werden, und die Hydroxidionen dieselbe Stoffmengenkonzentration aufweisen, da aus jedem dissoziierten H_2O-Molekül je $1H^+$- und $1OH^-$-Ion entstehen:

$$c(H^+) = c(OH^-) = (10^{-14})^{1/2}\,\text{mol/l} = 10^{-7}\,\text{mol/l}$$

Für die Stoffmengenkonzentration an Wasserstoffionen hat sich eine besondere Bezeichnung eingebürgert: der pH-Wert.

Der *pH*-Wert, auch kurz *pH* genannt, ist der negative dekadische Logarithmus des Zahlenwertes der Stoffmengenkonzentration an Wasserstoffionen:

$$\mathbf{pH = -\log c(H^+)}\,.$$

In reinem Wasser ist der pH-Wert also 7 ($\text{pH} = -\log 10^{-7}$). Das Ionenprodukt des Wassers gilt für jedes Wasser, auch für Wasser, das Elektrolyte enthält.

Säuren dissoziieren definitionsgemäß H^+-Ionen ab. In saurer Lösung ist $c(H^+) > 10^{-7}$; 10^{-6}; 10^{-5} und so fort.

Laugen dissoziieren definitionsgemäß OH^--Ionen ab. In alkalischer Lösung wird also $c(OH^-) >$ und $c(H^+) < 10^{-7}$; 10^{-8}; 10^{-9} und so fort.

Ob eine Lösung sauer oder alkalisch reagiert, hängt also von der Konzentration $c(H^+)$, d. h. vom pH-Wert ab:

$c(OH^-)$/mol/l	10^{-14}	10^{-13}	...	10^{-8}	10^{-7}	...	10^{-1}	10^0
$c(H^+)$/mol/l	10^0	10^{-1}	...	10^{-6}	10^{-7}	...	10^{-13}	10^{-14}
pH	0	1	...	6	7	...	13	14
	sauer	←			neutral	→	alkalisch	

Beispielrechnungen zum pH-Wert

$c(H^+) = 0{,}0013\,\text{mol/l}$; $\text{pH} = ?$
$\text{pH} = -\log c(H^+) = -\log 1{,}3 \times 10^{-3} = 2{,}89$

$\text{pH} = 3$; $c(H^+) = ?$
$\text{pH} = -\log c(H^+)$; $c(H^+) = 10^{-pH} = 10^{-3} = 0{,}001\,\text{mol/l}$

$c(OH^-) = 0{,}00046\,\text{mol/l}$; $\text{pH} = ?$
$c(OH^-) \cdot c(H^+) = 10^{-14}\,(\text{mol/l})^2$;
$c(H^+) = 10^{-14}/c(OH^-) = 10^{-14}/4{,}6 \times 10^{-4} = 2{,}17 \times 10^{-11}\,\text{mol/l}$
$\text{pH} = 10{,}67$

$\text{pH} = 8{,}5$; $c(H^+) = ?$
$\text{pH} = -\log c(H^+)$; $c(H^+) = 10^{-\text{pH}} = 10^{-8{,}5} = 3{,}16 \times 10^{-9}\,\text{mol/l}$
$\rho^*(HCl) = 3{,}65\,\text{g/l}$; $pH = ?$
$HCl \rightleftharpoons H^+ + Cl^-$

$36{,}461\,g/mol/l = 3{,}65\,g/l/x_1\,;\; x_1 = 3{,}65\,g/l/36{,}461\,g/mol = 0{,}1\,mol/l = c(H^+)$
$pH = -\log c(H^+) = 1$

$\rho^*(Ca(OH)_2) = 3{,}7\,mg/l;\; pH = ?$
$Ca(OH)_2 \rightleftharpoons Ca^{2+} + 2OH^-$
$74{,}094\,mg/mmol/2 = 3{,}7\,mg/l/x_2\,;\; x_2 = 3{,}7\,mg/l \cdot 2/74{,}094\,mg/mmol$
$= 0{,}1\,mmol/l = c(OH^-)$
$c(OH^-)\cdot c(H^+) = 10^{-14}\,mol/l;\; c(H^+) = 10^{-14}/10^{-4} = 10^{-10}\,mol/l$
$pH = -\log c(H^+) = 10$

---

50 m³ einer Lösung mit pH = 12,8 sollen mit HCl mit $w(HCl) = 0{,}3$ neutralisiert werden. Wie viele Liter Salzsäure sind zur Neutralisation erforderlich?

$pH = -\log c(H^+);\; c(H^+) = 10^{-pH} = 10^{-12{,}8} = 1{,}58\times 10^{-13}\,mol/l$
$c(OH^-) = 10^{-14}/1{,}58\times 10^{-13} = 6{,}33\times 10^{-2}\,mol/l$
$H^+ + OH^- \rightleftharpoons H_2O$

Also sind ebenso viel H^+-Ionen zur Neutralisation des OH^--Ionen-Überschusses zu undissoziiertem Wasser erforderlich!

$HCl \rightleftharpoons H^+ + Cl^-$
$n(HCl) = 6{,}33\times 10^{-2}\,mol/l \cdot 50\,000\,l = 3165\,mol$
$m(HCl) = 3165\,mol \cdot 36{,}461\,g/mol = 115\,399{,}07\,g$ mit $w(HCl) = 1$
$m(HCl$ mit $w(HCl) = 0{,}3) = 115\,399{,}07\,g/0{,}3 = 384\,663{,}55\,g$
$V(HCl$ mit $w(HCl) = 0{,}3) = 384\,663{,}55\,g/1{,}15\,g/ml = 334\,490{,}04\,ml = 334{,}49\,l$

7.2 Puffersysteme

Alle Wässer wären instabile Systeme, wenn sie keine Puffersysteme enthielten.

Puffersysteme sind Lösungen schwacher Säuren oder Basen mit einem ihrer Salze. Sie haben die Eigenschaft, trotz Zugabe von Säure oder Lauge den pH-Wert der Lösung praktisch konstant zu halten.

Das Puffersystem natürlicher Wässer ist das System

Calcium – Kohlensäure – Wasser.

Die Wirkungsweise dieses Puffersystems sei nachfolgend genauer betrachtet:

$$H_2CO_3 \rightleftharpoons H^+ + HCO_3^-$$
$$Ca(HCO_3)_2 \rightleftharpoons Ca^{2+} + 2HCO_3^-$$

Wendet man das Massenwirkungsgesetz auf die Dissoziationsgleichungen an, so ergeben sich folgende Beziehungen:

$$K(H_2CO_3) = c(H^+)\cdot c(HCO_3^-)/c(H_2CO_3)$$
$$K(Ca(HCO_3)_2) = c(Ca^{2+})\cdot c^2(HCO_3^-)/c(Ca(HCO_3)_2)$$

Die HCO_3^--Ionen kommen in beiden Dissoziationsgleichungen vor; beide Gleichgewichte sind durch die gemeinsamen Ionen verbunden. Dies ist der Wirkungsmechanismus jedes Puffersystems, ausgedrückt auch durch folgende Schreibweise:

$$H_2CO_3 \rightleftharpoons H^+ + 3HCO_3^- + Ca^{2+} \rightleftharpoons Ca(HCO_3)_2$$

Gibt man zu einem Wasser, das vorgenanntes Puffersystem enthält, Säure hinzu, so wird die Stoffmengenkonzentration an H^+-Ionen in der 1. Gleichung größer. Da die Dissoziationskonstante von der Konzentration unabhängig ist, muss zur Aufrechterhaltung des konstanten Wertes mehr undissoziierte Kohlensäure gebildet werden. Es werden sich also H^+-Ionen mit HCO_3^--Ionen zu undissoziierter Kohlensäure verbinden. Da die Kohlensäure eine schwach dissoziierte Säure ist, können aus ihrem Dissoziationsgleichgewicht nicht genügend HCO_3^--Ionen zur Verfügung gestellt werden. Die HCO_3^--Ionen stammen zum größten Teil aus der 2. Gleichung. Dadurch wird natürlich das Dissoziationsgleichgewicht des Calciumhydrogencarbonats gestört. Zur Aufrechterhaltung der Konstanten $K(Ca(HCO_3)_2)$ müssen undissozierte $Ca(HCO_3)_2$-Moleküle zu Ca^{2+}- und HCO_3^--Ionen dissoziieren. Die hinzukommenden H^+-Ionen werden also solange von den HCO_3^--Ionen „weggefangen" ohne den pH-Wert zu beeinflussen, wie das Dissoziationsgleichgewicht des Calciumhydrogencarbonats noch HCO_3^--Ionen liefern kann. Danach wird der pH-Wert entsprechend der Zugabemenge an H^+-Ionen absinken.

Der pH-Wert bleibt aber auch bei Zugabe von Lauge konstant. Die hinzukommenden OH^--Ionen werden von den H^+-Ionen aus der 1. Gleichung zu undissoziiertem Wasser gebunden. Zur Aufrechterhaltung des Gleichgewichtes müssen undissoziierte H_2CO_3-Ionen zu H^+- und HCO_3^--Ionen dissoziieren. Der dann vorhandene Überschuss an HCO_3^--Ionen wird durch Bildung von undissoziierten $Ca(HCO_3)_2$-Molekülen im 2. Gleichgewicht „weggefangen". Der pH-Wert bleibt nur solange konstant, bis die gesamte Kohlensäure dissoziiert ist. Danach wird der pH-Wert entsprechend der Zugabemenge an OH^--Ionen ansteigen.

7.3 Osmotischer Druck

Der osmotische Druck einer Lösung ist genauso groß, als ob der gelöste Stoff als reales Gas denselben Raum einnähme; d. h., der osmotische Druck einer Lösung befolgt die Gasgesetze.

Avogadro'sche Regel

Gleiche Volumina idealer Gase enthalten bei gleichem Druck und gleicher Temperatur die gleiche Anzahl an Teilchen; bei Normalbedingungen beträgt die Avogadro'sche Konstante

$$N_A = 6{,}023 \times 10^{23}\,\text{mol}^{-1}\,.$$

Die Stoffmenge 1 mol jedes idealen Gases nimmt unter Normalbedingungen ein Volumen von 22,4 l ein; es ist das sog. Molvolumen.

Die Dichten zweier Gase verhalten sich wie ihre molaren Massen:

$$\rho(\mathrm{X})/\rho(\mathrm{Y}) = (M(\mathrm{X})/V(\mathrm{Mol}))/(M(\mathrm{Y})/V(\mathrm{Mol})) = M(\mathrm{X})/M(\mathrm{Y})$$

Folgerung: Das leichteste aller Gase ist der Wasserstoff (H_2) mit $M(H_2) =$ 2,016 g/mol.

Die Volumenanteile der Luft bestehen zu ca. 80% aus N_2 ($M(N_2) =$ 28,014 g/mol) und ca. 20% aus O_2 ($M(O_2) = 31{,}998$ g/mol). Deshalb haben 22,4 l Luft bei Normalbedingungen eine Masse von ca. 29 g. Will man feststellen, ob Gase schwerer oder leichter als Luft sind, so genügt die Ermittlung von M des Gases. Ist $M(\mathrm{Gas}) > 29$ g/mol, so ist das Gas schwerer als Luft; ist $M(\mathrm{Gas}) < 29$ g/mol, so ist das Gas leichter als Luft.

Komprimiert man 22,4 l eines idealen Gases von 0 °C und 1 bar auf 1 l, so ist nach dem Boyle-Mariotte'schen Gesetz der Druck 22,4 bar; also hat 1 mol eines Gases bei 0 °C in 1 l den Gasdruck von 22,4 bar.

Eine Lösung mit der Stoffmengenkonzentration $c(\mathrm{X}) = 1$ mol/l hat bei 0 °C einen osmotischen Druck $\pi = 22{,}4$ bar, den gleichen Wert wie der Druck von 1 mol eines Gases in 1 l bei 0 °C. Da 1 mol aller Stoffe $6{,}023 \times 10^{23}$ Teilchen enthält, also jede Lösung mit der Stoffmengenkonzentration $c(\mathrm{X}) = 1$ mol/l $6{,}023 \times 10^{23}$ Teilchen des gelösten Stoffes in 1 l enthält, folgt:

Der osmotische Druck einer Lösung ist nur abhängig von der Stoffmengenkonzentration $c(\mathrm{X})$, d. h. von der Anzahl der Teilchen des gelösten Stoffes in 1 l Lösung, ist also unabhängig von der Größe und Beschaffenheit der Teilchen und unabhängig von der Art des Lösungsmittels. Daher haben Lösungen gleicher Stoffmengenkonzentration denselben osmotischen Druck.

Man unterscheidet:

- isotonische Lösungen; das sind Lösungen gleichen osmotischen Drucks,
- hypertonische Lösungen; das sind Lösungen, deren osmotischer Druck größer ist, als der einer Vergleichslösung, und
- hypotonische Lösungen; das sind Lösungen, deren osmotischer Druck kleiner ist als der einer Vergleichslösung.

Erhöhter osmotischer Druck bewirkt Gefrierpunktserniedrigung und Siedepunktserhöhung.

7.4 Elektrolytische Dissoziation

Von den beiden möglichen Dissoziationsarten – der thermischen und der elektrolytischen Dissoziation – interessiert in der Wasserchemie nur die elektrolytische Dissoziation.

Unter der elektrolytischen Dissoziation versteht man den Zerfall der Moleküle von Säuren, Basen und Salzen zu Ionen. Dies ist nur in Lösungsmitteln möglich, welche freie Elektronenpaare enthalten, wie das beim Wasser der Fall ist.

Ionen sind die elektrisch positiv oder negativ geladenen Teilmoleküle, in welche die Moleküle von Elektrolyten (das sind Säuren, Basen und Salze) in wässriger Lösung zerfallen. Dieser Zerfall erfolgt von selbst, ohne Einwirkung des elektrischen Stroms.

Die elektrolytische Dissoziation erfolgt stets in bestimmter Weise:

$$\begin{aligned}
\text{Säure} &\rightleftharpoons \text{Wasserstoffion}^{+} + \text{Säurerestion}^{-} \\
H_2SO_4 &\rightleftharpoons 2H^{+} + SO_4^{2-} \\
\text{Base} &\rightleftharpoons \text{Metallion}^{+} + \text{Hydroxidion}^{-} \\
NaOH &\rightleftharpoons Na^{+} + OH^{-} \\
\text{Salz} &\rightleftharpoons \text{Metallion}^{+} + \text{Säurerestion}^{-} \\
CaCl_2 &\rightleftharpoons Ca^{2+} + 2Cl^{-}
\end{aligned}$$

Metall- und Wasserstoffionen sind stets positiv geladene Kationen, Säurerest- und Hydroxidionen sind immer negativ geladene Anionen.

Dissoziationsgrad α

Der Dissoziationsgrad α eines Elektrolyten ist das Verhältnis der zu Ionen dissoziierten Moleküle zur *Gesamtzahl* der Moleküle.

$$\alpha = \text{ Zahl der dissoziierten Mole/Gesamtzahl der Mole}$$

Der Dissoziationsgrad α ist also von der Konzentration abhängig. Er nimmt mit zunehmender Verdünnung (abnehmender Konzentration) zu. Bei sehr starker Verdünnung, wie sie bei allen natürlichen Wässern vorliegt, sind praktisch alle Moleküle der Elektrolyte dissoziiert.

Dissoziationsgleichgewicht

Elektrolyte sind in wässriger Lösung nicht vollständig zu Ionen dissoziiert, sondern nur bis zur Gleichgewichtseinstellung. Das Gleichgewicht ist erreicht, wenn der Quotient aus dem Produkt der Stoffmengenkonzentrationen der Ionen und der undissoziierten Moleküle konstant ist. Beispielhaft auf die Dissoziationsgleichung der Salzsäure angewandt ergibt sich

$$\begin{aligned}
&HCl \rightleftharpoons H^{+} + Cl^{-} \\
&K(HCl) = c(H^{+}) \cdot c(Cl^{-})/c(HCl)
\end{aligned}$$

Diese Konstante nennt man die Dissoziationskonstante.

Die Dissoziationskonstante ist, im Gegensatz zum Dissoziationsgrad, eine Konstante, also unabhängig von der Konzentration, jedoch für verschiedene Säuren, Basen und Salze verschieden groß.

Starke Säuren und Basen haben große Dissoziationskonstanten:

$$K(\text{HCl bei } 25\,°\text{C}) = 10^7\ \text{mol/l}$$
$$K(\text{NaOH bei } 25\,°\text{C}) = 5\ \text{mol/l}$$

Beeinflussung der elektrolytischen Dissoziation

Die Dissoziation von Elektrolyten lässt sich, nach dem Massenwirkungsgesetz, durch Konzentrationsänderung einer einzelnen Ionenart ändern. Betrachten wir beispielhaft die Dissoziation von Kochsalz

$$\text{NaCl} \rightleftharpoons \text{Na}^+ + \text{Cl}^-$$
$$K(\text{NaCl}) = c(\text{Na}^+) \cdot c(\text{Cl}^-)/c(\text{NaCl})$$

Gibt man zu einer verdünnten Kochsalzlösung Salzsäure hinzu, so wird die Konzentration an Chloridionen erhöht. Also muss sich, zur Aufrechterhaltung des Gleichgewichtes, ein Teil der Natriumionen mit den Chloridionen zu undissoziiertem Natriumchlorid verbinden.

Die Dissoziation von Elektrolyten wird durch Vergrößerung der Stoffmengenkonzentration einer einzelnen Ionenart zurückgedrängt.

Gibt man zu einer verdünnten Kochsalzlösung Silbernitrat hinzu, so wird die Chloridionenkonzentration durch Ausfallen von unlöslichem Silberchlorid verringert. Also müssen undissoziierte Natriumchloridmoleküle zur Aufrechterhaltung des Gleichgewichts zu Ionen dissoziieren.

Die Dissoziation von Elektrolyten wird weitergetrieben durch Verringerung der Stoffmengenkonzentration einer einzelnen Ionenart.

Kapitel 8
Wasserchemische Berechnungen

8.1 System Kohlenstoffdioxid – Wasser – Calcium

Das System Kohlenstoffdioxid – Wasser – Calcium ist eines der wichtigsten Systeme der Wasserchemie. Von ihm werden folgende Faktoren beeinflusst:

- Wasserhärte (Carbonathärte)
- Aggressivität
- Geschmack.

Formen des Vorkommens von Kohlenstoffdioxid

freies CO_2		gebundenes CO_2	
überschüssiges CO_2	zugehöriges CO_2	halb gebundenes CO_2 (HCO_3^-)	ganz gebundenes CO_2 (CO_3^{2-})
aggressiv, greift z. B. Metalle, Kalk, auch in Beton, an.	nicht aggressiv, notwendig zum In-Lösunghalten des Calciumhydrogencarbonats.	nicht aggressiv.	nicht aggressiv.

Anorganisch gebundener Kohlenstoff kommt im Wasser also als CO_2-Gasmolekül, als HCO_3^-- und als CO_3^{2-}-Ion vor.

8.1.1 *Berechnung des anorganisch gebundenen Kohlenstoffs*

Vor einem rechnerischen Ansatz werden noch einige Überlegungen zum Vorhandensein der vorgenannten Moleküle bzw. Ionen angestellt.

DOI: 10.1007/978-3-540-68887-7, © Springer 2008

Für alle weiteren Betrachtungen wird vorausgesetzt, dass die Konzentration anderer schwacher Säuren und Basen (anderer Puffersysteme), neben der Kohlensäure und ihren Anionen, gering ist.

Eine wässrige Kohlenstoffdioxidlösung wird mit Calciumhydroxid titriert.

0 < pH < 4,3

Bei pH-Werten < 4,3 sind nur H^+-Ionen starker Mineralsäuren vorhanden, die Kohlensäure ist noch nicht dissoziiert und zerfällt aufgrund ihrer Unbeständigkeit gemäß

$$H_2CO_3 \rightarrow H_2O + CO_2$$

Die H^+-Ionen aus der Dissoziation starker Mineralsäuren verbinden sich mit den OH^--Ionen des Calciumhydroxids zu undissziiertem H_2O;

$$H^+ + OH^- \rightleftharpoons H_2O$$

dadurch steigt der pH-Wert an. Erst wenn durch die Laugezugabe der pH-Wert 4,3 überschritten wird, beginnt sich die Kohlensäure zu bilden und sofort in ihrer 1. Dissoziationsstufe zu dissoziieren.

4,3 < pH < 8,2

$$H_2CO_3 \rightleftharpoons H^+ + HCO_3^-$$

Wird weiterhin mit Calciumhydroxid titriert, so werden die H^+-Ionen aus der 1. Dissoziationstufe der Kohlensäure durch die OH^--Ionen des $Ca(OH)_2$ zu undissoziiertem H_2O gebunden; dadurch dissoziiert die Kohlensäure immer weiter, bis sie beim pH-Wert 8,2 vollständig dissoziiert ist. Die entstehenden H^+-Ionen sind vollständig zu undissoziiertem Wasser gebunden worden, übrig bleiben die HCO_3^--Anionen.

pH > 8,2

Nachdem die in der 1. Dissoziationsstufe der Kohlensäure entstandenen H^+-Ionen alle durch die OH^--Ionen des Calciumhydroxids zu neutralem Wasser gebunden wurden, beginnt die 2. Dissoziationsstufe der Kohlensäure; das HCO_3^--Anion dissoziiert nach folgender Gleichung weiter:

$$HCO_3^- \rightleftharpoons H^+ + CO_3^{2-}$$

CO_3^{2-}-Ionen können also erst bei pH-Werten > 8,2 auftreten. Wird weiterhin mit Calciumhydroxid titriert, werden jetzt die aus der 2. Dissoziationsstufe stammenden H^+-Ionen durch die OH^--Ionen des $Ca(OH)_2$ zu neutralem Wasser gebunden. Erst wenn keine HCO_3^--Ionen mehr vorhanden sind, treten freie OH^--Ionen im Wasser auf.

Die pH-Werte 4,3 und 8,2 charakterisieren also die Dissoziationsstufen der Kohlensäure; sie entsprechen den pH-Sprüngen der Kohlensäure auf der Titrationskurve. Sie kommen durch die Pufferwirkung des Systems zustande.

Wird das Erläuterte graphisch aufgetragen, ergibt sich Abb. 8.1; *f* ist eine dimensionslose Zahl, deren Wert nur vom pH-Wert der Lösung bestimmt wird.

Die verbrauchte Lauge- bzw. Säuremenge bis zum pH-Wert 4,3 bzw. 8,2 wird als Basen- bzw. Säurekapazität (früher positive und negative *p*- und *m*-Werte) bis zum entsprechenden pH-Wert bezeichnet. Jetzt können die Definitionsgleichungen für Säure- und Basenkapazitäten anhand Abb. 8.1 formuliert werden.

$\boldsymbol{K_S(8{,}2)}$

Zunächst werden durch die zutitrierte Säure alle OH^--Ionen zu neutralem Wasser gebunden:

$$OH^- + H^+ \rightleftharpoons H_2O$$

Sind alle freien OH^--Ionen abgebunden, werden bis zum pH-Wert 8,2 alle CO_3^{2-}-Ionen in HCO_3^--Ionen überführt:

$$H^+ + CO_3^{2-} \rightleftharpoons HCO_3^-$$

Die Säurekapazität zum pH-Wert 8,2 ist also

$$K_S(8{,}2) = c(OH^-) + c(CO_3^{2-})$$

$\boldsymbol{K_S(4{,}3)}$

Bis zum pH-Wert 8,2 wurden alle CO_3^{2-}-Ionen in HCO_3^--Ionen überführt. Bei weiterer Säurezugabe beginnt jetzt die Bildung von undissoziierter H_2CO_3:

$$HCO_3^- + H^+ \rightleftharpoons H_2CO_3$$

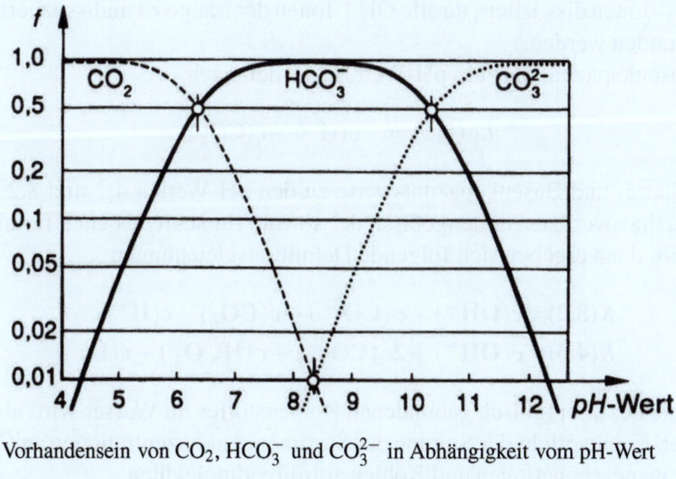

Abb. 8.1 Vorhandensein von CO_2, HCO_3^- und CO_3^{2-} in Abhängigkeit vom pH-Wert

Da H_2CO_3 unbeständig ist und zu H_2O und CO_2 zerfällt, wurde in Abb. 8.1 die Stoffmengenkonzentration an Kohlenstoffdioxid aufgenommen. Bis zum pH-Wert 4,3 werden alle HCO_3^--Ionen in H_2CO_3 überführt.

Die Säurekapazität zum pH-Wert 4,3 ist also

$$K_S(4{,}3) = c(OH^-) + 2c(CO_3^{2-}) + c(HCO_3^-)$$

Der Faktor 2 bei der Stoffmengenkonzentration an Carbonationen kommt dadurch zustande, dass die $c(CO_3^{2-})$ zunächst in $c(HCO_3^-)$ und dann in H_2CO_3, überführt, also zweimal titriert, wird.

Liegt der pH-Wert des Wassers $< 4{,}3$, was bei natürlichen Wässern nicht der Fall ist, dann werden die Basenkapazitäten zu den pH-Werten 4,3 und 8,2 durch Laugezugabe bestimmt.

Wird das Erreichen der pH-Werte 4,3 und 8,2 aus dem alkalischen Bereich als positiv festgelegt, so ist das Erreichen dieser pH-Werte aus dem sauren Bereich mit negativem Vorzeichen zu kennzeichnen.

$K_B(4{,}3)$

Bis zum pH-Wert 4,3 ist die Kohlensäure praktisch nicht dissoziiert, so dass nur H^+-Ionen aus den Dissoziationsgleichgewichten starker Mineralsäuren titriert werden.

Die Basenkapazität bis zum pH-Wert 4,3 ist also

$$K_B(4{,}3) = -c(H^+)$$

$K_B(8{,}2)$

Ab dem pH-Wert 4,3 bis zum pH-Wert 8,2 wird die gesamte Kohlensäure (in nachfolgender Formel als $c(CO_2)$ ausgedrückt) in ihrer ersten Dissoziationsstufe zu H^+- und HCO_3^--Ionen dissoziiert, da alle OH^--Ionen der Lauge zu undissoziiertem Wasser abgebunden werden.

Die Basenkapazität bis zum pH-Wert 8,2 ist demnach

$$K_B(8{,}2) = -c(H^+) - c(CO_2)$$

Werden Säure- und Basenkapazitätswerte zu den pH-Werten 4,3 und 8,2 zu je einem Kapazitätswert zusammengefasst, der sowohl für saure als auch für alkalische Wässer gilt, dann ergeben sich folgende Definitionsgleichungen:

$$\boldsymbol{K(8{,}2) = c(OH^-) + c(CO_3^{2-}) - c(CO_2) - c(H^+)}$$
$$\boldsymbol{K(4{,}3) = c(OH^-) + 2c(CO_3^{2-}) + c(HCO_3^-) - c(H^+)}$$

Die Summe des anorganisch gebundenen Kohlenstoffes im Wasser wird als $c(DIC)$ bezeichnet. Er entspricht der Summe der Stoffmengenkonzentrationen an Carbonat- und Hydrogencarbonationen und Kohlenstoffdioxidmolekülen.

Bildet man die Differenz $K(4{,}3) - K(8{,}2)$, so ergibt sich $c(\mathrm{DIC})$:

$$c(\mathrm{DIC}) = c(\mathrm{OH}^-) + 2c(\mathrm{CO}_3^{2-}) + c(\mathrm{HCO}_3^-) - c(\mathrm{H}^+) - c(\mathrm{OH}^-) - c(\mathrm{CO}_3^{2-}) + c(\mathrm{CO}_2) + c(\mathrm{H}^+)$$

$$c(\mathrm{DIC}) = c(\mathrm{CO}_3^{2-}) + c(\mathrm{HCO}_3^-) + c(\mathrm{CO}_2)$$

$$c(\mathrm{DIC}) = K(4{,}3) - K(8{,}2)$$

8.1.2 Ermittlung des pH-Wertes mittels $K_S(4{,}3)_r$

Die einfachste Möglichkeit, die Einzelanteile der Stoffmengenkonzentrationen an $c(\mathrm{CO}_3^{2-})$, $c(\mathrm{HCO}_3^-)$ und $c(\mathrm{CO}_2)$ im Wasser zu bestimmen, führt über die Bestimmung des pH-Wertes und der Kapazitäten zu den pH-Werten 4,3 und 8,2.

Es gibt auch andere Möglichkeiten, die aber wesentlich schwerer zu verstehen und auszuführen sind. Deshalb wird hier auf ihre Darlegung verzichtet.

Diese vereinfachte Methode kann im pH-Bereich 4,5–9,5 nur angewendet werden, wenn der aus Abb. 8.2 mittels des relativen $K_S(4{,}3)$-Wertes ($K_S(4{,}3)_r$) ermittelte pH-Wert auf maximal 0,1 pH-Einheiten mit dem elektrometrisch gemessenen pH-Wert übereinstimmt.

Außerdem werden im pH-Bereich 4,5–9,5 die sehr niedrigen Stoffmengenkonzentrationen an $c(\mathrm{H}^+)$ und $c(\mathrm{OH}^-)$ vernachlässigt.

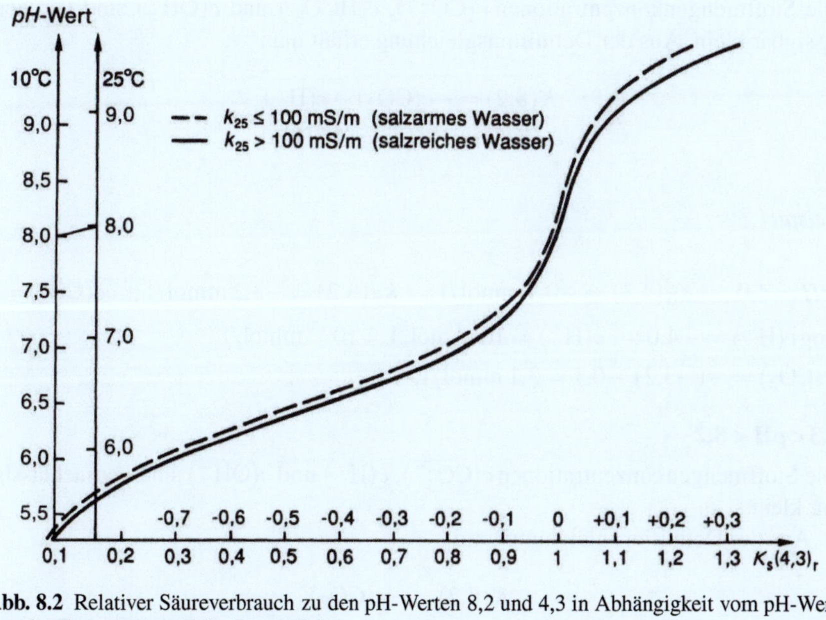

Abb. 8.2 Relativer Säureverbrauch zu den pH-Werten 8,2 und 4,3 in Abhängigkeit vom pH-Wert, von der Temperatur und der Ionenstärke

Nachfolgend sind einige Beispiele zur Bestimmung der Stoffmengenkonzentrationen an $c(CO_3^{2-})$, $c(HCO_3^-)$ und $c(CO_2)$ im Wasser angeführt.

Die Übereinstimmung des ermittelten pH-Wertes mit dem elektrometrisch gemessenen pH-Wert auf max. 0,1 pH-Einheiten ist die Voraussetzung dafür, dass die Stoffmengenkonzentrationen an $c(CO_3^{2-})$, $c(HCO_3^-)$ und $c(CO_2)$ im Wasser nach diesem vereinfachten Verfahren errechnet werden können. Sie beweist, dass keine anderen Puffersysteme im Wasser vorhanden sind. Zunächst wird der relative $K_S(4{,}3)$-Wert nach folgender Formel ermittelt:

$$K_S(4{,}3)_r = K(4{,}3)/(K(4{,}3) - K(8{,}2))$$

Mit dem Ergebnis geht man in Abb. 8.2 und ermittelt aus der Titrationskurve bei bestimmtem Salzgehalt und bestimmter Temperatur den pH-Wert. Unter ionenarmen Wässern sind Wässer mit Leitwerten $k_{25} \leq 100\,\text{mS/m}$, unter ionenreichen Wässern solche mit $k_{25} > 100\,\text{mS/m}$ zu verstehen. Ist die Differenz zwischen gemessenem und mittels Abb. 8.2 ermitteltem pH-Wert $> 0{,}1$ pH-Einheiten, sind noch andere schwach dissoziierte Säuren oder Basen mit einem ihrer Salze (Puffersysteme) im Wasser; die vereinfachte Berechnungsmethode kann nicht angewandt werden.

8.1.3 Berechnung der Stoffmengenkonzentration an $c(CO_2)$

pH < 4,3

Die Stoffmengenkonzentrationen $c(CO_3^{2-})$, $c(HCO_3^-)$ und $c(OH^-)$ sind vernachlässigbar klein. Aus der Definitionsgleichung erhält man

$$K(8{,}2) = -c(CO_2) - c(H^+)$$
$$c(CO_2) = -K(8{,}2) - c(H^+)$$

Beispiel

$$pH = 4{,}0\,; \quad K_B(4{,}3) = -0{,}1\,\text{mmol/l}\,; \quad K_B(8{,}2) = -3{,}2\,\text{mmol/l}\,; \quad c(CO_2) = ?$$
$$\log c(H^+) = -4{,}0\,; \quad c(H^+) = 10^{-4}\,\text{mol/l} = 10^{-1}\,\text{mmol/l}$$
$$c(CO_2) = -(-3{,}2) - 0{,}1 = 3{,}1\,\text{mmol/l}$$

4,3 < pH < 8,2

Die Stoffmengenkonzentrationen $c(CO_3^{2-})$, $c(H^+)$ und $c(OH^-)$ sind vernachlässigbar klein.

Aus der Definitionsgleichung wird

$$K(8{,}2) = -c(CO_2)$$
$$c(CO_2) = -K(8{,}2)$$

Beispiel

$$K_{25} = 35\,\mathrm{mS/m}\,; \quad \vartheta = 25\,^\circ\mathrm{C}\,; \quad pH = 7{,}2\,;$$
$$K_\mathrm{S}(4{,}3) = 6{,}4\,\mathrm{mmol/l}\,; \quad K_\mathrm{B}(8{,}2) = -0{,}9\,\mathrm{mmol/l}\,; \quad c(\mathrm{CO_2}) = ?$$
$$K_\mathrm{S}(4{,}3)_\mathrm{r} = 6{,}4/(6{,}4+0{,}9) = 0{,}88 \rightarrow \text{Abb. 8.2} \rightarrow pH = 7{,}1$$

pH ermittelt und pH gemessen stimmen innerhalb der erlaubten Toleranz überein, also kann das vereinfachte Verfahren angewandt werden.

$$c(\mathrm{CO_2}) = -(-0{,}9) = 0{,}9\,\mathrm{mmol/l}$$

8.1.4 Berechnung der Stoffmengenkonzentration an $c(HCO_3^-)$

4,3 < pH < 8,2

Die Stoffmengenkonzentrationen $c(\mathrm{CO_3^{2-}})$, $c(\mathrm{H^+})$ und $c(\mathrm{OH^-})$ sind vernachlässigbar klein.

Aus der Definitionsgleichung wird

$$K(4{,}3) = c(\mathrm{HCO_3^-})$$
$$c(\mathrm{HCO_3^-}) = K(4{,}3)$$

Beispiel

$$K_{25} = 35\,\mathrm{mS/m}\,; \quad \vartheta = 25\,^\circ\mathrm{C}\,; \quad pH = 7{,}2\,;$$
$$K_\mathrm{S}(4{,}3) = 6{,}4\,\mathrm{mmol/l}\,; \quad K_\mathrm{B}(8{,}2) = -0{,}9\,\mathrm{mmol/l}\,; \quad c(\mathrm{HCO_3^-}) = ?$$

Die Voraussetzungen des Beispiels sind mit denen des vorangegangenen Beispiels identisch, so dass der nochmalige Nachweis der Übereinstimmung des ermittelten und des gemessenen pH-Wertes entfällt.

$$c(\mathrm{HCO_3^-}) = K_\mathrm{S}(4{,}3) = 6{,}4\,\mathrm{mmol/l}$$

8,2 < pH < 9,5

Die Stoffmengenkonzentrationen $c(\mathrm{CO_2})$, $c(\mathrm{H^+})$ und $c(\mathrm{OH^-})$ sind vernachlässigbar klein.

Aus den Definitionsgleichungen wird

$$K(8{,}2) = c\,(\mathrm{CO_3^{2-}})$$
$$K(4{,}3) = 2c\,(\mathrm{CO_3^{2-}}) + c(\mathrm{HCO_3^-})$$
$$c(\mathrm{HCO_3^-}) = K(4{,}3) - 2c\,(\mathrm{CO_3^{2-}})$$
$$c(\mathrm{HCO_3^-}) = K(4{,}3) - 2K(8{,}2)$$

Beispiel

$$
\begin{aligned}
&K_{25} = 50\,\mathrm{mS/m}\,; \quad \vartheta = 15\,^\circ\mathrm{C}\,; \quad pH = 9{,}2\,;\\
&K_\mathrm{S}(4{,}3) = 0{,}4\,\mathrm{mmol/l}\,; \quad K_\mathrm{S}(8{,}2) = 0{,}03\,\mathrm{mmol/l}\,; \quad c(\mathrm{HCO_3^-}) = ?\\
&K_\mathrm{S}(4{,}3)_\mathrm{r} = 0{,}4/(0{,}4-0{,}03) = 1{,}08 \rightarrow \text{ Abb. 8.2 } \rightarrow pH = 9{,}2
\end{aligned}
$$

pH-ermittelt und pH-gemessen stimmen überein, es kann das vereinfachte Verfahren angewandt werden.

$$
c(\mathrm{HCO_3^-}) = 0{,}4 - 2\cdot 0{,}03 = 0{,}34\,\mathrm{mmol/l}
$$

pH > 9,5

Die Stoffmengenkonzentrationen $c(\mathrm{CO_2})$ und $c(\mathrm{H^+})$ sind vernachlässigbar klein, $c(\mathrm{OH^-})$ ist zu berücksichtigen.

Aus den Definitionsgleichungen wird

$$
\begin{aligned}
K(8{,}2) &= c\,(\mathrm{CO_3^{2-}}) + c(\mathrm{OH^-})\\
K(4{,}3) &= 2c\,(\mathrm{CO_3^{2-}}) + c(\mathrm{HCO_3^-}) + c(\mathrm{OH^-})\\
c(\mathrm{HCO_3^-}) &= K(4{,}3) - 2c\,(\mathrm{CO_3^{2-}}) - c(\mathrm{OH^-})\\
c(\mathrm{HCO_3^-}) &= K(4{,}3) - 2c\,(\mathrm{CO_3^{2-}}) - 2c(\mathrm{OH^-}) + c(\mathrm{OH^-})
\end{aligned}
$$

Die beiden Gleichungen ineinander eingesetzt, ergibt

$$
c(\mathrm{HCO_3^-}) = K(4{,}3) - 2K(8{,}2) + c(\mathrm{OH^-})
$$

Beispiel

$$
\begin{aligned}
&\vartheta = 25\,^\circ\mathrm{C}\,; \quad pH = 10{,}26\,; \quad K_\mathrm{S}(4{,}3) = 1{,}03\,\mathrm{mmol/l}\,;\\
&K_\mathrm{S}(8{,}2) = 0{,}42\,\mathrm{mmol/l}\,; \quad c(\mathrm{HCO_3^-}) = ?\\
&\log c(\mathrm{H^+}) + \log c(\mathrm{OH^-}) = -14\\
&\log c(\mathrm{OH^-}) = 10{,}26 - 14\\
&c(\mathrm{OH^-}) = 1{,}82 \times 10^{-4}\,\mathrm{mol/l} = 0{,}18\,\mathrm{mmol/l}\\
&c(\mathrm{HCO_3^-}) = 1{,}03 - 2\cdot 0{,}42 + 0{,}18 = 0{,}37\,\mathrm{mmol/l}
\end{aligned}
$$

8.1.5 Berechnung der Stoffmengenkonzentration an $c(CO_3^{2-})$

8,2 < pH < 9,5

Die Stoffmengenkonzentrationen $c(\mathrm{CO_2})$, $c(\mathrm{H^+})$ und $c(\mathrm{OH^-})$ sind vernachlässigbar klein.

Aus der Definitionsgleichung wird

$$K(8{,}2) = c\,(CO_3^{2-})$$
$$c\,(CO_3^{2-}) = K(8{,}2)$$

Beispiel

$$K_{25} = 50\,\mathrm{mS/m}\,; \quad \vartheta = 15\,°C\,; \quad pH = 9{,}2\,;$$
$$K_S(4{,}3) = 0{,}4\,\mathrm{mmol/l}\,; \quad K_S(8{,}2) = 0{,}03\,\mathrm{mmol/l}\,;$$
$$c\,(CO_3^{2-}) = ?$$

Die Voraussetzungen des Beispiels sind mit denen des vorgenannten Beispiels identisch, so dass der nochmalige Nachweis der Übereinstimmung des ermittelten und des gemessenen pH-Wertes entfällt:

$$c\,(CO_3^{2-}) = 0{,}03\,\mathrm{mmol/l}$$

pH > 9,5

Die Stoffmengenkonzentrationen $c(CO_2)$, und $c(H^+)$ sind vernachlässigbar klein, $c(OH^-)$ ist zu berücksichtigen.

Aus der Definitionsgleichung wird

$$K(8{,}2) = c\,(CO_3^{2-}) + c(OH^-)$$
$$c\,(CO_3^{2-}) = K(8{,}2) - c(OH^-)$$

Beispiel

$$\vartheta = 25\,°C\,; \quad pH = 10{,}26\,; \quad K_S(4{,}3) = 1{,}03\,\mathrm{mmol/l}\,;$$
$$K_S(8{,}2) = 0{,}42\,\mathrm{mmol/l}\,; \quad c\,(CO_3^{2-}) = ?$$
$$c\,(CO_3^{2-}) = 0{,}42 - 0{,}18 = 0{,}24\,\mathrm{mmol/l}$$

Die vorangehend aus den Definitionsgleichungen entwickelten Gleichungen können zu Tabelle 8.1 zusammengefasst werden.

Natürliche Wässer haben immer einen $K_B(8{,}2)$-Wert, fast nie einen $K_S(8{,}2)$-Wert. Bei aufbereiteten Brauchwässern, die keine Basenkapazitätswerte aufweisen – also nur Säurekapazitätswerte haben – können die Stoffmengenkonzentrationen an $c(OH^-)$, $c(HCO_3^-)$ und $c(CO_3^{2-})$ aus Tabelle 8.2 abgeschätzt werden.

Erläuterungen zu Tabelle 8.2:

$K_S(4{,}3) > 2\,K_S(8{,}2)$

OH^--Ionen und HCO_3^--Ionen können nicht zusammen vorkommen.

Tabelle 8.1 Abhängigkeit der Stoffmengenkonzentration an $c(CO_2)$, $c(HCO_3^-)$ und $c(CO_3^{2-})$ vom pH-Wert

pH < 4,3

$c(CO_2) = -K_B(8{,}2) - c(H^+)\,\text{mmol/l}$
$c(HCO_3^-) = 0\,\text{mmol/l}$
$c(CO_3^{2-}) = 0\,\text{mmol/l}$

4,3 < pH < 8,2

$c(CO_2) = -K_B(8{,}2)\,\text{mmol/l}$
$c(HCO_3^-) = K_S(4{,}3)\,\text{mmol/l}$
$c(CO_3^{2-}) = 0\,\text{mmol/l}$

8,2 < pH < 9,5

$c(CO_2) = 0\,\text{mmol/l}$
$c(HCO_3^-) = K_S(4{,}3) - 2K_S(8{,}2)\,\text{mmol/l}$
$c(CO_3^{2-}) = K_S(8{,}2)\,\text{mmol/l}$

pH > 9,5

$c(CO_2) = 0\,\text{mmol/l}$
$c(HCO_3^-) = K_S(4{,}3) - 2K_S(8{,}2) + c(OH^-)\,\text{mmol/l}$
$c(CO_3^{2-}) = K_S(8{,}2) - c(OH^-)\,\text{mmol/l}$

Tabelle 8.2 Abhängigkeit der Stoffmengenkonzentrationen an $c(OH^-)$, $c(HCO_3^-)$ und $c(CO_3^{2-})$ von der Säurekapazität bei Wässern, die ausschließlich Säurekapazitätswerte aufweisen

	$\frac{c(OH^-)}{\text{mmol/l}}$	$\frac{c(CO_3^{2-})}{\text{mmol/l}}$	$\frac{c(HCO_3^-)}{\text{mmol/l}}$
$K_S(4{,}3) > 0;\quad K_S(8{,}2) = 0$	0	0	$K_S(4{,}3)$
$K_S(4{,}3) > 2K_S(8{,}2)$	0	$K_S(8{,}2)$	$K_S(4{,}3) - 2K_S(8{,}2)$
$K_S(4{,}3) = 2K_S(8{,}2)$	0	$K_S(8{,}2)$	0
$K_S(4{,}3) < 2K_S(8{,}2)$	$2K_S(8{,}2) - K_S(4{,}3)$	$K_S(4{,}3) - K_S(8{,}2)$	0
$K_S(4{,}3) = K_S(8{,}2)$	$K_S(8{,}2)$	0	0

$$Ca(OH)_2 + Ca(HCO_3)_2 \rightleftharpoons 2CaCO_3 + 2H_2O$$

$$\text{Folglich:}\quad c(CO_3^{2-}) = K_S(8{,}2)$$
$$c(HCO_3^-) = K_S(4{,}3) - 2K_S(8{,}2)$$

$K_S(4{,}3) < 2\,K_S(8{,}2)$

$c(HCO_3^-)$ ist zwangsläufig Null.

$$K_S(4{,}3) = c(OH^-) + 2c(CO_3^{2-})$$
$$K_S(8{,}2) = c(OH^-) + c(CO_3^{2-})$$
$$c(CO_3^{2-}) = K_S(8{,}2) - c(OH^-)$$

$$K_S(4{,}3) = 2K_S(8{,}2) - c(OH^-)$$

$$c(OH^-) = 2K_S(8{,}2) - K_S(4{,}3)$$

8.2 Wasserhärte

DIN 32625 empfiehlt, den Begriff der Härte nicht mehr zu verwenden. Wenn es unumgänglich ist, dann ist nur von Härte, ohne Zusatzbegriffe, zu sprechen. Darunter ist die Summe der Äquivalentkonzentrationen

$$c(1/2Ca^{2+} + 1/2Mg^{2+} + 1/2Sr^{2+} + 1/2Ba^{2+})$$

zu verstehen; also die Summe der Äquivalentkonzentrationen der Erdalkali-Kationen. Da in natürlichen Wässern praktisch keine Strontium- und Barium-Ionen vorkommen, kann man in der Wasserchemie die Härte vereinfacht als Summe der Äquivalentkonzentrationen $c(1/2Ca^{2+} + 1/2Mg^{2+})$ definieren. DIN 32625 lässt weitere Unterteilungen des Härtebegriffes nicht zu. Dies ist sicher logisch, aber zumindest in den nächsten Jahren kaum praktikabel, da die Praktiker in Wasserwerken und der einschlägigen Lieferindustrie mit nachfolgenden Begriffen auch weiterhin arbeiten werden:

Gesamthärte (GH)	= Summe der Äquivalentkonzentrationen an $c(1/2Ca^{2+} + 1/2Mg^{2+})$.
Carbonathärte (CH)	= temporäre Härte = vorübergehende Härte = Stoffmengenkonzentration an $c(HCO_3^-)$.
Nichtcarbonathärte (NCH)	= permanente Härte = bleibende Härte = Summe der Äquivalentkonzentrationen an $c(1/2Ca^{2+} + 1/2Mg^{2+})$, die nicht als Hydrogencarbonate vorliegen, $c(1/2Ca^{2+} + 1/2Mg^{2+} - HCO_3^-)$.
Resthärte (RH)	= Härte (GH, CH, NCH) nach irgendeiner Aufbereitungsmaßnahme.

8.3 Kalk-Kohlensäure-Gleichgewicht

Die Novellierung der Trinkwasserverordnung vom Mai 1986 fixierte erstmals einen Grenzwert für die Calcitsättigung eines Wassers. Die Trinkwasserverordnung erlaubt – mit gewissen Einschränkungen – eine maximale Unterschreitung des pH-Wertes der Calcitsättigung um 0,2 pH-Einheiten. Dieser Grenzwert brachte viele deutsche Wasserversorgungsunternehmen in die Zwangslage ihr Trinkwasser zu entsäuern.

In der Trinkwasserverordnung 2001, die seit dem 01.01.2003 gültig ist, wird in Anlage III unter der Nr. 18 Bezug genommen auf die Wasserstoffionenkonzentration. Am Ausgang des Wasserwerks darf die berechnete Calcitlösekapazität 5 mg/l $CaCO_3$ nicht überschreiten; diese Forderung gilt als erfüllt, wenn der pH-Wert am Wasserwerksausgang 7,7 und größer ist. Die Calcitlösekapazität darf bei Mischwässern im Netz eine Grenze von 10 mg/l nicht überschreiten.

Es kann nicht Aufgabe dieses Buches sein, einen gesetzlich festgelegten Grenzwert zu diskutieren. Allerdings kann man verlangen, dass die Berechnungsmethode zur Calcitsättigung den heutigen Erkenntnissen und Rechenmöglichkeiten entspricht. Dies ist nach DIN 38404 Teil 10, Ausgabe April 1995, der Fall. Nachfolgend werden zunächst der theoretische Hintergrund und die Berechnungsformeln zur genaueren Berechnung der Calcitsättigung erläutert. Anschließend wird auf Lösungsmöglichkeiten mithilfe der Rechenverfahren C 10-R 2 und C 10-R 3 mithilfe eines Computerprogramms eingegangen, das von dem Labor für Wassertechnik der FH Trier entwickelt wurde. Auf das Rechenverfahren C 10-R 1 wird nicht eingegangen, weil es ungenauere Werte als die Analysenverfahren liefert.

8.3.1 Allgemeine Theorie

In der einfachen Form des Quotienten der Stoffmengenkonzentrationen kann das Massenwirkungsgesetz nur auf homogene Systeme in *unendlich* verdünnter Lösung angewendet werden.

$$\mathrm{DE} \rightleftharpoons \mathrm{D}^+ + \mathrm{E}^-$$

$$K = \frac{c(\mathrm{D}^+) \cdot c(\mathrm{E}^-)}{c(\mathrm{DE})}$$

Die Massenwirkungsgesetzkonstante K (im Beispiel identisch mit der Dissoziationskonstanten) ist abhängig vom Druck, von der Temperatur und von der Gesamtionenstärke (Fremdioneneinfluss) der Lösung.

Natürliche Wässer und die Wässer der meisten technischen Wasserkreisläufe sind *endlich* verdünnte Lösungen. Deshalb müssen die Stoffmengenkonzentrationen $c(\mathrm{X})$ durch die Ionenaktivitäten $a(\mathrm{X})$ ersetzt werden.

$$K^* = \frac{a(\mathrm{D}^+) \cdot a(\mathrm{E}^-)}{a(\mathrm{DE})}$$

Die Ionenaktivität $a(\mathrm{X})$ ist das Produkt aus der Stoffmengenkonzentration $c(\mathrm{X})$ und einem individuellen Aktivitätskoeffizienten $f(\mathrm{X})$.

$$K^* = \frac{c(\mathrm{D}^+) \cdot f(\mathrm{D}^+) \cdot c(\mathrm{E}^-) \cdot f(\mathrm{E}^-)}{c(\mathrm{DE}) \cdot f(\mathrm{DE})}$$

$$K^* = \frac{c(\mathrm{D}^+) \cdot c(\mathrm{E}^-)}{c(\mathrm{DE})} \cdot \frac{f(\mathrm{D}^+) \cdot f(\mathrm{E}^-)}{f(\mathrm{DE})}$$

$$K^* = K \cdot \frac{f(\mathrm{D}^+) \cdot f(\mathrm{E}^-)}{f(\mathrm{DE})}$$

$$K = \frac{K^*}{\dfrac{f(\mathrm{D}^+) \cdot f(\mathrm{E}^-)}{f(\mathrm{DE})}}$$

Der Aktivitätskoeffizient $f(\mathrm{X})$ ist immer kleiner als 1. Er drückt aus, dass ein Teil der gelösten Teilchen mit anderen gelösten Teilchen Wechselbeziehungen eingeht und deswegen nicht für die Gleichgewichtseinstellung zur Verfügung steht.

Die Massenwirkungsgesetzkonstante K ist ausgedrückt als der Quotient aus einer nur von Druck und Temperatur abhängigen thermodynamischen Konstanten K^* und den Aktivitätskoeffizienten. Der Aktivitätskoeffizient für einwertige Ionen lässt sich nach folgender Gleichung errechnen:

$$\log f_1 = \frac{-0{,}5 \cdot I^{1/2}}{1 + 1{,}4 \cdot I^{1/2}}$$

Andere Ansätze, z. B. der nach Hückel führen, bei dem hier angestrebten Ziel der Errechnung des pH-Wertes der Calcitsättigung, zu Abweichungen in der dritten Nachkommastelle des Ergebnisses. Daher werden sie nicht berücksichtigt. Die Aktivitätskoeffizienten für mehrwertige Ionen errechnen sich nach folgender Gleichung:

$$f(\mathrm{X}) = (f_1)^{z^2}$$

Da bei der pH-Messung mit der Glaselektrode unmittelbar die Aktivitäten $a(\mathrm{H}^+)$ und $a(\mathrm{OH}^-)$ gemessen werden, entfallen bei Gleichungen, in denen die Stoffmengenkonzentrationen $c(\mathrm{H}^+)$ und $c(\mathrm{OH}^-)$ vorkommen, die Aktivitätskoeffizienten $f(\mathrm{H}^+)$ und $f(\mathrm{OH}^-)$. Die allgemeine Formulierung für die Massenwirkungsgesetzkonstante K lautet daher:

$$K = \frac{K^*}{(f_1)^{\Sigma z^2}}$$

Lösbar sind thermodynamische Gleichungen in wässrigen Lösungen nur, wenn entweder der Druck oder die Temperatur konstant gehalten werden. Deshalb werden bei den Betrachtungen Druckänderungen vernachlässigt. Temperaturänderungen werden durch das Van't-Hoff-Gesetz berücksichtigt.

$$\log K^* = \log K_0^* + A \cdot (1/T_0 - 1/T) + B \cdot (\ln(T/T_0) + T_0/T - 1)$$

8.3.2 *Rechenverfahren C 10-R 2 nach DIN 38404 Teil 10, Ausgabe 04.1995*

In die Berechnung der Calcitsättigung nach DIN 38404 Teil 10, Rechenverfahren C 10-R 2 werden lediglich die beiden Dissoziationsgleichungen der Kohlensäure und das Löslichkeitsprodukt von Calciumcarbonat in die Gleichgewichtsbetrachtungen einbezogen. Unberücksichtigt bleiben alle anderen schwach dissoziierten Salze im Wasser.

$$CO_2 + H_2O \rightleftharpoons H^+ + HCO_3^-$$
$$HCO_3^- \rightleftharpoons H^+ + CO_3^{2-}$$
$$CaCO_{3(s)} \rightleftharpoons Ca^{2+} + CO_3^{2-}$$

Die Konzentrationen an undissoziierten Wasser- und Calciumcarbonatmolekülen werden in die Dissoziationskonstanten einbezogen, da die Gesamtmasse an Wasser- und Calciumcarbonatmolekülen durch den geringen Anteil der zu Ionen dissoziierten Moleküle praktisch unbeeinflusst bleibt.

$$K_1^*(CO_2) = \frac{a(HCO_3^-) \cdot a(H^+)}{a(CO_2)}$$
$$K_2^*(HCO_3^-) = \frac{a(H^+) \cdot a(CO_3^{2-})}{a(HCO_3^-)}$$
$$K_{10}^*(CaCO_3) = a(Ca^{2+}) \cdot a(CO_3^{2-})$$

Setzt man für die Aktivitäten das Produkt der Stoffmengenkonzentrationen und der Aktivitätskoeffizienten (mit Ausnahme der Aktivitäten der Wasserstoff- und Hydroxidionen, die ja direkt gemessen werden), dann ergeben sich folgende Gleichungen:

$$K_1^*(CO_2) = \frac{a(H^+) \cdot a(HCO_3^-) \cdot f_1^1}{c(CO_2)}$$
$$K_2^*(HCO_3^-) = \frac{a(H^+) \cdot c(CO_3^{2-}) \cdot f_1^3}{c(HCO_3^-)}$$
$$K_{10}^*(CaCO_3) = c(Ca^{2+}) \cdot c(CO_3^{2-}) \cdot f_1^8$$

8.3.2.1 Berechnung des Gleichgewichts-Kohlenstoffdioxids

Löst man die Gleichung

$$K_{10}^*(CaCO_3) = c(Ca^{2+}) \cdot c(CO_3^{2-}) \cdot f_1^8$$

nach $c(CO_3^{2-})$ auf und setzt dies in die nach $a(H^+)$ aufgelöste Gleichung

$$K_2^*(HCO_3^-) = \frac{a(H^+) \cdot c(CO_3^{2-}) \cdot f_1^3}{c(HCO_3^-)}$$

ein, dann ergeben sich nachfolgende Gleichungen:

$$c(CO_3^{2-}) = \frac{K_{10}^*(CaCO_3)}{f_1^8 \cdot c(Ca^{2+})}$$

$$a(\mathrm{H}^+) = \frac{K_2^*(\mathrm{HCO}_3^-) \cdot c(\mathrm{HCO}_3^-) \cdot f_1^8 \cdot c(\mathrm{Ca}^{2+})}{f_1^3 \cdot K_{10}^*(\mathrm{CaCO}_3)}$$

$$a(\mathrm{H}^+) = \frac{K_2^*(\mathrm{HCO}_3^-) \cdot c(\mathrm{HCO}_3^-) \cdot f_1^5 \cdot c(\mathrm{Ca}^{2+})}{K_{10}^*(\mathrm{CaCO}_3)}$$

Setzt man die Gleichung

$$a(\mathrm{H}^+) = \frac{K_2^*(\mathrm{HCO}_3^-) \cdot c(\mathrm{HCO}_3^-) \cdot f_1^5 \cdot c(\mathrm{Ca}^{2+})}{K_{10}^*(\mathrm{CaCO}_3)}$$

in die Gleichung

$$K_1^*(\mathrm{CO}_2) = \frac{a(\mathrm{H}^+) \cdot a(\mathrm{HCO}_3^-) \cdot f_1^1}{c(\mathrm{CO}_2)}$$

ein, dann ergibt sich für die Stoffmengenkonzentration an Kohlenstoffdioxid im Gleichgewicht:

$$c(\mathrm{CO}_2)_{\mathrm{Gl}} = \frac{K_2^*(\mathrm{HCO}_3^-) \cdot c(\mathrm{HCO}_3^-) \cdot f_1^5 \cdot c(\mathrm{Ca}^{2+}) \cdot c(\mathrm{HCO}_3^-) \cdot f_1^1}{K_{10}^*(\mathrm{CaCO}_3) \cdot K_1^*(\mathrm{CO}_2)}$$

$$c(\mathrm{CO}_2)_{\mathrm{Gl}} = \frac{K_2^*(\mathrm{HCO}_3^-) \cdot f_1^6 \cdot c^2(\mathrm{HCO}_3^-) \cdot c(\mathrm{Ca}^{2+})}{K_{10}^*(\mathrm{CaCO}_3) \cdot K_1^*(\mathrm{CO}_2)}$$

Zur besseren Handhabung der Berechnungsformel werden folgende Abkürzungen eingeführt:

$$L_5 = \frac{K_2^*(\mathrm{HCO}_3^-)}{K_{10}^*(\mathrm{CaCO}_3) \cdot K_1^*(\mathrm{CO}_2)}$$

$$L_6 = f_1^6$$

Es entsteht folgende Berechnungsformel zur Berechnung des Gleichgewichts-Kohlenstoffdioxids:

$$\boxed{c(\mathrm{CO}_2)_{\mathrm{Gl}} = L_5 \cdot L_6 \cdot c^2(\mathrm{HCO}_3^-) \cdot c(\mathrm{Ca}^{2+})}$$

Die Zahlenwerte für L_5 und L_6 sind den Tabellen 8.3 und 8.4 zu entnehmen.

8.3.2.2 Berechnung des Sättigungs-pH-Wertes $\mathrm{pH_L}$

$$a(\mathrm{H}^+) = \frac{K_2^*(\mathrm{HCO}_3^-) \cdot f_1^5}{K_{10}^*(\mathrm{CaCO}_3)} \cdot c(\mathrm{HCO}_3^-) \cdot c(\mathrm{Ca}^{2+})$$

$$pH = -\log a(\mathrm{H}^+)$$

$$pH_{\mathrm{L}} = -\log \left[\frac{K_2^*(\mathrm{HCO}_3^-) \cdot f_1^5}{K_{10}^*(\mathrm{CaCO}_3)} \cdot c(\mathrm{HCO}_3^-) \cdot c(\mathrm{Ca}^{2+}) \right]$$

Tabelle 8.3 Zahlenwert L_5 in Abhängigkeit von der Temperatur ϑ

$\frac{\vartheta}{°C}$	$\frac{L_5}{l^2/mol^2}$	$\frac{\vartheta}{°C}$	$\frac{L_5}{l^2/mol^2}$
0	20906	26	32907
1	21180	27	33627
2	21466	28	34372
3	21764	29	35143
4	22075	30	35941
5	22399	31	36766
6	22736	32	37620
7	23087	33	38503
8	23452	34	39416
9	23831	35	40361
10	24225	36	41339
11	24634	37	42350
12	25059	38	43396
13	25499	39	44477
14	25956	40	45596
15	26430	41	46754
16	26921	42	47951
17	27430	43	49190
18	27957	44	50471
19	28503	45	51796
20	29069	46	53167
21	29654	47	54585
22	30261	48	56053
23	30888	49	57571
24	31538	50	59141
25	32211	51	60766

$$pH_L = -5\log f_1 - \log\frac{K_2^*(HCO_3^-)}{K_{10}^*(CaCO_3)} - \log c(HCO_3^-) - \log c(Ca^{2+})$$

$$pH_L = -5\log f_1 + \log\frac{K_{10}^*(CaCO_3)}{K_2^*(HCO_3^-)} - \log c(HCO_3^-) - \log c(Ca^{2+})$$

Zur besseren Handhabung der Berechnungsformel werden folgende Abkürzungen eingeführt:

$$L_1 = -5\log f_1$$

$$L_2 = \log\frac{K_{10}^*(CaCO_3)}{K_2^*(HCO_3^-)}$$

Es entsteht folgende Berechnungsformel zur Berechnung des pH-Wertes der Calcitsättigung:

$$\boxed{pH_L = L_1 + L_2 - \log c(HCO_3^-) - \log c(Ca^{2+})}$$

Die Zahlenwerte für L_1 und L_2 sind den Tabellen 8.5 und 8.6 zu entnehmen.

Tabelle 8.4 Zahlenwert L_6 aus der Ionenstärke oder der Leitfähigkeit k_{25}

k_{25} mS/m	I mmol/l	L_6 –	k_{25} mS/m	I mmol/l	L_6 –
2,5	0,40	0,8738	102,5	16,53	0,4711
5,0	0,81	0,8281	105,0	16,94	0,4675
7,5	1,21	0,7952	107,5	17,34	0,4639
10,0	1,61	0,7690	110,0	17,74	0,4605
12,5	2,02	0,7469	112,5	18,15	0,4571
15,0	2,42	0,7277	115,0	18,55	0,4538
17,5	2,82	0,7106	117,5	18,95	0,4505
20,0	3,23	0,6953	120,0	19,35	0,4474
22,5	3,63	0,6813	122,5	19,76	0,4443
25,0	4,03	0,6684	125,0	20,16	0,4412
27,5	4,44	0,6565	127,5	20,56	0,4382
30,0	4,84	0,6454	130,0	20,97	0,4353
32,5	5,24	0,6350	132,5	21,37	0,4325
35,0	5,65	0,6252	135,0	21,77	0,4296
37,5	6,05	0,6160	137,5	22,18	0,4269
40,0	6,45	0,6073	140,0	22,58	0,4242
42,5	6,85	0,5990	142,5	22,98	0,4215
45,0	7,26	0,5911	145,0	23,39	0,4189
47,5	7,66	0,5836	147,5	23,79	0,4163
50,0	8,06	0,5763	150,0	24,19	0,4138
52,5	8,47	0,5694	152,5	24,60	0,4113
55,0	8,87	0,5628	155,0	25,00	0,4089
57,5	9,27	0,5564	157,5	25,40	0,4065
60,0	9,68	0,5503	160,0	25,81	0,4042
62,5	10,08	0,5444	162,5	26,21	0,4018
65,0	10,48	0,5387	165,0	26,61	0,3996
67,5	10,89	0,5332	167,5	27,02	0,3973
70,0	11,29	0,5279	170,0	27,42	0,3951
72,5	11,69	0,5227	172,5	27,82	0,3929
75,0	12,10	0,5177	175,0	28,23	0,3908
77,5	12,50	0,5128	177,5	28,63	0,3887
80,0	12,90	0,5081	180,0	29,03	0,3866
82,5	13,31	0,5036	182,5	29,44	0,3846
85,0	13,71	0,4991	185,0	29,84	0,3826
87,5	14,11	0,4948	187,5	30,24	0,3806
90,0	14,52	0,4906	190,0	30,65	0,3786
92,5	14,92	0,4865	192,5	31,05	0,3767
95,0	15,32	0,4825	195,0	31,45	0,3748
97,5	15,73	0,4786	197,5	31,85	0,3729
100,0	16,13	0,4748	200,0	32,26	0,3711

Zur Ermittlung der Faktoren L_6 und L_1 mittels Tabellen 8.4 und 8.5 muss entweder aus der Wasseranalyse die elektrische Leitfähigkeit k_{25} bekannt sein oder die Ionenstärke I errechnet werden. Die Ionenstärke I einer Ionenart ist das Produkt aus der Äquivalentkonzentration $c(1/z\mathrm{X})$ der Ionenart und einem Faktor $z/2$, wobei z der Ionenwertigkeit entspricht.

$$I(\mathrm{X}) = c(1/z\mathrm{X}) \cdot z/2$$

Tabelle 8.5 Zahlenwert L_1 aus der Ionenstärke oder der Leitfähigkeit k_{25}

k_{25} mS/m	I mmol/l	L_1 –	k_{25} mS/m	I mmol/l	L_1 –
2,5	0,40	0,0488	102,5	16,53	0,2724
5,0	0,81	0,0683	105,0	16,94	0,2752
7,5	1,21	0,0829	107,5	17,34	0,2780
10,0	1,61	0,0951	110,0	17,74	0,2807
12,5	2,02	0,1056	112,5	18,15	0,2833
15,0	2,42	0,1150	115,0	18,55	0,2860
17,5	2,82	0,1236	117,5	18,95	0,2885
20,0	3,23	0,1315	120,0	19,35	0,2911
22,5	3,63	0,1389	122,5	19,76	0,2936
25,0	4,03	0,1458	125,0	20,16	0,2961
27,5	4,44	0,1523	127,5	20,56	0,2986
30,0	4,84	0,1585	130,0	20,97	0,3010
32,5	5,24	0,1643	132,5	21,37	0,3034
35,0	5,65	0,1700	135,0	21,77	0,3057
37,5	6,05	0,1753	137,5	22,18	0,3081
40,0	6,45	0,1805	140,0	22,58	0,3104
42,5	6,85	0,1855	142,5	22,98	0,3127
45,0	7,26	0,1903	145,0	23,39	0,3149
47,5	7,66	0,1949	147,5	23,79	0,3171
50,0	8,06	0,1994	150,0	24,19	0,3193
52,5	8,47	0,2038	152,5	24,60	0,3215
55,0	8,87	0,2080	155,0	25,00	0,3236
57,5	9,27	0,2122	157,5	25,40	0,3258
60,0	9,68	0,2162	160,0	25,81	0,3279
62,5	10,08	0,2201	162,5	26,21	0,3300
65,0	10,48	0,2239	165,0	26,61	0,3320
67,5	10,89	0,2276	167,5	27,02	0,3340
70,0	11,29	0,2312	170,0	27,42	0,3361
72,5	11,69	0,2348	172,5	27,82	0,3381
75,0	12,10	0,2383	175,0	28,23	0,3400
77,5	12,50	0,2417	177,5	28,63	0,3420
80,0	12,90	0,2450	180,0	29,03	0,3439
82,5	13,31	0,2483	182,5	29,44	0,3458
85,0	13,71	0,2515	185,0	29,84	0,3477
87,5	14,11	0,2546	187,5	30,24	0,3496
90,0	14,52	0,2577	190,0	30,65	0,3515
92,5	14,92	0,2608	192,5	31,05	0,3533
95,0	15,32	0,2638	195,0	31,45	0,3552
97,5	15,73	0,2667	197,5	31,85	0,3570
100,0	16,13	0,2696	200,0	32,26	0,3588

Die Gesamtionenstärke wird durch Addition der Ionenstärken der stark dissoziierten Kationen Ca^{2+}, Mg^{2+}, Na^+ und K^+, und der Anionen HCO_3^-, SO_4^{2-}, Cl^- und NO_3^- errechnet.

Der Umgang mit den Gleichungen zur Berechnung des Gleichgewichts-Kohlenstoffdioxids und des pH-Wertes der Calcitsättigung wird an einem Beispiel erläutert.

Tabelle 8.6 Zahlenwert L_2 in Abhängigkeit von der Temperatur (ϑ)

$\frac{\vartheta}{°C}$	$\frac{L_2}{-}$	$\frac{\vartheta}{°C}$	$\frac{L_2}{-}$
0	2,2520	26	1,8334
1	2,2342	27	1,8189
2	2,2167	28	1,8045
3	2,1992	29	1,7902
4	2,1819	30	1,7761
5	2,1647	31	1,7620
6	2,1477	32	1,7480
7	2,1308	33	1,7341
8	2,1140	34	1,7204
9	2,0974	35	1,7067
10	2,0809	36	1,6931
11	2,0645	37	1,6797
12	2,0483	38	1,6663
13	2,0321	39	1,6530
14	2,0161	40	1,6398
15	2,0003	41	1,6267
16	1,9845	42	1,6137
17	1,9689	43	1,6008
18	1,9534	44	1,5880
19	1,9380	45	1,5753
20	1,9227	46	1,5627
21	1,9075	47	1,5501
22	1,8925	48	1,5377
23	1,8775	49	1,5253
24	1,8627	50	1,5130
25	1,8480	51	1,5008

Beispiel

Auszug aus einer Wasseranalyse; $z/2$ und I werden aus der Wasseranalyse errechnet.

$\vartheta = 20\,°C$; $pH = 8{,}0$

	$c(1/zX)$ (mmol/l)	$z/2$	I (mmol/l)
$c(1/2Ca^{2+} + 1/2Mg^{2+})$	2,50	–	–
$c(1/2Ca^{2+})$	1,50	1	1,50
$c(1/2Mg^{2+})$	1,00	1	1,00
$c(Na^+)$	0,74	0,5	0,37
$c(K^+)$	n. n.	0,5	–
$c(HCO_3^-)$	1,10	0,5	0,55
$c(1/2SO_4^{2-})$	1,31	1	1,31
$c(Cl^-)$	0,74	0,5	0,37
$c(NO_3^-)$	0,09	0,5	0,05
		Gesamtionenstärke $I =$	5,15

$$\boxed{c(CO_2)_{Gl} = L_5 \cdot L_6 \cdot c^2(HCO_3^-) \cdot c(Ca^{2+})}$$

$$c(CO_2)_{Gl} = 29\,069 \cdot 0{,}6375 \cdot 1{,}1^2 \cdot 10^{-6} \cdot 0{,}75 \cdot 10^{-3}$$
$$c(CO_2)_{Gl} = 16\,817{,}3 \times 10^{-9}\,\text{mol/l}$$
$$c(CO_2)_{Gl} = 1{,}68 \times 10^{-5}\,\text{mol/l}$$
$$c(CO_2)_{Gl} = 1{,}68 \times 10^{-2}\,\text{mmol/l}$$
$$\rho^*(CO_2)_{Gl} = M(CO_2) \cdot c(CO_2)_{Gl}$$
$$\rho^*(CO_2)_{Gl} = 44{,}009 \cdot 1{,}68 \times 10^{-2} = 0{,}74\,\text{mg/l}$$

$$\boxed{pH_L = L_1 + L_2 - \log c(HCO_3^-) - \log c(Ca^{2+})}$$

$$pH_L = 0{,}1630 + 1{,}9227 - \log 1{,}1 \times 10^{-3} - \log 0{,}75 \times 10^{-3}$$
$$pH_L = 0{,}1630 + 1{,}9227 - 2{,}9586 + 3{,}1249$$
$$pH_L = 8{,}17$$

8.3.3 Rechenverfahren C 10-R 3 nach DIN 38404, Teil 10, Ausgabe 01.4995

8.3.3.1 Grundlagen

In die Berechnung der Calcitsättigung nach DIN 38404 Teil 10, Rechenverfahren C 10-R 3 werden neben den beiden Dissoziationsgleichungen der Kohlensäure und dem Löslichkeitsprodukt vom Calciumcarbonat alle anderen schwach dissoziierten Salze der Metalle Calcium und Magnesium einbezogen.

Die stark dissoziierten Natrium- und Kaliumsalze und die ebenfalls stark dissoziierten Chloride und Nitrate der Metalle Calcium und Magnesium bleiben bei den Gleichgewichtsbetrachtungen unberücksichtigt. Es wird angenommen, dass die genannten Salze vollständig dissoziiert sind. In die Berechnung gehen sie natürlich ein. Es wird aber vorausgesetzt, dass die Ionen dieser Salze keine Komplexierung erfahren.

Folgende Gleichgewichte werden betrachtet:

$$CO_2 + H_2O \rightleftharpoons H^+ + HCO_3^-$$
$$HCO_3^- \rightleftharpoons H^+ + CO_3^{2-}$$
$$CaHCO_3^+ \rightleftharpoons Ca^{2+} + HCO_3^-$$
$$CaCO_3 \rightleftharpoons Ca^{2+} + CO_3^{2-}$$
$$CaSO_4 \rightleftharpoons Ca^{2+} + SO_4^{2-}$$
$$MgHCO_3^+ \rightleftharpoons Mg^{2+} + HCO_3^{2-}$$

$$MgCO_3 \rightleftharpoons Mg^{2+} + CO_3^{2-}$$
$$MgSO_4 \rightleftharpoons Mg^{2+} + SO_4^{2-}$$
$$H_2O \rightleftharpoons H^+ + OH^-$$
$$CaCO_{3(s)} \rightleftharpoons Ca^{2+} + CO_3^{2-}$$

Die ersten beiden Gleichungen betreffen das Gleichgewicht des Gases CO_2 in Wasser in einem abgeschlossenen System.

Von der dritten bis zur achten Gleichung wird das Gleichgewicht komplexer Verbindungen und Ionen in echter wässriger Lösung beschrieben. Komplexverbindungen sind Verbindungen oder Ionen, die aus mehr als zwei Atomarten bestehen.

Die letzte Gleichung beschreibt das Gleichgewicht eines ungelösten Bodenkörpers aus Calcit mit der wässrigen Lösung. Das Herleiten der Gleichungen für die Dissoziationskonstanten K_1 bis K_{10} wird nachfolgend anhand der ersten Gleichung

$$CO_2 + H_2O \rightleftharpoons H^+ + HCO_3^-$$

demonstriert.

$$K_1^* = \frac{a(HCO_3^-)\cdot a(H^+)}{a(CO_2)} = \frac{c(HCO_3^-)\cdot f(HCO_3^-)\cdot c(H^+)}{a(CO_2)}$$

$$K_1^* = \frac{c(HCO_3^-)\cdot c(H^+)}{c(CO_2)}\cdot f(HCO_3^-)$$

$$K_1^* = K_1 \cdot f(K_1)$$

$$K_1 = \frac{K_1^*}{f(K_1)}$$

Auf die gleiche Art lassen sich aus anderen Gleichungen die nachfolgenden Beziehungen ableiten:

$$K_2 = \frac{K_2^*}{f(K_2)}$$

$$K_3 = \frac{K_3^*}{f(K_3)}$$

$$K_4 = \frac{K_4^*}{f(K_4)}$$

$$K_5 = \frac{K_5^*}{f(K_5)}$$

$$K_6 = \frac{K_6^*}{f(K_6)}$$

$$K_7 = \frac{K_7^*}{f(K_7)}$$

Tabelle 8.7 Thermodynamische Konstanten zur Beschreibung des Gleichgewichts

Konstante	$\log K_0^*$	A	B	$\sum z^2$
K_1^*	−6,356	483,2	−17,2	1
K_2^*	−10,329	780,9	−15,1	3
K_3^*	−1,212	−415,2	0	4
K_4^*	−3,2	−835,7	0	8
K_5^*	−2,31	−397	−8,9	8
K_6^*	−1,068	−378,7	0	4
K_7^*	−2,947	−679	−3,7	8
K_8^*	−2,265	−1071	−6,3	8
K_9^*	−13,996	2954	−10,4	0
K_{10}^*	−8,481	−522,3	−14,1	8

$$K_8 = \frac{K_8^*}{f(K_8)}$$

$$K_9 = \frac{K_9^*}{f(K_9)}$$

$$K_{10} = \frac{K_{10}^*}{f(K_{10})}$$

Mittels dieser Gleichungen und der in Tabelle 8.7 angegebenen thermodynamischen Konstanten zur Beschreibung der Gleichgewichte der angegebenen zehn Gleichungen können die Massenwirkungsgesetzkonstanten K_1 bis K_{10} errechnet werden.

Die Zahlenwerte der Konstanten wurden der Ausgabe 04.1995, DIN 38404 Teil 10 entnommen.

8.3.3.2 Calcitsättigung

In der chemischen Verfahrenstechnik löst man Stoffumsatzprobleme häufig durch den Ansatz einer Massenbilanz in einem geschlossenen System und durch einen kinetischen Ansatz. Nachfolgend wird durch eine Massenbilanz und durch die Elektroneutralitätsbedingung eine Basisgleichung entwickelt, mit deren Hilfe die Calcitsättigung aus einfach und sicher zu analysierenden Wasseranalysenwerten errechnet werden kann.

Massenbilanz

Die Massenbilanz setzt ein geschlossenes System voraus. In einem geschlossenen System ist z. B. die Summe der Calciummasse aller Calciumverbindungen konstant, obwohl sich die Einzelmassenanteile an Calcium in verschiedenen Verbindungen in Abhängigkeit von der Temperatur und der Gesamtionenstärke verändern. Es werden in den Gleichgewichtsbeziehungen z. B. folgende Verbindungen des Calciums berücksichtigt:

$$Ca^{2+}, \qquad CaHCO_3^+, \qquad CaCO_3, \qquad CaSO_4$$

Die Gesamtmasse an Calcium im System $m(\mathrm{Ca})$ errechnet sich aus folgender Gleichung:

$$\begin{aligned} m(\mathrm{Ca}) = {} & m(\mathrm{Ca}^{2+}) + m(\mathrm{CaHCO}_3^+) \cdot M(\mathrm{Ca})/M(\mathrm{CaHCO}_3^+) \\ & + m(\mathrm{CaCO}_3) \cdot M(\mathrm{Ca})/M(\mathrm{CaCO}_3) + m(\mathrm{CaSO}_4) \cdot M(\mathrm{Ca})/M(\mathrm{CaCO}_4) \end{aligned}$$

Bezieht man die Massenbilanz auf einen Liter Probevolumen, so ergibt sich:

$$\begin{aligned} \rho^*(\mathrm{Ca}) = {} & \rho^*(\mathrm{Ca}^{2+}) + \rho^*(\mathrm{CaHCO}_3^+) \cdot M(\mathrm{Ca})/M(\mathrm{CaHCO}_3^+) \\ & + \rho^*(\mathrm{CaCO}_3) \cdot M(\mathrm{Ca})/M(\mathrm{CaCO}_3) + \rho^*(\mathrm{CaSO}_4) \cdot M(\mathrm{Ca})/M(\mathrm{CaCO}_4) \end{aligned}$$

Dividiert man diese Gleichung durch $M(\mathrm{Ca})$, so entsteht folgende Beziehung:

$$\begin{aligned} \rho^*(\mathrm{Ca})/M(\mathrm{Ca}) = {} & \rho^*(\mathrm{Ca}^{2+})/M(\mathrm{Ca}) + \rho^*(\mathrm{CaHCO}_3^+)/M(\mathrm{CaHCO}_3^+) \\ & + \rho^*(\mathrm{CaCO}_3)/M(\mathrm{CaCO}_3) + \rho^*(\mathrm{CaSO}_4)/M(\mathrm{CaSO}_4) \end{aligned}$$

Da der Quotient $\rho^*(\mathrm{X})/M(\mathrm{X})$ die Stoffmengenkonzentration $c(\mathrm{X})$ ergibt, ergeben sich insgesamt folgende Gleichungen:

$$\begin{aligned} c(\mathrm{Ca}) &= c(\mathrm{Ca}^{2+}) + c\,(\mathrm{CaHCO}_3^+) + c(\mathrm{CaCO}_3) + c(\mathrm{CaSO}_4) \\ c(\mathrm{Mg}) &= c(\mathrm{Mg}^{2+}) + c\,(\mathrm{MgHCO}_3^+) + c(\mathrm{MgCO}_3) + c(\mathrm{MgSO}_4) \\ c(\mathrm{SO}_4) &= c\,(\mathrm{SO}_4^{2-}) + c(\mathrm{CaSO}_4) + c(\mathrm{MgSO}_4) \\ c(\mathrm{CO}_3) &= c(\mathrm{DIC}) = c(\mathrm{CO}_2) + c(\mathrm{HCO}_3^-) \cdot FC_1 + c(\mathrm{CO}_3^{2-}) \cdot FC_2 \end{aligned}$$

Die Komplexbildungsfaktoren FC_1 und FC_2 errechnen sich nach folgenden Gleichungen:

$$\begin{aligned} FC_1 &= 1 + (c\,(\mathrm{CaHCO}_3^+) + c\,(\mathrm{MgHCO}_3^+))\,/c\,(\mathrm{HCO}_3^-) \\ FC_2 &= 1 + (c(\mathrm{CaCO}_3) + c(\mathrm{MgCO}_3))/c\,(\mathrm{CO}_3^{2-}) \end{aligned}$$

Führt man in die Massenbilanzgleichungen die Gleichgewichtsbeziehungen ein, erhält man die weiter unten angegebenen Basisgleichungen. Die Umformung ist beispielhaft an der Massenbilanzgleichung für Calcium durchgeführt.

$$c(\mathrm{Ca}) = c(\mathrm{Ca}^{2+}) + c\,(\mathrm{CaHCO}_3^+) + c(\mathrm{CaCO}_3) + c(\mathrm{CaSO}_4)$$

Aus der Gleichgewichtsbeziehung

$$\mathrm{CaHCO}_3^+ \rightleftharpoons \mathrm{Ca}^{2+} + \mathrm{HCO}_3^-$$

ergibt sich:

$$c\,(CaHCO_3^+) = \frac{c(Ca^{2+}) \cdot c(HCO_3^-)}{K_3}$$

Aus der Gleichgewichtsbeziehung

$$HCO_3^- \rightleftharpoons H^+ + CO_3^{2-}$$

ergibt sich:

$$c(HCO_3^-) = \frac{c\,(CO_3^{2-}) \cdot c(H^+)}{K_2}$$

Setzt man beide Gleichungen ineinander ein, dann erhält man für das Glied $c(CaHCO_3^+)$ der Gleichung

$$c(Ca) = c(Ca^{2+}) + c\,(CaHCO_3^+) + c(CaCO_3) + c(CaSO_4)$$

den folgenden Ausdruck:

$$c\,(CaHCO_3^+) = \frac{c(CO^{2+}) \cdot c(Ca^{2+}) \cdot c(H^+)}{K_2 \cdot K_3}$$

Aus der Gleichgewichtsbeziehung

$$CaCO_3 \rightleftharpoons Ca^{2+} + CO_3^{2-}$$

erhält man für das Glied $c(CaCO_3)$:

$$c(CaCO_3) = \frac{c(Ca^{2+}) \cdot c\,(CO_3^{2-})}{K_4}$$

Aus der Gleichgewichtsbeziehung

$$CaSO_4 \rightleftharpoons Ca^{2+} + SO_4^{2-}$$

erhält man für das Glied $c(CaSO_4)$:

$$c(CaSO_4) = \frac{c(Ca^{2+}) \cdot c\,(SO_4^{2-})}{K_5}$$

Diese Gleichungen für die einzelnen Glieder eingesetzt ergeben:

$$c(Ca) = c(Ca^{2+}) \cdot \left[1 + \frac{c\,(CO_3^{2-}) \cdot c(H^+)}{K_2 \cdot K_3} + \frac{c\,(CO_3^{2-})}{K_4} + \frac{c\,(SO_4^{2-})}{K_5}\right]$$

In ähnlicher Weise werden aus den angegebenen Gleichungen folgende Beziehungen entwickelt:

$$c(\mathrm{Mg}) = c(\mathrm{Mg}^{2+}) \cdot \left[1 + \frac{c(\mathrm{CO}_3^{2-}) \cdot c(\mathrm{H}^+)}{K_2 \cdot K_6} + \frac{c(\mathrm{CO}_3^{2-})}{K_7} + \frac{c(\mathrm{SO}_4^{2-})}{K_8}\right]$$

$$c(\mathrm{SO}_4) = c(\mathrm{SO}_4^{2-}) \cdot \left[1 + \frac{c(\mathrm{Ca}^{2+})}{K_5} + \frac{c(\mathrm{Mg}^{2+})}{K_8}\right]$$

$$c(\mathrm{DIC}) = c(\mathrm{CO}_3^{2-}) \cdot \left[\frac{c^2(\mathrm{H}^+)}{K_1 \cdot K_2} + \frac{c(\mathrm{H}^+) \cdot FC_1}{K_2} + FC_2\right]$$

$$FC_1 = 1 + \frac{c(\mathrm{Ca}^{2+})}{K_3} + \frac{c(\mathrm{Mg}^{2+})}{K_6}$$

$$FC_2 = 1 + \frac{c(\mathrm{Ca}^{2+})}{K_4} + \frac{c(\mathrm{Mg}^{2+})}{K_7}$$

Elektroneutralitätsbedingung

Die Elektroneutralitätsbedingung sagt aus, dass die Summe aller Kationenäquivalente bzw. Kationenäquivalentkonzentrationen in allen Wässern genauso groß sein muss wie die Summe aller Anionenäquivalente bzw. Anionenäquivalentkonzentrationen. Das bedeutet, dass alle Wässer sich elektrisch neutral verhalten.

Berücksichtigt man, dass die Äquivalentkonzentration eines Stoffes $c(1/z\mathrm{X})$ gleich dem Produkt aus der Wertigkeit z und der Stoffmengenkonzentration $c(\mathrm{X})$ ist ($c(1/z\mathrm{X}) = z \cdot c(\mathrm{X})$), ergibt sich für übliche Wässer (für Meerwasser müssten auch noch andere Ionen berücksichtigt werden) folgende Gleichung:

$$\begin{aligned}
&2 \cdot c(\mathrm{Ca}^{2+}) + 2 \cdot c(\mathrm{Mg}^{2+}) + c(\mathrm{Na}^+) + c(\mathrm{K}^+) + c(\mathrm{H}^+) \\
&\quad + c(\mathrm{CaHCO}_3^+) + c(\mathrm{MgHCO}_3^+) \\
&= 2 \cdot c(\mathrm{SO}_4^{2-}) + c(\mathrm{NO}_3^-) + c(\mathrm{Cl}^-) + c(\mathrm{OH}^-) + 2c(\mathrm{CO}_3^{2-}) + c(\mathrm{HCO}_3^-)
\end{aligned}$$

Werden die Stoffmengenkonzentrationen der Ionen der starken Elektrolyte durch ihre Gesamtkonzentration ersetzt, erhält man folgende Gleichung:

$$\begin{aligned}
&2 \cdot [c(\mathrm{Ca}) - c(\mathrm{CaHCO}_3^+) - c(\mathrm{CaCO}_3) - c(\mathrm{CaSO}_4)] + 2 \cdot [c(\mathrm{Mg}) - c(\mathrm{MgHCO}_3^+) \\
&- c(\mathrm{MgCO}_3) - c(\mathrm{MgSO}_4)] + c(\mathrm{Na}) + c(\mathrm{K}) + c(\mathrm{H}^+) \\
&+ c(\mathrm{CaHCO}_3^+) + c(\mathrm{MgHCO}_3^+) \\
= {}&2 \cdot [c(\mathrm{SO}_4) - c(\mathrm{CaSO}_4) - c(\mathrm{MgSO}_4)] + c(\mathrm{NO}_3) + c(\mathrm{Cl}) + c(\mathrm{OH}^-) \\
&+ 2 \cdot c(\mathrm{CO}_3^{2-}) + c(\mathrm{HCO}_3^-)
\end{aligned}$$

Sortiert an die Gleichung nach schwachen und starken Elektrolyten, erhält man eine weitere von Temperatur und Gesamtionenstärke unabhängige Größe, den sogenannten *m*-Wert.

$$\begin{aligned}
&2 \cdot c(\mathrm{Ca}) + 2 \cdot c(\mathrm{Mg}) + c(\mathrm{Na}) + c(\mathrm{K}) - 2 \cdot c(\mathrm{SO}_4) - c(\mathrm{NO}_3) - c(\mathrm{Cl}) \\
&\quad = 2 \cdot c(\mathrm{CO}_3^{2-}) + 2 \cdot c(\mathrm{CaCO}_3) + 2 \cdot c(\mathrm{MgCO}_3) + c(\mathrm{HCO}_3^-) \\
&\quad\quad + c(\mathrm{CaHCO}_3^+) + c(\mathrm{MgHCO}_3) + c(\mathrm{OH}^-) - c(\mathrm{H}^+)
\end{aligned}$$

Diese Gleichung kann mittels der Gleichungen für die Komplexbildungsfaktoren noch umformuliert werden:

$$FC_1 = 1 + (c(\mathrm{CaHCO_3^+}) + c(\mathrm{MgHCO_3^+}))/c(\mathrm{HCO_3^-})$$
$$FC_2 = 1 + (c(\mathrm{CaCO_3}) + c(\mathrm{MgCO_3}))/c(\mathrm{CO_3^{2-}})$$
$$FC_2 = \frac{c(\mathrm{CO_3^{2-}}) + c(\mathrm{CaCO_3}) + c(\mathrm{MgCO_3})}{c(\mathrm{CO_3^{2-}})}$$
$$FC_2 \cdot c(\mathrm{CO_3^{2-}}) = c(\mathrm{CO_3^{2-}}) + c(\mathrm{CaCO_3}) + c(\mathrm{MgCO_3})$$

$$\begin{aligned}&2 \cdot c(\mathrm{Ca}) + 2 \cdot c(\mathrm{Mg}) + c(\mathrm{Na}) + c(\mathrm{K}) - 2 \cdot c(\mathrm{SO_4}) - c(\mathrm{NO_3}) - c(\mathrm{Cl})\\ &= 2 \cdot c(\mathrm{CO_3^{2-}}) \cdot FC_2 + c(\mathrm{HCO_3^-}) \cdot FC_1 + c(\mathrm{OH^-}) - c(\mathrm{H^+})\end{aligned}$$

Die Summe der Gesamtkonzentration der starken Elektrolyte (links vom Gleichheitszeichen) wird als m (stark), die der schwachen Elektrolyte (rechts vom Gleichheitszeichen) als m (schwach) bezeichnet.

m (schwach) kann für verschiedene Temperaturen und pH-Werte berechnet werden. Es wird im weiteren Text nur noch als m-Wert angesprochen werden.

$$m = 2 \cdot c(\mathrm{CO_3^{2-}}) \cdot FC_2 + c(\mathrm{HCO_3^-}) \cdot FC_1 + c(\mathrm{OH^-}) - c(\mathrm{H^+})$$

Basisgleichung zur Bestimmung des Gleichgewichtssystems

$c(\mathrm{DIC})$ und m-Wert sind zwei wassercharakteristische Größen, welche von Druck, Temperatur und Gesamtionenstärke unabhängig sind. In einem geschlossenen System sind demzufolge diese beiden Größen konstant. Aus den beiden Größen lässt sich die Gleichgewichtslage der Lösung für jede Temperatur und jeden pH-Wert berechnen.

Ziel der folgenden Ableitung ist das Formulieren einer Basisgleichung, welche das Wasser in Abhängigkeit vom pH-Wert eindeutig beschreibt. Verwendung finden die Gleichungen für die Konstanten $c(\mathrm{DIC})$ und m-Wert:

$$c(\mathrm{CO_3^{2-}}) = \frac{c(\mathrm{DIC})}{\frac{c^2(\mathrm{H^+})}{K_1+K_2} + \frac{c(\mathrm{H^+})}{K_2} \cdot FC_1 + FC_2}$$
$$m = 2 \cdot c(\mathrm{CO_3^{2-}}) \cdot FC_2 + \frac{c(\mathrm{CO_3^{2-}}) \cdot c(\mathrm{H^+}) \cdot FC_1}{K_2} + c(\mathrm{OH^-}) - c(\mathrm{H^+})$$

Setzt man diese beiden Gleichungen ineinander ein, so ergibt sich:

$$\begin{aligned}m = &\frac{2 \cdot c(\mathrm{DIC}) \cdot FC_2 \cdot K_2}{\left[\frac{c^2(\mathrm{H^+})}{K_1 \cdot K_2} + \frac{c(\mathrm{H^+})}{K_2} \cdot FC_1 + FC_2\right] \cdot K_2}\\ &+ \frac{c(\mathrm{DIC}) \cdot c(\mathrm{H^+}) \cdot FC_1}{\left[\frac{c^2(\mathrm{H^+})}{K_1^2 \cdot K_2} + \frac{c(\mathrm{H^+})}{K_2} \cdot FC_1 + FC_2\right] \cdot K_2} + c(\mathrm{OH^-}) - c(\mathrm{H^+})\end{aligned}$$

$$m = c(\mathrm{DIC}) \cdot \frac{2 \cdot FC_2 \cdot K_2 + c(\mathrm{H}^+) \cdot FC_1 \cdot K_2/K_2}{\left[\frac{c^2(\mathrm{H}^+)}{K_1^2 \cdot K_2} + \frac{c(\mathrm{H}^+)}{K_2} \cdot FC_1 + FC_2\right] \cdot K_2} + c(\mathrm{OH}^-) - c(\mathrm{H}^+)$$

$$m = c(\mathrm{DIC}) \cdot \frac{2 \cdot FC_2 + c(\mathrm{H}^+) \cdot FC_1/K_2}{\left[\frac{c^2(\mathrm{H}^+)}{K_1 \cdot K_2} + \frac{c(\mathrm{H}^+)}{K_2} \cdot FC_1 + FC_2\right]} + c(\mathrm{OH}^-) - c(\mathrm{H}^+)$$

Wird der Quotient im Zähler und im Nenner mit $K_1 \cdot K_2$ erweitert, dann ergibt sich folgender Ausdruck:

$$m = c(\mathrm{DIC}) \cdot \frac{2 \cdot FC_2 \cdot K_1 \cdot K_2 + c(\mathrm{H}^+) \cdot FC_1 \cdot K_1}{c^2(\mathrm{H}^+) + c(\mathrm{H}^+) \cdot K_1 \cdot FC_1 + FC_2 \cdot K_1 \cdot K_2}$$
$$+ c(\mathrm{OH}^-) - c(\mathrm{H}^+)$$

Für den Quotienten wird φ und für die Differenz der Stoffmengenkonzentrationen an Hydroxid- und Wasserstoffionen Φ gesetzt.

$$\varphi = \frac{2 \cdot FC_2 \cdot K_1 \cdot K_2 + c(\mathrm{H}^+) FC_1 \cdot K_1}{c^2(\mathrm{H}^+) + c(\mathrm{H}^+) \cdot K_1 \cdot FC_1 + FC_2 \cdot K_1 \cdot K_2}$$

φ wird als Ladungsbilanzfaktor bezeichnet.

$$\Phi = c(\mathrm{OH}^-) - c(\mathrm{H}^+) = K_9/c(\mathrm{H}^+) + c(\mathrm{H}^+)$$

Die endgültige Basisgleichung lautet also:

$$m = \varphi \cdot c(\mathrm{DIC}) + \Phi$$

8.3.3.3 Anwendung der Basisgleichung

Zur Ermittlung der Gleichgewichtslage des Wassers müssen die Gesamtkonzentrationen $c(\mathrm{Ca})$, $c(\mathrm{Mg})$, $c(\mathrm{Na})$, $c(\mathrm{K})$, $c(\mathrm{SO_4})$, $c(\mathrm{NO_3})$ und $c(\mathrm{Cl})$ bekannt sein.

Außerdem müssen zwei der vier analytischen Größen pH, $K_\mathrm{S}(4{,}3)$, $K_\mathrm{B}(8{,}2)$ und $c(\mathrm{DIC})$ gegeben sein.

Mit diesen Angaben lassen sich aus der Basisgleichung der m-Wert und – falls nicht bekannt – $c(\mathrm{DIC})$ im Gleichgewicht ermitteln.

Für die Berechnung sind, je nachdem welche beiden der vier analytischen Größen gegeben sind, sechs Fälle zu unterscheiden.

Bekannt sind:

- **pH und $K_\mathrm{S}(4{,}3)$ oder**
- pH und $K_\mathrm{B}(8{,}2)$ oder
- $K_\mathrm{S}(4{,}3)$ und $K_\mathrm{B}(8{,}2)$ oder
- $c(\mathrm{DIC})$ und pH oder
- $c(\mathrm{DIC})$ und $K_\mathrm{S}(4{,}3)$ oder
- $c(\mathrm{DIC})$ und $K_\mathrm{S}(8{,}2)$.

Die sichersten beiden Ausgangs-Analysenwerte sind der pH-Wert und der $K_S(4{,}3)$-Wert. Die analytische Bestimmung des $K_B(8{,}2)$ ist sehr umstritten und zumindest als ungenau zu bezeichnen. Da $c(\text{DIC})$ unter Zuhilfenahme des analytischen $K_B(8{,}2)$ errechnet wird, ist dieser Wert ebenfalls mit Zweifeln behaftet. **Deshalb ist bei der Berechnung der Calcitsättigung grundsätzlich vom pH-Wert und $K_S(4{,}3)$ auszugehen.** Es ist unvorstellbar, dass diese beiden Analysenwerte in einer Wasseranalyse unbekannt sind.

Trotzdem wird die Vorgehensweise am Beispiel der Berechnung des m-Wertes und $c(\text{DIC})$ aus $K_S(4{,}3)$ und $K_B(8{,}2)$ erklärt. Anhand dieses Beispiels soll der Berechnungsgang erläutert werden.

In der Ausgangslage gilt für das Wasser die Basisgleichung

$$m = \varphi \cdot c(\text{DIC}) + \Phi \,.$$

Wird durch Zugabe von Salzsäure bestimmter Konzentration zum Wasser der $K_S(4{,}3)$-Wert bestimmt, so wird der m-Wert reduziert, da dem Wasser Chloridionen zugeführt werden. Der Zahlenwert für $c(\text{DIC})$ bleibt jedoch unverändert. Im Gleichgewicht beim pH-Wert 4,3 verändert sich die Basisgleichung also wie folgt:

$$m - K_S(4{,}3) = \varphi(4{,}3) \cdot c(\text{DIC}) + \Phi(4{,}3)$$

Wird durch die Zugabe von Natronlauge bestimmter Konzentration zum Wasser der $K_B(8{,}2)$-Wert bestimmt, so wird der m-Wert erhöht, da dem Wasser Natriumionen zugeführt werden. Der Zahlenwert für $c(\text{DIC})$ bleibt jedoch unverändert. Im Gleichgewicht beim pH-Wert 8,2 verändert sich die Basisgleichung also wie folgt:

$$m + K_B(8{,}2) = \varphi(8{,}2) \cdot c(\text{DIC}) + \Phi(8{,}2)$$

Setzt man beide Basisgleichungen ineinander ein, erhält man für $c(\text{DIC})$:

$$c(\text{DIC}) = \frac{\Phi(4{,}3) - \Phi(8{,}2) + K_B(8{,}2) + K_S(4{,}3)}{\varphi(8{,}2) - \varphi(4{,}3)}$$

Durch Auflösen der zweiten Basisgleichung nach m erhält man:

$$m = \varphi(8{,}2) \cdot c(\text{DIC}) + \Phi(8{,}2) - K_B(8{,}2)$$

Die Ermittlung des m-Wertes und von $c(\text{DIC})$ erfolgt mittels eines Näherungsverfahrens, da die Ladungsbilanzfaktoren φ nicht nur eine Funktion der Stoffmengenkonzentration an Wasserstoffionen sind, sondern zusätzlich noch die Komplexbildungsfaktoren FC_1 und FC_2 beinhalten.

Die Ausführung der Berechnung erfolgt also sinnvoll mithilfe eines Computerprogramms.

Das Labor für Wassertechnik der Fachhochschule Trier hat zur Berechnung des pH-Wertes der Calcitsättigung ein Computerprogramm entwickelt, dessen Peripherie auch Mischwasserberechnungen, Berechnungen zur Aufbereitung (Entcarbonisierung, Entsäuerung, Aufhärtung) und Korrosionsbetrachtungen erlaubt. Der Vertrieb des Programms erfolgt über den Autor.

8.4 Prüfung der Ladungsbilanz einer Trinkwasseranalyse

Bei der Auswertung von Wasseranalysen bestimmt man die Summe der Äquivalentkonzentrationen aller Anionen und setzt diese aufgrund der Elektroneutralitätsbedingung gleich der Summe der Äquivalentkonzentrationen aller Kationen. Es muss darauf geachtet werden, dass bei der Bilanzierung von Wasseranalysen immer die *Äquivalent-* und nicht die *Stoffmengenkonzentrationen* anzusetzen sind.

Unter der Voraussetzung, dass die chemischen Analyseparameter korrekt *und* vollständig erfasst sind, können die Analyseergebnisse überprüft werden. Für diese Kontrolle müssen sämtliche Konzentrationen aller Hauptinhaltsstoffe des Wassers einschließlich der Alkalimetalle vorliegen.

Je nach Analyseverfahren und Messgenauigkeit kann sich hierbei jedoch ein Ionenbilanzfehler einstellen, der im Allgemeinen nicht mehr als 5% und bei mineralstoffarmen Wässern nicht mehr als 10% betragen soll. Bei größeren Abweichungen ist eine Kontrollanalyse durchzuführen.

Eine weitere Nutzungsmöglichkeit der Ionenbilanz ist die Abschätzung einer nicht analysierten Komponente durch die indirekte Zuweisung des Bilanzdefizits. In der Vergangenheit wurde dieser „Ladungsausgleich“ z. B. zur Bestimmung der Äquivalentkonzentrationen von Natrium und Kalium verwendet.

Computerprogramme zur Bestimmung der Calcitlöslichkeit führen in der Regel einen Ladungsausgleich dadurch aus, dass der pH-Wert, der DIC oder die Konzentration eines Kations bzw. Anions verändert werden. Durch Verwenden umfangreicher thermodynamischer Datenbanken können das Calcitgleichgewicht wie auch andere Phasengleichgewichte mit hoher Genauigkeit berechnet werden. Wichtig sind hierbei u. a. die Angaben zur „Bewertungstemperatur“, zur Temperatur der pH-Messung und zur Titrationstemperatur, die das Ergebnis der Berechnung beeinflussen können.

Das folgende Beispiel gibt die Auswertung einer Trinkwasseranalyse mithilfe des Programms „Wasser 2000“ wieder.

Auszug aus der Wasseranalyse: (Hauptinhaltsstoffe)

$$\vartheta_B = 10\,°C\,;\ pH(\vartheta = 11\,°C) = 8{,}3\,;\ K_S(4{,}3)(\vartheta = 20\,°C) = 1{,}13\ mmol/l$$

Gesamtkonzentrationen	mmol/l
$c(Ca)$	0,678
$c(Mg)$	0,119
$c(Na)$	0,109
$c(K)$	0,018
$c(SO_4)$	0,121
$c(Cl)$	0,386
$c(NO_3)$	0,089

Ergebnisse der Gleichgewichtsberechnung (Computer-Programm):

Konzentrationen der Kohlensäure

Größe	Einheit	
$c(CO_2)$	mmol/l	0,014
$c(HCO_3^-)$	mmol/l	1,055
$c(CO_3^{2-})$	mmol/l	0,008

Konzentrationen der Komplexverbindungen von Calcium und Magnesium

$c(CaCO_3)$	mmol/l	0,004
$c(MgCO_3)$	mmol/l	0,000
$c(CaHCO_3^+)$	mmol/l	0,008
$c(MgHCO_3^+)$	mmol/l	0,001
$c(CaSO_4)$	mmol/l	0,008
$c(MgSO_4)$	mmol/l	0,001

Konzentrationen der Ionen

$c(Ca^{2+})$	mmol/l	0,659
$c(Mg^{2+})$	mmol/l	0,117
$c(Na^+)$	mmol/l	0,109
$c(K^+)$	mmol/l	0,018
$c(SO_4^{2-})$	mmol/l	0,112
$c(NO_3^-)$	mmol/l	0,089
$c(Cl^-)$	mmol/l	0,386

Sonstige wichtige Kenngrößen

Ionenstärke	mmol/l	2,666
Ionenst. k25	mmol/l	2,711
GH	°dH	4,469
CH	°dH	2,953
Kationen	mmol/l	1,687
Anionen	mmol/l	1,770
(Anionen – Kationen)	mmol/l	0,083
Ladungsbilanz	%	2,411

Wasserspezifische Kenngrößen

$c(DIC)$	mmol/l	1,090

Das Wasser ist calcitlösend.

Sättigungsindex bei Bewertungstemperatur ϑ_B:	$SI = -0{,}047$
pH-Wert des Wassers bei ϑ_B:	$pH = 8{,}313$
pH-Wert nach Sättigung mit Calcit bei ϑ_B:	$pH_C = 8{,}357$
Delta pH-Wert des Wassers bei ϑ_B:	$\Delta pH = -0{,}044$
Calcitlösekapazität bei Bewertungstemperatur:	$D = 0{,}003$ mmol/l

Kapitel 9
Verfahren der Wasseraufbereitung

Die chemische Wasseraufbereitung hat nach Sontheimer im Wesentlichen drei Grundaufgabenstellungen zu erfüllen:

- Entfernung organischer und anorganischer Verunreinigungen aller Art, also fester, flüssiger und gasförmiger Verunreinigungen, die für den Verwendungszweck störend sind.
- Stabilisierung gelöster und kolloidal gelöster Verunreinigungen, die den nicht korrosiven und sedimentationsfreien Transport in Rohrleitungen gewährleistet.
- Desinfektion organisch verunreinigten Wassers, wenn es als Trinkwasser oder höherwertiges Brauchwasser eingesetzt werden soll.

Zur Lösung der verfahrenstechnischen Aufgabenstellung stehen verschiedene Aufbereitungsverfahren zur Verfügung, die sich grob anhand der eingesetzten Techniken klassifizieren lassen.

9.1 Mechanische Aufbereitungsverfahren

Unter mechanischen Aufbereitungsverfahren versteht man Aufbereitungsverfahren, deren Reinigungseffekt ausschließlich auf rein mechanische Einwirkung zurückgeführt werden kann.

Hierunter fallen im Wesentlichen folgende Aufbereitungstechniken:

- Abscheidung von Schwimm-, Schwebe- und Sinkstoffen durch Rechenanlagen mit entsprechendem Stababstand.
- Abscheidung von kleineren Feststoffen (mm-Bereich) aller Art durch Siebband- oder Trommelmaschinen.

S. Wilhelm, *Wasseraufbereitung*
DOI: 10.1007/978-3-540-68887-7, © Springer 2008

9.2 Physikalische Aufbereitungsverfahren

Unter physikalischen Aufbereitungsverfahren sind solche Verfahren zu verstehen, deren Effekt ausschließlich auf physikalische Gesetze zurückzuführen ist. Hierunter fallen alle Techniken, die auf folgenden physikalischen Gesetzen basieren:

- Sedimentation
- Flotation
- Adsorption
- Filtration

Dieses Buch behandelt die chemische Wasseraufbereitung; deshalb werden die mechanischen und physikalischen Aufbereitungsverfahren – mit Ausnahme der wichtigen Technik der Filtration – nicht behandelt. Die Tiefenfiltration über körnige Materialien und die Membranfiltration spielen auch in der chemischen Wasseraufbereitung als Vor- oder Nachbehandlungsstufe eine wichtige Rolle und sollen deshalb etwas näher betrachtet werden.

Kapitel 10
Filtrationsverfahren

10.1 Filtration über chemisch inerte Materialien

Von allen heute angewandten Verfahren zur Trink- und Brauchwasseraufbereitung hat zweifellos die Filtration über Schichten aus körnigem Material, wie Sand, Kies, Hydroanthrazit oder Aktivkohle, die größte praktische Bedeutung. Es gibt nur wenige Trinkwasserwerke und Brauchwasseraufbereitungsanlagen, die ohne eine Filteranlage auskommen. Die Verfahrenstechnik der Filtration spielt bei nahezu allen Wasseraufbereitungsverfahren eine wichtige Rolle in der Vor- oder Nachbehandlung. Die Filtration über körnige Materialien ist das älteste technische Wasseraufbereitungsverfahren. Daher haben sich schon zahlreiche Wissenschaftler und Fachleute mit den wichtigen theoretischen und praktischen Zusammenhängen beschäftigt. Praktische Erfahrungen sind besonders in den Jahren 1955 bis 1970 in die Filtrationstechnik eingegangen. In diesen Zeitraum fällt die erstmalige, erfolgreiche praktische Anwendung von Mehrschicht-, Aufstrom- und Flockungsfiltern.

Auch in der Theorie ist man seit den Anfängen mit der Darcy'schen Filtrationsgleichung weitergekommen. Allerdings fehlt bis heute die Brücke von der Theorie zur praktischen Anwendung. Die verbesserten theoretischen Erkenntnisse tragen bis heute weder zur sichereren Dimensionierung noch zu besseren Filtrationsergebnissen bei. Hier soll deshalb nur am Rande auf bestehende neuere Theorien eingegangen werden.

Die Ursache für das weitgehende Scheitern der Bemühungen zu praktisch nutzbaren verfahrenstechnischen Berechnungsmethoden zu gelangen, ist auf folgende Gründe zurückzuführen. Bei der Filtration wässriger Trüben über körnige Materialien spielen

- Transportvorgange,
- Anlagerungsmechanismen und
- Abreißvorgänge durch Scherkräfte

eine Rolle. Die zu entfernenden Teilchen müssen zuerst in die unmittelbare Nähe der Filterkörner transportiert werden, bevor sie dort durch Anlagerungsvorgänge

DOI: 10.1007/978-3-540-68887-7, © Springer 2008

festgehalten werden können. Selbst nach einer Abscheidung am Filterkorn besteht die Möglichkeit, dass bereits angelagerte Teilchen durch Scherkräfte wieder in die Trübe suspendieren. Dieser Vorgang ermöglicht ja in der Praxis die Abreinigung von Filtern durch Rückspülen. Die Tatsache, dass drei unterschiedliche Vorgänge gemeinsam wirksam werden können, erschwert die Berechnung des Filtrationsablaufs. Die mathematische Beschreibung der Vorgänge in einem Filter wird außerdem dadurch kompliziert, dass sowohl unterschiedliche Transport- als auch Anlagerungsvorgänge bestimmend sein können. Man weiß heute, dass folgende Mechanismen bei der Filtration wässriger Trüben über körniges Material zusammenwirken:

Transportvorgänge

- Diffusion
- Sedimentation
- Einfangmechanismen
- hydrodynamische Effekte .

Anlagerungsmechanismen

- zwischenmolekulare Kräfte
- elektrische Kräfte
- Adsorptionsvorgänge
- chemische Vorgänge.

Überlegt man sich beispielsweise die Bedeutung der verschiedenen Transportvorgänge, so leuchtet ein, dass die Diffusion vermutlich bei kleinen, Einfangmechanismen bei großen Teilchen eine Rolle spielen. Die Sedimentation wird bei spezifisch schwereren Teilchen eintreten, wohingegen hydrodynamische Effekte vorzugsweise für das Auftreten von Scherkräften verantwortlich sind. In natürlichen Wässern kommen große, kleine, leichte und schwere Teilchen vor. Man muss also erwarten, dass nicht nur ein Transportvorgang bei dem praktischen Filtrationsvorgang bestimmend sein wird.

Analog sind die Verhältnisse hinsichtlich der verschiedenen Mechanismen, die bei der Anlagerung eine Rolle spielen. Auch hier laufen sicherlich mehrere Vorgänge unter gegenseitiger Beeinflussung gleichzeitig ab.

Beachtet man schließlich, dass das Herantransportieren von suspendierten Teilchen in die Nähe der Oberfläche des Filtermaterials nur dann für die Reinigungsleistung eines Filters wirksam ist, wenn die Teilchen auch an der Oberfläche des Filtermaterials angelagert werden, dann ist es verständlich, dass es nahezu unmöglich ist, verfahrenstechnische Gesetzmäßigkeiten für die Filtration der üblicherweise vorkommenden Wässer aufzustellen. Deshalb muss man bei allen aufgestellten Theorien von einheitlichen Trübstoffen und genau definierten Versuchsbedingungen ausgehen. Bei dem Versuch der Übertragung der Theorien in die Praxis kommt noch erschwerend hinzu, dass sich die Zusammensetzung der zu filtrierenden Wässer laufend ändert, und zwar sowohl bezüglich der Temperatur als auch hinsichtlich der Art und der Konzentration der suspendierten Feststoffe.

So wichtig ein Verständnis der Abhängigkeiten bei den erwähnten Einzelmechanismen auch ist, muss es doch Ziel der Wissenschaftler sein, eine mathematische Gesamtbeschreibung des Filtervorganges aufzustellen, die *praktisch* zu handhaben ist.

Es gibt zahlreiche Überlegungen und Ansätze für die Beschreibung der Vorgänge in einem Filter. Wie das bei der Beschreibung derartiger Vorgänge üblich ist, geht man von der Massenbilanz über ein Filterelement und von einem kinetischen Ansatz für den Gesamtvorgang der Feststoffabscheidung im Filter aus.

Die Massenbilanz ist verhältnismäßig einfach aufzustellen. Die Feststoffe, die in einem bestimmten Zeitraum aus dem Wasser herausfiltriert wurden, müssen als Ablagerung im Filter verblieben sein.

Aus Abb. 10.1 können folgende Beziehungen abgeleitet werden:

$$Q_1 = Q_2 = Q$$
$$A_1 = A_2 = A$$
$$v_1 = v_2 = v$$
$$c_1 \text{ ungleich } c_2$$
$$c_2 = c_1 - (\mathrm{d}c/\mathrm{d}z) \cdot \mathrm{d}z$$
$$Q \cdot c_1 \cdot \mathrm{d}t = Q \cdot \mathrm{d}t \cdot (c_1 - \mathrm{d}z.\mathrm{d}c/\mathrm{d}z) + A \cdot \mathrm{d}z \cdot \mathrm{d}\sigma$$
$$Q = A \cdot v$$
$$A \cdot v \cdot c_1 \cdot \mathrm{d}t = A \cdot v \cdot \mathrm{d}t \cdot c_1 - A \cdot v \cdot \mathrm{d}t \cdot \mathrm{d}c + \mathrm{d}z \cdot \mathrm{d}\sigma \cdot A$$
$$A \cdot v \cdot \mathrm{d}t \cdot \mathrm{d}c = A \cdot \mathrm{d}z \cdot \mathrm{d}\sigma$$
$$\mathrm{d}\sigma/\mathrm{d}z = v \cdot \mathrm{d}c/\mathrm{d}z$$

Für den kinetischen Ansatz verwendet man die erstmals von Iwasaki mitgeteilte Beobachtung, dass die Änderung der Konzentration c mit der Filterlänge z – und damit auch mit der jeweiligen mittleren Verweilzeit eines Wasserteilchens im Filter – abhängig ist von der jeweiligen Konzentration:

$$-\mathrm{d}c/\mathrm{d}z = \lambda \cdot c; \; \lambda = \text{Filterparameter}$$

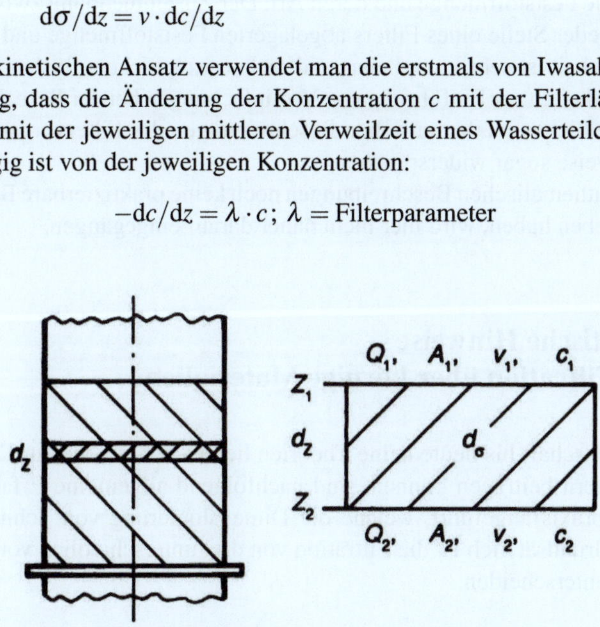

Abb. 10.1 Filtration über der Schichthöhe d_z

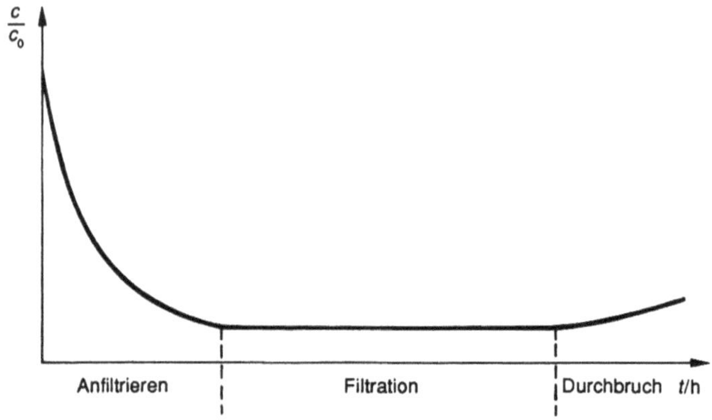

Abb. 10.2 Abhängigkeit der Filterwirksamkeit von der Filterlaufzeit

Dieses einfache Gesetz gilt jedoch nur für unbeladene oder über die ganze Filterlänge gleich beladene Filter. Dieser Zustand besteht in der Praxis nur zu Beginn des Filtrationsvorganges. Später ändern sich die Verhältnisse wesentlich durch die abgeschiedenen Trübstoffe. Es tritt zunächst eine Verbesserung der Wirksamkeit mit der Laufzeit ein. Nach der eigentlichen Arbeitsperiode mit ziemlich konstanter Reinwasserqualität setzt dann nach Abb. 10.2 eine Verschlechterung der Filterwirksamkeit ein.

Von entscheidendem Einfluss auf die Filterwirksamkeit sind also die im Filter abgeschiedene Feststoffmenge und deren Art. Der Zusammenhang zwischen der effektiven, an jeder Stelle eines Filters abgelagerten Feststoffmenge und -art und der Filterwirksamkeit ist sehr kompliziert und rechnerisch nicht auflösbar. Die zahlreichen Möglichkeiten zur Einführung von Vereinfachungen bei der Berechnung haben zu unterschiedlichen mathematischen Beschreibungen des Filtervorganges geführt, die sich teilweise sogar widersprechen.

Da alle mathematischen Beschreibungen noch keine praktizierbare Berechnungsmethode ergeben haben, wird hier nicht näher darauf eingegangen.

10.2 Praktische Hinweise zur Filtration über körnige Materialien

Da die Wissenschaft bis heute keine Theorien liefern konnte, die zur Dimensionierung von Filtern beitragen können, sind nachfolgend allgemeine Erfahrungen aus der Betriebspraxis angeführt, welche die Dimensionierung von Schnellfiltern ermöglichen. Grundsätzlich ist die Filtration von drei unterschiedlich vorbehandelten Wässern zu unterscheiden.

10.2.1 Filtrationsarten

10.2.1.1 Direktfiltration

Unter der Direktfiltration ist die direkte Filtration von nicht vorbehandeltem Wasser zu verstehen. Die Direktfiltration ist, nach übereinstimmender Meinung vieler Betriebsfachleute, nur bis zu einer Feststoffkonzentration von $\rho^*(\mathrm{TS}) < 50\,\mathrm{mg/l}$. wirtschaftlich. Bei größeren Feststoffkonzentrationen werden die Filterlaufzeiten zu kurz und die benötigten Rückspülwassermengen zu groß. Bei Feststoffkonzentrationen von $\rho^*(\mathrm{TS}) = 150 - 200\,\mathrm{mg/l}$ nähern sich die Filtratmengen der zur Filterrückspülung benötigten Reinwassermenge, wenn Schwebstofftrüben filtriert werden.

10.2.1.2 Flockungsfiltration

Bei der Direktfiltration über körnige Filtermaterialien – mit Ausnahme von Aktivkohle – können kolloidal gelöste Stoffe nicht abfiltriert werden. Um klares Filtrat zu erhalten, wird dem Wasser direkt vor der Filtration ein Flockungsmittel zugesetzt. Auf die Verfahrenstechnik der Flockung wird später eingegangen.

Die Direktflockung auf die Filter kann nur bei geringen, kolloidal gelösten Verunreinigungen konstanter Konzentration angewendet werden; sie scheidet also bei der Filtration von fließenden Oberflächenwässern aufgrund der stark wechselnden Schwebstoffführung aus. Die Flockungsmittel-Dosiermenge beträgt 2 – 10 (5) $\mathrm{g/m^3}$.

10.2.1.3 Filtration eines geflockten und bereits der Sedimentation unterworfenen Wassers

Die Flockung in einem X-Ator wird bei der Aufbereitung von Oberflächenwässern, insbesondere Fließgewässern, angewandt. Die nachgeschalteten Filter arbeiten unter sehr günstigen Voraussetzungen, da sie Wasser mit nur noch geringer und nahezu konstanter Schwebstoffkonzentration zugeführt bekommen.

10.2.2 Betriebs- und Dimensionierungsgruppen

Offene Filteranlagen können zur Erzeugung des Filtrationsdruckes nur die mögliche Überstauhöhe nutzen. Druckfilteranlagen können mit höheren Druckverlusten und damit auch größeren Filtergeschwindigkeiten betrieben werden.

Die je nach Filtrationsart und Wasserqualität unterschiedlichen Betriebs- und Dimensionierungsgrößen sind in Tabelle 10.1 zusammengestellt.

Tabelle 10.1 Abhängigkeit der Filtergeschwindigkeit q_A von der Filtrationsart bei Monobettkiesfiltern

Filtrationsart	Direkt-filtration	Flockungs-filtration	Filtration geflockten und sedimentierten Wassers
offene Filter, q_A in m/h	4–7 (5)	4–7 (5)	4–7 (5)
Druckfilter, q_A in m/h	10–20 (15)	7–10 (8)	7–15 (12)
Filterschichthöhe h = 1,5–2,5 (2,0) m Die Klammerwerte werden zu Dimensionierungsbeispielen herangezogen. Bei Mehrschichtfiltern können die Filtergeschwindigkeiten um etwa 30 % gesteigert werden.			

10.2.3 Wahl der Korngrößenverteilung

Grundsätzlich ist zwischen Einschicht- und Mehrschichtfiltration zu unterscheiden. Die Mehrschichtfiltration erlaubt entweder um ca. 30% höhere Filtergeschwindigkeiten oder entsprechend längere Filterlaufzeiten. Die Filtratqualität entspricht der von Einschichtfiltern.

Folgende Filtermaterialien werden verwendet:

Sand, Kies

Körnung 0,63 – 1,0 mm
Diese Körnung wird häufig in der Schwimmbadtechnik in Verbindung mit Filtrationsgeschwindigkeiten bis $q_A = 30\,\mathrm{m/h}$ eingesetzt.
Körnung 0,71 – 1,25 mm
Diese Körnung wird häufig zur Filtration gering verunreinigter Brunnenwässer, mit und ohne Flockung, eingesetzt.
Körnung 1,0 – 2,2 mm
Diese Körnung wird häufig zur Direktfiltration und zur Flockungsfiltration von Oberflächenwässern für industrielle Zwecke eingesetzt.

Hydroanthrazit und Sand in Mehrschichtfiltern

Körnung I: Hydroanthrazit 0,8 – 1,6 mm, *Sand* 0,4 – 0,7 mm
Diese Körnungskombination wird häufig in der Schwimmbadtechnik und bei der Aufbereitung von Trink- und höherwertigem Brauchwasser eingesetzt.
Körnung II: Hydroanthrazit 1,6 – 2,5 mm, *Sand* 0,71 – 1,25 mm
Diese Körnungskombination wird ebenfalls zur Aufbereitung von höherwertigem und geringwertigem Brauchwasser eingesetzt.

Die Schichthöhe bei der Monoschichtfiltration beträgt häufig 2,0 m. Bei gleichzeitiger Enteisenung und Entmanganung in einem Filter sind größere Schichthöhen empfehlenswert. Die Schichthöhen bei der Mehrschichtfiltration betragen häufig 1,0 m Hydroanthrazit und 1,5 m Sand.

10.2.4 Schmutzaufnahmevermögen

Zum Schmutzaufnahmevermögen und damit zur Filterlaufzeit können keine allgemeingültigen Aussagen gemacht werden. Bei Monoschichtfiltern rechnet man bei Feststoffkonzentrationen im zu filtrierenden Wasser $\rho^*(\mathrm{TS}) < 5\,\mathrm{g/m^3}$, wie sie häufig im ablaufenden Wasser nach der Behandlung in Flockungsanlagen auftreten, mit Filterlaufzeiten von 4 – 7 Tagen.

Nachfolgende Abschätzung kann aufgrund der variablen Trübstoffzusammensetzung und -konzentration lediglich als Hinweis dienen.

Die abfiltrierten Trübstoffe lagern sich in den Hohlräumen, die zwischen den einzelnen Filterkörnern entstehen, an. Da genügend freie Fläche für den durchgehenden Wasserstrom gelassen werden muss, kann man höchstens davon ausgehen, dass 20% des Hohlraumvolumens von den Trübstoffen eingenommen werden können. Bei den infrage kommenden Körnungen beträgt das Porenvolumen ca. $400\,\mathrm{l/m^3}$ Sand.

Da die abfiltrierten Trübstoffe aus Schwebstoffen, kolloidal gelösten Teilchen bzw. den Flocken des Flockungsmittels bestehen, kann man üblicherweise höchstens von einer Feststoffkonzentration $\rho^*(\mathrm{TS}) \leq 10\,\mathrm{g/l}$ ausgehen. Daraus errechnet sich das Schmutzaufnahmevermögen pro $\mathrm{m^3}$ Filtermaterial wie folgt:

$$400\,\mathrm{l/m^3} \cdot 0{,}2 \cdot 10\,\mathrm{g/l} = 800\,\mathrm{g/m^3}$$

Das Schmutzaufnahmevermögen steigt natürlich, wenn schwerere, wasserärmere Mineralstoffe, z. B. Lehm oder Calciumcarbonat, abfiltriert werden sollen. Besonders groß ist das Schmutzaufnahmevermögen z. B. bei der Abfiltration von Sinter aus Kühlwasser bestimmter Anlagen der Stahlherstellung. Bei einer Feststoffkonzentration $\rho^*(\mathrm{TS}) = 50\,\mathrm{g/l}$ oder $\rho^*(\mathrm{TS}) = 100\,\mathrm{g/l}$, steigt das Schmutzaufnahmevermögen auf 4000 oder $8000\,\mathrm{g/m^3}$ an.

10.2.5 Filterrückspülung

Nach Beendigung eines Filterlaufs, der durch den angestiegenen Druckverlust angezeigt wird, muss das Filtermedium durch Rückspülen gereinigt werden, um die während des Filterlaufs an der Oberfläche und im Inneren zurückgehaltenen Feststoffe, die zum Erhöhen des Filterwiderstandes führten, wieder aus dem Filter zu entfernen.

Als Spülmedien stehen Wasser und Luft zur Verfügung, welche während der Filterrückspülung den Filter entgegengesetzt der Filtrationsrichtung durchströmen. Diese Spülmedien können gemeinsam oder auch einzeln eingesetzt werden. Das Spülprogramm beinhaltet sämtliche hydraulischen Operationen von der Außerbetriebsetzung bis zur Wiederinbetriebnahme nach einem Spülvorgang.

Zur Rückspülung von Filtern aus körnigen Materialien werden unterschiedliche Spülprogramme angewendet, die aus folgenden Spülphasen bestehen können:

- Luftspülung
- Wasserspülung
- kombinierte Luft-Wasserspülung

Luftspülung

Bei der Luftspülung wird der an der Oberfläche des Filterbettes gebildete Filterkuchen durch die aus der Filtermasse herausschießenden, großen Luftblasen und die damit stattfindende Bewegung der Filteroberfläche aufgebrochen und zerkleinert, so dass der Abtransport durch die nachfolgende Wasser- oder Luft-Wasserspülung möglich wird. Verklebungs- und Verdichtungszonen im Filtermaterial werden aufgebrochen und die Verunreinigungen werden ausspülbar gemacht.

Das über dem Filterbett befindliche Rohwasser reichert sich dabei erheblich mit Schmutzstoffen an.

Die Reinigungswirkung der Luftspülung beruht auf einer intensiven mechanischen Beanspruchung des Filtermaterials durch Reibung.

Über die Geschwindigkeit, mit der die Luft beim Rückspülen eingesetzt werden soll, sind keine systematischen Untersuchungen bekannt. Vielfach wird jedoch die Meinung vertreten, dass Luftgeschwindigkeiten von 100 m/h wirksamer sind als die üblicherweise angewendeten Luftgeschwindigkeiten von 60 m/h.

Allgemein anerkannt ist die Tatsache, dass eine Verlängerung der Luftspülung über drei Minuten hinaus keine verbesserte Reinigungswirkung erbringt.

Wasserspülung

Die Wasserspülung wird aus unterschiedlichen Gründen ausgeführt.

Nach erfolgtem Aufbrechen und Ablösen der Verunreinigungen vom Filtermaterial müssen diese durch die Wasserspülung aus dem Filter ausgetragen werden.

Außerdem muss die bei der Luftspülung im Filter verbliebene Luft aus dem Filtermaterial wieder entfernt werden.

Beide Aufgaben können nur hinreichend erfüllt werden, wenn das Filtermaterial fluidisiert wird, also eine Bettausdehnung erfährt. Es steht fest, dass bei den lange Zeit üblichen Spülwassergeschwindigkeiten – der doppelten Filtergeschwindigkeit – keine ausreichende Bettausdehnung erreichbar ist. Ohne hier auf theoretische Zusammenhänge einzugehen kann Folgendes ausgesagt werden:

- Die hinreichende Spülgeschwindigkeit ist unabhängig von der Schichthöhe des Filtermaterials.
- Die hinreichende Spülgeschwindigkeit ist abhängig von der Korngröße, der Korngrößenverteilung und der Dichte des Filtermaterials.

Tabelle 10.2 Spülwassergeschwindigkeit in Abhängigkeit von der Körnung des Filtersandes bei alleiniger Wasserspülung

Körnung des Filtersands in mm	Spülwassergeschwindigkeit q_A/m/h
0,63 – 1,00	50 – 55 (50)
0,71 – 1,25	60 – 65 (60)
1,00 – 2,20	85 – 90 (85)

Die hinreichende Spülwassergeschwindigkeit ist die zur vollständigen Sandbettfluidisierung notwendige Geschwindigkeit.

Um wenigstens eine 20%ige Ausdehnung des Filterbetts zu bekommen, können die in Tabelle 10.2 wiedergegebenen Spülwassergeschwindigkeiten empfohlen werden.

Bei nachträglichen Optimierungsmaßnahmen zur Filterspülung sind solche Geschwindigkeiten meistens nicht zu realisieren, weil die übliche Freibordhöhe von 500 mm dann nicht mehr ausreichend ist und außerdem die Düsenbodenkonstruktion nicht für diese Betriebsverhältnisse geeignet ist.

Kombinierte Luft-Wasserspülung

Die kombinierte Luft-Wasserspülung erfüllt neben der intensiven Bewegung des Filtermaterials durch den Luftstrom auch verstärkte Transportfunktionen für Schmutzteile durch den Wasserstrom. Genaue Angaben über die einzusetzenden Spülwassergeschwindigkeiten liegen nicht vor. Um eine Aufwirbelung der Stützschichten zu vermeiden, sind geringere Spülwassergeschwindigkeiten als bei der reinen Wasserspülung anzuwenden. Realistisch sind Spülwassergeschwindigkeiten von etwa 40% der Geschwindigkeiten bei der Wasserspülung.

Die zu empfehlenden Werte sind in Tabelle 10.3 wiedergegeben.

Die Spülluftgeschwindigkeit kann der bei der Luftspülung angewendeten Geschwindigkeit entsprechen, sollte aber nicht weniger als 60 m/h betragen.

Aus den dargestellten einzelnen Spülphasen sind eine Reihe von Spülprogrammen entwickelt worden. Einige der Programme sind nachfolgend aufgeführt.

Tabelle 10.3 Spülwassergeschwindigkeit in Abhängigkeit von der Körnung des Filtersandes bei kombinierter Luft-Wasser-Spülung

Körnung des Filtersands in mm	Spülwassergeschwindigkeit q_A/m/h
0,63 – 1,00	20
0,71 – 1,25	25
1,00 – 2,20	35

10.2.5.1 Wasserspülung

Die alleinige Wasserspülung ist vor allen Dingen in England und Amerika weit verbreitet. Durch sehr hohe Spülwassergeschwindigkeiten (die Geschwindigkeiten liegen über den in Tabelle 10.2 genannten) werden die Schmutzstoffe und der Kornabrieb aus dem Filter ausgetragen.

Nachteilig ist der sehr große Spülwasserverbrauch bis zu 15% der erzeugten Reinwassermenge.

Von Vorteil ist, dass sich keine Gaspolster im Filterbett ausbilden können, welche die Filterkapazität beeinträchtigen.

10.2.5.2 Luft-Wasser-Spülung

Dieses Spülprogramm setzt sich aus folgenden Spülphasen zusammen:

- Luftspülung
- Wasserspülung.

Mit dieser Spülphasenkombination ist in vielen Fällen eine ausreichende Reinigung des Filterbettes zu erzielen. Der Spülwasserverbrauch liegt bei ca. 6 – 10% der erzeugten Reinwassermenge.

10.2.5.3 Kombinierte Luft-Wasser-Spülung

Dieses Spülprogramm setzt sich aus folgenden Spülphasen zusammen:

- Luftspülung
- kombinierte Luft-Wasserspülung
- Wasserspülung.

Diese Spültechnik ist in Europa üblich. Die Luftspülung bricht den an der Filteroberfläche befindlichen Filterkuchen auf, die folgende kombinierte Luft-Wasser-Spülung setzt diesen Vorgang unter gleichzeitigem Austrag der Schmutzstoffe fort. Die Wasserspülung beendet den Schmutzteilchenaustrag und beseitigt die im Filter verbliebene Spülluft. Der Spülwasserverbrauch beträgt meistens weniger als 3% der erzeugten Reinwassermenge.

Bei allen Spülprogrammen ist häufig, im Anschluss an die letzte Wasserspülung, noch die Anfiltration erforderlich. Das Filtrat wird solange verworfen, bis sich die erforderliche Reinwasserqualität wieder einstellt.

Bei allen Spülprogrammen können die einzelnen Spülphasen auch mehrmals kurzzeitig hintereinander ausgeführt werden. Häufig führen mehrfach wiederholte, kürzere Spülphasen zu besseren Abreinigungsergebnissen und geringeren Wasserverbrauchszahlen als länger anhaltende, einmalige Spülphasen. Dies muss jedoch immer in Versuchen festgestellt werden.

10.2.5.4 Zeitdauer der Spülphasen

Die Zeitdauer der einzelnen Spülphasen wird immer im Versuch ermittelt. Folgende grobe Überschlagswerte dienen lediglich als Grundlage zu einem Berechnungsbeispiel.

Spülphase	Zeitdauer/min.
Luftspülung	3
kombinierte Luft-Wasserspülung	10
Wasserspülung	5
Anfiltrieren	10

10.2.6 Mehrschichtfiltration

Bei Mehrschichtfiltern kann die kombinierte Luft-Wasserspülung nicht angewendet werden, weil sich bei gleichzeitiger Luft- und Wasser-Spülung die beiden Schichten unterschiedlicher Körnung miteinander vermischen würden. Dadurch würde sich die Filtratqualität erheblich verschlechtern. Die Luftspülung muss hier getrennt ausgeführt werden. Bei Mehrschichtfiltern sind die Körnungsabstufungen so zu wählen, dass bei der Spülung für alle Schichten die hinreichende Spülgeschwindigkeit erreicht wird.

Um wenigstens eine 20%ige Ausdehnung des Filterbetts zu bekommen, können die in Tabelle 10.4 dargestellten Spülwassergeschwindigkeiten empfohlen werden.

10.2.7 Freibordhöhe

Der Rückspülraum über der Filtermaterialschicht ist in Abhängigkeit von der Spülwassergeschwindigkeit zu wählen. Üblich sind 500 mm bei sehr geringen Spülwassergeschwindigkeiten und 1000 mm bei den empfohlenen Spülwassergeschwindigkeiten.

Abbildung 10.3 zeigt das Fließschema einer Monoschichtfilteranlage für eine Leistungsaufteilung von 2 – 10% für automatische Betriebsweise.

Tabelle 10.4 Spülwassergeschwindigkeit in Abhängigkeit von der Körnungskombination bei der Mehrschichtfiltration

Körnungskombinationen in mm Nr.	 Sand/Hydroanthrazit	Spülwassergeschwindigkeit q_A/m/h
I	0,4 – 0,7 /0,8 – 1,6	40 – 50(50)
II	0,71 – 1,25/1,6 – 2,5	60 – 70(70)

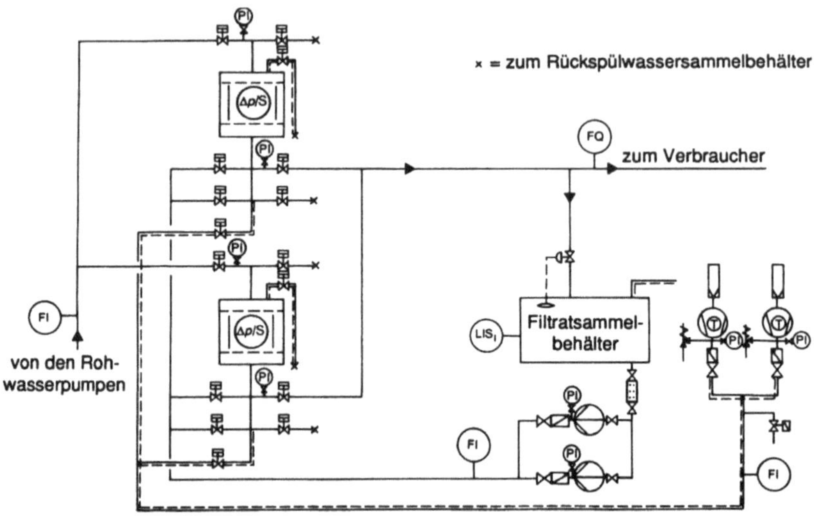

Abb. 10.3 Monoschicht-Kiesfilteranlage für automatischen Betrieb (Fließbild)

Beispiel

In einem Wasserwerk sollen 50 m^3/h Brunnenwasser, das noch eine unzulässig hohe Feststoffkonzentration $\rho^*(\mathrm{TS}) < 20\,\mathrm{g/m^3}$ aufweist, in einer Druckkiesfilteranlage zu Trinkwasser aufbereitet werden. Die Filteranlage ist für eine Leistungsaufteilung von $2 \cdot 100\%$ zu dimensionieren.

Zu berechnen sind jeweils für eine Monoschicht- und eine Mehrschichtfilteranlage:

Abmessungen der Kiesfilter
Gesamtrückspülwassermenge zur Dimensionierung des Rückspülwasserbeckens
Nennweite der Rohrleitungen; Strömungsgeschwindigkeit in den wasserführenden Rohrleitungen $\leq 2\,\mathrm{m/s}$; zugelassene DN: 20/25/50/80/100/150/200

Monoschicht-Druckfilteranlage

Filterabmessungen:

Filtergeschwindigkeit bei Monoschicht-Druckfiltern mit Direktfiltration nach Tabelle 10.1: $q_\mathrm{A} = 15\,\mathrm{m/h}$. (Die Klammerwerte in allen Tabellen stellen die Werte dar, mit denen die Berechnungsbeispiele ausgeführt werden.)

$$A = Q/q_\mathrm{A} = 50/15 = 3{,}33\,\mathrm{m}^3$$
$$d = (4\mathrm{A}/\pi)^{1/2} = 2{,}06\,\mathrm{m}$$

Aus fertigungstechnischen Gründen wird der Filter mit einem Durchmesser von 2100 mm hergestellt.

Die zylindrische Mantelhöhe beträgt 2000 mm Filtermaterial zuzüglich 1000 mm Rückspülraum, also 3000 mm.

Es wird Sand der Körnung 0,71 – 1,25 mm verwendet.

Gesamtspülwassermenge

Programm-takt	Filterge-schwindigkeit (m/h)	Mediendurchsatz (m^3/h)	Zeit (min.)	Volumen (m^3)
Luftspülung	100	346	3	–
Komb. Wasser-	25	86,5	10	14,4
Luftspülung	100	346	10	–
Wasserspülung	60	207,6	5	17,3
Anfiltrieren	15	50	10	8,3
			Summe: 40,0 m³	

Rohrleitungsnennweiten

$A = Q/v;\ A = d^2 \cdot \pi/4$

$s = (4Q/(\pi \cdot v \cdot 3600))^{1/2}$

Leitung	Durchsatz (m^3/h)	DN (mm)
Filtration	50	100
Luftspülung	346	80*
Komb. Wasser-	86,5	150
Luftspülung	346	80*
Wasserspülung	207,6	200

*) ermittelt mithilfe der Tabelle 10.5.

Mehrschicht-Druckfilteranlage

Filterabmessungen:

Filtergeschwindigkeit bei Monoschicht-Druckfiltern mit Direktfiltration nach Tabelle 10.1: $q_A = 15$ m/h. Bei der Mehrschichtfiltration sind ca. 30% höhere Filtergeschwindigkeiten möglich.

Tabelle 10.5 Nennweiten luftführender Rohrleitungen im Betriebszustand $p_B = 0{,}5$ bar (Überdruck)

DN in mm	v in m/s	Q in m^3/h	DN in mm	v in m/s	Q in m^3/h
15	5	5	80	13	350
20	5	9	100	16	675
25	6	17	125	18	1185
40	8	56	150	20	1900
50	10	100	200	24	4100
65	11	195	250	28	7500

$q_A = 15 \cdot 1{,}3 = 19{,}5\,\text{m/h}$
$A = Q/q_A = 50/19{,}5 = 2{,}56\,\text{m}^2$
$d = (4A/\pi)^{1/2} = 1{,}80\,\text{m}$

Die zylindrische Mantelhöhe beträgt 2500 mm Filtermaterial, zuzüglich 1000 mm Rückspülraum; also 3500 mm. Gewählte Körnungskombination: Kombination I.

Gesamtspülwassermenge

Programmtakt	Filtergeschwindigkeit (m/h)	Mediendurchsatz (m^3/h)	Zeit (min.)	Volumen (m^3)
Luftspülung	100	254	3	–
Wasserspülung	50	127	10	21,2
Anfiltrieren	19,5	50	10	8,3
				Summe: 29,5 m^3

Rohrleitungsnennweiten
$A = Q/v;\ A = d^2 \cdot \pi/4$
$d = (4Q/(\pi \cdot v \cdot 3600))^{1/2}$

Leitung	Durchsatz (m^3/h)	DN (mm)
Filtration	50	100
Luftspülung	254	80*
Wasserspülung	127	150

*) ermittelt mithilfe der Tabelle 10.5.

10.3 Aufbau einer Monoschicht-Kiesfilteranlage

Abbildung 10.4 zeigt einen schematischen Schnitt durch einen Monobettkiesfilter; Abb. 10.5 den Schnitt durch eine Kiesfilterdüse. Bei der Luftspülung tritt die Luft durch den Schlitz oder die Bohrung im Düsenschaft oder durch einen Teil des angeschrägten Düsenschaft-Querschnitts ein, damit die Luftverteilung – durch Erzeugen eines entsprechend großen Druckverlustes – sichergestellt ist.

10.4 Membranfiltration bei der Trinkwasseraufbereitung

Die Verfahren der Membranfiltration arbeiten primär nach einem rein physikalischen Trennprinzip, bei dem das Wasser aufgrund einer Druckdifferenz durch den Membranwerkstoff gepresst und von störenden Inhaltsstoffen befreit wird. Die abzutrennenden Wasserinhaltsstoffe, deren Durchmesser die Porenweite der Membran übersteigen, werden an der Oberfläche angelagert, Abb. 10.6.

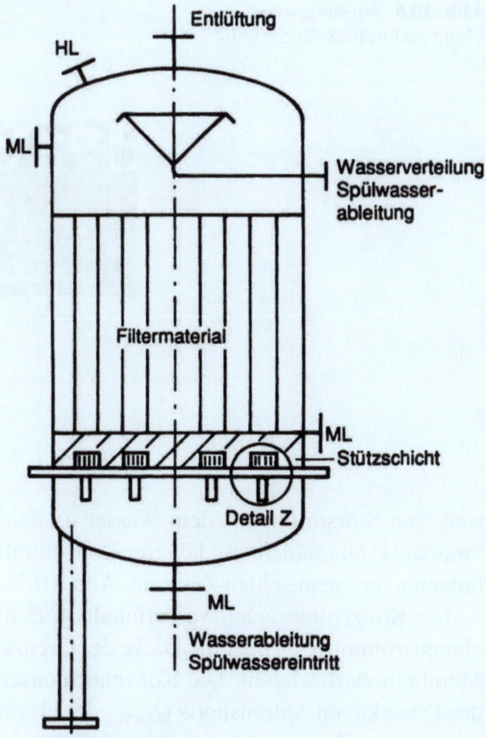

Abb. 10.4 Schnitt durch einen Kiesfilter (schematisch)

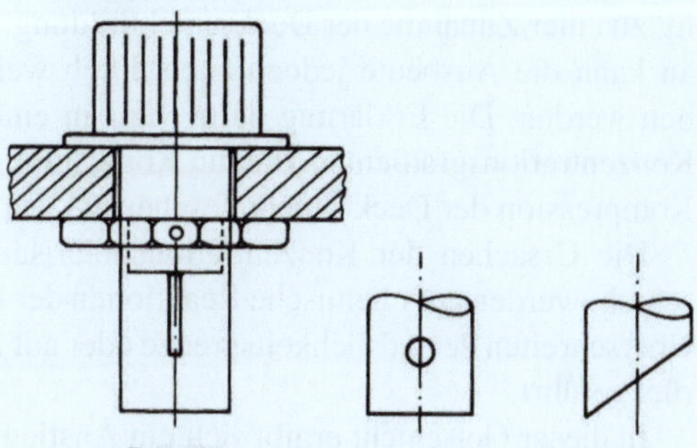

Abb. 10.5 Schnitt durch eine Kiesfilterdüse (*Detail Z* aus Abb. 10.4)

Im Gegensatz zur Tiefenfiltration bei den klassischen Aufbereitungsverfahren der Sand- und Kiesfiltration finden die Abscheideprozesse dabei im Wesentlichen durch Siebwirkung auf der Membranoberfläche statt. Mit Membranfiltern können also auch bei stark schwankenden Zulaufbedingungen konstante Filtratwerte erreicht werden.

Neben dem Siebmechanismus spielen vor allem bei Membranverfahren mit sehr kleinen Porenweiten weitere Transportvorgänge eine Rolle, die auf Diffusion und elektrostatische Abstoßungskräfte zurückzuführen sind. Ein anschauliches Modell wird in der Theorie der Konzentrationspolarisation beschrieben. Durch die Anlage-

Abb. 10.6 Wirkungsweise Membranfiltration als Siebfilter

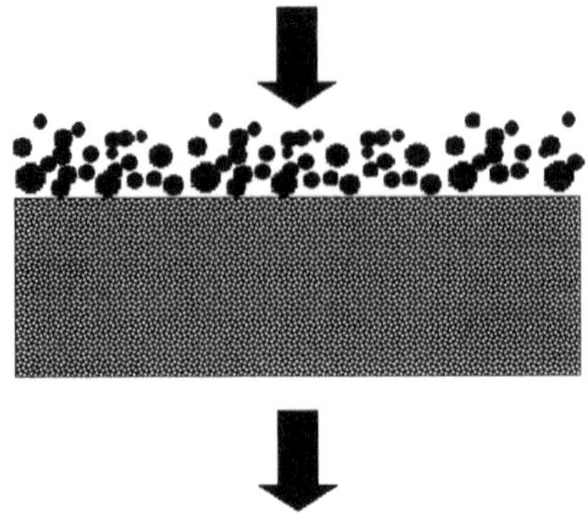

rung von Störstoffen aus dem Wasser an der Membranoberfläche bildet sich eine laminare Grenzschicht mit höherer Konzentration an Inhaltsstoffen als im meist turbulenten, gut gemischten Zustrom, Abb. 10.7.

Die Konzentration an Wasserinhaltsstoffen C_p steigt von der Konzentration der Hauptströmung $C_{p,0}$ über die Dicke der Grenzschicht δ bis zur Konzentration an der Membranoberfläche an. Die Konzentrationserhöhung ist abhängig von der Stärke des konvektiven Antransports $Q_{Konv.}$ der proportional zum Permeatfluss Q_P, ist. Ein Anstieg des Zulaufdruckes erhöht zunächst den Permeatfluss und führt zwangsläufig zu einer Zunahme der Deckschichtbildung. Von einem bestimmten Druckniveau an kann die Ausbeute jedoch auch durch weitere Drucksteigerung nicht angehoben werden. Die Erklärung dafür wird in einer Rückdiffusion $Q_{Diff.}$ entlang dem Konzentrationsgradienten, die die Konzentrationserhöhung abschwächt, und in der Kompression der Deckschicht gesehen.

Die Ursachen der Konzentrationspolarisation in der membranseitigen Grenzschicht werden auf chemische Reaktionen der Inhaltsstoffe, auf Ausfällungen durch Überschreiten der Löslichkeitsgrenze oder auf Adsorption von Makromolekülen zurückgeführt.

In dieser Gelschicht ergibt sich ein Anstieg des osmotischen Druckes und damit ein geringerer Durchfluss von der Zustrom- auf die Permeatseite. Es bildet sich somit ein Film auf der Membran, der als (Bio-)Fouling bezeichnet wird und in der Regel zur reversiblen Verblockung der Membran führt. Biofilme können sich u. a. an Grenzflächen zwischen Wasser und festen Medien entwickeln und beinhalten häufig Mikroorganismen, die in einer Matrix aus extrazellulären polymeren Substanzen (EPS) eingebettet sind.

Das organische Fouling wird vor allem durch Huminstoffe aus dem Boden hervorgerufen. Diese Wasserinhaltsstoffe, die meist hochmolekular und mit unregelmäßigem Strukturaufbau ausgebildet sind, haben die negative Eigenschaft, sich aufgrund ihrer Ladung recht gut an die Deckschicht der Membran anzulagern. Sie sind von dort häufig nur durch Verwendung von Chemikalien zu entfernen. Unter anor-

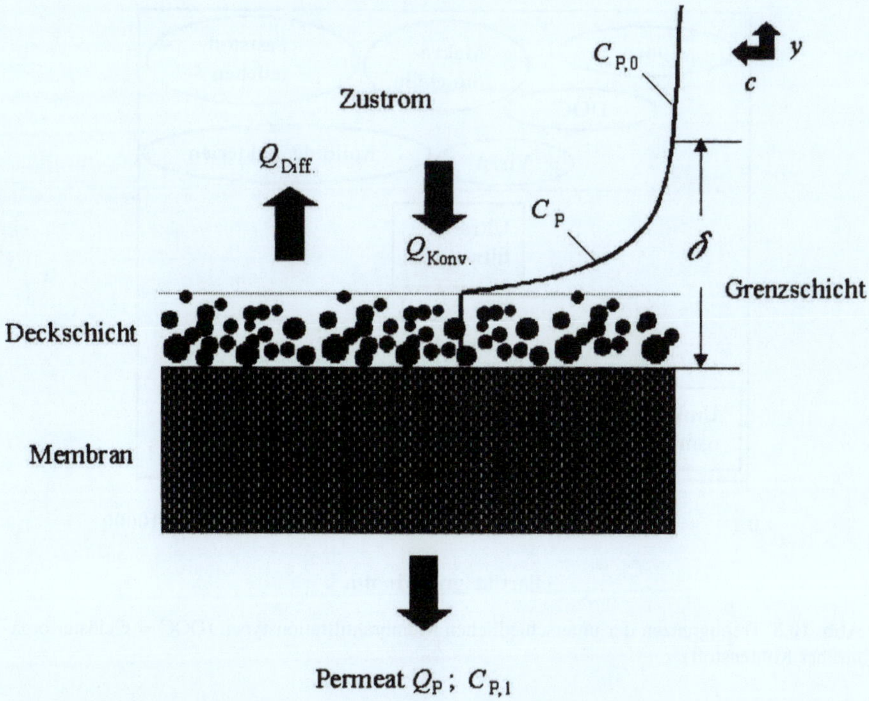

Abb. 10.7 Schematische Darstellung der Konzentrationspolarisation

ganischem Fouling versteht man eine Ablagerung von Silicaten, Tonen oder Erden, aber auch Metall-Hydroxidverbindungen von Aluminium, Eisen oder Mangan an bzw. in der Membran. Ein großes Problem beim Biofouling ist, dass die Mikroorganismen eine schleimige Substanz ausscheiden, die schwer zu entfernen ist. In diesem Schleimfilm werden auch die anorganischen Wasserinhaltsstoffe eingebettet, die den Mikroorganismen als zusätzliche Nährstoffquelle dienen. Die hier beschriebenen Foulingarten treten in der Regel gemeinsam auf, so dass die Wirkung einer Foulingart durch die andere meistens verstärkt wird. Da mit der Zunahme der Deckschichthöhe auch der transmembrane Druck ansteigt, werden Spülzyklen mit Permeat oder Spülchemikalien vorgesehen. Die zur Trinkwasseraufbereitung angewendeten Membranverfahren werden nach der Größe der abzuscheidenden Partikel unterschieden, Abb. 10.8.

10.4.1 Umkehrosmose

Die Vorgänge bei der Osmose und Umkehrosmose (Hyperfiltration) basieren im Wesentlichen auf Diffusionswirkung. Die Umkehrosmose (UO) wird in großtechnischem Maßstab zur Aufbereitung von Kesselspeisewasser und von Meerwasser ein-

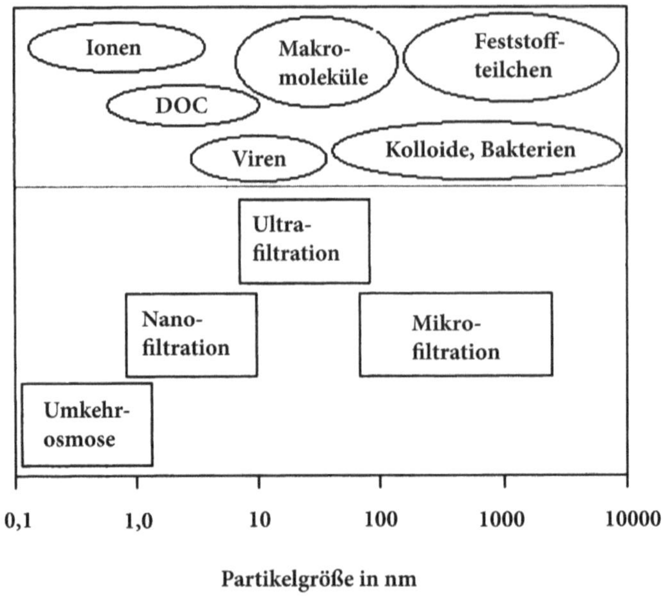

Abb. 10.8 Trenngrenzen der unterschiedlichen Membranfiltrationstypen (DOC = Gelöster organischer Kohlenstoff)

gesetzt, weil dabei sowohl mehr- als auch einwertige Ionen der Größe 0,1 bis 1 nm zurückgehalten werden können. Durch die erforderlichen hohen Betriebsdrücke zwischen 10 und 100 bar betragen die Standzeiten bei der Meerwasseraufbereitung etwa ein bis drei Jahre, bei der Gewinnung von Konzentraten in der Getränkeindustrie durch Wasserentzug liegen die Austauschzeiten der Membranen wegen der großen Materialbeanspruchung noch darunter.

10.4.2 Nanofiltration

Bei der Nanofiltration (NF) werden ionogene Wasserinhaltsstoffe, die aufgrund ihrer Größe die Poren der Membran passieren könnten, wegen der Überlagerung elektrostatischer Kräfte im Biofilm mit Diffusionsvorgängen in der Membran, zurückgehalten. Dies trifft vor allem auf die Rückhaltung zweiwertiger Anionen zu, bei denen die elektrostatischen Abstoßungskräfte der meist negativ geladenen Nanofiltrationsmembran offensichtlich überwiegen. Die Rückhaltung einwertiger Ionen hängt stark von der Zulaufkonzentration ab. Es wurde festgestellt, dass steigende Salzkonzentrationen im Zulauf zu einer besseren Abschirmung der Oberflächenladungen der Membran und damit zu einer Abnahme der Rückhaltung von Salzen führen. Die NF wird zur Entfernung von Huminstoffen, Sulfat, Härtebildnern und organischen Spurenstoffen wie Pestiziden eingesetzt. Die Einsatzbereiche der bei ca. 3 bis 20 bar betriebenen Nanofiltration überdecken sich weitgehend mit denen der UO und UF.

10.4.3 Mikrofiltration

Die Mikrofiltration (MF) ist im großtechnischen Maßstab in der Lebensmitteltechnik, der pharmazeutischen Industrie und in der Abwasseraufbereitung anzutreffen. Die MF findet außerdem Einsatz als Vorstufe zur Umkehrosmose, um hier die Membran vor der „Verstopfung" zu bewahren. Ein weiteres Anwendungsgebiet ist die mikrobiologische Untersuchung z. B. zur Bestimmung der Trinkwasserqualität. Abgetrennt werden hauptsächlich suspendierte Partikel, jedoch können auch Algen, Viren, Zooplankton etc. an der Membran zurückgehalten werden. Das Funktionsprinzip zur Zurückhaltung der Partikel basiert wie bei der Ultrafiltration vorrangig auf der Siebwirkung der porösen Membran, allerdings wird oft die gesamte Schichtdicke der Membran eingesetzt. An der Oberfläche bilden größere Partikel einen Filterkuchen und kleinere Teilchen, die aufgrund ihrer Größe die Poren passieren können, werden durch Adsorption oder elektrostatische Wirkung der Polymermatrix festgehalten (Tiefenfiltration). Die erforderliche Druckdifferenz wird bei Porenweiten um 0,2 pm in der Regel zwischen 0,2 bar und 5 bar eingestellt.

10.4.4 Ultrafiltration

In der Trinkwasseraufbereitung werden vor allem Anlagen der Ultrafiltration (UF) eingesetzt. Da die Wasserinhaltsstoffe bei dieser Trenntechnik in erster Linie durch den Siebeffekt zurückgehalten werden, genügen hier poröse Membranen. Diese Werkstoffe weisen einen vergleichsweise geringen Druckverlust auf, so dass man sie als Niederdruck-Membranen bezeichnet.

10.4.4.1 Membranaufbau

Dichte Membranwerkstoffe, die einen Porendurchmesser kleiner etwa 2 nm (Mikroporen) aufweisen, eignen sich primär zum Diffusionsbetrieb der UO. Werkstoffe mit größerer Porenweite (Meso- und Makroporen) werden als porös bezeichnet und finden Einsatz in der UF, da sie nach dem Prinzip der Siebfiltration arbeiten. Ein symmetrischer Aufbau zeigt eine gleichmäßige Struktur über die Membrandicke, die in der Regel zwischen 0,5 mm und 5 mm beträgt, wodurch sich ein vergleichsweise hoher Druckverlust einstellt. Weitere Verbesserungen der Membranen werden durch eine anisotrope Struktur erreicht, d. h. der Werkstoff wird im Gegensatz zum gleichmäßigen, isotropen Aufbau zur Oberfläche sukzessive dichter. Die Anlagerungsprozesse auf der Membranoberfläche lassen sich durch Verwendung hydrophober oder hydrophiler Werkstoffe, wie z. B. Zellulosederivaten sowie durch Aufladung der Membran beeinflussen. Da eine Rückhaltung der Wasserinhaltsstoffe an der Oberfläche und nicht in der Materialtiefe angestrebt wird, werden verstärkt Membranen mit asymmetrischem Aufbau eingesetzt. Dieser Aufbau aus poröser Stützschicht und aktiver, dünner Deckschicht kann den Druckverlust und damit die Materialbeanspruchung deutlich reduzieren, Abb. 10.9.

Die Fortschritte bei der Membranherstellung machen sich in der Vielfalt der zur Trinkwasseraufbereitung eingesetzten Werkstoffe bemerkbar. In letzter Zeit finden Kompositmembranen mit asymmetrischen Materialkomponenten z. B. aus Polyamid, Polysulfon, Polyethersulfon oder aus Celluloseacetat, die eine gute Temperatur- und pH-Wert-Beständigkeit sowie eine gute Resistenz gegenüber Reinigungschemikalien zeigen, einen recht großen Anwendungsbereich. Zur Bewertung der Siebwirkung der Membranwerkstoffe verwendet man die molekulare Trenn- und Ausschlussgrenze „Molecular Weight Cut Off", *MWCO*, die, in Dalton (Da $\approx$ g/mol) angegeben, die molare Masse eines Teilchens bei 90% Rückhalt wiedergibt. Übliche MWCO-Werte von Kapillarmembranen liegen bei etwa 100 000 Dalton, d. h. bei einer Partikelgröße von etwa 10 nm. Zur Ermittlung dieser Kennzahl verwendet man verschiedene Verfahren, wie z. B. die Quecksilberporosimetrie, bei der das bei vorgegebenem Druck verdrängte Quecksilbervolumen aus dem Membranwerkstoff bestimmt und dann einem Porenradius zugeordnet wird.

10.4.4.2 Kenngrößen der Ultrafiltration

Wichtige Kenngrößen zur Charakterisierung von Ultrafiltrationsprozessen sind die Rückhaltung

$$R = 1 - \frac{c_{p_1}}{c_{p_0}} ,$$

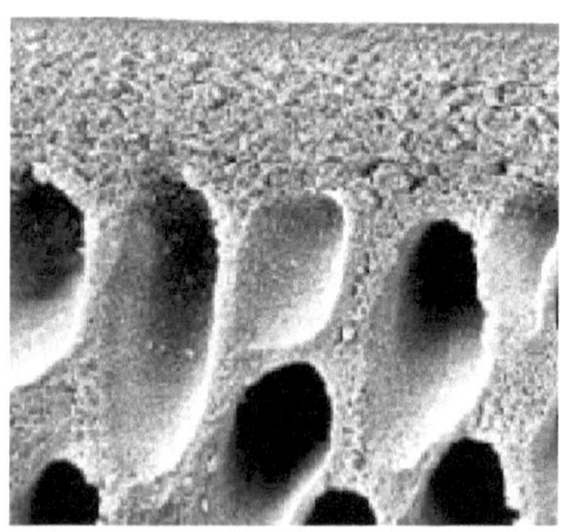

Abb. 10.9 Asymmetrischer Membranaufbau

die das Verhältnis der Permeatkonzentration $C_{p,1}$ zur Zulaufkonzentration $C_{p,0}$ angibt, und die Ausbeute

$$\eta = Q_P/Q_{ZU} ,$$

die als das Verhältnis der Volumenströme aus Permeat und Zulauf definiert ist. Die physikalische Beschreibung des Flusses durch poröse Medien J_v bzw. der Flächenbelastung (Flux) als das Verhältnis aus Permeatstrom und Membranoberfläche, ergibt sich nach Hagen-Poiseuille zu:

$$J_v = Q_P/A_M = (r^2 \cdot \varepsilon \cdot TMP)/(8 \cdot \eta \cdot d)$$

mit der Membranoberfläche A_M, der dynamischen Viskosität η, und dem transmembranen Druck:

$$TMP = \text{Druck vor der Membran} - \text{Druck hinter der Membran} .$$

Als Voraussetzung für diese Gleichung wird angenommen, dass sich die Filterschicht stark idealisiert als ein laminar durchströmtes Bündel kreisrunder, gerader Kapillaren mit gleichen Radius r und Länge d (= Membrandicke) darstellen lässt. Die Porosität ε gibt hierbei das Verhältnis der Gesamtporenfläche aller Kapillaren zur Filterfläche an. Es ist jedoch anzumerken, dass die Durchflussgleichung aufgrund des stark idealisierten Modells und einiger in der Praxis vorher nicht bekannter Parameter eher dazu geeignet ist, allgemein die Einflussgrößen auf den Durchfluss zu beschreiben. Die Durchlässigkeit ist definiert als

$$\text{Permeabilität} = (Q_P \cdot TK)/(A_M \cdot TMP)$$

und gibt den Permeatvolumenstrom Q_p an, der pro Fläche A_M und Druck TMP durch die Membran gedrückt wird. Die Temperaturkorrektur TK rechnet die Betriebstemperatur auf eine Standardtemperatur von 20 °C um. Die Permeabilität gilt als wichtigster Kontrollparameter einer UF-Anlage, um die Zunahme der Deckschicht auf der Membranoberfläche und damit die erforderlichen Spülzyklen zu überwachen. Die Betrachtung des transmembranen Drucks allein reicht nicht aus, da dieser auch von der Permeatmenge und der Wassertemperatur beeinflusst werden kann. Wichtig beim Betrieb der UF-Anlagen ist vor allem, die Permeabilitäten neuer Membranen, die auf 20 °C normiert zwischen 250 und 1000 l/(m^2 · bar · h) betragen, im Jahresmittel durch entsprechende Reinigungen wieder zu erreichen.

Beispiel

In einem Wasserwerk sollen pro Tag $Q_{ZU} = 1110\,\text{m}^3$ Rohwasser einer Karstquelle in einer UF-Anlage im Dead-End-Betrieb aufbereitet werden. Weiterhin sind bekannt:

$$p_{EIN} = 0{,}57\,\text{bar};\ p_{AUS} = 0{,}33\,\text{bar};\ A_M = 950\,\text{m}^2;\ \eta = 95{,}6\%;\ TK = 1{,}35 .$$

Zu berechnen sind der Durchsatz J_v, die Gesamtrückspülwassermenge pro Tag Q_{SP} zur Dimensionierung des Auffangbeckens und die Permeabilitäten zu Beginn und bei einem maximal zulässigen transmembranen Druck von 0,5 bar.

$\eta = Q_P/Q_{ZU} = (Q_{ZU} - Q_{SP})/Q_{ZU}$
$Q_{SP} = Q_{ZU} \cdot (1 - \eta) = 1110\ m^3/d \cdot (1 - 0{,}956) = 48{,}8\ m^3/d$
$Q_P = Q_{ZU} - Q_{SP} = 1110\ m^3/d - 48{,}8\ m^3/d = 1061{,}2\ m^3/d = 44\,216{,}7\ l/h$
$J_v = Q_P/A_M = 44\,216{,}7/950 = 46{,}5\ l/(m^2 \cdot h)$ Zu Beginn:

$$\begin{aligned}\text{Permeabilität} &= (Q_P \cdot TK)/(A_M \cdot TMP)\\ \text{Permeabilität} &= (44\,216{,}7 \cdot 1{,}35)/(950 \cdot (0{,}57 - 0{,}33))\\ &= 261{,}8\ l/(m^2 \cdot bar \cdot h)\end{aligned}$$

Bei maximalem TMP von 0,5 bar:
Permeabilität $= (44\,216{,}7 \cdot 1{,}35)/(950 \cdot 0{,}5) = 125{,}7\ l/(m^2 \cdot bar \cdot h)$

10.4.4.3 Betriebsweisen von Ultrafiltrationsanlagen

In Ultrafiltrationsanlagen werden meist Kapillarmembranen im Innendurchmesserbereich zwischen 0,5 mm und 10 mm eingesetzt, da sie sich durch ein günstiges Verhältnis aus Membranoberfläche und -volumen auszeichnen und gut rückspülbar sind. In Modulen werden meist mehrere tausend Kapillarröhrchen in Bündeln zusammengefasst und an den Enden des Druckrohres mit Epoxidharz vergossen, Abb. 10.10. In dieser Anlage strömt das Rohwasser von innen nach außen, d. h. es liegt ein In-/Out-Betrieb vor, bei dem die „aktive Schicht“ auf der Schlauchinnenseite angeordnet ist.

Die Förderpumpen sind also vor dem Druckrohr angeordnet und transportieren das Reinwasser über ein Sammelrohr oder über seitliche Ausgänge nach außen. Die Rückspülung erfolgt dementsprechend in bestimmten Intervallen von außen nach innen.

Neben dieser Fahrweise bieten einige Hersteller Verfahren mit entgegengesetzter Membrandurchströmung, dem Out/In-Modus an, z. B. im Unterdruckverfahren. Im Gegensatz zum Dead-End-Betrieb, bei dem der gesamte Rohwasserstrom durch die Membran gefahren wird, überströmt beim Cross-Flow-Betrieb ein Teilstrom die Membran und wird in einem Rezirkulationskreislauf umgepumpt. Durch die erhöhte Strömungsgeschwindigkeit quer zur Durchströmungsrichtung wird der Aufbau von Ablagerungen reduziert. Abbildung 10.11 stellt gleichzeitig beide Fahrweisen dar, die auch durch entsprechende Regelungen im Betrieb umgeschaltet werden können.

Die Unterschiede beider Betriebsweisen machen sich vor allem bei der Reinigung der Membranoberfläche bemerkbar. In Vorversuchen werden die Zeitintervalle in Abhängigkeit von der Rohwasserbelastung bestimmt, nach denen Rückspülungen zur Abreinigung der Membran erfolgen sollten. Spülungen mit Permeat lösen Anhaftungen an der Membranoberfläche, so dass der TMP wieder absinkt. Einige Verfahren arbeiten zusätzlich mit Lufteindüsung, um die Ablösung anhaftender

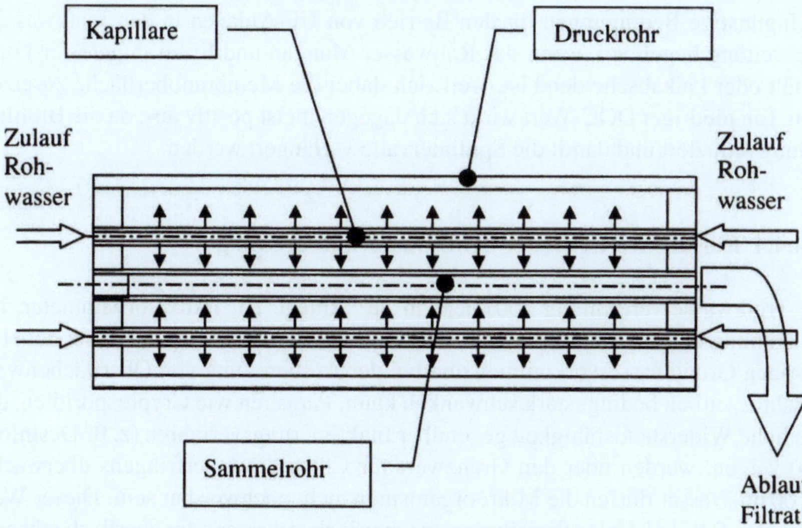

Abb. 10.10 Aufbau eines Kapillarmoduls einer Ultrafiltrationsanlage

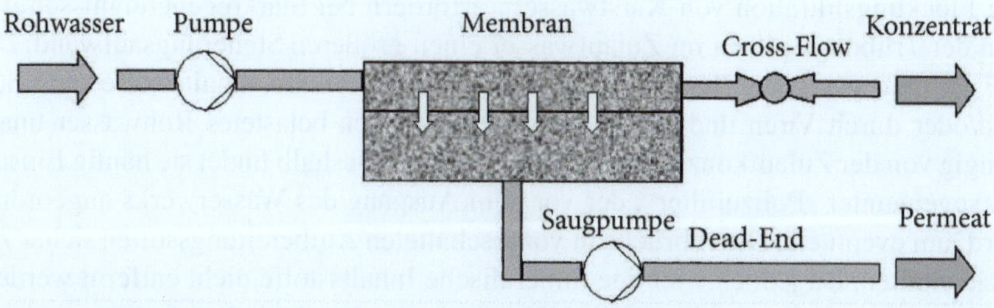

Abb. 10.11 Fahrweisen der Ultrafiltration im Druck- und Saugbetrieb

Partikel zu verbessern. Cross-Flow-Anlagen nutzen die Permeat-Rückspülung meist zum gleichzeitigen Austrag des unbelasteten Wassers im Konzentratkreislauf in den Vorfluter. Die Permeatspülungen sind allerdings nicht in der Lage, hartnäckige Biofilme zu beseitigen. Periodisch müssen daher auch desinfizierende Chemikalien zugesetzt werden, um einer Verkeimung der Membran entgegenzuwirken. Verwendet werden z. B. Wasserstoffperoxid und Peressigsäure. Einige Male im Jahr sollte zusätzlich eine chemische Reinigung durchgeführt werden, um Verblockungen der Membran zu lösen. Ein wichtiger Indikator für den Erfolg der Reinigung ist die *Permeabilität*, deren Verlauf über der Filtratleistung und dem *TMP* erfasst wird. Bei Überschreitung eines Schwellenwertes wird die Anlage mit stark saurer oder alkalischer Lösung behandelt und anschließend solange mit Rohwasser betrieben, bis keine Chemikalien im Permeat mehr nachweisbar sind. Die Cross-Flow-Fahrweise ist z. B. bei höheren Schadstofffrachten von Vorteil, aber durch den zusätzlichen Energieaufwand von ca. $5\,\mathrm{KW/m^3}$ in der Ausbeute vergleichsweise schlechter. In der Aufbereitung von Trinkwasser mit niedriger Konzentration an Störstoffen wird meist der Dead-End-Betrieb angestrebt.

Ungünstige Bedingungen für den Betrieb von UF-Anlagen in der Trinkwasseraufbereitung liegen vor, wenn das Rohwasser Mangan und Eisen in gelöster Form enthält oder kalkabscheidend ist, weil sich dabei die Membranoberfläche zusetzen kann. Ein niedriger DOC-Wert wirkt sich dagegen meist positiv aus, da die Biofilmbildung reduziert und damit die Spülintervalle verlängert werden.

10.4.4.4 Einsatz der UF in der Trinkwasseraufbereitung

Die Trinkwasserverordnung 2001 legt in der Anlage III, Indikatorparameter, für die Trübung einen Grenzwert von 1,0 NTU (=TE/F=FNU) fest, der besonders bei karstigen Grundwasservorkommen und bei der Aufbereitung von Oberflächenwasser jahreszeitlich bedingt stark schwanken kann. Parasiten wie Cryptosporidien, die eine hohe Widerstandsfähigkeit gegenüber Inaktivierungsverfahren (z. B. Desinfektion) zeigen, werden über den Grenzwert für Clostridium perfringens überwacht. In 100 ml Wasser dürfen die Mikroorganismen nicht nachweisbar sein. Dieser Wert spielt ebenfalls bei der Aufbereitung von Oberflächenwasser oder oberflächenbeeinflusstem Wasser eine wichtige Rolle. Konventionelle Aufbereitungsverfahren wie die Flockungsfiltration von Karstwässern erfordern bei Starkregenereignissen wegen der Trübungsspitzen im Zulaufwasser einen größeren Steuerungsaufwand. Die UF ist eine geeignete Technologie, um durch partikuläre Inhaltsstoffe getrübtes und/oder durch Viren und Parasiten mikrobiologisch belastetes Rohwasser unabhängig von der Zulaufkonzentration aufzubereiten. Deshalb findet sie häufig Einsatz als sogenannter „Polizeifilter“, der vor dem Ausgang des Wasserwerks angeordnet wird, um eventuelle Durchbrüche in vorgeschalteten Aufbereitungsstufen sicher zurückzuhalten. Da jedoch wichtige mineralische Inhaltsstoffe nicht entfernt werden, bleibt der natürliche Geschmack des Wassers weitgehend erhalten.

Neben dieser „Kontrollfunktion“ erhalten UF-Anlagen neuerdings vor allem bei schwach belastetem Rohwasser die Aufgaben der klassischen Aufbereitungsverfahren.

Bei dieser Anwendung stellt sich insbesondere die Frage der Membranintegrität, d. h. des Nachweises von Membranbrüchen, die zum Durchschlagen von Störstoffen führt und über Trübungsmessgeräte nicht hinreichend genau erkannt wird. Zur Überwachung der Filterqualität dient ein Lufthaltetest bei abgeschalteter Anlage, bei dem Druckluft von der Permeatseite aufgebracht und die Abnahme des Druckes mit der Zeit aufgezeichnet wird. Ein schneller Druckabfall deutet auf defekte Kapillare hin, die mit dem Blasentest oder per Schalldetektoren lokalisiert und verschlossen werden können. Zur kontinuierlichen Überwachung der UF bietet sich eine Partikelzählung über optische Messverfahren an, die Partikel vor allem im kritischen Durchmesserbereich von 0,5 μm bis 1 μm erfassen können.

Kapitel 11
Chemische Aufbereitungsverfahren

Bei chemischen Wasseraufbereitungsverfahren wird durch Zugabe von Chemikalien oder durch Filtrieren über chemisch aktive Substanzen die Zusammensetzung des Wassers verändert. Im Wesentlichen können die chemischen Aufbereitungsverfahren in vier Gruppen eingeteilt werden:

- Flockung
- Fällung
- Oxidation
- Ionenaustausch

Von Fällung spricht man im Rahmen der Wassertechnologie vorzugsweise dann, wenn Härte ($c(1/2Ca^{2+} + 1/2Mg^{2+})$) durch Ausfällen unlöslicher Verbindungen reduziert oder völlig entfernt wird. Von Oxidation spricht man bei chemischen Aufbereitungsverfahren dann, wenn gelöste Eisen- und Manganverbindungen zu ungelösten und damit abfiltrierbaren Verbindungen oxidiert werden. Bei beiden Reaktionen können sowohl kristalline, feste Fällungsprodukte als auch – insbesondere bei gleichzeitiger Zugabe von Flockungs- oder Flockungshilfsmitteln – Flocken entstehen. Bei der Bildung dieser Flocken und durch die Flocken können Verunreinigungen in ganz ähnlicher Weise entfernt werden wie bei der Zugabe von Flockungs- oder Flockungshilfsmitteln allein. Schließlich können die Vorgänge nach der Zugabe großer Mengen von Eisen- oder Aluminiumsalzen – Flockungsmittel – auch als Ausfällung der entsprechenden Oxidhydrate oder Hydroxide bezeichnet werden. Deshalb sind die Unterschiede zwischen Flockung und Fällung, und teilweise auch der Oxidation, nur gradueller Art. Die Systematik sei trotzdem beibehalten, da sie in der Wasseraufbereitungsbranche üblich ist.

S. Wilhelm, *Wasseraufbereitung*

DOI: 10.1007/978-3-540-68887-7,

11.1 Enteisenungs- und Entmanganungsverfahren

11.1.1 Entstehen von Eisen- und Manganverbindungen im Wasser

Eisen kann in Wasser entweder in der gut löslichen 2-wertigen oder in der schlecht löslichen 3-wertigen Form vorhanden sein. Mangan kann im Wasser entweder in der gut löslichen 2-wertigen oder in der schlecht löslichen 4-wertigen Form vorhanden sein. Ob Eisen in der gut löslichen 2-wertigen Form oder in der schlecht löslichen 3-wertigen Form im Wasser vorhanden ist, hängt von einer Reihe von Faktoren ab, deren wichtigster das Redoxpotenzial, vereinfacht ausgedrückt, die Konzentration an im Wasser gelösten Sauerstoff ist. Diese Aussage gilt ebenfalls für das 2- und 4-wertige Mangan.

11.1.1.1 Entstehen im Grundwasser

Natürliches Grundwasser entsteht ausschließlich durch versickernde Niederschläge. Versickern können ausschließlich flüssige Niederschläge, also Wassertropfen. Wassertropfen nehmen durch den Kontakt mit der sauerstoffhaltigen Atmosphäre Sauerstoff bis zur Sättigungsgrenze auf. Zum Zeitpunkt des Versickerungsbeginns ist das Wasser sauerstoffgesättigt, weist also ein positives Redoxpotenzial auf. Durch die im Boden vorhandenen aeroben Mikroorganismen – das sind Mikroorganismen, welche zur Aufrechterhaltung ihrer Stoffwechselprozesse auf in Wasser gelösten Sauerstoff angewiesen sind – und die ebenfalls im Boden vorhandenen organischen und anorganischen Nährstoffe wird der im Wasser gelöste Sauerstoff durch die Stoffwechselprozesse der Mikroorganismen verbraucht. In größerer Tiefe weist das Grundwasser also keinen Sauerstoff mehr auf.

Eisen und Mangan sind in der Erdrinde weitverbreitete Schwermetalle. Der Zustand der geringsten freien Enthalpie der unedlen Metalle Eisen und Mangan ist der oxidierte Zustand. Sie kommen in der Natur also nicht als Metalle, sondern als metallische Verbindungen in der Form von Oxiden oder z. B. Sulfiden oder Carbonaten vor. Sie werden als Erze bezeichnet. In tieferen Erdschichten kommt also Wasser mit geringer Sauerstoffkonzentration mit diesen metallischen Erzen in Kontakt. Aufgrund der geringen Sauerstoffkonzentration im Wasser können aerobe Mikroorganismen nicht mehr vorkommen. Es treten aber spezielle Mikroorganismen auf, welche die Energie zur Aufrechterhaltung ihrer Stoffwechselprozesse durch Reduktion von metallischen Verbindungen erzeugen können. Mikroorganismen, welche den Energiebedarf ihrer Stoffwechselprozesse durch Reduktion von z. B. Eisen- und Manganerzen abdecken können, sind anaerobe Mikroorganismen. Durch Reduktion von 3-wertigem Eisen und 4-wertigem Mangan in die 2-wertige Form entstehen wasserlösliche Eisen- und Manganverbindungen. Das aus größerer Tiefe geförderte, sauerstoffarme Grundwasser kann also gut lösliche 2-wertige Eisen- und Manganionen enthalten.

11.1.1.2 Entstehen in oberirdischen Fließgewässern

Oberirdische Fließgewässer entstehen durch Quellaustritte aus Grundwasser. Sie können also ebenfalls 2-wertige Eisen- und Manganionen in echt gelöster Form enthalten. Allerdings wird das oberirdische Fließgewässer durch den Kontakt zur Atmosphäre und durch die Turbulenz der Fließbewegung sofort mit Sauerstoff gesättigt, so dass die 2-wertigen Eisen- und Manganionen im Laufe der Fließbewegung in die unlösliche 3-wertige Eisenform bzw. 4-wertige Manganform oxidiert werden. Bei den in natürlichen Fließgewässern vorhandenen Bedingungen sind die 3-wertigen Eisen- und die 4-wertigen Manganverbindungen unlöslich. Unter ungünstigen Voraussetzungen sedimentieren sie nicht im Fließgewässer, sondern bleiben in der Schwebe.

Außerdem können Eisen- und Manganverbindungen auch durch Abwasserzuflüsse in Oberflächenwasser eingeleitet werden. In Fließgewässern kommt also – im Gegensatz zu Grundwasser – nur die bereits oxidierte 3-wertige Eisen- bzw. 4-wertige Manganform vor.

11.1.1.3 Entstehen in stehenden Oberflächengewässern

Stehende Oberflächengewässer entstehen durch natürlichen oder künstlichen Aufstau von oberirdischen Fließgewässern. Sie enthalten also zunächst ebenfalls nur die unlöslichen 3-wertigen Eisen- und 4-wertigen Manganverbindungen. Im Gegensatz zu den Fließgewässern geht die Turbulenz der Strömung allerdings gegen Null, so dass diese unlöslichen Verbindungen zur Gewässersohle absinken. Man könnte also annehmen, dass stehende Oberflächengewässer keine echt gelösten 2-wertigen Eisen- und Manganionen enthalten. Dies stimmt aber nur solange, wie die Sauerstoffversorgung der im Wasserkörper vorhandenen aeroben Mikroorganismen durch die Sauerstoffaufnahme an der Wasseroberfläche und durch anschließende Diffusion in die gesamte Tiefe des Wasserkörpers sichergestellt ist. Die Sauerstofflöslichkeit in Wasser ist temperaturabhängig. Im Winter, wenn die oberen Wasserschichten geringe Temperaturen aufweisen, löst sich mehr Sauerstoff im oberflächennahen Wasser als im Sommer, wenn die oberen Wasserschichten eine Temperatur um 20 °C und mehr aufweisen. Im Winter reicht der an der Wasseroberfläche aufgenommene Sauerstoff aus, um auch die in tieferen Schichten des Gewässers vorhandenen aeroben Mikroorganismen durch Diffusion mit Sauerstoff zu versorgen. Im Sommer reicht der an der Oberfläche aufgenommene Sauerstoff in vielen Fällen nicht aus, um auch die aeroben Mikroorganismen an der Gewässersohle mit Sauerstoff zu versorgen. Zur Aufrechterhaltung ihres Energiestoffwechsels „schaltet" ein Teil der Mikroorganismen – die sogenannten fakultativ anaeroben Mikroorganismen – auf die Reduktion der sedimentierten 3-wertigen Eisen- und 4-wertigen Manganverbindungen in die wasserlösliche 2-wertige Form um. Das bedeutet, dass plötzlich im Sommer gelöste 2-wertige Eisen- und Manganionen im aus größerer Tiefe entnommenen Wasser vorkommen können.

11.1.2 Gründe für die Enteisenung und Entmanganung

Trinkwasser soll, neben anderen Anforderungen, die in der Trinkwasserverordnung festgehalten sind, auch keine ungelösten Stoffe enthalten. Grundwasser, das als Trinkwasser angeboten werden soll, wird auf dem Weg zum Verbraucher aus vielen Gründen belüftet. Durch den gelösten Sauerstoff werden die echt gelösten 2-wertigen Eisen- und Manganionen zu unlöslichen 3-wertigen Eisen- und 4-wertigen Manganverbindungen oxidiert, welche im günstigsten Fall an strömungsungünstigen Stellen des Wasserverteilnetzes sedimentieren und dort zu Korrosion führen. Im ungünstigsten Fall kommen diese unlöslichen Eisen- und Manganverbindungen beim Verbraucher an. Damit Grundwasser als Trinkwasser oder höherwertiges Brauchwasser angeboten werden kann – auch zum Schutz des Wasserverteilnetzes vor Korrosion – müssen die gelösten 2-wertigen Eisen- und Manganionen vor der Einspeisung in Trinkwassernetze entfernt werden. Fließendes Oberflächenwasser, das zu Trinkwasser aufbereitet werden soll, kann unlösliche 3-wertige Eisen- oder 4-wertige Manganverbindungen enthalten. Sind es ungelöste Verbindungen, so können sie durch Sedimentation oder Filtration abgeschieden werden. Sind es kolloiddisperse Lösungen, müssen sie vorher durch Flockung in eine abscheidbare Form überführt werden. Stehende Oberflächengewässer können im Sommer gelöste 2-wertige Eisen- und Manganverbindungen enthalten. Es gelten die Ausführungen über Grundwasser.

11.1.3 Chemische Enteisenung

Im vorausgehenden Abschnitt wurde klargestellt, dass es bei der Enteisenung um zwei verschiedene Vorgänge gehen kann. Bei Grundwässern und stehenden Oberflächengewässern handelt es sich um die Oxidation 2-wertiger, echt gelöster Eisenionen zu 3-wertigen unter den Milieubedingungen unlöslichen Eisenverbindungen.

Bei fließenden Oberflächengewässern handelt es sich um die Entfernung ungelöster Verbindungen oder zunächst nicht abscheidbarer Dispersionskolloide, welche Eisen in der oxidierten 3-wertigen Form enthalten. Dispersionskolloide können durch die Verfahrenstechnik der Flockung in abscheidbare Form überführt werden. Die Enteisenung ist hier also zwangsläufig eine Begleiterscheinung bei der Destabilisierung von Dispersionskolloiden. Hierauf wird in Abschn. 11.4 eingegangen.

In diesem Abschnitt wird nur die Oxidation von 2-wertigen Eisenionen zu unlöslichen 3-wertigen Eisenverbindungen behandelt. Die nachfolgenden Ausführungen sollen der *praktischen* Auslegung von chemischen Enteisenungsanlagen dienen, sind also gegenüber der chemischen Theorie stark vereinfacht dargestellt.

Zweiwertige Eisenionen können im Wesentlichen als folgende Salze in natürlichen Wässern vorkommen:

Eisenhydrogencarbonat:	$Fe(HCO_3)_2$
Eisenchlorid:	$FeCl_2$

Eisensulfat: $FeSO_4$
Eisennitrat: $Fe(NO_3)_2$

Zur Oxidation der Eisenionen reicht Luftsauerstoff aus. Die chemischen Reaktionen sind beispielhaft an der Reaktion von Eisenhydrogencarbonat und Eisenchlorid nachfolgend dargestellt:

$$4Fe(HCO_3)_2 + O_2 + 2H_2O \rightleftharpoons 4Fe(OH)_3 + 8CO_2$$
$$4FeCl_2 + O_2 + 10H_2O \rightleftharpoons 4Fe(OH)_3 + 8HCl$$

Diese Summenformeln sind eine sehr starke Vereinfachung der tatsächlich ablaufenden Reaktionsmechanismen. Wesentlichen Einfluss auf die Bildung des unlöslichen Eisen-III-hydroxids hat der pH-Wert des Wassers. Der pH-Wert muss über 5,5, besser über 6,0 liegen, damit sich das Eisen-(III)-hydroxid als unlösliche Verbindung ausscheidet. Aus der zweiten Gleichung geht hervor, dass der pH-Wert nur dann größer 6,5 (Grenzwert der Trinkwasserverordnung) bleiben kann, wenn das Wasser über ausreichende Pufferkapazität verfügt, welche die entstehenden Wasserstoffionen abpuffern kann:

$$Ca(HCO_2)_2 + 2HCl \rightleftharpoons CaCl + 2H_2O + 2CO_2$$

Andernfalls ist der pH-Wert durch die Dosierung von Alkalien, z. B. Natronlauge, über 6,5 anzuheben:

$$2HCl + 2NaOH \rightleftharpoons 2NaCl + 2H_2O$$

Entscheidend für die Dimensionierung von chemischen Enteisenungsanlagen ist die Reaktionsgeschwindigkeit der beispielhaft angeführten Gleichungen.

Das ursprünglich homogene System Grundwasser ist durch die Oxidation mit Luftsauerstoff in ein heterogenes System überführt worden, das nicht nur aus echt gelösten, sondern auch aus ungelösten Stoffen ($Fe(OH)_3$) besteht, die in den nachgeschalteten Kiesfiltern abgeschieden werden. Dadurch wird die Oxidationsreaktion kontaktkatalytisch beschleunigt. Die genauen Zusammenhänge sind noch nicht aufgeklärt.

Die chemische Enteisenung verläuft nicht spontan, sondern erfordert, trotz der kontaktkatalytischen Beschleunigung im Kiesfilter, eine längere Reaktionszeit. Velten und Holluta haben erstmalig eine Bemessungsgleichung entwickelt, welche die wichtigsten Einflussgrößen enthält und brauchbare Bemessungswerte für die Oxidation von 2-wertigen Eisenionen in ausreichend gepufferten Wässern liefert:

$q_A = h \cdot \rho^*(O_2)/(C \cdot d_m \cdot (26{,}31 - \vartheta))$
q_A = Filtergeschwindigkeit in m/h
h = Höhe der Filterschicht in m
$\rho^*(O_2)$ = Massenkonzentration an Sauerstoff im belüfteten Wasser in mg/l
C = Parameter in Abhängigkeit von $\rho^*(Fe^{2+})$ im Rohwasser und dem pH-Wert des Rohwassers gemäß Abb. 11.1

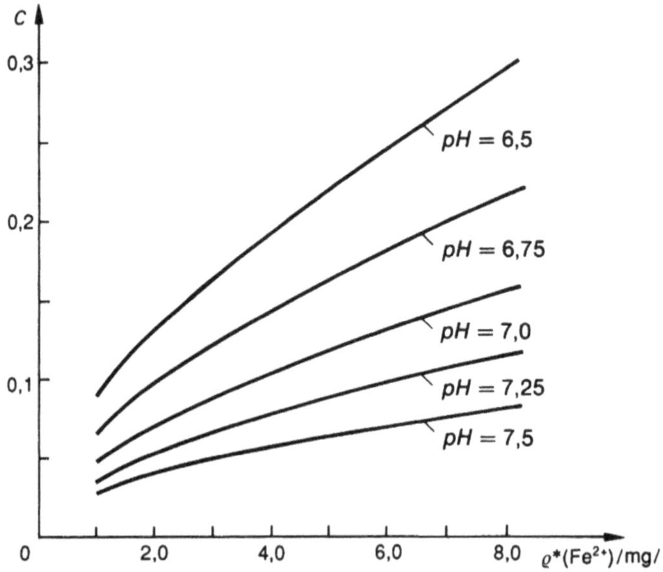

Abb. 11.1 Parameter C in Abhängigkeit von der Massenkonzentration an Fe^{2+}-Ionen und dem pH-Wert des Rohwassers

d_m = mittlerer Filterkorndurchmesser in mm
ϑ = Wassertemperatur in °C

Die Dimensionierungsgleichung zeigt, dass hohe Filtergeschwindigkeiten bei großen Filterschichthöhen, hohen Massenkonzentrationen an Sauerstoff im belüfteten Wasser sowie hoher Temperatur erreicht werden können. Abbildung 11.1 zeigt, dass der Parameter C dann kleine Werte annimmt, also zu hohen Filtergeschwindigkeiten führt, wenn kleine Massenkonzentrationen an 2-wertigen Eisenionen und hohe pH-Werte im Wasser vorliegen.

Legt man als günstige Auslegungskriterien die Spalte 1 und als ungünstigere Auslegungskriterien die Spalte 2 von Tabelle 11.1 zugrunde, dann errechnen sich folgende Filtergeschwindigkeiten:

Tabelle 11.1 Filtergeschwindigkeit in Abhängigkeit von frei gewählten Auslegungskriterien

	Spalte 1	Spalte 2
h/m	2,0	1,5
$\varrho^*(O_2)$/mg/l	6,0	6,0
d_m/mm	1,0	1,0
ϑ/°C	12	8
pH	7,5	7,0
$\varrho^*(Fe^{2+})$/mg/l	1,0	5,0
q_A/m/h	28,0	4,1

Nicht verändert wurde die Massenkonzentration an Sauerstoff im belüfteten Wasser und der mittlere Korndurchmesser, da die eingesetzten Größen sicher erreichbar sind.

Es ergeben sich Filtergeschwindigkeiten zwischen 4,1 und 28,0 m/h. Bei der Anwendung offener Kiesfilter sind durch den geringen möglichen Aufstau kaum Filtergeschwindigkeiten >5 m/h zu erreichen, unter den gegebenen Voraussetzungen also keine Schwierigkeiten bei der Enteisenung zu erwarten.

Bei der Anwendung von Druckfiltern ist die zulässige Filtergeschwindigkeit jedoch zu berechnen und zu berücksichtigen.

Senkt man den pH-Wert in Spalte 2 der Tabelle 11.1 auf 6,5, so sinkt die Filtergeschwindigkeit auf 2,2 m/h. Senkt man den pH-Wert in Spalte 2 der Tabelle 11.1 auf 6,5 und steigert die Massenkonzentration an Fe^{2+}-Ionen auf 8,0 mg/l, dann sinkt die Filtergeschwindigkeit auf 1,8 m/h.

Dies sind selten auftretende Werte. Den unwirtschaftlich niedrigen Filtergeschwindigkeiten kann durch Vergrößerung der Filterschichthöhe und Anhebung des pH-Wertes im Wasser begegnet werden.

Vor dem Neu- oder Umbau einer Anlage sollten die Dimensionierungsgrößen auf jeden Fall durch Versuche überprüft werden.

11.1.4 Chemische Entmanganung

Grundsätzlich sind die Summenformeln der chemischen Oxidation von wasserlöslichen 2-wertigen Mangananionen zu wasserunlöslichen 4-wertigen Manganverbindungen derjenigen der Eisenoxidation sehr ähnlich.

2-wertige Mangananionen können im Wesentlichen als folgende Salze in natürlichen Wässern vorkommen:

Manganhydrogencarbonat:	$Mn(HCO_3)_2$
Manganchlorid:	$MnCl_2$
Mangansulfat:	$MnSO_4$
Mangannitrat:	$Mn(NO_3)_2$

Zur Oxidation der Mangananionen reicht Luftsauerstoff aus. Die Summe der chemischen Reaktionen ist beispielhaft an der Reaktion von Manganchlorid nachfolgend dargestellt:

$$2MnCl_2 + O_2 + 4H_2O \rightleftharpoons 2MnO(OH)_2 + 4HCl$$
$$2MnO(OH)_2 \rightleftharpoons 2MnO_2 + 2H_2O$$

Diese Summenformeln sind eine sehr starke Vereinfachung der tatsächlich ablaufenden Reaktionsmechanismen. Wesentlichen Einfluss auf die Bildung des unlöslichen Manganoxidhydroxids hat der pH-Wert des Wassers. Der pH-Wert muss über 9,0 liegen, damit sich das Manganoxidhydroxid als unlösliche Verbindung ausscheidet.

Da pH-Werte über 9 im Trinkwasser nicht zu erwarten sind und auch nicht angestrebt werden, ist eine chemische Entmanganung in der Praxis ohne Bedeutung.

Eine Ausnahme bildet die Kalkentcarbonisierung. Werden harte Wässer zur Reduzierung der Stoffmengenkonzentration an Hydrogencarbonationen durch Zugabe von Calciumhydroxid entcarbonisiert, dann liegt der pH-Wert immer über 9, so dass bei Sauerstoffsättigung gleichzeitig die chemische Entmanganung stattfindet.

Es ist bekannt, dass die Entmanganung ohne pH-Wertveränderung des Wassers durch Dosierung von Kaliumpermanganatlösung nach einer Einarbeitungszeit von 2–3 Monaten in Gang kommt. Danach kann die Dosierung von Kaliumpermanganatlösung langsam zurückgenommen werden. Während dieser Einarbeitungszeit überzieht sich das Filtermaterial mit Braunstein. Die Ursachen für diese Tatsache sind weitgehend ungeklärt. Die relativ lange Einarbeitungszeit lässt die Vermutung zu, dass es sich um einen biologischen Vorgang handelt, zu dessen Anlaufen erst einmal Mikroorganismen in ausreichender Zahl gebildet werden müssen. Diese Vermutung wird noch dadurch gestützt, dass die Entmanganung nach einer Behandlung des Filtermaterials mit Desinfektionsmitteln – z. B. Rückspülen mit gechlortem Wasser – zum Erliegen kommt.

11.1.5 Biologische Vorgänge bei der Enteisenung und Entmanganung

Lüdemann und Hässelbarth haben im Auftrag des DVGW Ende der 1960er Jahre die Ursachen der Verockerung von Brunnen untersucht. Unter der Brunnenverockerung versteht man das Ausfallen von unlöslichen Eisen- und Manganverbindungen im Bereich der Brunnenfilterrohre. Ihre Untersuchungen ergaben, dass die Vielzahl der Verockerungserscheinungen an Brunnen unterschiedlichster Lage im Grundwasserleiter nicht allein durch chemisch-physikalische Ursachen erklärt werden kann. Sie fanden, dass unter bestimmten Voraussetzungen, die anschließend genannt werden, biologische Ursachen für die Verockerung in Frage kommen. Die sog. Eisen- und Manganbakterien sind in der Lage, 2-wertige Eisen- und Manganionen aufzunehmen und unlösliche 3-wertige Eisen- und 4-wertige Manganoxidhydrate ins Wasser auszuscheiden, welche Ursache der biologischen Verockerung sind.

Eisen- und Manganbakterien kommen in fast allen Grundwässern vor.

Sind im Grundwasser Eisen- und Manganbakterien und darüber hinaus auch noch 2-wertige Eisen- und Manganionen vorhanden, ist das Redoxpotenzial beim pH-Wert 7 edler als $+10\,\text{mV}$ und ist die Strömungsgeschwindigkeit des Wassers im Bereich der Brunnenfilterrohre gegenüber der im Grundwasserleiter erheblich erhöht, dann kommt es zu der erwähnten Ausscheidung von wasserunlöslichen 3-wertigen Eisen- und 4-wertigen Manganoxidhydraten am Brunnenfilter. Diese Beobachtung führte zur Erklärung von biologischen Enteisenungs- und Entmanganungsvorgängen im aufzubereitenden Grundwasser. Die chemischen Enteisenungsvorgänge verlaufen offensichtlich bei genügender Sauerstoffkonzentration im belüfteten Wasser erheblich schneller als die biologischen Enteisenungsvorgänge.

Deshalb spielt die biologische Enteisenung – wenn überhaupt – in der Praxis des Wasserwerksbetriebs nur eine sehr untergeordnete Rolle. Dies wird auch durch die Tatsache gestützt, dass Enteisenungsanlagen keine Einarbeitungszeit benötigen, sondern direkt nach der Inbetriebnahme funktionsfähig sind. Deshalb sei hier nicht näher darauf eingegangen.

11.1.5.1 Biologische Entmanganung

Wie bereits erwähnt, läuft die chemische Entmanganung erst bei pH-Werten >9 in nennenswerten Reaktionszeiten ab. Da diese Voraussetzung im Wasserwerksbetrieb fast nie gegeben ist, läuft die chemische Entmanganung in der Aufbereitungstechnik nur im Sonderfall des Betriebs einer Kalkentcarbonisierungsanlage ab. Man muss also versuchen, die Voraussetzungen für die biologische Entmanganung günstig zu halten. Zur Dimensionierung von Filtern für die biologische Entmanganung gibt es heute noch keine praktikablen Grundlagen. Man weiß, dass die biologische Entmanganung ab einem Redoxpotenzial von +200 mV beginnt und dass die Entmanganung in offenen und geschlossenen Kiesfilteranlagen abläuft. Welche Filtergeschwindigkeiten zur Optimierung der biologischen Entmanganung gewählt werden können, ist nicht bekannt. In Filtern, in denen Enteisenung und Entmanganung stattfindet, ist zu beobachten, dass sie nicht gleichzeitig nebeneinander, sondern nacheinander verlaufen. Im oberen Teil des Filters findet zuerst die kontaktkatalytische Enteisenung statt. In den tieferen Filterschichten findet danach die – wahrscheinlich auf biologischen Ursachen beruhende – Entmanganung statt. Die Vermutung, dass die Entmanganung biologische Ursachen hat, wird durch die notwendige Einarbeitungszeit gestützt. Da die Enteisenung offensichtlich auf chemischem Wege und die Entmanganung zumindest vorwiegend auf biologischem Wege stattfinden, sollte man überlegen, ob diese unterschiedlichen verfahrenstechnischen Aufgaben nicht auch auf zwei Filter aufgeteilt werden sollten. Da die Standzeit von Filtern, die ausschließlich der Entmanganung dienen, viel länger ist als die von der Enteisenung dienenden Filtern, können erhebliche Spülwassergewinne erzielt werden. Im Gegensatz zum ausgeschiedenen Eisen haftet der ausgeschiedene Braunstein so fest auf dem Filterkorn, dass trotz intensiver Rückspülung ein Kornwachstum nicht zu vermeiden ist. Es kann notwendig werden, die Filter nach langjährigem Betrieb mit neuem Filtermaterial erneut einzuarbeiten.

11.1.6 Empfehlungen zur Verfahrenswahl und zur Dimensionierung von Enteisenungs- und Entmanganungsanlagen

Vorauszuschicken ist, dass vor der Neuplanung einer Anlage Versuche mit Kleinanlagen gemacht werden sollten. Vor dem Umbau oder der Kapazitätserweiterung bestehender Anlagen, sollten mit Teilen der bestehenden Anlage Versuche gefahren werden. Ziel der Versuche ist das Herausfinden optimaler Betriebsbedingungen einer entsprechenden Anlage für ein bestimmtes Wasser. Oftmals werden die Kosten für solche Versuche gescheut. Sie sind aber immer vernachlässigbar klein, wenn man sie den notwendigen Umbaukosten einer nicht optimal funktionstüchtigen Anlage gegenüberstellt.

11.1.6.1 Filterdimensionierung

Zur Dimensionierung von Filtern, die Teil einer Enteisenungsanlage sind, sollte die von Velten und Holluta entwickelte Formel berücksichtigt werden. Wurden keine Versuche gefahren, dann sind Sicherheitsabschläge bei der errechneten Filtergeschwindigkeit angebracht.

Zur Dimensionierung von Filtern, die Teil einer Entmanganungsanlage sind, gibt es noch keine Dimensionierungsregeln. Bei Neuanlagen sollte man eine getrennte, offene Filterstufe nach der evtl. in einer vorangegangenen Filterstufe erfolgten Enteisenung vorsehen. Die Empfehlung zur offenen Filterstufe stützt sich auf die geringeren, realisierbaren Filtergeschwindigkeiten ($q_A < 5\,\text{m/h}$) und die gewährleistete Sauerstoffsättigung des zufließenden Wassers.

Der vorübergehende Betrieb einer Kaliumpermanganatdosierung kann die Einarbeitungszeit von Entmanganungsanlagen verkürzen.

Bei der Erweiterung oder Optimierung bestehender Anlagen gilt die für den Bau von Neuanlagen ausgesprochene Empfehlung, wenn keine eindeutigen Versuchserfahrungen mittels einer einstufigen Filtrationsanlage zur Enteisenung und Entmanganung gesammelt werden konnten.

Liegt das zu entfernende Eisen oder Mangan als Dispersionskolloid vor, dann ist die Entfernung nur in einer Flockungsanlage möglich.

11.1.6.2 Sauerstoffanreicherung im Wasser

Beim Betrieb offener Filteranlagen sollte die drucklose Belüftung durch Verrieselung, Verregnen, Versprühen oder Verdüsen gegenüber der Druckbelüftung vorgezogen werden, da die Druckbelüftung nach der Entspannung im offenen Filter häufig zu Gasausscheidungen durch Gasübersättigung führt, welche erhebliche Teile des Filters unwirksam werden lassen.

Beim Betrieb von Druckfiltern kann die Druckbelüftung angewendet werden, wenn der Druck im Filter nicht wesentlich kleiner als an der Lufteinspeisestelle ist. Zur Dimensionierung der Kompressoranlage kann wie folgt vorgegangen werden:

Annahmen: Grenzwert der Sauerstoffsättigung auf Meeresspiegelhöhe bei 10 °C: $\rho^*(O_2) = 11{,}25\,\text{g/m}^3$

gewünschte Massenkonzentration an Sauerstoff im Wasser: $\rho^*(O_2) = 8\,\text{g/m}^3$

$\psi(O_2)$ in Luft $= 20\%$

$$\rho^*(\text{Luft}) \text{ in Wasser} = 8/0{,}2 = 40\,\text{g/m}^3$$
$$M(\text{Luft}) = 29\,\text{g/mol}$$
$$\dot{V} = 22{,}4\,\text{l/mol}$$
$$29\,\text{g}/22{,}4\,\text{l} = 40/x\,;\; x = 31\,\text{l Luft/m}^3\,\text{Wasser}$$

Die Begasung mit reinem Sauerstoff vermeidet die Nachteile der Druckbelüftung.

Bei der Zwischenschaltung von Kontaktbecken oder einer Flockungsanlage verbietet sich die Druckbelüftung, da es sonst zur Flotation der unlöslichen Eisen- und Manganverbindungen kommt.

11.2 Entsäuerungsverfahren

Alle natürlich vorkommenden Wässer enthalten freies Kohlenstoffdioxid. In welchem Maße dieses Kohlenstoffdioxid aggressiv ist, hängt von der Calcium- und der Hydrogencarbonationenkonzentration, der Ionenstärke und der Temperatur des Wassers ab. Alle Entsäuerungsverfahren beziehen sich auf die Entfernung des *aggressiven* Kohlenstoffdioxids, jedoch *nicht* auf die Entfernung des zugehörigen Kohlenstoffdioxids, das zum In-Lösung-Halten des Calciumhydrogencarbonats erforderlich ist. Es stehen folgende Verfahren zur Auswahl.

11.2.1 Entsäuerung durch physikalische Verfahren

In natürlichen Wässern ist die Konzentration an freiem Kohlenstoffdioxid oft sehr hoch. Dies trifft auch bei, über Kationenaustauschharze, entbastem oder entcarbonisiertem Wasser zu. Das freie Kohlenstoffdioxid kann z. B. durch Verrieseln des Wassers im Abstrom in einem aufwärts strömenden Luftstrom nahezu vollständig entfernt werden. Bei natürlichen Wässern werden die physikalischen Verfahren nur angewandt, wenn die Massenkonzentration an freiem, zugehörigen Kohlenstoffdioxid $\rho^*(O_2) > 5\,\text{mg/l}$ ist und darüber hinaus noch erhebliche Konzentrationen an aggressivem Kohlenstoffdioxid vorhanden sind. Neben der Verrieselung kommen auch noch andere, drucklose Belüftungs- und Entgasungsverfahren zur Anwendung.

11.2.2 Entsäuerung durch Filtration über alkalische Filtermedien

Die Entsäuerung findet in Filterbehältern statt, die sich von Kiesfiltern nur dadurch unterscheiden, dass als Filtermaterial, anstelle von Kies, erdalkalische Filtermaterialien verwendet werden, die von dem aggressiven Kohlenstoffdioxid gelöst werden.

Die Stoffmengenkonzentration des Wassers an Hydrogencarbonationen steigt dabei an; das Wasser wird also „aufgehärtet".

11.2.2.1 Filtration über Marmorsplit

Kohlenstoffdioxid reagiert mit Calciumcarbonat zu wasserlöslichem Calciumhydrogencarbonat.

$$CaCO_3 + CO_2 + H_2O \rightleftharpoons Ca(HCO_3)_2$$

Je mol CO_2 wird 1 mol $CaCO_3$ verbraucht, und es bildet sich 1 mol $Ca(HCO_3)_2$.

$$44{,}009\,g/mol/1\,mg/l = 100{,}088\,g/mol/x_1$$
$$x_1 = 100{,}088/44{,}009\,mg/l = 2{,}27\,mg/l = \rho^*(CaCO_3)$$

Die Massenkonzentration an Kohlenstoffdioxid von 1 mg/l verbraucht theoretisch 2,27 mg $CaCO_3$; praktisch rechnet man mit einem Verbrauch an $CaCO_3$ von 2,5 mg.

$$44{,}009\,g/mol/1\,mg/l = 162{,}112\,g/mol/x_2$$
$$x_2 = 162{,}112/44{,}009\,mg/l = 3{,}68\,mg/l = \rho^*(Ca(HCO_3)_2)$$
$$3{,}68\,mg/l/162{,}112\,g/mol = x_3/2 \cdot 61{,}016\,g/mol$$
$$x_3 = 2{,}77\,mg/l = \rho^*(HCO_3^-)$$
$$c(HCO_3^-) = \rho^*(HCO_3^-)/M(HCO_3^-)$$
$$= 2{,}77\,mg/l/61{,}016\,mg/mmol = 0{,}0454\,mmol/l$$

Die Massenkonzentration an Kohlenstoffdioxid von 1 mg/l erhöht die Äquivalentkonzentration an Hydrogencarbonationen $c(HCO_3^-)$ um ca. 0,05 mmol/l. Die Filtration über Marmorsplit führt bei Stoffmengenkonzentrationen an $c(HCO_3^-) >$ 1,5 mmol/l im entsäuerten Wasser zu unwirtschaftlich langen Kontaktzeiten.

Der Vorteil der Filtration über Marmorsplit liegt darin, dass das Wasser nur bis zur Einstellung des Kalk-Kohlensäure-Gleichgewichts entsäuert werden kann.

Die Anlagen können also in beliebigen Lastbereichen gefahren werden.

11.2.2.2 Filtration über halbgebrannten Dolomit

Halbgebrannter Dolomit ist ein handelsübliches Produkt (Handelsname z. B. Magno-Dol), bei dem das Magnesiumcarbonat zu Magnesiumoxid gebrannt ist, während das Calciumcarbonat noch in der ursprünglichen Form vorliegt.

$$MgO \cdot CaCO_3$$

Das aggressive Kohlenstoffdioxid setzt sich mit beiden Verbindungen leicht um. Auch bei dieser Reaktion steigt die Äquivalentkonzentration an Hydrogencarbonationen des Wassers an.

$$CaCO_3 + MgO + 3CO_2 + 2H_2O \rightleftharpoons Ca(HCO_3)_2 + Mg(HCO_3)_2$$

Unter der Voraussetzung, dass das Stoffmengenverhältnis von $CaCO_3$, zu MgO im halbgebrannten Dolomit 1:1 beträgt, reagieren 3 mol CO_2 mit je 1 mol $CaCO_3$ und MgO.

$$3 \cdot 44{,}009\,\mathrm{g/mol}/1\,\mathrm{mg/l} = (100{,}088 + 40{,}304)\,\mathrm{g/mol}/x_1$$
$$x_1 = 1{,}06\,\mathrm{mg/l} = \rho^*(MgO \cdot CaCO_3)$$

Die Massenkonzentration an Kohlenstoffdioxid von 1 mg/l verbraucht theoretisch 1,06 mg ($MgO \cdot CaCO_3$); praktisch rechnet man mit einem Verbrauch an ($MgO \cdot CaCO_3$) von 1,3 mg.

$$3 \cdot 44{,}009\,\mathrm{g/mol}/1\,\mathrm{mg/l} = 4 \cdot 61{,}016\,\mathrm{g/mol}/x_2$$
$$x_2 = 1{,}85\,\mathrm{mg/l} = \rho^*(HCO_3^-)$$
$$c(HCO_3^-) = \rho^*(HCO_3^-)/M(HCO_3^-)$$
$$c(HCO_3^-) = 1{,}85\,\mathrm{mg/l}/61{,}016\,\mathrm{mg/mmol} = 0{,}03\,\mathrm{mmol/l}$$

Die Massenkonzentration an Kohlenstoffdioxid von 1 mg/l erhöht die Äquivalentkonzentration an Hydrogencarbonationen $c(HCO_3^-)$ um 0,03 mmol/l. Die Filtration über halbgebrannten Dolomit kann bis zu einer Stoffmengenkonzentration an $c(HCO_3^-) \leq 2{,}5$ mmol/l im entsäuerten Wasser wirtschaftlich betrieben werden. Da halbgebrannter Dolomit wesentlich reaktiver ist als Marmorsplit, sind die Anlagenabmessungen kleiner.

Nachteilig ist, dass das Magnesiumoxid bei Unterlastung der Anlage auch das zugehörige Kohlenstoffdioxid abbindet und durch die Bildung von Magnesiumhydroxid im entsäuerten Wasser pH-Werte bis 11,5 erreicht werden können. Dies führt zum Ausfällen von Calciumcarbonat und damit zum Verbacken des Filtermaterials bei Unterlast.

11.2.3 Entsäuerung durch Neutralisation mit Laugen

Das aggressive Kohlenstoffdioxid kann auch durch Zugabe von Laugen, wie z. B. Calciumhydroxid, Natronlauge oder Soda, neutralisiert werden. Bei diesen Dosierverfahren ist die Überdosierung natürlich zu vermeiden, da sonst auch das zugehörige, freie Kohlenstoffdioxid neutralisiert und das vorher wasserlösliche Calciumhydrogencarbonat als wasserunlösliches Calciumcarbonat ausgefällt wird.

$$2CO_2 + Ca(OH)_2 \rightleftharpoons Ca(HCO_3)_2$$
$$2 \cdot 44{,}009\,\mathrm{g/mol}/1\,\mathrm{mg/l} = 74{,}094\,\mathrm{g/mol}/x_1$$
$$x_1 = 0{,}84\,\mathrm{mg/l} = \rho^*(Ca(OH)_2)$$
$$2 \cdot 44{,}009\,\mathrm{g/mol}/1\,\mathrm{mg/l} = 162{,}112\,\mathrm{g/mol}/x_2$$

$$x_2 = 1{,}84\,\mathrm{mg/l} = \rho^*(\mathrm{Ca(HCO_3)_2})$$
$$1{,}84\,\mathrm{mg/l}/162{,}112\,\mathrm{g/mol} = x_3/2 \cdot 61{,}016\,\mathrm{g/mol}$$
$$x_3 = 1{,}39\,\mathrm{mg/l} = \rho^*(\mathrm{HCO_3^-})$$
$$c(\mathrm{HCO_3^-}) = \rho^*(\mathrm{HCO_3^-})/M(\mathrm{HCO_3^-})$$
$$c(\mathrm{HCO_3^-}) = 1{,}39\,\mathrm{mg/l}/61{,}016\,\mathrm{g/mmol} = 0{,}023\,\mathrm{mmol/l}$$

Die Massenkonzentration an Kohlensäure von 1 mg/l verbraucht 0,84 mg $Ca(OH)_2$.

Die Massenkonzentration an Kohlenstoffdioxid von 1 mg/l erhöht die Äquivalentkonzentration an Hydrogencarbonationen $c(HCO_3^-)$ um 0,023 mmol/l. Zu Beginn der Entsäuerung kann absichtlich etwas mehr Calciumhydroxid dosiert werden, damit die Bildung der Kalk-Rost-Schutzschicht beschleunigt wird.

Anstelle von Calciumhydroxid oder Calciumoxid, die als Kalkmilch oder Kalkwasser zudosiert werden, kann auch Natronlauge- oder Sodalösung dosiert werden. Dabei findet zwar eine Erhöhung der Äquivalentkonzentration an Hydrogencarbonationen, aber keine „Aufhärtung“ statt, da Alkalihydrogencarbonate entstehen.

$$\mathrm{CO_2 + NaOH \rightleftharpoons NaHCO_3}$$
$$\mathrm{CO_2 + Na_2CO_3 + H_2O \rightleftharpoons 2NaHCO_3}$$

Wegen der höheren Kosten wird in der Praxis nur wenig mit Natronlauge oder Soda gearbeitet. Die Dosierung von Calciumhydroxid und die Entsäuerung durch Filtration über alkalische Filtermedien haben sich durchgesetzt.

11.3 Entcarbonisierungsverfahren

Entcarbonisierungsverfahren sind Verfahren, die in der Lage sind, die Äquivalentkonzentration an Hydrogencarbonationen eines Wassers bedeutend zu reduzieren oder völlig zu entfernen.

11.3.1 Entcarbonisierung durch Säureimpfung

Wird eine starke Mineralsäure zu hydrogencarbonationenhaltigem Wasser zudosiert, dann wird die Kohlensäure aus ihren Salzen verdrängt. Der Gesamtsalzgehalt und die Härte des Wassers werden dabei nicht verändert, die Äquivalentkonzentration an Hydrogencarbonationen (Carbonathärte) wird in andere Säurerestanionen (Nichtcarbonathärte) überführt.

$$\mathrm{Ca(HCO_3)_2 + 2HCl \rightleftharpoons CaCl_2 + 2H_2O + 2CO_2}$$
$$\mathrm{Ca(HCO_3)_2 + H_2SO_4 \rightleftharpoons CaSO_4 + 2H_2O + 2CO_2}$$

Die zugesetzte Mineralsäuremenge muss sehr genau dosiert werden, da Überdosierung keine Pufferung mehr durch die Äquivalentkonzentration an Hydrogencarbonationen erfährt und dann schnell pH-Werte <5 erreicht werden. In der Praxis strebt man aus Sicherheitsgründen zum Korrosionsschutz eine Rest-Äquivalentkonzentration an Hydrogencarbonationen *nicht unter* 1,0 mmol/l an.

Es gilt zu beachten, dass das freigesetzte Kohlenstoffdioxid noch im Wasser gelöst ist und, je nach Wasserverwendungszweck, durch geeignete Verfahren entfernt werden muss. Normalerweise wird es durch physikalische Verfahren, z. B. durch Verrieseln des Wassers im Luftgegenstrom, entfernt.

11.3.1.1 Säureverbrauch

Nach den vorstehenden Gleichungen reagieren 2 mol Hydrogencarbonationen mit 2 mol Salzsäure oder 1 mol Schwefelsäure.

$$2 \cdot 61{,}016\,\mathrm{g/mol}/1\,\mathrm{mg/l} = 2 \cdot 36{,}461\,\mathrm{g/mol}/x_1$$
$$x_1 = 0{,}6\,\mathrm{mg/l} = \rho^*(\mathrm{HCl})$$

Die Massenkonzentration an Hydrogencarbonationen $\rho^*(\mathrm{HCO_3^-}) = 1\,\mathrm{mg/l}$ verbraucht 0,60 mg HCl entsprechend einer Äquivalentkonzentration an Salzsäure von 0,016 mmol/l.

$$2 \cdot 61{,}016\,\mathrm{g/mol}/1\,\mathrm{mg/l} = 98{,}072\,\mathrm{g/mol}/x_2$$
$$x_2 = 0{,}80\,\mathrm{mg/l} = \rho^*(\mathrm{H_2SO_4})$$

Die Massenkonzentration an Hydrogencarbonationen $\rho^*(\mathrm{HCO_3^-}) = 1\,\mathrm{mg/l}$ verbraucht 0,80 mg H_2SO_4 entsprechend einer Äquivalentkonzentration an Schwefelsäure von 0,016 mmol/l.

11.3.1.2 Erhöhung der Anionenkonzentration im aufbereiteten Wasser

Nach den vorstehenden Gleichungen ergeben 2 mol Salzsäure 2 mol Chloridionen und 1 mol Schwefelsäure 1 mol Sulfationen.

$$2 \cdot 36{,}461\,\mathrm{g/mol}/1\,\mathrm{mg/l} = 2 \cdot 35{,}453\,\mathrm{g/mol}/x_3$$
$$x_3 = 0{,}97\,\mathrm{mg/l} = \rho^*(\mathrm{Cl^-})$$

Die Dosierung der Massenkonzentration an Salzsäure $\rho^*(\mathrm{HCl}) = 1\,\mathrm{mg/l}$ erzeugt 0,97 mg/l Cl^--Ionen entsprechend einer Äquivalentkonzentration an Chloridionen von 0,027 mmol/l.

$$98{,}072\,\mathrm{g/mol}/1\,\mathrm{mg/l} = 96{,}056\,\mathrm{g/mol}/x_4$$
$$x_4 = 0{,}98\,\mathrm{mg/l} = \rho^*(\mathrm{SO_4^{2-}})$$

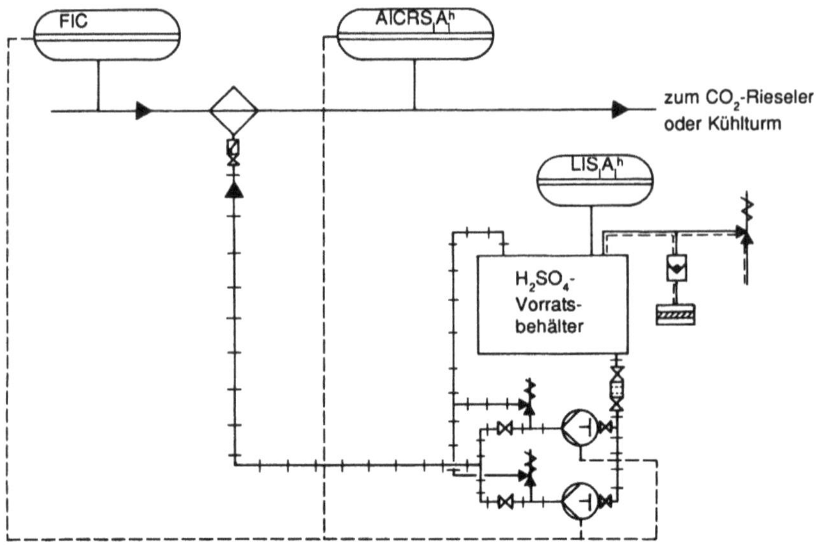

Abb. 11.2 Säureentcarbonisierung (Blockschaltbild)

Die Dosierung der Massenkonzentration an Schwefelsäure $\rho^*(H_2SO_4) = 1\,\text{mg/l}$ erzeugt 0,98 mg/l SO_4^{2-}-Ionen; entsprechend einer Äquivalentkonzentration an Sulfationen von 0,020 mmol/l.

Zur Reduzierung der Äquivalentkonzentration an Hydrogencarbonationen um 1 mmol/l sind Äquivalentkonzentrationen an Salzsäure oder Schwefelsäure von 1 mmol/l erforderlich; dabei entstehen Äquivalentkonzentrationen an Chloridionen oder Sulfationen von 1 mmol/l.

Automatisch arbeitende Dosierstationen werden meist von einer Mengenmess- und Regeleinrichtung gesteuert, welcher der pH-Wert des entcarbonisierten Wassers als Störgröße aufgeschaltet ist. Das Blockschaltbild einer automatischen Säuredosiervorrichtung ist in Abb. 11.2 dargestellt.

11.3.2 Kalkentcarbonisierung

Die Äquivalentkonzentration an Hydrogencarbonationen kann auch mittels Laugezusatz durch Reaktion zu wasserunlöslichen Carbonaten oder Hydroxiden reduziert werden. Da die Carbonate bzw. Hydroxide ausgefällt werden, werden diese Verfahren auch Fällungsverfahren genannt. In der Praxis hat aus Wirtschaftlichkeitsgründen nur die Entcarbonisierung durch Calciumhydroxiddosierung, entweder in Form von Kalkmilch oder Kalkwasser, Bedeutung. Dieses Verfahren wird häufig angewandt, wenn es um die teilweise Entcarbonisierung großer Wasservolumina geht und die mit der Säureentcarbonisierung verbundene Erhöhung des Anionengehaltes nicht akzeptiert werden kann. Der Grund dafür kann in dann erhöhter Korrosion oder in einer nachgeschalteten Ionenaustauschanlage liegen, die dann für den erhöhten Anionengehalt zu dimensionieren wäre, was häufig unwirtschaftlich ist. Bei der sog. Kalkentcarbonisierung laufen folgende Reaktionen ab:

$$Ca(HCO_3)_2 + Ca(OH)_2 \rightleftharpoons 2CaCO_3 + 2H_2O$$
$$Mg(HCO_3)_2 + Ca(OH)_2 \rightleftharpoons MgCO_3 + CaCO_3 + 2H_2O$$
$$MgCO_3 + Ca(OH)_2 \rightleftharpoons CaCO_3 + Mg(OH)_2$$

$$Mg(HCO_3)_2 + 2Ca(OH)_2 \rightleftharpoons 2CaCO_3 + Mg(OH)_2 + 2H_2O$$
$$CO_2 + Ca(OH)_2 \rightleftharpoons CaCO_3 + H_2O$$

Sind die Calciumhydroxiddosiermengen genau eingestellt, so wird die Äquivalentkonzentration des Wassers an Hydrogencarbonationen auf die theoretische Löslichkeit des Systems an $c(1/2CaCO_3)$ und $c(1/2Mg(OH)_2)$ reduziert. Die Äquivalent-Löslichkeit von Calciumcarbonat in reinem Wasser mit 20 °C beträgt ca. 0,28 mmol/l; die Äquivalent-Löslichkeit von Magnesiumcarbonat beträgt ca. 4,75 mmol/l, die von Magnesiumhydroxid ca. 0,27 mmol/l. Zur Bewertung der verschiedenen Kalkentcarbonisierungsverfahren muss man die Fällungsreaktionen der vorgenannten Gleichungen beachten. Die Reaktionen verlaufen äußerst langsam, wenn im Rohwasser keine Kristallisationskeime vorhanden sind. In den früher üblichen statischen Absetzanlagen waren zum Erreichen des chemischen Gleichgewichtes mehrere Tage erforderlich. Werden dagegen Wasser und Calciumhydroxid mit einer geringen Menge von bereits gefällten Calciumcarbonatkristallen in Kontakt gebracht, verläuft die Reaktion in wenigen Minuten bis zum Gleichgewicht.

Da die Fällung auf den Kristallen stattfindet, wachsen deren Masse und Volumen. Dadurch steigt die Absetzgeschwindigkeit nach dem Stoke'schen Gesetz, wodurch sich die Behälterabmessungen nochmals gegenüber den statischen Absetzanlagen verkleinern. Dies gilt allerdings nur, wenn die Oberfläche der Calciumcarbonatkristalle sauber genug ist. Da die Anwesenheit von Dispersionskolloiden und organischen Kolloiden stören kann, gibt man zu deren Beseitigung dem zu entcarbonisierenden Wasser häufig gleichzeitig Flockungsmittel zu.

Außerdem muss erkannt werden, dass das Vorhandensein größerer Magnesiumkonzentrationen die Calciumcarbonat-Auskristallisation stört. Reines Calciumcarbonat bildet sehr harte, wenig voluminöse, Kristallagglomerate, die sehr schnell sedimentieren. Reines Magnesium fällt dagegen immer in Form sehr voluminöser Magnesiumhydroxidflocken aus. Ist nur ein geringer Anteil an Magnesiumionen vorhanden, so wird das Magnesiumhydroxid in die Calciumcarbonatkristalle mit eingeschlossen. Ist die Magnesiumionenkonzentration jedoch bedeutend, dann wird das gefällte Magnesiumhydroxid nicht in die Calciumcarbonatkristalle eingeschlossen; die Sedimentationsgeschwindigkeit wird dadurch bedeutend verlangsamt.

Entsprechend den in den Fällungsgleichungen formulierten Reaktionen werden bei der Kalkentcarbonisierung, je nachdem ob Magnesiumhydrogencarbonat im

Wasser vorhanden ist oder nicht, folgende Kalkmengen verbraucht:

$$
\begin{aligned}
&c(1/2\mathrm{Ca}^{2+}) > c(\mathrm{HCO}_3^-)\\
&\qquad \mathrm{KV} = M(\mathrm{X})\cdot(1/2\Delta c(\mathrm{HCO}_3^-) + \Delta c(\mathrm{CO}_2))\\
&c(1/2\mathrm{Ca}^{2+}) = c(\mathrm{HCO}_3^-)\\
&\qquad \mathrm{KV} = M(\mathrm{X})\cdot(1/2\Delta c(\mathrm{HCO}_3^-) + \Delta c(\mathrm{CO}_2) + 0{,}35)\\
&c(1/2\mathrm{Ca}^{2+}) < c(\mathrm{HCO}_3^-)\\
&\qquad \mathrm{KV} = M(\mathrm{X})\cdot(1/2\Delta c(\mathrm{HCO}_3^-) + \Delta c(\mathrm{CO}_2) + 0{,}35 + \Delta c(\mathrm{Mg(HCO_3)_2}))\\
&\qquad \mathrm{KV} = \text{Kalkverbrauch in mg/l}\\
&\qquad M(\mathrm{X}) = M(\mathrm{Ca(OH)_2}) = 74{,}094\,\mathrm{mg/mmol}\\
&\qquad M(\mathrm{X}) = M(\mathrm{CaO}) = 56{,}079\,\mathrm{mg/mmol}
\end{aligned}
$$

Der Hydroxidionenüberschuss von 0,35 mmol/l bei den beiden letzten Gleichungen ist erforderlich, damit die Reaktionen in vernünftigen Zeiträumen ablaufen.

Bei Vorhandensein von Natriumhydrogencarbonat im Wasser ist die Kalkentcarbonisierung *nicht* wirtschaftlich, weil sich der pH-Wert des Reinwassers durch das entstehende Soda äquivalent erhöht und anschließend zur Vermeidung der Recarbonisierung durch Säuredosierung auf wenigstens pH 9 reduziert werden muss. Dazu sind erhebliche Säuremengen aufzuwenden, die das Kalkentcarbonisierungsverfahren gegenüber konkurrierenden Verfahren unwirtschaftlich machen.

$$
\begin{aligned}
2\mathrm{NaHCO_3} + \mathrm{Ca(OH)_2} &\rightleftharpoons \mathrm{Na_2CO_3} + \mathrm{CaCO_3} + 2\mathrm{H_2O}\\
\mathrm{OH^-} + \mathrm{CO_2} &\rightleftharpoons \mathrm{HCO_3^-}\ \text{(Recarbonisierung)}
\end{aligned}
$$

Bei der Kalkentcarbonisierung werden aus dem Wasser Kohlenstoffdioxid, Hydrogencarbonat- und Carbonationen entfernt, wobei gleichzeitig der entfernten Hydrogencarbonationenkonzentration äquivalente Mengen an Calcium- und Magnesiumionen mit ausgefällt werden. Im Gegensatz zur Entcarbonisierung durch Säureimpfung findet bei der Kalkentcarbonisierung neben der vollständigen Entsäuerung auch noch eine Teilenthärtung und Teilentsalzung statt.

Da Eisen- und Manganverbindungen häufig als Hydrogencarbonate vorliegen, findet in vielen Fällen gleichzeitig auch die Enteisenung und Entmanganung statt.

11.3.2.1 Schnellentcarbonisierung

Bei der Schnellentcarbonisierung durchströmt das mit Calciumhydroxid versetzte Wasser im Aufstrom eine Wirbelschicht aus Kontaktstoffen. Die Kontaktstoffe können zu Beginn der Reisezeit eines Reaktors – wie die Behälter zur Schnellentcarbonisierung genannt werden – Silbersand oder, wenn mehrere Reaktoren vorhanden sind, Calciumcarbonatkörner aus einem bereits eingefahrenen Reaktor sein. Die Kontaktstoffe verkürzen die Reaktionszeit auf einige Minuten. Beim Austritt des Wassers aus dem Reaktor ist die Entcarbonisierungsreaktion praktisch beendet; das Wasser ist gut geklärt. Das entstehende Calciumcarbonat wird kristallin an die Kontaktstoffe angelagert; dadurch nimmt die Korngröße der Kontaktstoffe ständig zu. Je nach der Stoffmengenkonzentration des Wassers an Hydrogencarbonationen und der Belastung der Anlage muss von Zeit zu Zeit ein Teil der Reaktormasse abgelassen werden. Die Reisezeit eines Reaktors, das ist die Zeit bis er völlig entleert und neu angefahren werden muss, beträgt ca. 3–10 Monate. Die Leistung der Anlage muss also immer auf mehr als nur einen Reaktor aufgeteilt werden. Korngrößen über 2 mm verringern die Reaktionsfähigkeit der Reaktormasse erheblich.

Der optimale Entcarbonisierungseffekt lässt sich nur bei Wässern erzielen, welche die Bedingung

$$c(1/2\mathrm{Ca}^{2+}) \geq \Delta c(\mathrm{HCO}_3^-)$$

erfüllen. Ist diese Bedingung nicht erfüllt, muss zusätzlich soviel Calciumhydroxid zugegeben werden, bis die Äquivalentkonzentration an Calciumionen der gewünschten Hydrogencarbonationenreduktion entspricht. Bei nicht zu großer Abweichung kann die Kalkentcarbonisierung, bei spezifisch höherem Kalkverbrauch, noch wirtschaftlich durchführbar sein. Bei größeren Abweichungen werden unwirtschaftlich hohe Kalkzugaben notwendig. Der pH-Wert nimmt dann unerwünscht hohe Werte an. Es besteht die Gefahr, dass die Kornbildung durch das in Gelform ausfallende Magnesiumhydroxid stark gestört wird; die Schnellentcarbonisierung kann dann nicht erfolgreich angewandt werden.

Aufgrund der Rohwasserzusammensetzung kann auf den Entcarbonisierungseffekt geschlossen werden. Ist die Äquivalentkonzentration an Calciumionen eines zu entcarbonisierenden Wassers hoch – dann ist die Äquivalentkonzentration an Magnesiumionen gering –, wird dadurch die Löslichkeit des Calciumcarbonats verringert. Es kann eine niedrige Rest-Äquivalentkonzentration an Hydrogencarbonationen von 0,35–0,55 mmol/l erreicht werden. Ist dagegen die Äquivalentkonzentration an Calciumionen kleiner als die Stoffmengenkonzentration an Hydrogencarbonationen, dann ist die Differenz sicher Magnesiumhydrogencabonat. Es bildet sich das gut lösliche Magnesiumcarbonat; die Resthärte steigt entsprechend an. Wird Kalkmilch im Überschuss dosiert, um die Reaktion zu erzwingen, bildet sich Magnesiumhydroxid. Magnesiumhydroxid kann nicht an das Reaktorkorn angelagert werden. Es wird aufgrund seiner gegenüber dem Reaktorkorn vergleichsweise geringen Dichte aus dem Reaktor ausgetragen und verstopft die meistens nachgeschalteten Kiesfilter schnell. Die Schnellentcarbonisierung kann also nur unter bestimmten Voraussetzungen angewandt werden:

$$\begin{aligned} c(1/2\mathrm{Ca}^{2+}) &> \Delta c(\mathrm{HCO}_3^-) \\ c(1/2\mathrm{Mg}^{2+}) &< 2\,\mathrm{mmol/l} \\ \rho^*(\mathrm{Schwebstoffe}) &< 30\,\mathrm{mg/l} \\ \rho^*(\mathrm{KMnO}_4) &< 20\,\mathrm{mg/l} \\ \rho^*\left(\mathrm{PO}_4^{3-}\right) &< 1{,}0\,\mathrm{mg/l} \\ \text{Betriebstemperatur } \vartheta &= 8-30\,^\circ\mathrm{C} \end{aligned}$$

Bei höheren Konzentrationen an Schwebestoffen oder organischer Substanz wird die Auskristallisation des Calciumcarbonats auf dem Reaktorkorn behindert. Mit Orthophosphaten bildet Calcium unlösliche Verbindungen, die an das Reaktorkorn angelagert werden. Bei Temperaturen über 8 °C reicht die Reaktionszeit im Reaktor nicht mehr aus; es finden heftige Nachreaktionen in den nachgeschalteten Betriebseinheiten statt. Bei Temperaturen über 30 °C entsteht statt des Calcits Aragonit, der nicht an das Reaktorkorn anlagert. Werden die genannten Voraussetzungen nicht erfüllt, ist der Abscheidegrad im Schnellreaktor gering, und die nachgeschalteten Einheiten werden überlastet.

Reaktoren zur Schnellentcarbonisierung

Die Reaktoren zur Schnellentcarbonisierung werden in zwei Formen gebaut: als Spitzreaktoren oder als zylindrische Reaktoren.

Spitzreaktoren sind auf der Spitze stehende gerade Kreiskegelbehälter. Sie werden für Öffnungswinkel von 9–25 (17)° und für Behältergeschwindigkeiten im oberen Teil von 10–23 (15) m/h dimensioniert. Die Klammerwerte werden Dimensionierungsbeispielen zugrunde gelegt.

Zylindrische Reaktoren werden meistens aus zwei aufeinander gesetzten zylindrischen Schüssen gebaut, die unterschiedliche Durchmesser aufweisen. Der untere Schuss wird für Behältergeschwindigkeiten von 60–100 (85) m/h in der Standardhöhe 4000 mm, der obere Schuss für Behältergeschwindigkeiten von 20–40 (30) m/h dimensioniert. Die zylindrische Mantelhöhe beträgt bis zu einem Schussdurchmesser von 4000 mm normalerweise 1500 mm, bei Schussdurchmessern über 4000 mm normal 2500 mm. Der Winkel der kegeligen Übergänge beträgt 40°.

Die Mischkammer wird für Durchlaufgeschwindigkeiten von 700–1000 (900) m/h in der Standardhöhe 500 mm dimensioniert. Die Mischblende wird so ausgelegt, dass die Geschwindigkeit um ca. 0,5 m/s über der Geschwindigkeit der Mischkammer liegt. Der Winkel der kegeligen Übergänge beträgt 40°.

Die Gesamtreaktionszeit im Reaktor darf bei Brunnenwasser 7 Minuten, bei Oberflächenwasser 10 Minuten keinesfalls unterschreiten. Üblicherweise werden sie für eine Aufenthaltszeit von 10–20 Minuten dimensioniert.

Beispiel

150 m^3/h Flusswasser mit der nachfolgenden Teilanalyse sollen in einem zylindrischen Reaktor entcarbonisiert werden.

$$\begin{aligned}
\vartheta &= 12-23\,^{\circ}\mathrm{C}\\
\rho^*(\mathrm{Schwebstoffe}) &\leq 10\,\mathrm{mg/l}\\
\rho^*(\mathrm{KMnO_4}) &\leq 10\,\mathrm{mg/l}\\
\rho^*\left(\mathrm{PO_4^{3-}}\right) &\leq 0{,}3\,\mathrm{mg/l}\\
c(1/2\mathrm{Ca^{2+}}+1/2\mathrm{Mg^{2+}}) &\leq 8{,}43\,\mathrm{mmol/l}
\end{aligned}$$

$$c(1/2\mathrm{Mg}^{2+}) \leq 1{,}20\,\mathrm{mmol/l}$$
$$c(\mathrm{HCO}_3^-) \leq 5{,}90\,\mathrm{mmol/l}$$
$$c(1/2\mathrm{CO}_2) \leq 2{,}76\,\mathrm{mmol/l}$$

Die Beispielrechnung wird in folgende Teilschritte aufgeteilt:

- Ist die Schnellentcarbonisierung durchführbar?
- Errechnen des Verbrauchs an Weißkalkhydrat mit $w(\mathrm{Ca(OH)_2}) = 0{,}8$.
- Dimensionieren des Schnellreaktors.

Überprüfung der Durchführbarkeit der Schnellentcarbonisierung

Die Wassertemperatur, die Massenkonzentration an Schwebstoffen, organischer Substanz, Phosphationen und die Äquivalentkonzentration an Magnesiumionen erlauben die Schnellentcarbonisierung:

$$c(1/2\mathrm{Ca}^{2+}) = c(1/2\mathrm{Ca}^{2+} + 1/2\mathrm{Mg}^{2+} - 1/2\mathrm{Mg}^{2+}) = 8{,}43 - 1{,}20$$
$$= 7{,}23\,\mathrm{mmol/l}$$
$$c(\mathrm{HCO}_3^-) = 5{,}90\,\mathrm{mmol/l}\,;\ \text{also}$$
$$c(1/2\mathrm{Ca}^{2+}) > \Delta c(\mathrm{HCO}_3^-)$$

Die Schnellentcarbonisierung ist möglich.

Errechnen des Kalkverbrauchs

Da $c(1/2\mathrm{Ca}^{2+}) > c(\mathrm{HCO}_3^-)$ ist, wird zur Berechnung des Kalkverbrauchs folgende Gleichung herangezogen:

$$\mathrm{KV} = M(\mathrm{X}) \cdot (1/2c(\mathrm{HCO}_3^-) + c(\mathrm{CO}_2))$$
$$\mathrm{KV} = 74{,}094 \cdot (2{,}95 + 1{,}38) = 320{,}83\,\mathrm{g/m^3}$$
$$320{,}83\,\mathrm{g/m^3} \cdot 150/0{,}8 = 60\,155{,}07\,\mathrm{g/h}\,;$$
$$\text{ca. } 60\,\mathrm{kg/h}\ \text{Weißkalkhydrat mit}\ w(\mathrm{Ca(OH)_2}) = 0{,}8\,.$$

Dimensionieren des Schnellreaktors anhand Abb. 11.3:

$$Q = A \cdot v\,; \qquad A = Q/v$$

Mischkammer:

$$v = 900\,\mathrm{m/h}\,; \qquad A = 150/900 = 0{,}17\,\mathrm{m^2}\,; \qquad d = 465\,\mathrm{mm}\,;$$
$$\textit{gewählt: } d = 500\,\mathrm{mm}$$

Mischblende:

$$v = 900 + 1800 = 2700\,\mathrm{m/h}\,; \qquad A = 150/2700 = 0{,}056\,\mathrm{m^2}\,;$$
$$d = 267\,\mathrm{mm}\,; \qquad \textit{gewählt: } d = 270\,\mathrm{mm}$$

Abb. 11.3 Zylindrischer Behälter zur Schnellentcarbonisierung

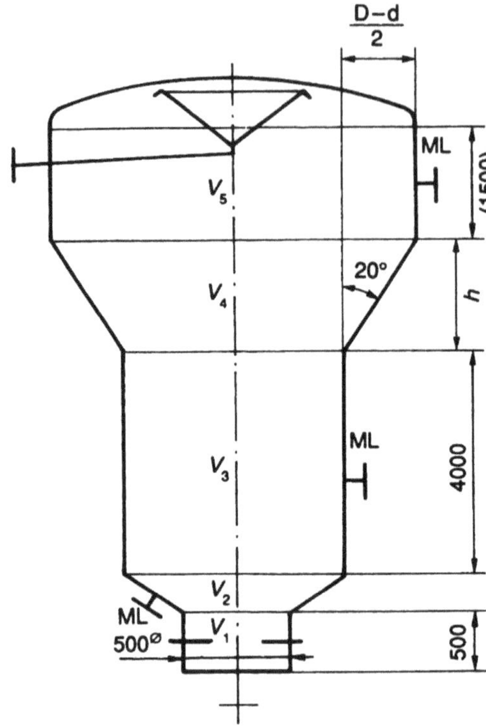

Unterer Schuss:

$$v = 85\,\mathrm{m/h}\,; \qquad A = 150/85 = 1{,}76\,\mathrm{m}^2\,;\ d = 1495\,\mathrm{mm}\,;$$
$$\textit{gewählt: } d = 1500\,\mathrm{mm}$$

Oberer Schuss:

$$v = 30\,\mathrm{m/h}\,; \qquad A = 150/30 = 5\,\mathrm{m}^2\,; \qquad d = 2520\,\mathrm{mm}\,;$$
$$\textit{gewählt: } d = 2600\,\mathrm{mm}$$

$$\begin{aligned}
V_{\text{gesamt}} &= V_1 + V_2 + V_3 + V_4 + V_5 \\
V_{1,3,5} &= d^2 \cdot \pi \cdot h/4 \\
V_{2,4} &= (\pi \cdot h/12) \cdot (D^2 + D \cdot d + d^2) \\
V_1 &= 0{,}5^2 \cdot \pi \cdot 0{,}5/4 && = 0{,}1\,\mathrm{m}^3 \\
V_3 &= 1{,}5^2 \cdot \pi \cdot 4{,}0/4 && = 7{,}1\,\mathrm{m}^3 \\
V_5 &= 2{,}6^2 \cdot \pi \cdot 1{,}5/4 && = 8{,}0\,\mathrm{m}^3 \\
V_2 &= (\pi \cdot (1{,}5 - 0{,}5)/2)/(12 \cdot \mathrm{tg}\,20°) \cdot (1{,}5^2 + 1{,}5 \cdot 0{,}5 + 0{,}5^2) && = 1{,}2\,\mathrm{m}^3 \\
V_4 &= (\pi \cdot (2{,}6 - 1{,}5)/2)/(12 \cdot \mathrm{tg}\,20°) \cdot (2{,}6^2 + 2{,}6 \cdot 1{,}5 + 1{,}5^2) && = \underline{5{,}1\,\mathrm{m}^3} \\
V_{\text{gesamt}} &= && \ 21{,}5\,\mathrm{m}^3 \\
t &= V_{\text{gesamt}} \cdot 60/Q = 21{,}5 \cdot 60/150 = 8{,}6\,\mathrm{min} < 10\,\mathrm{min}
\end{aligned}$$

Die zylindrische Höhe im oberen Schuss soll so erhöht werden, dass die Aufenthaltszeit im Reaktor ≥ 10 min beträgt.

$$\Delta t = 1{,}4\,\text{min}$$

Aufenthaltszeit im oberen Schuss: $t_\text{o} = 8 \cdot 60/150 = 3{,}2\,\text{min}$; $1500/3{,}2 = x/4{,}6$; $x = 2156\,\text{mm}$; gewählt: neue Zylinder-MH: 2200 mm.

Erzielbare Wasserqualität

Die nach einer Schnellentcarbonisierungsanlage erzielbare Rest-Äquivalentkonzentration an Hydrogencarbonationen kann aus Abb. 11.4 ermittelt werden, in der die erzielbare Rest-Äquivalentkonzentration an Hydrogencarbonationen über der Äquivalentkonzentration der Calciumsalze, die nicht Hydrogencarbonate sind, aufgetragen ist.

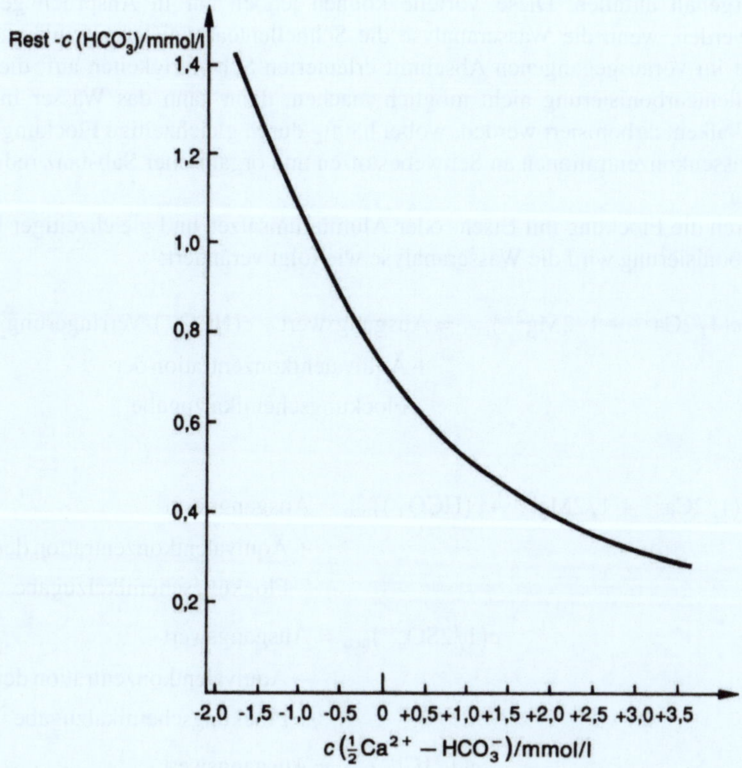

Abb. 11.4 Rest-$c(HCO_3^-)$ hinter einer Schnellentcarbonisierunganlage in Abhängigkeit von der Calciumnichtcarbonathärte des Rohwassers

Für das Beispiel ergibt sich die Rest-Äquivalentkonzentration an Hydrogencarbonationen wie folgt:

$$\begin{aligned} c(1/2\mathrm{Ca}^{2+}) - c(\mathrm{HCO}_3^-) &= c(1/2\mathrm{Ca}^{2+} + 1/2\mathrm{Mg}^{2+}) - c(1/2\mathrm{Mg}^{2+}) \\ &\quad - c(\mathrm{HCO}_3^-) = 8{,}43 - 1{,}20 - 5{,}90 = 1{,}33\,\mathrm{mmol/l} \end{aligned}$$

Die erzielbare Rest-Äquivalentkonzentration an Hydrogencarbonationen beträgt nach Abb. 11.4

$$c(\mathrm{HCO}_3^-) = 0{,}5\,\mathrm{mmol/l}\,.$$

11.3.2.2 Langzeitentcarbonisierung

Die Vorteile der Schnellentcarbonisierung liegen in den kleinen Reaktorabmessungen und darin, dass die Reaktionsprodukte in fester Form mit sehr geringem Wassergehalt anfallen. Diese Vorteile können jedoch nur in Anspruch genommen werden, wenn die Wasseranalyse die Schnellentcarbonisierung zulässt. Treten die im vorausgegangenen Abschnitt erläuterten Schwierigkeiten auf, die eine Schnellentcarbonisierung nicht möglich machen, dann kann das Wasser in Flockern kalkentcarbonisiert werden, wobei häufig durch gleichzeitige Flockung auch die Massenkonzentrationen an Schwebestoffen und organischer Substanz reduziert werden.

Durch die Flockung mit Eisen- oder Aluminiumsalzen und gleichzeitiger Kalkentcarbonisierung wird die Wasseranalyse wie folgt verändert:

$$\begin{aligned} c(1/2\mathrm{Ca}^{2+} + 1/2\mathrm{Mg}^{2+})_{\mathrm{neu}} = \text{Ausgangswert} - c(\mathrm{HCO}_3^-)\text{-Verringerung} \\ + \text{Äquivalentkonzentration der} \\ \text{Flockungschemikalzugabe} \end{aligned}$$

$$\begin{aligned} c(1/2\mathrm{Ca}^{2+} + 1/2\mathrm{Mg}^{2+} - c(\mathrm{HCO}_3^-))_{\mathrm{neu}} &= \text{Ausgangswert} \\ &\quad + \text{Äquivalentkonzentration der} \\ &\quad\ \ \text{Flockungschemikalzugabe} \\ c(1/2\mathrm{SO}_4^{2-})_{\mathrm{neu}} &= \text{Ausgangswert} \\ &\quad + \text{Äquivalentkonzentration der} \\ &\quad\ \ \text{Flockungschemikalzugabe} \\ c(1/1\mathrm{Cl}^-)_{\mathrm{neu}} &= \text{Ausgangswert} \\ &\quad + \text{Äquivalentkonzentration der} \\ &\quad\ \ \text{Flockungschemikalzugabe} \end{aligned}$$

Beispiel

Flusswasser, das aus der fließenden Welle entnommen wird, soll zu Trinkwasser aufbereitet werden. Das Flusswasser weist folgende Teil-Wasseranalyse auf.

$$\vartheta = 0-25\,^\circ\mathrm{C}$$

$$\rho^*(\text{Schwebstoffe}) \leq 70\,\mathrm{mg/l}$$

$$\rho^*(\mathrm{KMnO_4}) \leq 40\,\mathrm{mg/l}$$

$$\rho^*(\mathrm{PO_4^{3-}}) \leq 12\,\mathrm{mg/l}$$

$$c(1/2\mathrm{Ca^{2+}} + 1/2\mathrm{Mg^{2+}}) \leq 6{,}43\,\mathrm{mmol/l}$$

$$c(1/2\mathrm{Ca^{2+}}) \leq 4{,}30\,\mathrm{mmol/l}$$

$$c(\mathrm{HCO_3^-}) \leq 2{,}35\,\mathrm{mmol/l}$$

$$c(\mathrm{Cl^-}) \leq 3{,}30\,\mathrm{mmol/l}$$

$$c(\mathrm{SO_4^-}) \leq 4{,}05\,\mathrm{mmol/l}$$

$$c(1/2\mathrm{CO_2}) \leq 0{,}46\,\mathrm{mmol/l}$$

$$\rho^*(\mathrm{SiO_2}) \leq 12\,\mathrm{mg/l}$$

Festzulegen sind die Verfahrenstechnik der Aufbereitungsanlage, die Wasseranalysenänderung für eine Restäquivalentkonzentration an Hydrogencarbonationen von 0,4 mmol/l und der Schlammanfall bei einem Massenanteil an Wasser im anfallenden Schlamm von $w(\mathrm{H_2O}) = 0{,}94$.

Verfahrenswahl

Da die Massenkonzentration an Schwebstoffen mit 70 mg/l für die Direktfiltration zu hoch ist, muss das Flusswasser in einem Flocker behandelt werden. Da außerdem die Äquivalentkonzentration an Magnesiumionen und die Massenkonzentrationen an Phosphationen und des Kaliumpermanganatverbrauchs über den für die Schnellentcarbonisierung zulässigen Grenzwerten liegen, ist die Langzeitentcarbonisierung zu empfehlen. Die Aufbereitung findet also in einem X-Ator (Flocker) statt, der für die gleichzeitige Flockung und Kalkentcarbonisierung ausgelegt wird.

Änderung der Wasseranalyse

Als Flockungsmittel steht Eisenchlorid zur Verfügung. Flockungsversuche ergaben eine optimale Flockungsmitteldosiermenge von 40 g/m³ $\mathrm{FeCl_3 \cdot 6H_2O}$.

$$2\mathrm{FeCl_3} + 3\mathrm{Ca(HCO_3)_2} \rightleftharpoons 2\mathrm{Fe(OH)_3} + 3\mathrm{CaCl_2} + 6\mathrm{CO_2}$$

$$2 \cdot 270{,}296\,\mathrm{g/mol} / 6 \cdot 35{,}453\,\mathrm{g/mol} = 40\,\mathrm{mg/l}/x$$

$$x = 15{,}74\,\mathrm{mg/l} = \rho^*(\mathrm{Cl^-})$$

$$c(\mathrm{Cl^-}) = 0{,}44\,\mathrm{mmol/l}$$

$$c(1/2Ca^{2+} + 1/2Mg^{2+})_{neu} = 6{,}43 - (2{,}35 - 0{,}4) + 0{,}44\,;$$
$$c(1/2Ca^{2+} + 1/2Mg^{2+})_{neu} = 4{,}92\,\text{mmol/l}$$
$$c(1/2Ca^{2+} + 1/2Mg^{2+} - (HCO_3^-))_{neu} = 6{,}43 - 2{,}35 + 0{,}44\,;$$
$$c(1/2Ca^{2+} + 1/2Mg^{2+} - (HCO_3^-))_{neu} = 4{,}52\,\text{mmol/l}$$

$$c(HCO_3^-)_{neu} = 2{,}35 - 1{,}95 = 0{,}40\,\text{mmol/l}$$
$$c(Cl^-)_{neu} = 3{,}30 + 0{,}44 = 3{,}74\,\text{mmol/l}$$

Schlammanfall

Der Schlammanfall wird über eine Feststoffbilanz des geflockten und kalkentcarbonisierten Wassers errechnet. Zu den im Rohwasser vorhandenen Schwebstoffen kommen die unlöslichen Reaktionsprodukte Eisenhydroxid und Calciumcarbonat hinzu. Aus der Summe der Feststoffe kann dann über die geschätzte Schlammdichte von 1000 kg/m^3 und die angenommenen Massenanteile des Schlammes an Feststoffen von w(Feststoffe) = 6% das stündlich anfallende Schlammvolumen errechnet werden.

Chemismus

$$2FeCl_3 + 3Ca(HCO_3)_2 \rightleftharpoons \underline{2Fe(OH)_3} \downarrow + 3CaCl_2 + 6CO_2$$
$$Ca(HCO_3)_2 + Ca(OH)_2 \rightleftharpoons \underline{2CaCO_3} \downarrow + 2H_2O$$
$$CO_2 + Ca(OH)_2 \rightleftharpoons \underline{CaCO_3} \downarrow + H_2O$$

Feststoffbilanz

ρ^* (Schwebstoffe) = 70 mg/l

ρ^* ($Fe(OH)_3$) aus dem Eisnachlorid

$$\frac{2 \cdot 270{,}296\,\text{g/mol}}{40\,\text{mg/l}} = \frac{2 \cdot 106{,}868\,\text{g/mol}}{x_1}\,;\; x_1 = \rho^*(Fe(OH)_3) \quad = 15{,}82\,\text{mg/l}$$

$\rho^*(CaCO_3)$ aus dem Calciumhydrogencarbonat:

$\Delta c(HCO_3^-) = 2{,}35 - 0{,}40 = 1{,}95$ mmol/l

$$\rho^*(CaCO_3) = 1{,}95\,\text{mmol/l} \cdot 100{,}088\,\text{mg/mmol} \quad = 195{,}17\,\text{mg/l}$$

$\rho^*(CaCO_3)$ aus dem Kohlenstoffdioxid:

$c(1/2CO_2) = 0{,}46$ mmol/l

$$\rho^*(CaCO_3) = \frac{0{,}46\,\text{mmol/l} \cdot 100{,}088\,\text{mg/mmol}}{2} \quad = \underline{23{,}02\,\text{mg/l}}$$

Summe ρ^*(Feststoffe) = 304,01 mg/l

$$304{,}01 \cdot 150 = 45\,601{,}5\,\text{g/h} = 45{,}6\,\text{kg/h} = \dot{m}\,(\text{Feststoffe}).$$

Für eine angenommene Dichte des Schlammes von $1000\,\text{kg/m}^3$ und die angenommenen Massenanteile an Wasser von $w(H_2O) = 94\%$ errechnet sich das stündlich anfallende Schlammvolumen zu $45{,}6/0{,}06 = 760\,\text{l/h}$.

Erzielbare Wasserqualität

Chemisch und technisch ist mit Langzeitentcarbonisierungsverfahren jede Restäquivalentkonzentration an Hydrogencarbonationen über 0,28 mmol/l einzustellen. Aus wirtschaftlichen Gründen wird man jedoch bei Vorhandensein größerer Äquivalentkonzentrationen an Magnesiumhydrogencarbonat andere Entcarbonisierungsverfahren bevorzugen, da zur Ausfällung des Magnesiumhydroxids hohe pH-Werte gefahren werden müssen. Bei Vorhandensein von Natriumhydrogencarbonat entsteht Soda, das ebenfalls hohe pH-Werte verursacht. Zur Vermeidung der Recarbonisierung durch den Kohlenstoffdioxidgehalt der Luft muss der pH-Wert durch Säurezugabe wenigstens unter 9,0 gestellt werden. Das macht das Kalkentcarbonisierungsverfahren dann gegenüber konkurrierenden Verfahren unwirtschaftlich. Die Entcarbonisierung mit schwach sauren Kationenaustauschharzen in der Wasserstoffionenform ist in Abschn. 11.7 dargestellt.

11.4 Flockung

Durch die Anwendung von Flockungsverfahren werden feinste, suspendierte Teilchen und kolloidal gelöste, störende Wasserinhaltsstoffe in abtrennbare Flocken überführt. Die Art des anschließend zur Abtrennung angewandten physikalischen Verfahrens ist für die Aufgabenstellung von Bedeutung, da, je nachdem ob sedimentiert oder flotiert werden soll, andere Flockenstrukturen anzustreben sind. So fordert die Sedimentation Flocken mit möglichst großer Dichte, während bei der Flotation die Anlagerungsfähigkeit von kleinen Gasblasen von Bedeutung ist, was eine voluminöse, weniger dichte Flocke erfordert. Bei dem in Lösung- bzw. in Schwebehalten der störenden Wasserinhaltsstoffe spielen elektrostatische Kräfte eine große Rolle, die das Wachsen von größeren, abscheidbaren Partikeln verhindern.

Bei der Flockung werden im Bereich der Wasseraufbereitung immer Flockungsmittel eingesetzt. Diese Flockungsmittel überwinden die elektrostatischen Abstoßungskräfte und ermöglichen die Zusammenballung der störenden Stoffe. Dieser Teil der Flockung wird nach Hahn Koagulation oder auch Entstabilisierung genannt. Gleichzeitig bilden sich jedoch Flocken, in welche die koagulierten, störenden Substanzen eingebunden und somit abscheidefähig gemacht werden. Diesen Teil der Flockung nennt man Flocculation.

$$\text{Flockung} = \text{Koagulation} + \text{Flocculation}$$

Die Theorie kolloiddisperser Lösungen ist äußerst kompliziert und bis heute nicht restlos aufgeklärt.

Die Stabilität von Dispersionskolloiden kommt zustande durch das Wechselspiel zwischen zwischenmolekularen Kräften, durch welche sich die Teilchen anziehen, und elektrostatischen Kräften, durch welche sich die Teilchen wegen gleichsinniger Oberflächenladung abstoßen. Die kolloidal gelösten Substanzen tragen gewöhnlich negative Oberflächenladung.

Jede Grenzfläche einer kondensierten Phase besitzt Grenzflächenenergie, da die kleinsten Teilchen an der Oberfläche nicht, wie im Inneren, von allen Seiten durch Nachbarteilchen umgeben sind. Die anziehenden zwischenmolekularen Kräfte sind an den Grenzflächen also nicht voll abgesättigt. Die Reichweite dieser Kräfte ist sehr gering; sie können nach London bis zur 7. Potenz mit der Entfernung abnehmen. Es handelt sich also um ausgesprochene Nahkräfte, die aber in genügend kleiner Entfernung recht beachtlich sind.

Die Ursache der elektrostatischen Kräfte, die für die Abstoßung verantwortlich sind, ist eine elektrostatische Ladung, die fast an jeder Phasengrenze sitzt. Sie hat ihre Ursache z. B. im Austritt einzelner, freier Ionen aus der festen in die flüssige Phase. Diese immer vorhandenen Oberflächenkräfte werden dann besonders merklich, wenn ein Stoff durch einen hohen Zerteilungsgrad ein sehr großes Oberflächen-/Volumenverhältnis bekommt. Ein Würfel von 1 cm Kantenlänge hat eine Oberfläche von 6 cm^2. Bei der Zerteilung in Würfelchen von 1 nm Kantenlänge vergrößert sich die Oberfläche bei gleichem Rauminhalt auf 60 000 000 cm^2, also um den Faktor 10^7! Das verdeutlicht, wie sehr bei feiner Dispersion eines Stoffes die Oberflächen und damit die Oberflächenkräfte zunehmen.

Die verschiedenen, auf ein Teilchen einwirkenden Kräfte sind in Abb. 11.5 dargestellt.

Es ist zu beachten, dass die in Abb. 11.5 negativ aufgetragenen Anziehungskräfte rasch gegen Null gehen, während die Abstoßung eines gleich geladenen Teilchens viel weiter in den Raum hinausreicht. Maßgebend ist die Resultierende. Koagulation kann nur erfolgen, wenn die Teilchen sich über die Nullstellung der Resultierenden hinaus annähern können.

Die Verhältnisse an einem negativ geladenen Kolloidteilchen in wässriger Lösung sind zunächst in Abb. 11.6 dargestellt. Die Elektroneutralität fordert die An-

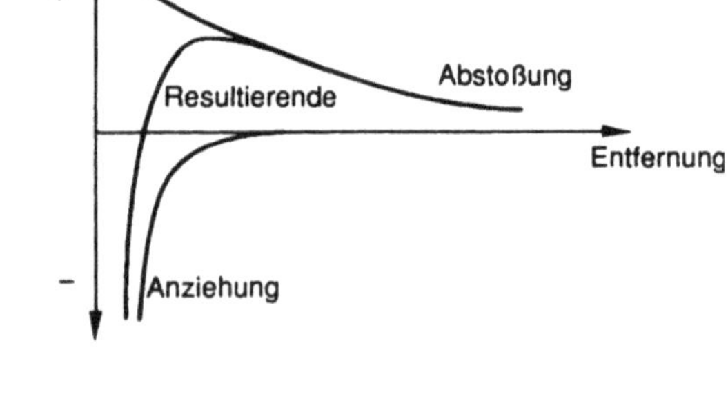

Abb. 11.5 Auf ein Kolloidteilchen einwirkende Kräfte

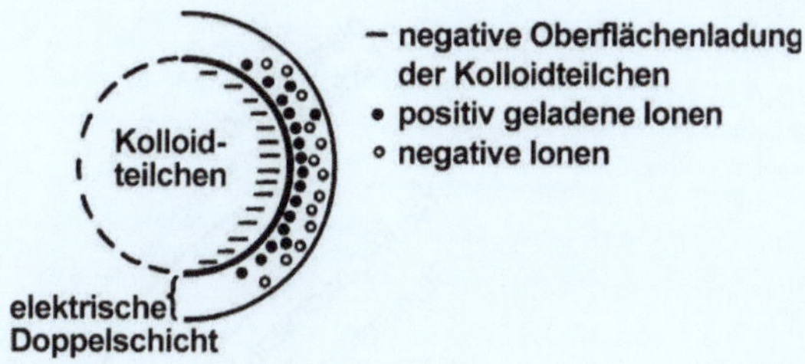

Abb. 11.6 Elektrische Doppelschicht

wesenheit entgegengesetzter Ladungen, die als im Wasser gelöste Ionen in natürlichen Wässern vorhanden sind. Aufgrund der elektrostatischen Anziehung ordnen sich die Gegenionen um das Kolloidteilchen herum an und bilden die sogenannte elektrische Doppelschicht.

Da alle Teilchen in wässriger Lösung infolge der Wärmebewegung auch kinetische Energie besitzen, wird die Doppelschicht nicht kompakt ausgebildet. Es resultiert eine diffuse Doppelschicht anstelle der kompakten, in der nahe an der Teilchenoberfläche die Gegenionen angereichert sind. Dies ist in Abb. 11.7 dargestellt.

In der Sternschicht sind einige Gegenionen durch zwischenmolekulare Kräfte an der Phasengrenze adsorptiv gebunden und nehmen somit nicht an der Bildung der diffusen Doppelschicht teil. Die Sternschicht liegt sehr nahe an der Teilchenoberfläche, daher ist der Potenzialabfall besonders steil. Ab der Sternschicht gehorcht der Potenzialabfall einer e-Funktion.

Bei der Bewegung des Feststoffteilchens in der umgebenden Flüssigkeit wird ein Teil der Flüssigkeit mitbewegt. Dabei bildet sich zwischen der am Teilchen anhaftenden Flüssigkeit und ihrer Umgebung eine Scherfläche aus, an der sich das sogenannte ζ-Potenzial ausbildet. Sowohl das Gesamtpotenzial des Teilchens Ψ_O als auch das Potenzial der Sternschicht sind messtechnisch nicht erfassbar. Das ζ-Potenzial ist dagegen messtechnisch durch Papierelektrophorese erfassbar und hat deswegen eine überragende Bedeutung gewonnen.

Voraussetzung für die Koagulation ist, dass das Gesamtpotenzial gegen Null geht; d. h., das ζ-Potenzial muss ebenfalls gegen Null gehen. Der Koagulationsprozess ist nach Hahn das Ergebnis zweier verschiedener, unabhängiger Reaktionen. Die erste, der Entstabilisierungsvorgang, verwandelt die stabile Dispersion in eine instabile, koagulationsfähige um. Dies geschieht durch Zusatz von Chemikalien, die entweder die Potenzialschwelle des Teilchens so weit herabsetzen, dass sich die Teilchen bis zum Wirksamwerden der zwischenmolekularen Anziehungskräfte aneinander annähern, oder Vernetzungen zwischen den Teilchen geschaffen werden können. Der zweite Vorgang, der Transportvorgang, bringt die Kolloidteilchen in gegenseitigen Kontakt. Dies geschieht entweder durch Diffusion, die hier als Brown'sche Molekularbewegung in Erscheinung tritt, oder durch Geschwindigkeitsgradienten, die durch Rühren oder Strömen erzeugt werden.

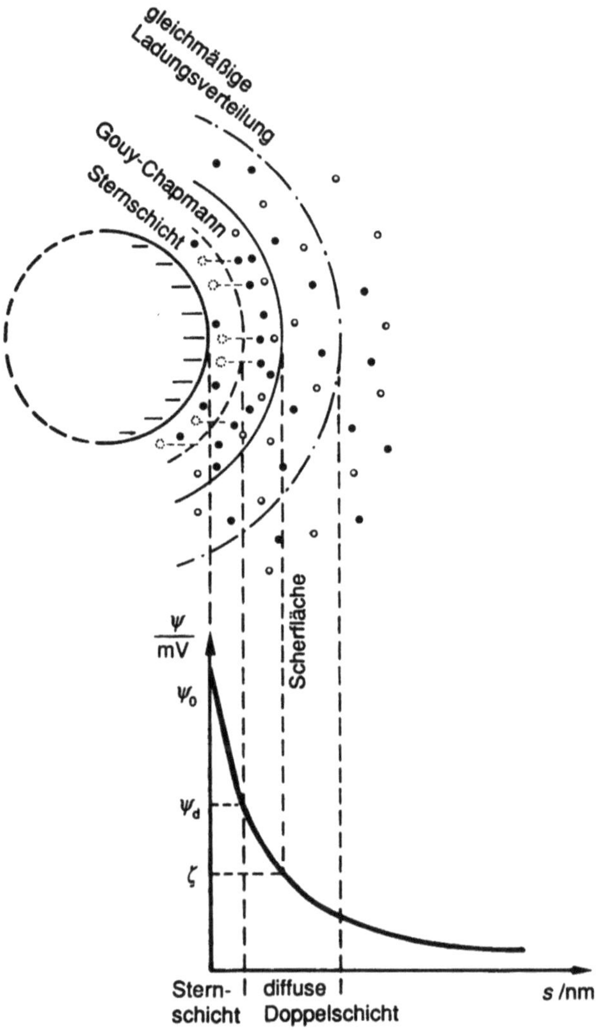

Abb. 11.7 Ladungsverteilung an einem Kolloidteilchen

11.4.1 Flockungsmittel (FLOMI)

Es ist schon lange bekannt, dass man die Koagulation von Kolloiden durch Elektrolytzusatz (Salzzusatz) auslösen oder beschleunigen kann. Der Elektrolytzusatz bewirkt nichts anderes, als zusätzliche Gegenionen, und natürlich auch Similiionen, zu liefern. Diese dringen in die Doppelschicht ein, wodurch das Potenzial an jeder Stelle der Schicht verringert wird, obwohl die Teilchenladung unverändert bleibt. Also wird auch das ζ-Potenzial verringert, denn es ist ja keine Teilcheneigenschaft, sondern hängt immer auch von der Zusammensetzung der Lösung ab. Es ist verständlich, dass mehrwertige Ionen aufgrund ihrer größeren Ladungszahl stärker potenzialverändernd wirken als einwertige Ionen. Die gebräuchlichsten Flockungsmittel sind Eisen- und Aluminiumsalze, insbesondere folgende Verbindungen:

Name	Formel	molare Masse M (g/mol)
Eisensulfat	$FeSO_4 \cdot 7H_2O$	278,008
Eisenchlorid	$FeCl_3 \cdot 6H_2O$	270,269
Aluminiumsulfat	$Al_2(SO_4)_3 \cdot 18H_2O$	666,402

Die Ausscheidung der koagulierten Teilchen wird noch dadurch begünstigt, dass ein Niederschlag aus Metallhydroxiden gebildet wird, in welchen die koagulierten Teilchen eingeschlossen werden. Es laufen folgende chemische Reaktionen ab:

$$Cl_2 + H_2O \rightleftharpoons HOCl + HCl$$
$$2FeSO_4 + HOCl + H_2O \rightleftharpoons 2Fe(OH)SO_4 + HCl$$
$$2Fe(OH)SO_4 + 2Ca(HCO_3)_2 \rightleftharpoons 2Fe(OH)_3 + 2CaSO_4 + 4CO_2$$
$$2HCl + Ca(HCO_3)_2 \rightleftharpoons CaCl_2 + 2H_2O + 2CO_2$$

$$2FeSO_4 + Cl_2 + 3Ca(HCO_3)_2 \rightleftharpoons 2Fe(OH)_3 + 2CaSO_4 + CaCl_2 + 6CO_2$$

$$2FeSO_4 + NaOCl + H_2O \rightleftharpoons 2Fe(OH)SO_4 + NaCl$$
$$2Fe(OH)SO_4 + 2Ca(HCO_3)_2 \rightleftharpoons 2Fe(OH)_3 + 2CaSO_4 + 4CO_2$$

$$2FeSO_4 + NaOCl + H_2O + 2Ca(HCO_3)_2 \rightleftharpoons 2Fe(OH)_3 + 2CaSO_4 + NaCl + 4CO_2$$

$$2FeCl_3 + 6H_2O \rightleftharpoons 2Fe(OH)_3 + 6HCl$$
$$6HCl + 3Ca(HCO_3)_2 \rightleftharpoons 3CaCl_2 + 6H_2O + 6CO_2$$

$$2FeCl_3 + 3Ca(HCO_3)_2 \rightleftharpoons 2Fe(OH)_3 + 3CaCl_2 + 6CO_2$$

$$Al_2(SO_4)_3 + 6H_2O \rightleftharpoons 2Al(OH)_3 + 3H_2SO_4$$
$$3H_2SO_4 + 3Ca(HCO_3)_2 \rightleftharpoons 3CaSO_4 + 6H_2O + 6CO_2$$

$$Al_2(SO_4)_3 + 3Ca(HCO_3)_2 \rightleftharpoons 2Al(OH)_3 + 3CaSO_4 + 6CO_2$$

Es dürfen also höchstens der Stoffmengenkonzentration an Hydrogencarbonationen äquivalente Mengen an Flockungschemikalien zugesetzt werden, da sonst die entstehenden, freien Mineralsäuren nicht mehr abgepuffert werden. Die Folge wäre starke pH-Absenkung; die Metallhydroxide bleiben dann in Lösung und fallen nicht als Flockenschlamm aus.

Die optimalen pH-Werte für die Flockung sind

Eisensalze:	pH 5,5–7,5
Aluminiumsulfat:	pH 5,5–7,2

Beim Aluminiumsulfat darf der pH-Wert 7,2 keinesfalls überschritten werden, da sonst wasserlösliches Aluminat entsteht. Bei der Flockung von Oberflächenwässern sind folgende Dosiermengen üblich:

$$Al_2(SO_4)_3 \cdot 18H_2O = 10-50(40)\,g/m^3$$

$$FeCl_3 \cdot 6H_2O = 10-50(40)\,g/m^3$$

$$FeSO_4 \cdot 7H_2O = 10-50(40)\,g/m^3$$

Bei der Flockung wird ein Teil der Stoffmengenkonzentration an Hydrogencarbonationen in Säurerestanionen starker Mineralsäuren überführt. Dies kann sich nachteilig auf nachgeschaltete Vollentsalzungsanlagen auswirken.

11.4.2 Flockungshilfsmittel (FLOHIMI)

Die bei der Flockung entstehenden Metallhydroxidschlämme sind aufgrund ihres großen Wassergehaltes ($w(H_2O) > 0{,}99$) schlecht sedimentierbar. Deshalb werden zur „Beschwerung“ der Flocken FLOHIMI’s zugesetzt. Die FLOHIMI’s können in folgende Systematik eingeteilt werden:

- **Ionogene Polymere (Polyelektrolyte)**
  - anionische Polymere
  - kationische Polymere
  - Mischpolymerisate mit anionischen und kationischen Gruppen
- **Nichtionogene Polymere**
- **Mischpolymerisate mit ionogenen und nichtionogenen Gruppen**

11.4.2.1 Ionogene Polymere

Anionische Polymere

Abbildung 11.8 zeigt die Strukturformel eines anionischen Polymers, der Polymethacrylsäure. Bei der Neutralisation eines anionischen Polymers in der Säureform mit einer Lauge wird das Polymer in zunehmendem Maße in ein Polyanion überführt, wobei die Kationen der Lauge frei beweglich in der Lösung verbleiben. Ist die Polymethacrylsäure z. B. zu 10% mit Lauge neutralisiert, dann trägt jede 10. Mole-

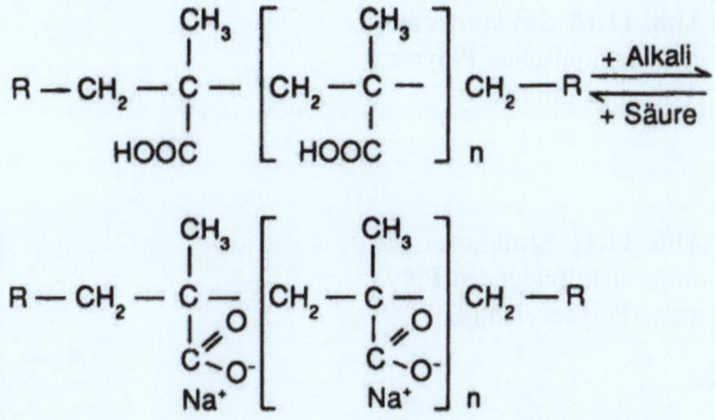

Abb. 11.8 Strukturformel eines anionischen Polymers (Polymethacrylsäure)

külgruppe der Kette eine negative Ladung. Da sich gleichnamige Ladungen abstoßen, wird mit zunehmender Neutralisation eine Streckung der Kette stattfinden.

Mit fortschreitender Neutralisation verändert sich aber auch der pH-Wert der Lösung. Die elektrische Ladung der Polymerkette hängt also vom pH-Wert der Lösung und vom Dissoziationsgrad ab. Der Dissoziationsgrad der Kette und die dadurch hervorgerufene elektrostatische Wechselwirkung der negative Ladungen tragenden Kettenglieder beeinflussen die Viskosität der Lösung stark.

Maximale Viskosität wird bei vollständiger Streckung der Makromoleküle bewirkt, die durch die zunehmende Neutralisation erreicht wird. Im ungeladenen Zustand bilden die Moleküle Schleifen und wickeln sich zu Knäueln auf.

Die Wirkung der Neutralisation und die Wechselwirkung mit den FLOMI's sind in Abb. 11.9 wiedergegeben. Durch die elektrischen Anziehungskräfte zwischen den negative Ladung tragenden Kettengliedern der FLOHIMI's und den Metall-Kationen der FLOMI's tritt eine „Netzbildung" auf, welche Sedimentationsbeschleunigung und Sedimentation sonst nicht erfasster Teilchen bewirkt.

Kationische Polymere

Abbildung 11.10 zeigt die Strukturformel eines kationischen Polymeres, des Polyvinylamins. Die Wirkungsweise kationischer Polmere wird durch den Hydrolysegrad

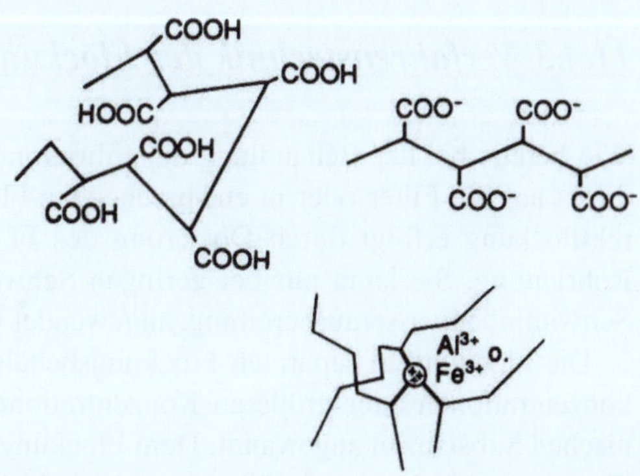

Abb. 11.9 Wechselwirkung zwischen FLOMI und FLOHIMI

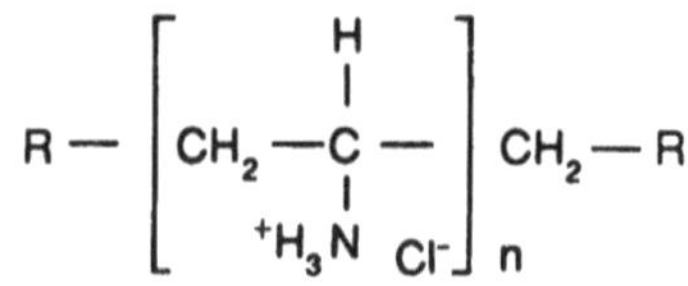

Abb. 11.10 Strukturformel eines kationischen Polymers (Polyvinylamin)

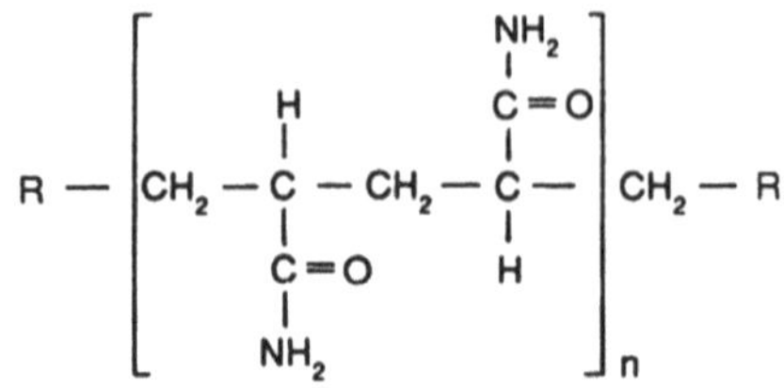

Abb. 11.11 Strukturformel eines nichtionogenen Polymers (Polyacrylamid)

bestimmt. Die physikalischen und chemischen Eigenschaften des Wassers bestimmen den Dissoziationsgrad der stickstoffhaltigen Gruppen. Die Zahl der positiv geladenen Stickstoffgruppen ist bei nur teilweiser Hydrolyse wesentlich geringer als die Zahl der negativ geladenen Carboxylgruppen bei der Polymethacrylsäure. Deswegen ist die Viskosität kationischer Polymerer kaum pH-abhängig.

11.4.2.2 Nichtionogene Polymere

Abbildung 11.11 zeigt die Strukturformel eines nichtionogenen Polymers, des Polyacrylamids.

Zur Anwendung organischer Polymerer als Flockungs- und Flockungshilfsmittel ist zusammenfassend zu sagen, dass die optimale Dosierung meist in einem verhältnismäßig engen Bereich von wenigen g/m^3 liegt. Überdosierung ist unwirtschaftlich und ergibt Störungen bei der Flockung und der Sedimentation. Insbesondere die Anwendung anionischer Polymerer erfolgt in sehr verdünnten Lösungen mit Massenanteilen kleiner 0,001. Der Erfolg ist stark von der Wasserzusammensetzung abhängig. Laborversuche mit dem aufzubereitenden Wasser sind daher unerlässlich.

11.4.3 Verfahrenstechnik der Flockung

Wie bereits bei der Behandlung der Filtration erwähnt wurde, kann die Flockung direkt auf die Filter oder in entsprechenden Flockungsbehältern erfolgen. Die Direktflockung erfolgt durch Dosierung des FLOMI's in die zum Filter führende Rohrleitung. Sie kann nur bei geringen Schwebstoffkonzentrationen, z. B. in der Schwimmbadwasseraufbereitung, angewendet werden.

Die Flockung in separaten Flockungsbehältern wird bei höheren Schwebstoffkonzentrationen oder größeren Konzentrationen an kolloidal gelösten oder organischen Substanzen angewandt. Dem Flockungsbehälter sind Sedimentations- oder Flotationsstufen und evtl. Filter nachgeschaltet.

Im Flockungsbehälter wird durch große Turbulenz eine gute Vermischung des FLOMI's und/oder FLOHIMI's mit dem Wasser angestrebt. Anschließend wird das Wasser nur noch mäßig bewegt, damit die gebildeten Flocken nicht wieder zerschlagen werden. Deshalb werden Misch- und Flockungsstufe oft voneinander getrennt ausgeführt.

Tabelle 11.2 zeigt deutlich, dass die Aufenthaltszeit in hintereinander geschalteten Flockungs- und Absetzbecken mehr als 4 Stunden betragen kann. Deshalb ist man schon frühzeitig von diesen statischen Anlagen abgegangen. Heute werden zur Flockung fast ausschließlich sogenannte Schnellklärer (auch X-Atoren genannt, weil die Typenbezeichnungen fast aller Hersteller mit den Endsilben „-ator" endet) eingesetzt. Abbildung 11.12 zeigt den schematischen Aufbau eines Schnellklärers.

Das zu reinigende Wasser und das FLOMI (und häufig auch das FLOHIMI) werden in der Mischzone innig miteinander vermischt. In der Reaktionszone findet die Ausbildung der Flocken statt. Die Klärzone wird im Aufstrom durchflossen. Durch die kontinuierliche Querschnittserweiterung in der Klärzone kann sich der sogenannte Schwebefilter ausbilden, der seine Höhenlage in Abhängigkeit von der Durchsatzleistung verändert. Natürlich müssen die vom Hersteller empfohlenen max. Laständerungsgeschwindigkeiten eingehalten werden, da sonst der Schwebefilter in den Ablauf gespült wird.

FLOMI und FLOHIMI sind in ihrer Adsorptionskraft bei einem Durchlauf noch keineswegs erschöpft. Sie können mehrfach aus der Schlammzone in die Mischzone zurückgepumpt werden. Es sind Chemikalienkosteneinsparungen bis 80% erreicht worden. Im Vergleich mit statischen Absetzanlagen können bei den Schnellklärern

Tabelle 11.2 Aufenthaltszeiten und Umfangsgeschwindigkeiten in Flockungs- und Absetzbecken

Beckenart	Aufenthaltszeit/ min	Rührwerksumfangsgeschw./ m/s
Mischbecken (Entstabilisierungsbecken)	2– 5	4–5
Flockungsbecken	20– 60	0,5–1,5
Absetzbecken	90–180	–

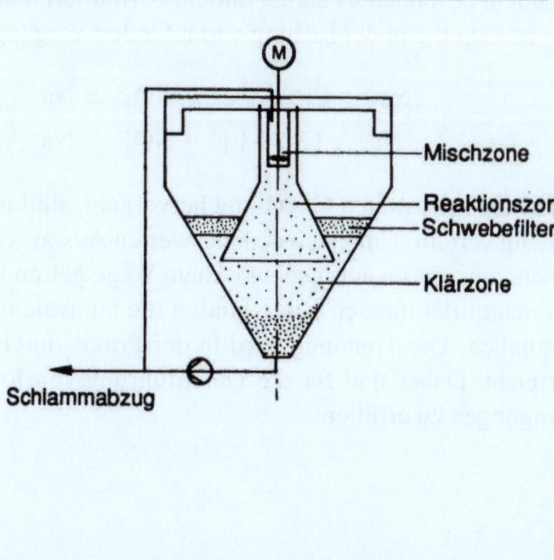

Abb. 11.12 Aufbau eines Schnellklärers (schematisch)

Tabelle 11.3 Absetzgeschwindigkeit und Feststoffanteile im Schlamm von statischen Absetzanlagen und Schnellklärern

Anlagenart	Absetzgeschw./ m/h	Feststoffanteile im Schlamm w(TS)/g/g
Statisch	0,5–1,5	0,01–0,03
Schnellklärer	3,0–6,0	0,10–0,30

die in Tabelle 11.3 angegebenen Werte für die Absetzgeschwindigkeit und den Feststoffgehalt im Schlamm erreicht werden.

11.5 Ionenaustausch

Es hat sich allgemein eingebürgert, den Begriff des Ionenaustausches mit demjenigen Verfahren zu verbinden, bei dem Wasser durch eine mit Austauscherharz gefüllte Säule fließt. Man neigt dazu zu vergessen, dass die Grundlagen des Ionenaustauschverfahrens weder neu noch übermäßig kompliziert sind. Die Titration einer wässrigen Kochsalzlösung mit wässriger Silbernitratlösung stellt den einfachsten Fall einer Ionenaustauschreaktion dar:

$$Na^+Cl^- + Ag^+NO_3^- \rightarrow Na^+NO_3^- + Ag^+Cl^-$$

Die Kationen Na^+ und Ag^+ haben die Anionen Cl^- und NO_3^-, die ihre Partner in der Ausgangslösung waren, gegeneinander ausgetauscht. Eine solche Reaktion tritt dagegen *nicht* ein, wenn man wässrige Natriumchlorid- und Lithiumnitratlösungen miteinander vermischt:

$$Na^+Cl^- + Li^+NO_3^- \not\rightarrow Na^+NO_3^- + Li^+Cl^-$$

In der vermischten Lösung sind alle Ionen frei beweglich und neigen nicht dazu, irgendein besonderes Paar zu bilden. Formuliert man die beiden Reaktionen genauer, so werden die in der Lösung verlaufenden Vorgänge sofort deutlicher:

$$Na^+ + Cl^- + Ag^+ + NO_3^- \rightleftharpoons Na^+ + NO_3^- + AgCl$$
$$Na^+ + Cl^- + Li^+ + NO_3^- \rightleftharpoons Na^+ + NO_3^- + Li^+ + Cl^-$$

Wie aus der zweiten Gleichung hervorgeht, sind in einer Lösung alle Ionen gleichmäßig verteilt. Um einen nennenswerten Austausch der Lösungspartner zu ermöglichen, müssen sie auf mechanischem Wege getrennt werden. Zur Wahrung der Elektroneutralität müssen beide Phasen die äquivalente Anzahl Kationen und Anionen enthalten. Die Trennung wird in der Praxis durch die Verteilung auf zwei Phasen erreicht. Dabei sind für die Durchführung von Ionenaustauschreaktionen vier Bedingungen zu erfüllen:

- 2 Phasen
- 4 Ionenarten, je 2 positive und 2 negative
- ungehinderter Übergang einer Ionenart zwischen den Phasen
- kein Übergang der entgegengesetzt geladenen Ionenart zwischen den Phasen

Für die Bildung eines Ionenaustauschsystems kommen folgende Phasenkombinationen in Frage:

- fest-flüssig
- 2 nicht mischbare Flüssigkeiten
- 2 mischbare Flüssigkeiten, die durch eine Membran getrennt sind, durch welche nur eine Ionenart hindurchtreten kann.

Die Systeme fest-fest (Mischkristall) und fest-gasförmig (elektrischer Lichtbogen) sind theoretisch denkbar, haben aber keine praktische Bedeutung. In der Praxis spielt bei großtechnischen Verfahren die Phasenkombination fest-flüssig die bedeutendste Rolle.

Trotzdem lassen sich die Grundlagen des Ionenaustauschverfahrens besser an einem System erläutern, das aus 2 wässrigen Phasen besteht, die durch eine semipermeable Membran voneinander getrennt sind.

Abbildung 11.13 zeigt die Vorgänge in einem statischen System. Verdünnte, wässrige Natriumchlorid- und Lithiumnitratlösung sind in einem Gefäß durch eine semipermeable Membran voneinander getrennt, die nur für Kationen durchlässig ist. Aufgrund der unterschiedlichen Konzentrationen der Natrium- und Lithiumionen links und rechts der Membran, diffundieren diese beiden Kationen langsam durch die Membran. Mit abnehmender Konzentrationsdifferenz wird der Austauschvorgang langsamer, bis auf beiden Seiten der Membran gleiche Konzentrationen an Kationen vorliegen, d. h. bis Gleichgewicht herrscht.

Ist das Gleichgewicht erreicht, ist die Anzahl der Natriumionen, die von links nach rechts durch die Membran diffundierten, genau so groß wie die Anzahl der Lithiumionen, welche von rechts nach links durch die Membran diffundierten. Das verlangt die Elektroneutralitätsbeziehung. War die Anfangskonzentration an Lithiumnitrat auf der rechten Seite der Membran höher als die Anfangskonzentration an Natriumchlorid auf der linken Seite der Membran, resultiert nach der Gleichgewichtseinstellung eine unterschiedliche Natrium- und Lithiumionenkonzentration

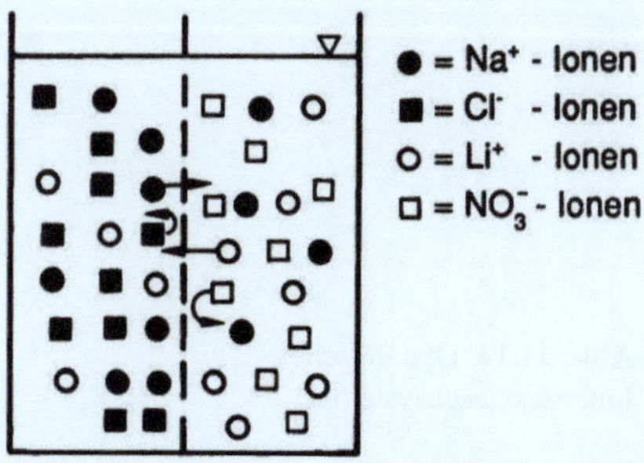

Abb. 11.13 Statisches Ionenaustauschsystem

auf beiden Seiten der Membran. Das Gleichgewicht wird durch das Massenwirkungsgesetz bestimmt:

$$\begin{array}{cccc} Na^+Cl^- & | \; Li^+NO_3^- & \rightleftharpoons Li^+Cl^- & | \; Na^+NO_3^- \\ \text{links} & | \; \text{rechts} & \text{links} & | \; \text{rechts} \\ L & | \; R & L & | \; R \end{array}$$

Die Massenwirkungsgesetzkonstante (Gleichgewichtskonstante) ist

$$K = \frac{c_L(Li^+) \cdot c_L(Cl^-) \cdot c_R(Na^+) \cdot c_R(NO_3^-)}{c_L(Na^+) \cdot c_L(Cl^-) \cdot c_R(Li^+) \cdot c_R(NO_3^-)}$$

$$K = c_R(Na^+) \cdot c_L(Li^+)/(\cdot c_L(Na^+) \cdot c_R(Li^+))$$

Hieraus ergibt sich, dass der Austausch von Natriumionen gegen Lithiumionen auf der linken Seite umso vollständiger erfolgt, je größer der Konzentrationsunterschied zwischen beiden Lösungen ist. Dennoch ist eine vollständige Entfernung der Natriumionen aus der linken Kammer nicht möglich.

Wenden wir uns nun dem in Abb. 11.14 dargestellten dynamischen System zu, in welchem eine verdünnte wässrige Natriumchloridlösung an einer konzentrierten, wässrigen Lithiumnitratlösung vorbeifließt. Am Kopf der Kolonne sind die Verhältnisse mit der Darstellung in Abb. 11.13 identisch. Da die verdünnte Natriumchloridlösung beim abströmenden Durchfluss durch die Kolonne laufend mit frischer Lithiumnitratlösung in Kontakt kommt, die noch keine Natriumionen enthält, bleibt das Glied $c_R(Na^+)$ in der Gleichung numerisch Null. Also diffundieren weitere Ionen zur Gleichgewichtseinstellung durch die Membran. Im Gegensatz zum statischen

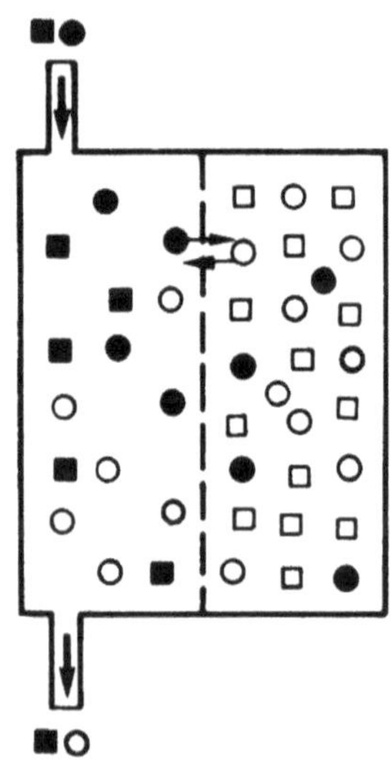

Abb. 11.14 Dynamisches Ionenaustauschsystem

System der Abb. 11.13 werden beim dynamischen System der Abb. 11.14 beim Vorbeiströmen an der Membran alle Natriumionen aus der linken Kammer entfernt.

Fließt immer frische Natriumchloridlösung zu, dann bleibt am Kopf der Kolonne das Glied $c_L(Li^+) = 0$. Zur Gleichgewichtseinstellung diffundieren deshalb Lithiumionen in die linke Kammer; gleiche Mengen an Natriumionen diffundieren von links durch die Membran in die rechte Kammer. Allmählich wird zwar $c_R(Na^+) > c_L(Li^+)$ dennoch diffundieren unter der treibenden Kraft ständig neu zugeführter Ionen weiterhin Natriumionen von links nach rechts durch die Membran. Demzufolge werden die Lithiumionen schließlich vollständig ausgetauscht. In der rechten Kammer verbleibt reine Natriumnitratlösung.

Der vollständige Austausch auf beiden Seiten der Membran ist zeitabhängig. Die Verarmung an Natriumionen in der linken Kammer ist zu Beginn des Austauschvorganges besonders groß; die vollständige Entfernung der Lithiumionen aus der rechten Kammer wird erst gegen Ende des Austauschvorganges erreicht.

Der Nutzeffekt des Austauschvorganges ergibt sich aus Abb. 11.15.

Die Durchbruchskurve verläuft asymptotisch zur Abszisse und ist deshalb theoretisch unbegrenzt. Ihre Länge wird von der analytischen Bestimmbarkeit beider Ionen festgelegt. Ist die Analysenmethode zu empfindlich zur Festlegung einer vernünftigen Begrenzung, wird der Ionendurchbruch im Auslauf der Kolonne durch bestimmte Massenanteile der Eintrittslösung im Kolonnenauslauf festgelegt. Dadurch ist der Kurvenverlauf für vorgegebene Bedingungen für die sich ändernde Zusammensetzung festgelegt und wird durch den Kurvenverlauf von A nach B wiedergegeben. Der gesamte Vorgang ist reversibel, d. h., die ursprünglichen Verhältnisse können wieder hergestellt werden. Strömt eine konzentrierte, wässrige Lithiumchloridlösung durch die linke Kammer der Anordnung nach Abb. 11.14, die in der rechten Kammer Natriumnitratlösung enthält, verläuft der geschilderte Vorgang genau in umgekehrter Richtung. Man kann den geschilderten Austauschvorgang durch Membrandiffusion im Labormaßstab erfolgreich anwenden. Der räumliche Aufwand und die geringe Austauschgeschwindigkeit verhindern aber die Anwendung in der Technik, wenn man die Elektrodialyse außer

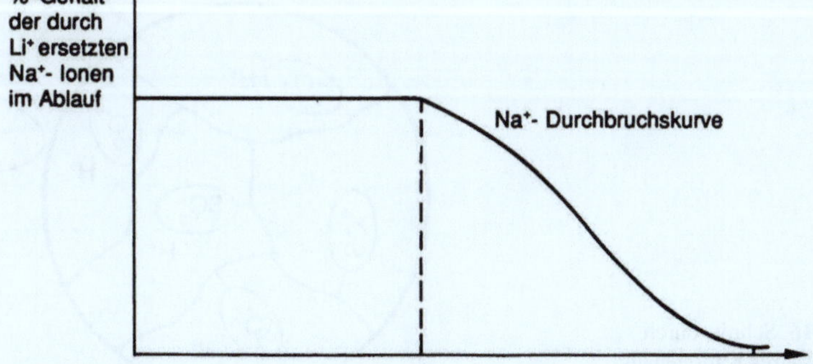

Abb. 11.15 Natriumionen-Durchbruchskurve

Betracht lässt. Zur Erzielung der gewünschten Ergebnisse in der Anwendungstechnik muss die Ionenaustauschoberfläche wesentlich vergrößert werden. Man kann in dem hier gewählten Beispiel anstelle der die beiden Lösungen trennenden Einzelmembran Millionen kleiner, mit konzentrierter, wässriger Lithiumnitratlösung gefüllter Einzelbeutelchen nehmen, die alle von einer Membran umgeben sind. Dadurch würde die Oberfläche erheblich vergrößert. Diese gedankliche Anordnung ist aber technisch nicht ausführbar. Technisch fixiert man eines der Ionen – im gewählten Beispiel das Nitration – an eine feste Phase, die man dann in Form von Kügelchen in beliebiger Anzahl herstellen kann. Mit wenigen Ausnahmen stellt dieses Ionenaustauschverfahren, bei dem der Ionenaustausch an der Phasengrenze fest/flüssig erfolgt, das in der Anwendungstechnik übliche Verfahren dar.

Die feste Phase muss für Wasser durchlässig bleiben. Sie enthält an der Feststoffstruktur fixierte Ionengruppen. Zu den am häufigsten benutzten Gruppen zählen die Sulfonsäuregruppe $R{-}SO_3^-H^+$ für Kationenaustauschharze und die quaternäre Ammoniumgruppe $R{-}CH_2{-}N{-}(CH_3)_3^+OH^-$ für Anionenaustauschharze.

Abbildung 11.16 zeigt einen schematischen Schnitt durch ein Kationenaustauschharzkorn. Die Sulfonsäuregruppen sind am Harzskelett fixiert, während die zugehörigen Wasserstoffionen sich innerhalb der Struktur frei bewegen können. Demzufolge können Kationen, z. B. Natriumionen, ohne weiteres eindringen und gegen Wasserstoffionen ausgetauscht werden, während Anionen, z. B. Chloridionen, bei der Annäherung an die Strukturoberfläche von den gleichnamig geladenen, negativen Festionen abgestoßen werden. Das Austauscherharz nimmt also die Stelle der rechten Kammer in Abb. 11.14 ein. Der Austauschprozess verläuft nach den formulierten Reaktionen.

In analoger Weise verhält sich das Harzbett eines Anionenaustauschharzes mit quaternären Ammoniumgruppen. Hier können nur Anionen in die Harzstruktur eindringen; Kationen werden bei der Annäherung an die Strukturoberfläche von den gleichnamigen Ladungen der Festionen abgestoßen.

Der Ionenaustauschvorgang findet im Inneren des Harzkornes statt. Es wird häufig die falsche Ansicht vertreten, der Ionenaustauschvorgang fände als Oberflächen-

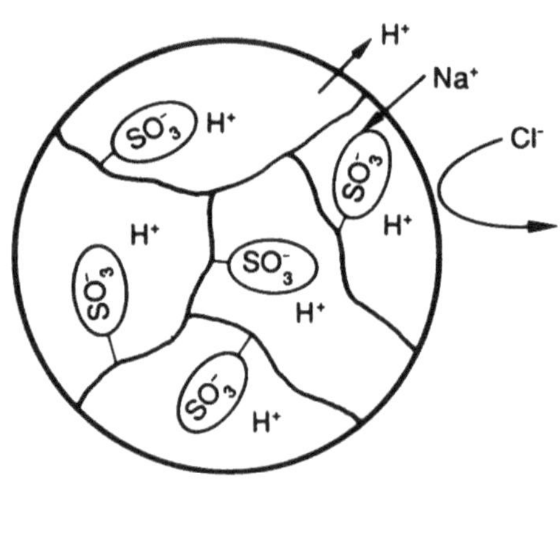

Abb. 11.16 Schnitt durch ein stark saures Kationenaustauschharzkorn (schematisch)

vorgang an der Außenseite eines inerten Feststoffteilchens statt. In Wirklichkeit hat ein Ionenaustauschharz alle Eigenschaften einer stark konzentrierten, wässrigen Lösung, wobei die Harzoberfläche die Grenzschicht darstellt, durch welche die Ionen in die Lösung eintreten. Genauer gesagt stellt ein modernes Ionenaustauschharz ein in Wasser aufgequollenes, organisches Gel dar. Die austauschbaren Ionen wandern frei in die wässrige Lösung, während die Gegenionen unbeweglich an die Gelstruktur fixiert sind.

11.5.1 Skelettstruktur von Ionenaustauschharzen

Moderne Ionenaustauschharze werden überwiegend aus Styrol (Vinylbenzol) hergestellt. Styrol lässt sich unter Wärmezuführung und Gegenwart von Peroxidkatalysatoren leicht zu linearem Polystyrol gemäß Abb. 11.17 polymerisieren.

Führt man die Polymerisation so durch, dass das flüssige Polymere in Form kleiner Kügelchen in Wasser dispergiert ist, erhält man als Endprodukt gut geformte Harzkügelchen von hoher Reinheit und definierter Größe. Bei seiner Sulfonierung kommt es zur Bildung von linearer Polystyrolsulfonsäure, die wasserlöslich und demzufolge als Ionenaustauschharz ungeeignet ist. Der entscheidende Schritt war die Copolymerisation von Styrol und Divinylbenzol, wobei – auch nach der Sulfonierung – ein vernetztes, wasserunlösliches Harz entsteht. Die Copolymerisation von Styrol mit Divinylbenzol und die anschließende Sulfonierung ist in Abb. 11.18 wiedergegeben.

Die Kohlenwasserstoffmatrix ist in organischen Lösungsmitteln unlöslich, obwohl das Harz stark quillt. Das sulfonierte Produkt ist in Wasser vollständig unlöslich, obwohl es ebenfalls quillt und durchlässig ist. Das sulfonierte, vernetzte Polystyrol ist das Standardkationenaustauschharz aller Hersteller, z. B. Bayer Lewatit S 100; Amberlite IR 120; Dowex C-500 U.G.; Duolite C-20. Diese stark sauren Kationenaustauschharze enthalten innerhalb ihrer Struktur ca. 50% Wasser; sie sind

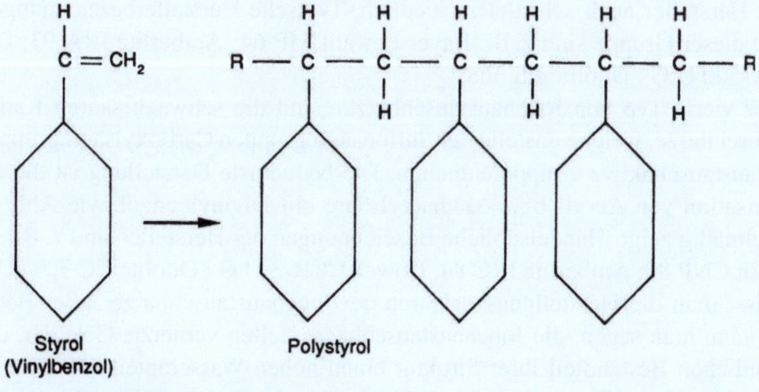

Abb. 11.17 Polymerisation von Styrol

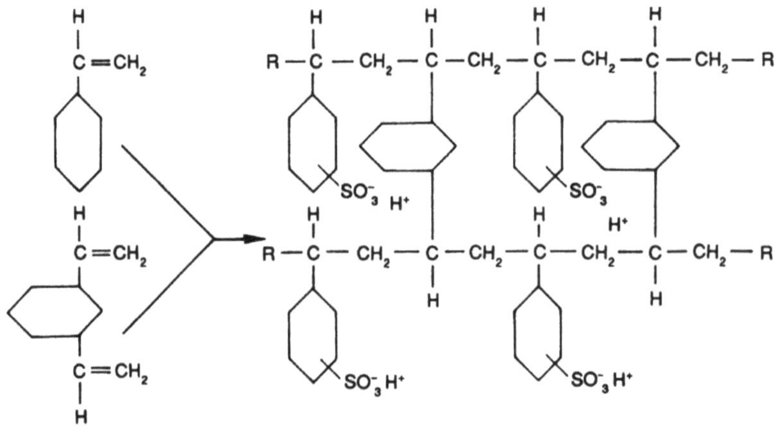

Abb. 11.18 Copolymerisation von Styrol und Divinylbenzol und anschließende Sulfonierung

aber in Wasser derart unlöslich, dass heute noch Harze nach nahezu 50 Jahren im Einsatz sind. Die von verschiedenen Herstellern produzierten Kationenaustauschharze sind sich in ihren Eigenschaften sehr ähnlich. Bei den Anionenaustauschharzen auf Polystyrolbasis sind differenziertere Verhältnisse anzutreffen. Sie werden durch Chlormethylierung und Aminierung der Kohlenwasserstoffketten hergestellt. Dieser Vorgang ist in Abb. 11.19 verdeutlicht.

Werden zur Aminierung tertiäre Amine eingesetzt, entsteht eine quaternäre Ammoniumverbindung hoher Basenstärke, die der der Kalilauge entspricht. Das am häufigsten benutzte Amin ist Trimethylamin, das ebenfalls Harze mit hoher Basenstärke ergibt. Hierzu gehören z. B. folgende stark basischen Harze: Bayer Lewatit M 500; Amberlite IRA 400; Dowex AII-500 U.G.; Duolite 101-D. Setzt man bei der Aminierung primäre oder sekundäre Amine ein, entstehen Aminogruppen geringerer Basenstärke; man spricht von mittel- und schwachbasischen Anionenaustauschharzen. Die Zahl anwendbarer Amine ist groß; deswegen sind die Eigenschaften und das Verhalten mittel- und schwachbasischer Anionenaustauschharze verschiedener Hersteller auch sehr unterschiedlich. Typische Herstellerbezeichnungen für Harze dieser Gruppe sind z. B.: Bayer Lewatit MP 64; Amberlite IRA 93; Dowex AMW-500 U.G.; Duolite ES 368.

Der vierte Typ von Ionenaustauschharzen sind die schwach sauren Kationenaustauschharze, welche anstelle der Sulfonsäuregruppen Carboxylsäuregruppen als ionenaustauschaktive Gruppe enthalten. Die bequemste Darstellung ist die Copolymerisation von Acryl- bzw. Methacrylsäure mit Divinylbenzol, wie Abb. 11.20 formelmäßig zeigt. Handelsübliche Bezeichnungen der Hersteller sind z. B.: Bayer Lewatit CNP 80; Amberlite IRC 84; Dowex CCR-3 U.G.; Duolite CC 3.

Lässt man die Herstellungsverfahren der Ionenaustauschharze außer Betracht, dann kann man sagen, die Ionenaustauschharze stellen vernetzte Gele dar, die als wesentlichen Bestandteil ihrer Struktur einen hohen Wasseranteil aufweisen. Das Wasser kann durch Erwärmen oder im Vakuum entfernt werden. Dies führt zu einem dichteren Aneinanderliegen der Moleküle sowie zu einer Schrumpfung des Harzvo-

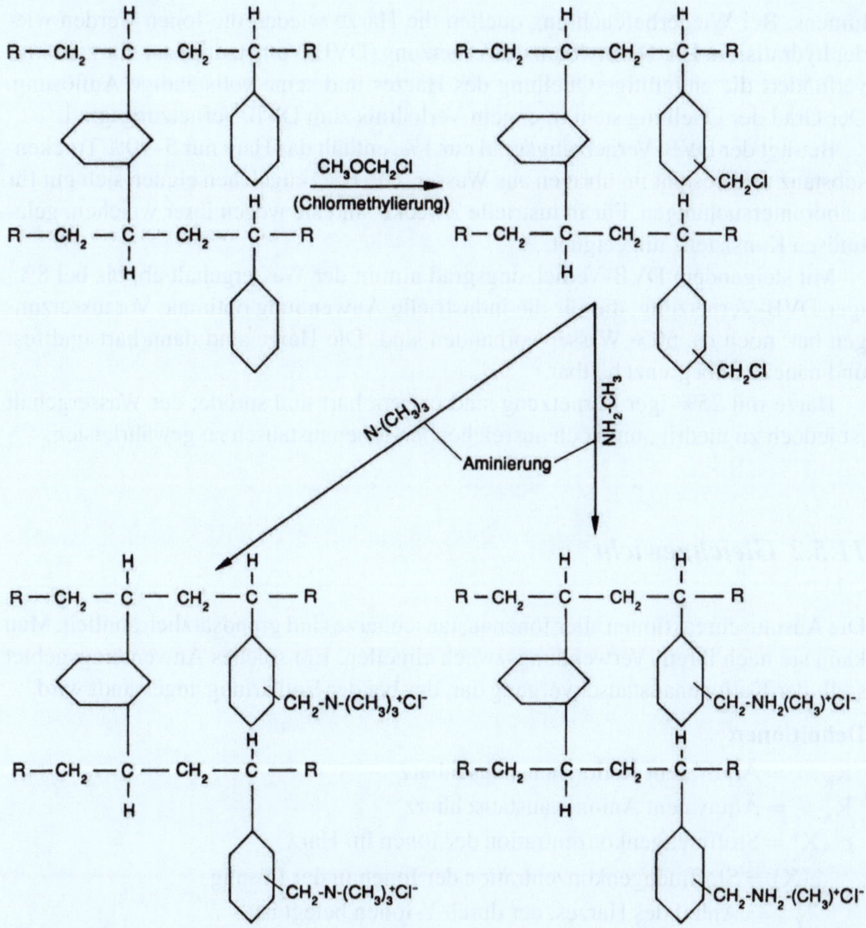

Abb. 11.19 Chlormethylierung und anschließende Aminierung von DVB-vernetztem Polystyrol

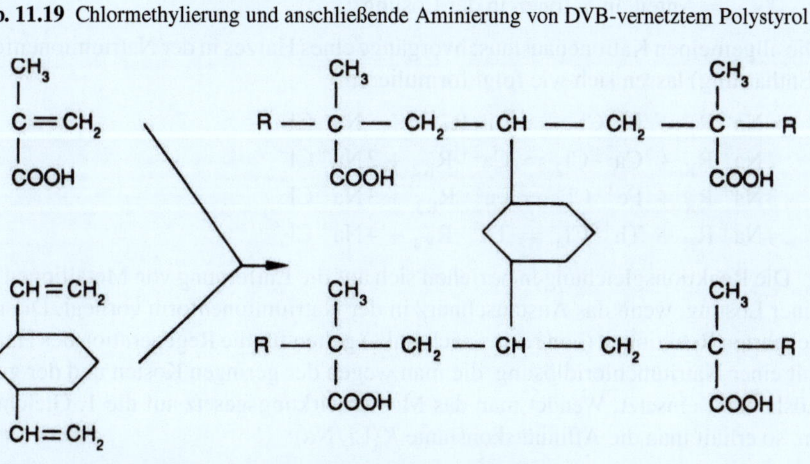

Abb. 11.20 Copolymerisation von Methacrylsäure mit Divinylbenzol

lumens. Bei Wiederbefeuchtung quellen die Harze wieder, die Ionen werden wieder hydratisiert. Die Divinylbenzol-Vernetzung (DVB-Vernetzung) der Harzstruktur verhindert die endgültige Quellung des Harzes und seine vollständige Auflösung. Der Grad der Quellung steht in engem Verhältnis zum DVB-Vernetzungsgrad.

Beträgt der DVB-Vernetzungsgrad nur 1%, enthält das Harz nur 5–10% Trockensubstanz und besteht im übrigen aus Wasser. Die Harzkügelchen eignen sich gut für Laboruntersuchungen. Für industrielle Zwecke sind sie wegen ihrer weichen, gelatinösen Konsistenz ungeeignet.

Mit steigendem DVB-Vernetzungsgrad nimmt der Wassergehalt ab, bis bei 8%-iger DVB-Vernetzung, die für die industrielle Anwendung optimale Voraussetzungen hat, noch ca. 50% Wasser vorhanden sind. Die Harze sind dann hart und fest und nahezu unbegrenzt haltbar.

Harze mit 25%-iger Vernetzung sind extrem hart und spröde; der Wassergehalt ist jedoch zu niedrig, um noch ausreichenden Ionenaustausch zu gewährleisten.

11.5.2 Gleichgewicht

Die Austauschreaktionen aller Ionenaustauschharze sind grundsätzlich ähnlich. Man kann sie nach ihrem Verwendungszweck einteilen. Ein solches Anwendungsgebiet stellt der Kationenaustauschvorgang dar, der bei der Enthärtung angewandt wird.

Definitionen

R_K^- = Äquivalent Kationenaustauschharz
R_A^+ = Äquivalent Anionenaustauschharz
$c^*(X)$ = Stoffmengenkonzentration der Ionen im Harz
$c(X)$ = Stoffmengenkonzentration der Ionen in der Lösung
X_Y^* = Anteil des Harzes, der durch Y-Ionen belegt ist
X_Y = Anteil an Y-Ionen in der Lösung

Die allgemeinen Kationenaustauschvorgänge eines Harzes in der Natriumionenform (Enthärtung) lassen sich wie folgt formulieren:

$$\begin{aligned}
\mathrm{Na^+R_K^-} + \mathrm{Li^+Cl} &\rightleftharpoons \mathrm{Li^+R_K^-} + \mathrm{Na^+Cl^-}\\
2\,\mathrm{Na^+R_K^-} + \mathrm{Ca^{2+}Cl_2^-} &\rightleftharpoons \mathrm{Ca^{2+}R_{K2}^-} + 2\,\mathrm{Na^+Cl^-}\\
3\,\mathrm{Na^+R_K^-} + \mathrm{Fe^{3+}Cl_3^-} &\rightleftharpoons \mathrm{Fe^{3+}R_{K3}^-} + 3\,\mathrm{Na^+Cl^-}\\
4\,\mathrm{Na^+R_K^-} + \mathrm{Th^{4+}Cl_4^-} &\rightleftharpoons \mathrm{Th^{4+}R_{K4}^-} + 4\,\mathrm{Na^+Cl^-}
\end{aligned}$$

Die Reaktionsgleichungen beziehen sich auf die Entfernung von Metallionen aus einer Lösung, wenn das Austauschharz in der Natriumionenform vorliegt. Die umgekehrten Reaktionen (von rechts nach links) gelten für die Regeneration des Harzes mit einer Natriumchloridlösung, die man wegen der geringen Kosten und der guten Löslichkeit einsetzt. Wendet man das Massenwirkungsgesetz auf die 1. Gleichung an, so erhält man die Affinitätskonstante $K(\mathrm{Li/Na})$:

$$K(\mathrm{Li/Na}) = c^*(\mathrm{Li^+})\cdot c(\mathrm{Na^+})/(c(\mathrm{Li^+})\cdot c^*(\mathrm{Na^+}))$$

oder

$$c^*(\mathrm{Li}^+)/c^*(\mathrm{Na}^+) = K(\mathrm{Li/Na}) \cdot c(\mathrm{Li}^+)/c(\mathrm{Na}^+)$$

Das bedeutet, dass die Konzentrationsverhältnisse beider Ionen im Harz jederzeit direkt proportional ihrer Konzentrationsverhältnisse in der umgebenden Lösung sind. Wäre $K(\mathrm{Li/Na}) = 1$, wäre die relative Konzentration im Harz immer gleich derjenigen in der Lösung. Die Affinitätskonstanten verschiedener Ionenpaare unterscheiden sich natürlich. Die Größe des hydratisierten Ions bestimmt die Affinität des Harzes für das betreffende Ion. Je größer das hydratisierte Ion ist, umso mehr muss das Harz quellen, um das Ion in seine Struktur eindringen zu lassen. Da die Vernetzung des Harzes der Quellung entgegenwirkt, erfordern größere Ionen mehr Energie, um in das Harz eindringen zu können. Diese Energie liefert die relative Konzentration der Ionen in der umgebenden Lösung, $c(\mathrm{Li}^+)/c(\mathrm{Na}^+)$. Da das hydratisierte Li^+-Ion größer ist als das hydratisierte Na^+-Ion, ist seine Affinität zum Harz geringer. Da die relative Konzentration innerhalb des Harzbettes geringer ist als in der umgebenden Lösung, ist die Affinitätskonstante $K(\mathrm{Li/Na}) < 1$.

Die inhomogene Harzstruktur führt zu Komplikationen. Die eintretenden Li^+-Ionen suchen beim Austausch gegen Na^+-Ionen zuerst Bereiche auf, die für sie günstig sind; das sind die weniger vernetzten Teile des Harzes. In dem Maße, wie sich in dem Anteil des Harzes, der durch Li^+-Ionen belegt ist, X^*_{Li} 1 nähert, treten die neuen Ionen zunehmend in für sie ungünstigere Bereiche ein, wobei das Eintrittsverhältnis zunehmend geringer wird als die Affinitätskonstante es erfordert; d. h. die Affinitätskonstante ändert dann ihren Wert. Deshalb ist es üblich die Bezeichnung „Konstante" gegen den Begriff „Koeffizienten" auszutauschen. Man spricht vom Affinitäts- bzw. Selektivitätskoeffizienten. Dies ist in Abb. 11.21 dargestellt.

Die Ionenreihe der Elemente der ersten Hauptgruppe des periodischen Systems – Li^+, Na^+, K^+, Rb^+, Cs^+ – weist abnehmende Größe der hydratisierten Ionen auf. Dementsprechend nimmt die Energie ab, die zur Quellung des Harzbettes gegen die durch die Vernetzung bedingten Kräfte erforderlich ist. Also steigt die Affinität des Harzes für die genannten Ionen deutlich vom Lithium bis zum Cäsium an. Schickt

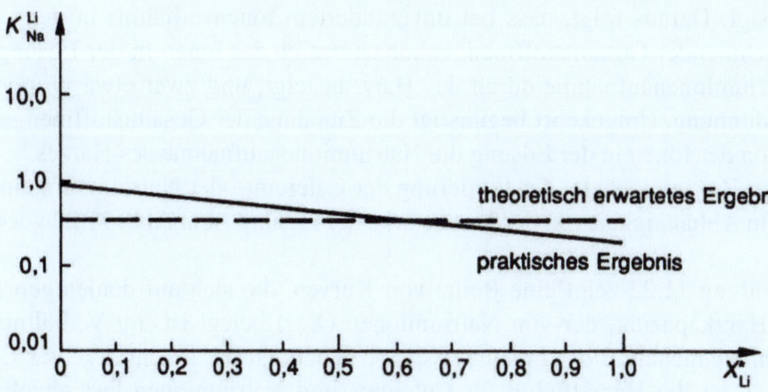

Abb. 11.21 Abhängigkeit des Selektivitätskoeffizienten von der Harzbeladung

man eine Lösung, welche die genannten Ionen gleichzeitig enthält, durch ein Kationenaustauschharz in der Wasserstoffionenform, treten die Ionen nach der Erschöpfung des Austauschers in folgender Reihenfolge aus: (H^+), Li^+, Na^+, K^+, Rb^+, Cs^+. Die Beziehungen zwischen Affinität, Größe der hydratisierten Ionen und Harzquellung sind leicht zu bestätigen. Ein Harzbett schrumpft sichtbar, wenn es von der Lithium- in die Cäsiumform überführt wird. Die mikroskopisch gemessene Änderung des Durchmessers steht in direkter Beziehung zum Affinitätskoeffizienten. Bei zweiwertigen Ionen erhält das Massenwirkungsgesetz die Form

$$c^*(\mathrm{Ca}^{2+})/c^{*2}(\mathrm{Na}^+) = K(\mathrm{Ca/Na}) \cdot c(\mathrm{Ca}^{2+})/c^2(\mathrm{Na}^+)$$

Setzt man für die äquivalenten Anteile an Calciumionen im Harz und in der Lösung X^*_{Ca} und X_{Ca} und für die Gesamtkonzentration beider Kationen im Harz und in der Lösung $c^*(\mathrm{T})$ und $c(\mathrm{T})$, erhält man

$$\begin{aligned} c(\mathrm{Ca}^{2+}) &= c(\mathrm{T}) \cdot X(\mathrm{Ca}) \\ c^*(\mathrm{Ca}^{2+}) &= c^*(\mathrm{T}) \cdot X^*(\mathrm{Ca}) \\ c(\mathrm{Na}^+) &= c(\mathrm{T}) \cdot X(\mathrm{Na}) \\ c^*(\mathrm{Na}^+) &= c^*(\mathrm{T}) \cdot X^*(\mathrm{Na}) \end{aligned}$$

Setzt man in die Gleichung ein, so ergibt sich:

$$\begin{aligned} \frac{c^*(\mathrm{T}) \cdot X^*(\mathrm{Ca})}{c^{*2}(\mathrm{T}) \cdot X^{*2}(\mathrm{Na})} &= K(\mathrm{Ca/Na}) \cdot \frac{c(\mathrm{T}) \cdot X(\mathrm{Ca})}{c^2(\mathrm{T}) \cdot X^2(\mathrm{Na})} \\ \frac{X^*(\mathrm{Ca})}{c^*(\mathrm{T}) \cdot X^{*2}(\mathrm{Na})} &= K(\mathrm{Ca/Na}) \cdot \frac{X(\mathrm{Ca})}{c(\mathrm{T}) \cdot X^2(\mathrm{Na})} \\ \frac{X^*(\mathrm{Ca})}{X^{*2}(\mathrm{Na})} &= K(\mathrm{Ca/Na}) \cdot \frac{c^*(\mathrm{T})}{c(\mathrm{T})} \cdot \frac{X(\mathrm{Ca})}{X^2(\mathrm{Na})} \end{aligned}$$

Die Gesamtkonzentration beider Kationen im Harz $c^*(\mathrm{T})$ ist konstant, wenn man die während des Austauschprozesses geringen Veränderungen im Wassergehalt vernachlässigt. Daraus folgt, dass bei unverändertem Ionenverhältnis in der Lösung mit abnehmender Gesamtstoffmengenkonzentration der Ionen in der Lösung $c(\mathrm{T})$ die Calciumionenaufnahme durch das Harz ansteigt, und zwar etwa proportional zur Verdünnung. Umgekehrt begünstigt die Zunahme der Gesamtstoffmengenkonzentration der Ionen in der Lösung die Natriumionenaufnahme des Harzes.

Dieser Zusammenhang der Förderung der Calcium- oder Natriumaufnahme des Harzes in Abhängigkeit von der Ionenstärke der Lösung ist in Abb. 11.22 wiedergegeben.

Abbildung 11.22 zeigt eine Reihe von Kurven, die sich auf denjenigen Anteil an der Harzkapazität, der von Natriumionen (X^*_{Na}) belegt ist, im Verhältnis zum Natriumionengehalt in der Lösung (X_{Na}) beziehen. Ist die Ionenstärke der Lösung >3 mol/l, ist die Harzaffinität für Calcium- und Natriumionen fast gleich groß. Wegen der bereits erwähnten unterschiedlichen Wirkung der Affinitätskoeffizienten

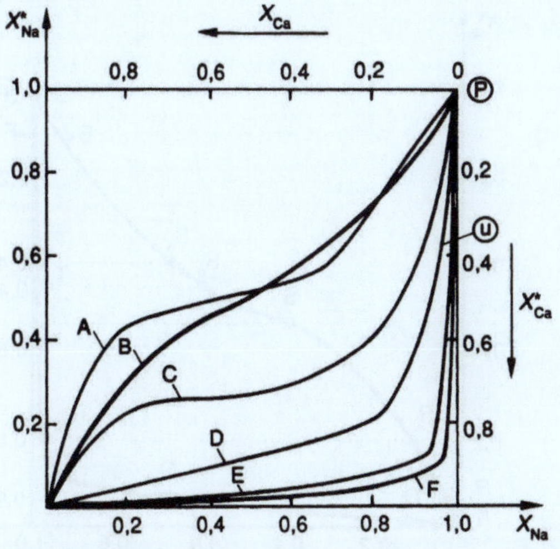

Abb. 11.22 Gleichgewichtskurven zwischen dem Natriumgehalt der Lösung und des Harzes in Abhängigkeit der Lösungskonzentration

werden Natriumionen dann bevorzugt aufgenommen, wenn der Anteil an Natriumionen im Harz (X^*_{Na}) unter 0,5 liegt, während Calciumionen bei höheren Werten von (X^*_{Na}) bevorzugt aufgenommen werden.

Mit abnehmender Ionenstärke begünstigt das Gleichgewicht bevorzugt die Calciumionenaufnahme. Bei der Ionenstärke $\mu = 0{,}005\,\mathrm{mol/l}$ ist die Calciumionenaufnahme durch das Harz so stark, dass selbst bei der Überführung von 80% des Harzes in die Calciumionenform noch mehr als 99% der in der Lösung vorhandenen Calciumionen vom Harz durch Natriumionen ausgetauscht werden. Die in der Gleichung wiedergegebene Massenwirkungsgesetz-Beziehung gleicht also den Einfluss abnehmender Aktivitätskoeffizienten vollständig aus. Ein nahezu vollständig erschöpftes (in die Calciumionenform überführtes) Harz ist somit noch in der Lage, Wasser wirksam zu enthärten.

Der Einfluss dieser Gleichgewichte auf den ganzen Enthärtungszyklus wird in Abb. 11.23 demonstriert, die nur noch aus den Kurven B und F der Abb. 11.22 besteht.

Fließt härtehaltiges Wasser der Ionenstärke $\mu = 5\,\mathrm{mmol/l}$ (0,005 mol/l) über ein fabrikneues Kationenaustauschharz in der Natriumionenform, so gibt der Punkt P die Anfangsbedingungen wieder. Später erreicht das Harz diesen Zustand nicht mehr. Während des weiteren Durchflusses bleibt $X_{Na} > 0{,}99$, d. h., das Wasser wird voll enthärtet und zwar solange, bis im unteren Teil des Filterbettes, das für die Qualität des austretenden Wassers maßgebend ist, 80% des Harzes in der Calciumionenform vorliegen (Punkt Q_u). Zu diesem Zeitpunkt wird erstmals Härte $\left(c(1/2\mathrm{Ca}^{2+} + 1/2\mathrm{Mg}^{2+})\right)$ im aufbereiteten Wasser nachgewiesen. Die oberen Harzschichten sind natürlich stärker mit Calciumionen beladen als die unteren Harzschichten; sie sind gewöhnlich völlig erschöpft (Punkt Q_o). Im Durchschnitt liegen 95% der gesamten Harzmenge in der Calciumionenform vor (Punkt Q_d). Das Harz

Abb. 11.23 Einfluss des Gleichgewichts auf einen Enthärtungszyklus, bestehend aus Betriebs- und Regenerierspiel

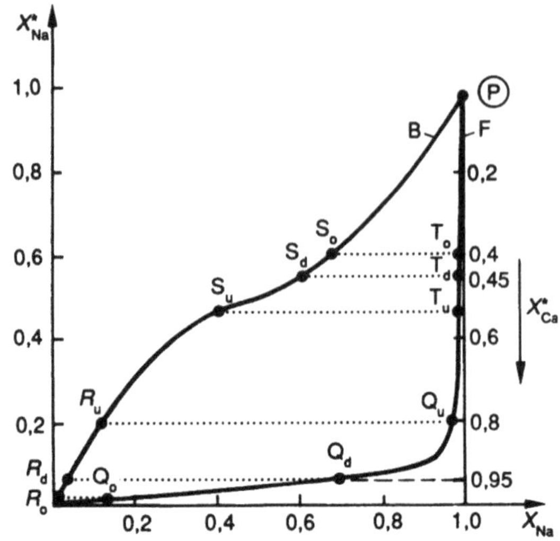

hat bei diesem ersten Betriebsspiel ca. 95% der Totalkapazität (2,25 mol/l), das sind 2,1 mol/l an Calciumionen, im Austausch gegen Natriumionen aufgenommen.

Wird jetzt eine Kochsalzlösung der Ionenstärke 3 mol/l (Kurve B) über das Harzbett geleitet, wird das Harz in einer Vielzahl von Gleichgewichten bis zur Kurve B gebracht und dann entlang der Kurve B regeneriert. Zu Beginn einer Gleichstromregeneration ist X^*_{Na} im oberen Bereich der Austauschersäule nahezu Null; X_{Na} nahezu 1. Sobald die Regenerierlösung einströmt, werden die Natriumionen in den oberen Harzschichten fast völlig aus ihr entfernt und in X^*_{Na} überführt. X_{Na} und X^*_{Na} treten ins Gleichgewicht; beide Werte sind zu Beginn noch sehr niedrig (Punkt R_o). Ähnliches spielt sich anschließend in den mittleren und unteren Harzschichten ab, sobald die Kochsalzlösung der Ionenstärke 3 mol/l diese Schichten erreicht. Es stellt sich schließlich auch in den unteren Harzschichten ein neues Gleichgewicht ein (Punkt R_u). R_d gibt die durchschnittlichen Verhältnisse im Harz wieder. Ist das gesamte vorgesehene Volumen der Kochsalzlösung durch das Harzbett geflossen (150–200 g/l), entspricht die entfernte Calciumionenmenge ca. der halben Totalkapazität: 1,13 mol/l. Am Punkt S_d, der die durchschnittlichen Verhältnisse im Harz wiedergibt, beträgt X^*_{Na} ca. 0,55. Die oberen Harzschichten sind natürlich stärker regeneriert (Punkt S_o), die unteren Harzschichten sind nur zu ca. 45% in die Natriumionenform umgewandelt worden (Punkt S_u). Dennoch sind, sobald das freigesetzte Calciumchlorid und das überschüssige Natriumchlorid der Regenerierlösung aus dem Harzbett ausgewaschen worden sind und die Ionenstärke der Lösung dadurch wieder auf 5 mmol/l abgesunken ist, alle Teile des Harzbettes zu den Anteilen wieder in die Natriumionenform überführt worden, die dem vertikalen Kurvenabschnitt auf der Kurve F von T_o, über T_d nach T_u entspricht. Das einströmende Wasser wird wieder vollständig enthärtet ($X_{Na} > 0{,}99$).

Beim nächsten – und allen folgenden – Betriebsspielen werden die Betriebsbedingungen erneut bis zum Kurvenabschnitt Q_u–Q_o verändert. Die nutzbare Kapazität (NK) entspricht der bei der Regeneration entfernten Calciumionenmenge, die natürlich vorher während des Betriebsspieles aufgenommen wurde. Dies sind die bereits genannten 50% der Totalkapazität, dargestellt durch den vertikalen Abstand von T_d ($X^*_{Ca} = 0{,}45$) nach Q_d ($X^*_{Ca} = 0{,}95$). Die Qualität des aufbereiteten Wassers am Ende der Filterlaufzeit wird durch den Punkt Q_u bestimmt.

Außerdem muss bemerkt werden, dass bei größerer Ionenstärke im aufzubereitenden Wasser als 0,005 mol/l, z. B. bei 0,1 mol/l (Abb. 11.22, Kurve D), die Erschöpfung des Harzbettes viel früher erreicht ist, wenn die Qualitätsanforderungen gleich bleiben (Abb. 11.22, Kurve D, Punkt U). Die verfügbare NK ist also von der Ionenstärke des aufzubereitenden Wassers abhängig. Auch eine Erhöhung des Regenerierchemikalienaufwandes (>200 g/l) kann den Verlust an NK nur begrenzt ausgleichen, da das System den Punkt P nicht überschreiten kann.

Diesen praktischen Einfluss der Gleichung kannte und nutzte man, bevor die theoretischen Zusammenhänge aufgeklärt wurden.

Die Gleichungen für Eisen(III)- und Thorium(IV)-Ionen enthielten die Glieder $c^3(Na^+)$ und $c^4(Na^+)$. Aus der für Calcium abgeleiteten Gleichung ergibt sich somit, dass die Aufnahme von dreiwertigen Eisen- bzw. vierwertigen Thoriumionen durch das Harz, mit der 2. bzw. 3. Potenz der Verdünnung zunimmt. Eisen(III)-Ionen aus verdünnten Lösungen werden durch das Harz sehr stark absorbiert und können bei der Regeneration nur sehr schwer wieder entfernt werden. Dies kann zu Schwierigkeiten bei der Enthärtung eisenhaltiger Wässer führen. Die noch stärker störenden vierwertigen Kationen kommen in Wasser nicht vor.

11.5.2.1 Stark saure Kationenaustauschharze in der Wasserstoffionenform

Betrachtet man die Reaktion stark saurer Kationenaustauschharze, so gibt es zwischen Wasserstoffionen – die, wie früher festgelegt, anstelle der Hydroniumionen verwendet werden – und Natriumionen keinen Unterschied. Demnach kann man folgende Gleichungen formulieren:

$$R_K^- H^+ + Na^+ Cl^- \rightleftharpoons Na^+ R_K^- + H^+ Cl^-$$

$$2R_K^- H^+ + Ca^{2+} Cl_2^- \rightleftharpoons Ca^{2+} R_{K2}^- + 2H^+ Cl^-$$

$$c^*(Na^+)/c^*(H^+) = K(Na/H) \cdot c(Na^+)/c(H^+)$$

$$c^*(Ca^{2+})/c^{*2}(H^+) = K(Ca/H) \cdot c(Ca^{2+})/c^2(H^+)$$

Daraus folgt, dass die zweiwertigen Ionen, wie Calcium und Magnesium, aus verdünnten Lösungen sehr viel stärker an das Austauschharz gebunden werden als die einwertigen Natriumionen. Analog zu den Ausführungen über den Einfluss der Ionengröße, wie er bereits für Natrium gegenüber Lithium ausgeführt wurde, wird auch hier das hydratisierte Calciumion stärker an den Austauscher gebunden als das hydratisierte Magnesiumion. Durchfließt ein Wasser, das Calcium-, Magnesium- und Natriumionen enthält – was bei allen natürlichen Wässern der Fall ist – ein stark saures Kationenaustauschharz in der Wasserstoffionenform, so treten im Ablauf der

Austauschsäule die Ionen in der Reihenfolge (H^+), Na^+, Mg^{2+}, Ca^{2+} aus. Unabhängig von der relativen Konzentration dieser Ionen im aufzubereitenden Wasser wird das Ende des Betriebsspieles also immer durch erhöhten Natriumionengehalt des aufbereiteten Wassers angezeigt.

Daraus könnte man folgern, dass die NK des Harzes für diese Ionen in der Reihenfolge $Na^+ < Mg^{2+} < Ca^{2+}$ zunimmt. Diese Schlussfolgerung ist jedoch aus folgendem Grund falsch. Liegt das Harz vor dem ersten Betriebsspiel vollkommen in der Wasserstoffionenform vor, ist die Totalkapazität bis zur Erschöpfung für alle Ionen gleich groß. Die Totalkapazität liegt bei ca. 2,25 mol/l Harz. Aus wirtschaftlichen Gründen wird die Regeneration erschöpfter Harze mit einer wesentlich geringeren Säuremenge ausgeführt, als zum erneuten Erreichen der Totalkapazität erforderlich wäre. Die NK für das nächste Betriebsspiel wird also nur davon bestimmt, inwieweit das Harz wieder in die Wasserstoffionenform überführt wurde. Dies geschieht am geringsten für Calciumionen mit der größten Affinität zum Harz; deswegen steigt die NK in der Reihenfolge $Na^+ > Mg^{2+} > Ca^{2+}$ an.

Wird Salzsäure zur Regeneration verwendet, kann man mit einer Regenerierchemikal-Stoffmengenkonzentration von 1,5 mol/l arbeiten. Der vorgenannte Einfluss bleibt aufgrund des guten Austausches, auch der zweiwertigen Ionen, gering.

Wird Schwefelsäure zur Regeneration verwendet, kann man aufgrund der geringen Löslichkeit des im Regenerat entstehenden Calciumsulfats – wenn Calciumionen im aufzubereitenden Wasser enthalten sind – nur mit Regenerierchemikal-Stoffmengenkonzentrationen von 0,15 mol/l arbeiten. Der Konzentrations-/Wertigkeitseffekt wird während der Regeneration erhöht; die NK für Calciumionen ist nur halb so groß wie die für Natruimionen. Bei der Regeneration mit Schwefelsäure können also nie die hohen NK-Werte der Regeneration mit Salzsäure erreicht werden.

Während bei Harzen in der Natriumionenform die NK von den Anionen des Wassers unbeeinflusst ist, wird bei gleichstromregenerierten, stark sauren Kationenaustauschharzen in der Wasserstoffionenform die NK von den Anionen des Wassers beeinflusst.

Die beiden Reaktionen

$$R_K^- H^+ + Na^+OH^- \rightarrow R_K^- Na^+ + H_2O$$
$$2R_K^- H^+ + Ca^{2+}(OH^-)_2 \rightarrow R_{K2}^- Ca^{2+} + 2H_2O$$

stellen in der Praxis keine Gleichgewichte dar, schreiten aber in Richtung Gleichgewicht fort. Die Suspension eines stark sauren Kationenaustauschharzes in der Wasserstoffionenform kann, wie eine echte Säure, mit Natronlauge titriert werden.

Bei natürlichen Wässern, bei denen die Hydrogencarbonate gegenüber Sulfaten und Chloriden überwiegen, erhalten die Reaktionsgleichungen folgende Form:

$$R_K^- H^+ + Na^+HCO_3^- \rightleftharpoons R_K^- Na^+ + H_2O + CO_2$$
$$R_K^- H^+ + Ca^{2+}(HCO_3^-)_2 \rightleftharpoons R_{K2}^- Ca^{2+} + 2H_2O + 2CO_2$$

Diese Reaktionen verlaufen nahezu so vollständig wie die vorher erwähnten, da sie, durch die geringe Dissoziation der Kohlensäure, Gefälle nach der rechten Seite haben.

Bei Anwesenheit von Hydrogencarbonationen ist die NK stark saurer Kationenaustauscher also größer als bei alleiniger Anwesenheit von Sulfat- und Chloridionen.

Qualität des aufbereiteten Wassers

Kommt das Harz beim ersten Betriebsspiel vollständig in der Wasserstoffionenform zum Einsatz, liegt der Kationenschlupf sicher unter 1%. Da, wie bereits erwähnt, die Harze aus wirtschaftlichen Gründen im praktischen Betrieb nie wieder völlig in die Wasserstoffionenform überführt werden, hängt der Natriumionenschlupf im entbasten (entkationisierten) Wasser vom Regeneriererfolg, also von Qualität und Menge der eingesetzten Regeneriersäure ab. Die Gleichgewichtskurven für das Verhältnis von Calciumionen zu Wasserstoffionen verlaufen ähnlich den für Calcium- zu Natriumionen dargestellten Kurven der Abb. 11.22 und 11.23.

Auch wenn nur geringe Regeneriersäuremengen eingesetzt werden, bleibt der Calciumionenschlupf sehr klein. Die Affinitäten für Natrium- und Wasserstoffionen sind jedoch nahezu gleich groß, so dass bei der Regeneration der Harze bis zu 50% der Totalkapazität – einem üblichen Wert in der praktischen Wasseraufbereitung – der Natriumionenschlupf bei Gleichstromregeneration groß ist.

11.5.2.2 Schwach saure Kationenaustauschharze in der Wasserstoffionenform

Bei Carboxylsäurekationenaustauschharzen liegen andere Verhältnisse vor. Diese Harze verhalten sich wie schwache Säuren, die kaum dissoziiert und deshalb in saurer Lösung nicht ionenaustauschaktiv wirksam sind. Der Reaktionsverlauf nach

$$H^+R_K^- + Na^+Cl^- \not\rightarrow Na^+R_K^- + H^+Cl^-$$

ist daher nicht möglich, da die entstehende freie Mineralsäure sofort zu einer Umkehrung des Gleichgewichtes führt.

Die Reaktion

$$H^+R_K^- + Na^+OH^- \rightarrow Na^+R_K^- + H_2O$$

läuft dagegen bei den Carboxylsäureaustauschharzen genauso ab wie bei den Sulfonsäureaustauschharzen.

Bei der Reaktion von Wässern, die Hydrogencarbonationen enthalten, zeigt sich ein interessanter Unterschied. Wie bereits erwähnt, ist die Affinität von Kationenaustauschharzen zu Calciumionen viel größer als zu Natriumionen. Daraus folgt, dass das Harz bei niedrigem pH-Wert sehr viel mehr Calciumionen als Natriumionen austauscht. Dies ist in Abb. 11.24 wiedergegeben.

Abbildung 11.24 zeigt die Abhängigkeit der Harzkapazität vom pH-Wert. Die Kurven wurden durch Titration einer Harzsuspension mit Natronlauge bzw. Kalkwasser ermittelt.

Praktisch wirkt sich die in Abb. 11.24 dargestellte Abhängigkeit so aus, dass schwach saure Kationenaustauschharze in der Wasserstoffionenform aus einer Hy-

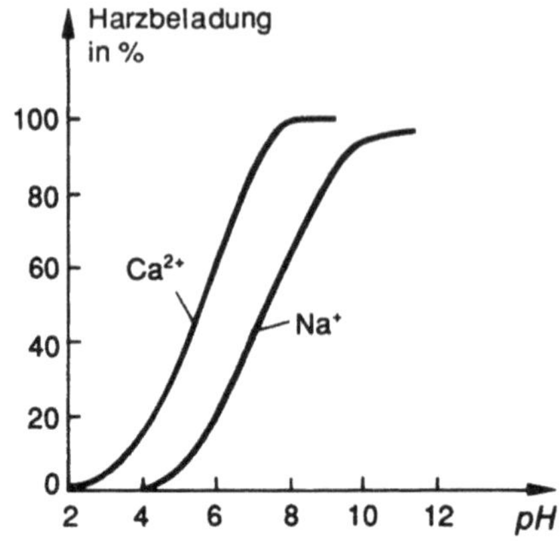

Abb. 11.24 NK eines schwach sauren Kationenaustauschharzes vom Methacrylsäuretyp für Ca^{2+}- und Na^+-Ionen in einer Hydrogencarbonationen enthaltenden Lösung

drogencarbonatlösung wohl die Calcium- und Magnesiumionen, nicht jedoch die Natriumionen austauschen:

$$R_K^- H^+ + Na^+ HCO_3^- \rightarrow \text{keine Reaktion}$$

$$2R_K^- H^+ + Ca^{2+}(HCO_3^-)_2 \rightarrow R_{K2}^- Ca^{2+} + 2H_2O + 2CO_2$$

Schwach saure Kationenaustauschharze können also auch zur Entcarbonisierung eingesetzt werden.

Die Regeneration von Carboxylsäureaustauschharzen ist unabhängig von der Säureart und der -konzentration sehr effektiv. Die eingesetzte Säure wird zu nahezu 100% ausgenutzt.

11.5.2.3 Stark basische Anionenaustauschharze in der Nicht-Hydroxidionenform

Die Anwendung stark basischer Anionenaustauschharze in einer anderen als der Hydroxidionenform kommt in der Wasseraufbereitung nur in zwei Fällen vor.

Entfernung von Huminsäuren durch Anionenaustauschharze in der Chloridionenform:

$$R_A^+ Cl^- + Na^+ \text{ (Huminat)}^- \rightleftharpoons R_A^+ \text{ (Huminat)}^- + Na^+ Cl^-$$

Entcarbonisierung durch Anionenaustauschharze in der Chloridionenform:

$$2R_A^+ Cl^- + Ca^{2+}(HCO_3^-) \rightleftharpoons 2R_A^+(HCO_3^-) + Ca^{2+} Cl_2^-$$

Beides sind Spezialfälle, auf die hier nicht weiter eingegangen werden soll.

11.5.2.4 Stark basische Anionenaustauschharze in der Hydroxidionenform

Am bedeutendsten ist der Einsatz stark basischer Anionenaustauschharze in der Hydroxidionenform zur weiteren Aufbereitung des Ablaufs stark saurer Kationenaustauschharze in der Wasserstoffionenform. Die Anionen der durch den Kationenaustausch gegen Wasserstoffionen entstandenen freien Mineralsäuren werden von den Anionenaustauschharzen gegen Hydroxidionen ausgetauscht, so dass salzfreies Wasser entsteht:

$$R_A^+OH^- + H^+Cl^- \rightleftharpoons R_A^+Cl^- + H_2O$$
$$R_A^+OH^- + H^+HSO_4^- \rightleftharpoons R_A^+HSO_4^- + H_2O$$
$$2R_A^+OH^- + H_2^+SO_4^{2-} \rightleftharpoons R_{A2}^+SO_4^{2-} + 2H_2O$$

Liegt zu Beginn eines Betriebsspieles das Harz im Überschuss vor, wird zunächst das Sulfation gebunden. Überwiegt gegen Ende eines Betriebsspieles die Lösung, so wird vorwiegend das Hydrogensulfation gebunden. In der Praxis bedeutet das, dass zu Beginn eines Betriebsspieles zunächst Sulfationen gebunden werden. Schreitet die Sulfationenbeladung im Austauscher fort, wird der obere Teil der Harzschicht durch die überschüssige Schwefelsäure in die Hydrogensulfationenform überführt. Brechen Sulfationen im Anionenaustauscherablauf durch, ist das Harz teilweise mit Hydrogensulfat- und mit Sulfationen beladen. Bezieht man die NK auf das Sulfation, was in der Praxis der Wasseraufbereitung üblich ist, ergeben sich ungewöhnlich hohe NK-Werte gegenüber der Totalkapazität der Harze. Ähnlich verläuft die Absorption der Carbonatanionen, da die Kohlensäure ebenfalls eine zweibasische Säure ist. Das Harz wird zunächst in die Carbonationenform und dann in die Hydrogencarbonationenform überführt. Vor dem Durchbruch tritt allerdings die vollständige Überführung zu Hydrogencarbonationen ein, wenn natürliche Wässer mit neutralem oder schwach alkalischem pH-Wert vorliegen. Für die in natürlichen Wässern vorkommenden Anionen ist die Affinitätsreihenfolge $HSO_4^- > Cl^- > HCO_3^- > HSiO_3^-$.

Wie bei den stark sauren Kationenaustauschharzen sollten die NK-Werte die umgekehrte Reihenfolge haben. Die Praxis zeigt jedoch 2 Abweichungen. Der eine Grund ist die falsche Berechnung der Sulfationenkapazität, wie sie in der Praxis üblich ist. Der 2. Grund liegt in der starken Komplexbildungsneigung der Kieselsäure und ihrer Salze. Dies führt dazu, dass die im Wasser vorliegende Form der Kieselsäure weit vom Hydrogensilikat abweicht. Die von verschiedenen Harzherstellern angegebenen NK-Werte unterscheiden sich geringfügig und sind für „Sulfat"- und Hydrogencarbonationen höher als für Chloridionen, während sie für Hydrogensilikat (meist als SiO_2 angegeben) etwas geringer als für Chlorid sind.

Regeneration stark basischer Anionenaustauschharze

Die Reaktionen

$$R_A^+OH^- + H^+Cl^- \rightarrow R_A^+Cl^- + H_2O$$
$$2R_A^+OH^- + H_2^+SO_4^- \rightarrow R_{A2}^+SO_4^- + 2H_2O$$

sind ebenfalls, wie die entsprechenden Gleichungen bei den Kationenaustauschharzen, keine Gleichgewichtsreaktionen, sondern laufen nahezu vollständig in der angegebenen Richtung ab. Enthält das über das Ionenaustauschharz fließende Wasser nur freie Mineralsäuren, wird das Wasser bis zum Durchbruch vollständig entsalzt. Der Durchbruch macht sich durch einen steilen Anstieg der Leitfähigkeit und einen pH-Wert-Abfall – infolge des Schlupfes der freien Mineralsäuren – bemerkbar.

Der Regenerationsvorgang ist unwirtschaftlich. Die quaternären Ammoniumgruppen stellen so starke Basen dar, dass sie für alle Anionen sehr hohe Affinität besitzen; die Anionen sind durch Hydroxidionen sehr schwer zu ersetzen. Es ist unmöglich, das Ionenaustauschharz wieder vollständig in die Hydroxidionenform zu überführen. Auch stark erhöhter Regenerierchemikalienaufwand und optimale Regenerierchemikalienkonzentration führen nur zur teilweisen Überführung der aktiven Gruppen in die Hydroxidionenform. In der praktischen industriellen Anwendung ist – bei Gleichstromregeneration – ein Regenerierchemikalienaufwand an NaOH von 50 g/l Harz üblich.

11.5.2.5 Mineralsäureabsorption durch schwach basische Anionenaustauschharze

Die Aufnahme von Mineralsäuren durch schwach basische Harze stellt zwar prinzipiell eine Ionenaustauschreaktion dar, ist ihrem Wesen nach aber ein Anlagerungsvorgang. Schwach basische Ionenaustauschharze liegen nicht in der Hydroxidionenform vor, sondern entsprechen anderen schwachen, organischen Basen, wie z. B. Anilin. Ihre Salze sind also keine Chloride oder Sulfate, sondern Hydrochloride oder Hydrosulfate:

$$C_6H_5NH_2 + HCl \rightarrow C_6H_5NH_3^+Cl^-$$

Bei den schwach basischen Ionenaustauschern entspricht dies der Reaktion

$$R_A + HCl \rightarrow R_AH^+Cl^-$$

Regeneration:

$$R_AH^+Cl^- + NaOH \rightarrow R_A + NaCl + H_2O$$

Beide Reaktionen stellen keine Gleichgewichte dar, sondern sie verlaufen als direkte Säure-Base-Reaktion praktisch vollständig. Das Regenerierchemikal wird zu 70% – unter günstigen Bedingungen zu 90% – ausgenutzt; bei gleicher Wasseranalyse wird das Regenerierchemikal bei stark basischen Harzen nur zu 40% ausgenutzt. Die Regeneration kann auch mit weniger starken Laugen als Natronlauge, z. B. Natriumcarbonat- oder Ammoniaklösung, erfolgen. Der Wirkungsgrad wird von der Art des Regenerierchemikals nicht beeinflusst. Die schwach basischen Anionenaustauschharze können die schwachen Säurerestanionen der Kohlensäure und Kieselsäure nicht absorbieren. Die gesamte NK steht für die Aufnahme der starken Mineralsäurerestanionen der Salzsäure, Schwefelsäure und Salpetersäure zur Verfügung. Für viele industrielle Zwecke reicht die Entfernung der starken Mineralsäurerestanionen aus.

11.5.2.6 Qualität des aufbereiteten Wassers

Verwendet man Anionenaustauschharze in der Hydroxidionenform – gleichgültig ob schwach oder stark basische Harze – für die Absorption freier Mineralsäuren, so entsteht dabei entsalztes Wasser geringer Leitfähigkeit. Unter der Voraussetzung vollständigen Ionenaustausches erhält man vollständig salzfreies Wasser, wenn das aufzubereitende Wasser hintereinander über stark saure und stark basische Ionenaustauschharze geführt wird. Dies sei nachfolgend an einem Wasser erläutert, das ausschließlich Natriumchlorid enthält:

$$R_K^-H^+ + Na^+Cl^- \rightleftharpoons R_K^-Na^+ + H^+Cl^-$$
$$R_A^+OH^- + H^+Cl^- \rightleftharpoons R_A^+Cl^- + H_2O$$

Die Wirtschaftlichkeit industrieller Wasseraufbereitungsverfahren wird von der eingesetzten Regenerierchemikalienmenge bestimmt. Außerdem ist zu berücksichtigen, dass Kationenaustauschharze bei der Regeneration nicht vollständig in die Wasserstoffionenform überführt werden. Es ist also immer mit einem gewissen Kationenschlupf zu rechnen, der immer als Natriumionenschlupf auftritt, weil Natriumionen die geringste Affinität zum Kationenaustauschharz haben. Das in den nachgeschalteten Anionenaustauscher eintretende entbaste Wasser enthält also neben den Anionen auch Kationen, nämlich Wasserstoff- und Natriumionen. Werden in der Anionenstufe schwach basische Anionenaustauschharze eingesetzt, dann passieren Hydrogencarbonate und -silikate den Austauscher unverändert; die freien Mineralsäuren – d. h. die Wasserstoffionen *und* die Mineralsäureanionen – werden absorbiert. Der Natriumionenschlupf geht mit dem äquivalenten Anteil an Chloridionen durch den Anionenaustauscher hindurch, da Na^+Cl^--Ionengruppen im Gegensatz zu z. B. H^+Cl^--Ionengruppen nicht absorbiert werden können. Das Vorliegen der Chloridionen im aufbereiteten Wasser führt in der Praxis oft zu Fehlbeurteilungen. Chloridionen lassen sich, im Gegensatz zu Natriumionen, analytisch leicht nachweisen, so dass die Natriumionen oft nicht erkannt werden. Werden Chloridionen im aufbereiteten Wasser nachgewiesen, dann wird meistens die Regenerierchemikalienmenge an Natronlauge erhöht. Bringt dies nicht den gewünschten Erfolg, wird meistens die Qualität des Anionenaustauschharzes in Zweifel gezogen; oft werden die Harze gewechselt. Tatsächlich entspricht der im entsalzten Wasser analysierte Chloridionengehalt dem äquivalenten Natriumionenschlupf. Hoher Chloridionenschlupf resultiert fast immer aus hohem Natriumionenschlupf des Kationenaustauschharzes. Optimierungsmaßnahmen sind also nicht beim Anionenaustauschharz, sondern beim Kationenaustauschharz einzuleiten.

Liegen im aufzubereitenden Wasser höhere Natriumionenkonzentrationen vor und werden trotzdem im aufbereiteten Wasser Massenkonzentrationen an Chloridionen $\rho^*(Cl^-) < 0{,}5$ mg/l gefordert, so kann diese Forderung nicht in einer zweistufigen Anlage realisiert werden, weil der für das Kationenaustauschharz erforderliche Regenerierchemikalienaufwand unwirtschaftlich hoch wäre. Es wird die Nachschaltung eines Mischbettfilters erforderlich. Werden in der Anionenstufe stark basische Anionenaustauschharze eingesetzt, werden neben den Anionen der Mineralsäuren auch die Anionen der schwach dissoziierten Kohlen- und Kieselsäure ausgetauscht. Die dem Natriumionenschlupf des Kationenaustauschharzes äquivalenten Anionen passieren das Anionenaustauschharz nicht, sondern werden im Hydroxidionenaustausch absorbiert:

$$R_A^+OH^- + Na^+Cl^- \rightleftharpoons R_A^+Cl^- + Na^+OH^-$$

Hier entsteht ein Wasser mit hohem pH-Wert um 10 und einer entsprechenden Leitfähigkeit von bis zu 30 µS/cm.

Erschöpft das Kationenaustauschharz zuerst, steigen im entsalzten Wasser pH-Wert und Leitfähigkeit an, weil die in den Anionenaustauscher eintretenden Salze, NaCl, Na_2SO_4, $NaNO_3$ vollständig in Natronlauge überführt werden. Der Leitfähigkeitsanstieg geschieht aufgrund der relativ kleinen Dissoziationskonstante der Natronlauge langsam und ist gering. Deshalb berechnet man eine zweistufige Entsalzungsanlage mit einem geringen Überschuss an Kationenaustauschharz. Jetzt erschöpft das Anionenaustauschharz zuerst. Hiermit ist ein plötzlicher pH-Abfall durch die auftretenden freien Mineralsäuren verbunden. Da die Dissoziationskonstanten der freien Mineralsäuren um mehrere Zehnerpotenzen über der Dissoziationskonstante der Natronlauge liegen, folgt die Leitfähigkeit mit dem Anstieg auf mehr als 50 µS/cm schnell nach. Dies ergibt einen scharfen und eindeutigen Endpunkt für das Betriebsspiel.

Bei stark basischen Harzen verursacht der Natriumionenschlupf eine weitere Besonderheit. Obwohl das Hydrogensilikat nur verhältnismäßig schwach absorbiert wird, treten bei der Entfernung vom Harz während der Regeneration Schwierigkeiten auf, die auf die Polymerisation und Mizellbildung innerhalb der Harzstruktur zurückzuführen sind. Nach Beendigung der Regeneration bleibt ein gewisser Anteil Kieselsäure über das Harzbett verteilt im Austauscher zurück. Die durch den Natriumionenschlupf des Kationenaustauschharzes im Anionenaustauschharz gebildete Natronlauge führt zu einer teilweisen Desorption der im Anionenaustauschharz verbliebenen Kieselsäure. Dies könnte nur durch unwirtschaftlich hohen Regenerierchemikalienaufwand verhindert werden. Deshalb ist bei der Forderung von Massenkonzentrationen an Kieselsäure $\rho^*(SiO_2) < 0{,}02$ mg/l das Nachschalten eines Mischbettfilters unumgänglich.

11.5.3 Reaktionsgeschwindigkeit

Bei der vorangegangenen Diskussion der Reaktionsgleichgewichte wurde vorausgesetzt, dass zur Gleichgewichtseinstellung genügend Zeit zur Verfügung steht. Dies ist in der Praxis nicht immer der Fall. Die praktisch erreichbaren Ergebnisse werden nicht nur von der Ionenstärke und der Harzaffinität beeinflusst, sondern auch von der Ionendiffusion aus der Lösung in das Harz und von der Gelstruktur des Harzes selbst. Die Grundlagen der Ionenaustauschkinetik sind wesentlich komplizierter als die der Gleichgewichte. Sie lassen sich nicht auf einfache, für die industrielle

Anwendung brauchbare mathematische Formulierungen reduzieren, um z. B. den Einfluss der Filtergeschwindigkeit oder der Regenerationszeit auf die NK und die sich einstellende Wasserqualität zu ermitteln. Dies ist sicher der Grund dafür, dass man in der anwendungstechnischen Literatur nur wenig über die Ionenaustauschkinetik findet. Insbesondere die von den Wasseraufbereitungsfirmen benutzten Unterlagen erwähnen nichts vom Einfluss der Filtergeschwindigkeit und der Dauer eines Betriebs- bzw. Regenerierspieles auf die zu erwartenden Betriebsergebnisse. Dafür werden die Abhängigkeiten zwischen NK, Roh- und Reinwasserqualität häufig sehr ausführlich dargestellt. Es ist schwierig, Praktiker davon zu überzeugen, dass die erreichbaren Werte bei anderen Filtergeschwindigkeiten als den der Erstellung der Dimensionierungsunterlagen zugrunde gelegten beträchtlich von den Dimensionierungsunterlagen abweichen können. Es sei rein qualitativ versucht, die Faktoren aufzuzeigen, welche die Ionenaustauschvorgänge beeinflussen.

11.5.3.1 Stark dissoziierte Ionenaustauschharze

Abbildung 11.25 zeigt den Einfluss der Ionenaustauschgeschwindigkeit für ein stark saures Kationenaustausch-Harzkügelchen in der Wasserstoffionenform. Das gleiche gilt natürlich in ähnlicher Form auch für stark basische Anionenaustauschharze in der Hydroxidionenform. Über das stark saure Kationenaustauschharz wird eine natriumionenhaltige Lösung geschickt. In der Lösung befindet sich eine große Anzahl Natriumionen konstanter Stoffmengenkonzentration. Um das Harzkügelchen herum befindet sich eine statische, durch Restvalenzkräfte gehaltene Wasserschicht.

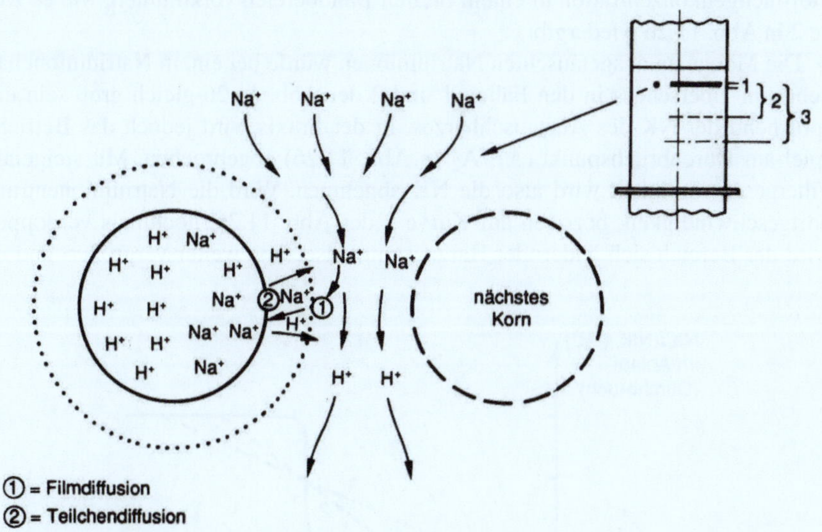

Abb. 11.25 Einflüsse auf die Austauschgeschwindigkeit für ein stark saures Kationenaustauschkügelchen in der Wasserstoffionenform

Durch diese Schicht können Natriumionen nur durch Diffusion hindurchtreten. Für eine gegebene Stoffmengenkonzentration an Natriumionen in der Lösung ist die Diffusionsgeschwindigkeit, unabhängig von der Harzart, konstant. Für stark saure (und stark basische) Harze ist die Teilchendiffusionsgeschwindigkeit größer als die Diffusionsgeschwindigkeit durch den statischen Wasserfilm, so dass im Wasserfilm eine Verarmung an Natriumionen stattfindet. Die Ionenaustauschgeschwindigkeit wird also von der Film-Diffusionsgeschwindigkeit bestimmt; man spricht vom F-Typ oder vom filmkontrollierten Zustand.

Fließt die Lösung so langsam durch die Harzschicht, dass die Natriumionentransportgeschwindigkeit in der Größenordnung der Filmdiffusionsgeschwindigkeit der Natriumionen liegt, befindet sich das Harz praktisch im Gleichgewicht mit der Lösung. Fließt eine natriumionenhaltige Lösung über ein Harzbett, das völlig in der Wasserstoffionenform vorliegt, so bildet sich eine scharfe, abgegrenzte Wellenfront zwischen den oberen, bereits völlig in die Natriumionenform überführten Harzschichten, und den unteren, noch in der Wasserstoffionenform vorliegenden Harzschichten aus. Die Reinwasseranalysenwerte bzw. die Durchbruchskurve werden wie Kurve 1 in Abb. 11.26 verlaufen.

Mit steigender Filtergeschwindigkeit bleibt die Diffusionsgeschwindigkeit der Natriumionen im statischen Wasserfilm hinter der Natriumionentransportgeschwindigkeit zurück. Die Natriumionen fließen an dem betrachteten Harzkügelchen vorbei und werden erst von Harzkügelchen tiefer liegender Harzschichten ausgetauscht. Die scharfe Grenze zwischen Harzkugeln in der Natriumionenform und der Wasserstoffionenform verschwindet und wird durch einen Bereich sich ändernder Zusammensetzung ersetzt, so dass es zu einer diffusen Wellenfront kommt. Die Natriumionen-Stoffmengenkonzentration wird zwischen Null und der Eintritts-Stoffmengenkonzentration in einem breiten Bandbereich vorkommen, wie es Kurve 2 in Abb. 11.26 wiedergibt.

Die Menge an ausgetauschten Natriumionen würde bei einem Natriumionenangebot im Überschuss in den Fällen 1 und 2 der Abb. 11.26 gleich groß sein entsprechend der NK des Austauschharzes. In der Praxis wird jedoch das Betriebsspiel am Durchbruchspunkt (A_1, A_2 in Abb. 11.26) abgebrochen. Mit steigender Filtergeschwindigkeit wird also die NK abnehmen. Wird die Natriumionentransportgeschwindigkeit, bezogen auf Kurve 2 der Abb. 11.26, nochmals verdoppelt, wird der Bereich sich ändernder Harzzusammensetzung weiter vergrößert und die

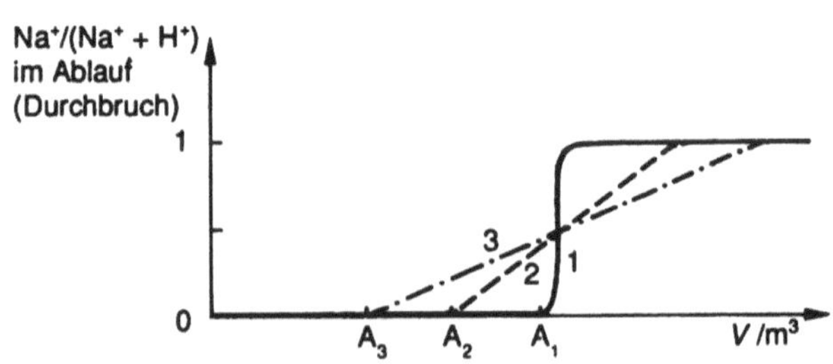

Abb. 11.26 NK und Ionentransportgeschwindigkeit

Durchbruchs-NK weiter reduziert (Abb. 11.26, Kurve 3, Punkt A_3). Bleibt die Dicke des statischen Films immer gleich, dann ist die Strecke $A_1 - A_3$ genau doppelt so groß wie die Strecke $A_1 - A_2$, wobei der resultierende Verlust an NK der steigenden Natriumionentransportgeschwindigkeit proportional ist. Die Ionentransportgeschwindigkeit ist das Produkt aus der spezifischen Harzbelastung und der Ionenstärke des Rohwassers. Es wäre sinnvoll, alle Durchbruchskapazitäten auf diese beiden Parameter zu beziehen. In der Praxis verbindet man beide, indem man die NK über der Totalzeit bis zum Durchbruch aufträgt, wie es Abb. 11.27 wiedergibt. Die Zeit bis zum Durchbruch ist, wenn man kinetische Effekte vernachlässigt, dem Produkt aus der spezifischen Harzbelastung und der Ionenstärke (Ionentransportgeschwindigkeit) umgekehrt proportional.

Stark dissoziierte Ionenaustauschharze, die in verdünnter Lösung filmkontrolliert sind, haben eine große Reaktionsgeschwindigkeit. Zur Vermeidung hoher Druckverluste ist die Filtergeschwindigkeit q_A in der Praxis auf Werte bis $60\,m^3/(m^2 \cdot h)$ begrenzt. Bei einer Harzschichthöhe h von 1,5 m entspricht das einer spezifischen Harzbelastung $Q_B = q_A/h := 60/1{,}5 = 40\,m^3/(h \cdot m^3)$. Bei der genannten Filtergeschwindigkeit und einer Massenkonzentration an Natriumchlorid von 250 mg/l dauert ein Betriebsspiel ca. 6 Stunden. Dies ist mehr Zeit, als für den Ionenaustauschvorgang benötigt wird. Sieht man von der untersten Harzschicht ab, gelangt demnach das ganze Harzbett ins Gleichgewicht mit dem Rohwasser, so dass sich kinetische Einflüsse nicht bemerkbar machen; d. h., Veränderungen der Filtergeschwindigkeit haben bei stark dissoziierten Harzen bei Einhalten der genannten Randbedingungen keinen wesentlichen Einfluss auf die NK oder den Ionenschlupf (Reinwasserqualität).

Wird die Filtergeschwindigkeit weiter erhöht, so dass die Zeit eines Betriebsspieles 5 Stunden unterschreitet, machen sich die geschilderten Vorgänge der Filmdiffusion durch Verringerung der NK bemerkbar. Die Kurven in Abb. 11.27 sind auf normales Wasser mit einem Gesamtsalzgehalt von 50–500 mg/l (Massenkonzentration an Natriumionen) bezogen. Steigt die Ionenstärke des Wassers, dann steigt die Diffusionsgeschwindigkeit durch den statischen Wasserfilm ebenfalls; die „kritische" Betriebszeit geht entsprechend zurück.

Die Regenerationskinetik wird von verschiedenen Mechanismen bestimmt. Da zur Regeneration konzentrierte Lösungen angewandt werden, steigt die Diffusions-

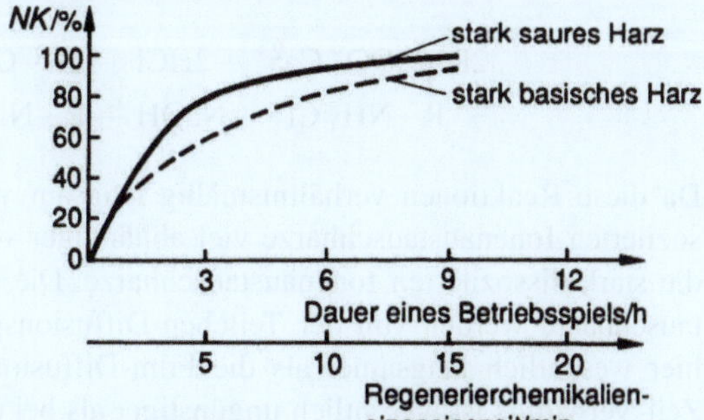

Abb. 11.27 NK und Betriebsspieldauer bzw. Regenerierchemikalien-Einspeisezeit stark dissoziierter Ionenaustauscherharze

geschwindigkeit der Ionen durch den statischen Film stark an und übertrifft dabei die Teilchen-Diffusionsgeschwindigkeit. Der Regenerationsvorgang wird also durch das Harz selbst kontrolliert. Man spricht hier von einer teilchenkontrollierten Kinetik oder vom P-Typ. Unter diesen Bedingungen verlaufen die Kurven ähnlich denen in Abb. 11.26. Die „Wellenfront" steht allerdings in linearer Beziehung zur Filtergeschwindigkeit. Wenn die Filtergeschwindigkeit der Kurve 3 in Abb. 11.26 doppelt so groß ist wie die der Kurve 2, dann ist auch der Streckenabschnitt A_1–A_3 doppelt so groß wie der Streckenabschnitt A_1–A_2. Infolge des Einflusses des hohen Konzentrationsgradienten über das Harz, liegt die Teilchendiffusionsgeschwindigkeit erheblich höher als während des Betriebsspieles. Daraus folgt, dass die Zeit für ein Regenerierspiel erheblich kürzer sein kann als die Zeit für ein Betriebsspiel; 15 Minuten sind ausreichend. Wird die Chemikalieneinspeisezeit von 15 Minuten wesentlich unterschritten, wird bei der dann erhöhten Filtergeschwindigkeit keine vollkommene Gleichgewichtseinstellung mehr erreicht. Die Folge ist eine unvollständige Entfernung der Ionen und eine entsprechend niedrigere NK des Harzes während des folgenden Betriebsspieles. Dies ist ebenfalls in Abb. 11.27 dargestellt.

Die Reaktionsgeschwindigkeit ist natürlich eine Funktion der Teilchengröße. Um zum Mittelpunkt einer Harzkugel von 1 mm Durchmesser zu gelangen, benötigt ein Ion in einer Lösung der Äquivalentkonzentration $c(1/z\mathrm{X}) = 1\,\mathrm{mol/l}$ (das entspricht ca. der Einspeisekonzentration der Regenerierchemikalien) ca. 20 Sekunden. Aus chemischer Sicht sollte deshalb ein möglichst feinkörniges Harz verwendet werden. Für die industrielle Wasseraufbereitung sind jedoch hydraulische Erwägungen (Druckverlust über das Harzbett) entscheidend, so dass man normalerweise Harze mit einer Körnung von 0,3–1,2 mm einsetzt. In der Laborpraxis geht man bis auf 0,015 mm Durchmesser herunter.

11.5.3.2 Schwach dissoziierte Ionenaustauschharze

Bei den schwach sauren und schwach basischen Ionenaustauschharzen sind die Verhältnisse ganz andere als bei den stark dissoziierten Harzen. Die vollständig regenerierten Harze sind nur zu einem kleinen Bruchteil dissoziiert, so dass der Regenerationsvorgang nicht nur die Diffusion der Ionen durch das Harz, sondern auch noch das Herstellen oder Brechen kovalenter Bindungen umfasst:

$$\mathrm{2R{-}COO^{-}Ca^{2+} + 2HCl \rightarrow 2R{-}COOH + CaCl_2}$$
$$\mathrm{R{-}NH_3^{+}Cl^{-} + NaOH \rightarrow R{-}NH_2 + NaCl + H_2O}$$

Da diese Reaktionen verhältnismäßig langsam verlaufen, sind die schwach dissoziierten Ionenaustauschharze viel abhängiger von der Filtergeschwindigkeit als die stark dissoziierten Ionenaustauschharze. Die schwach dissoziierten Ionenaustauschharze werden von der Teilchen-Diffusionsgeschwindigkeit kontrolliert, die hier wesentlich langsamer als die Film-Diffusionsgeschwindigkeit ist. Das NK-Zeit-Verhältnis ist wesentlich ungünstiger als bei den stark dissoziierten Ionenaustauschharzen. Bis 1970 wurden die meisten schwach basischen Ionenaustauschharze auf der Basis von Polyaminen hergestellt, die zwar eine hohe Totalkapazität, aber nur eine geringe Austauschgeschwindigkeit aufwiesen. Der höheren Reaktionsgeschwindigkeit wird seit 1970 mehr Bedeutung beigemessen, so dass heute die Tendenz zum Einsatz von schwach basischen Ionenaustauschharzen mit tertiären Aminen als ionenaustauschaktive Gruppen vorherrscht, die schneller reagieren als die Polyaminharze. Bei Verwendung von Dimethylamin ($NH-(CH_3)_2$) entsteht im Harz die aktive Gruppe $R-CH_2-NH-(CH_3)_2^+$. Dies ist die kleinste und damit reaktionsschnellste aktive Gruppe für den Einbau in Polystyrolharze. Harze mit tertiären Aminen als aktiven Gruppen sind monofunktionell, was ihren Gehalt an schwachen Basen betrifft. Durch eine Sekundärreaktion kommt es aber auch noch zur Bildung stark basischer Gruppen. Dieser Zusammenhang ist in Abb. 11.28 dargestellt.

Die Anwesenheit der stark basischen Gruppen ist vorteilhaft, da sie die Dissoziation des gesamten Harzes erhöhen. Harze mit tertiären Aminen besitzen eine niedrigere Totalkapazität als Harze mit Polyaminen als ionenaustauschaktive Gruppen. Ihre höhere Ionenaustauschgeschwindigkeit führt aber zu einer Verbesserung des NK-Zeit-Verhältnisses, was in Abb. 11.29 wiedergegeben ist.

Abbildung 11.29 vergleicht ein typisches Polyaminharz mit einem Dimethylaminharz auf Polystyrolbasis. Außerdem ist das „resin poisoning“ durch organische Substanzen mit dargestellt. Es ist eindeutig zu erkennen, dass die Abnahme der NK mit sinkender Beladungszeit bei den Kurven B und B′ wesentlich günstiger verläuft als bei den Kurven A und A′.

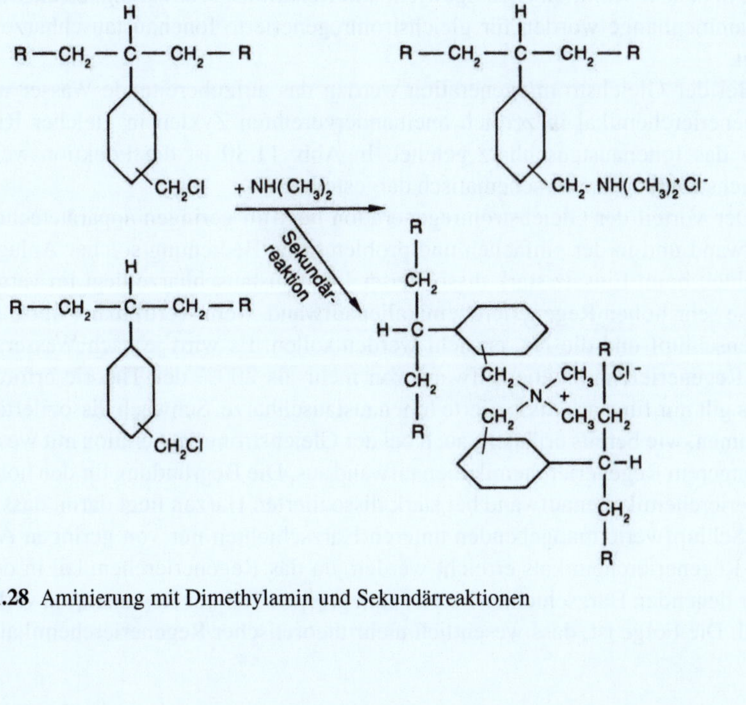

Abb. 11.28 Aminierung mit Dimethylamin und Sekundärreaktionen

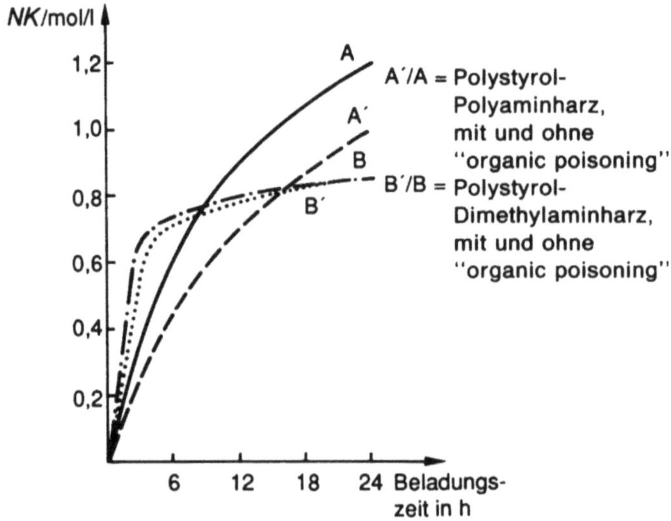

Abb. 11.29 NK und Beladungszeit schwach basischer Anionenaustauscher

11.5.4 Regenerationsarten

11.5.4.1 Gleichstromregeneration

Alle in den Abschnitten Gleichgewicht und Reaktionsgeschwindigkeit entwickelten Zusammenhänge wurden für gleichstromregenerierte Ionenaustauschharze aufgezeigt.

Bei der Gleichstromregeneration werden das aufzubereitende Wasser und das Regenerierchemikal in zeitlich aneinandergereihten Zyklen in gleicher Richtung über das Ionenaustauschharz geleitet. In Abb. 11.30 ist die Funktionsweise des Gleichstromverfahrens schematisch dargestellt.

Der Vorteil der Gleichstromregeneration liegt im geringen apparatetechnischen Aufwand und in der einfachen und problemlosen Bedienung solcher Anlagen. Ihr Nachteil beim Einsatz stark dissoziierter Ionenaustauschharze liegt im vergleichsweise sehr hohen Regenerierchemikalienaufwand, wenn vertretbare Werte für den Ionenschlupf und die NK erreicht werden sollen. Es wird je nach Wasseranalyse ein Regenerierchemikalienaufwand von mehr als 200% der Theorie erforderlich. Dies gilt nur für stark dissoziierte Ionenaustauschharze. Schwach dissoziierte Harze kommen, wie bereits erläutert, auch bei der Gleichstromregeneration mit wesentlich geringerem Regenerierchemikalienaufwand aus. Die Begründung für den hohen Regenerierchemikalienaufwand bei stark dissoziierten Harzen liegt darin, dass die für die Schlupfwerte maßgebenden unteren Harzschichten nur von geringen Anteilen des Regenerierchemikals erreicht werden, da das Regenerierchemikal in den darüber liegenden Harzschichten bereits zum größten Teil zur Regeneration verbraucht wird. Die Folge ist, dass wesentlich mehr theoretischer Regenerierchemikalienauf-

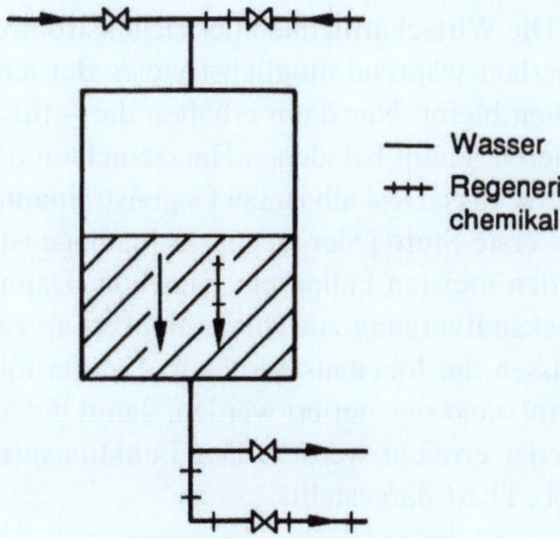

Abb. 11.30 Gleichstromregeneration (schematisch)

wand eingesetzt werden muss, um auch die unteren Harzschichten soweit zu regenerieren, dass vertretbare Ionenschlupfwerte erreicht werden.

Dies ist nicht nur unwirtschaftlich, sondern auch umweltschädlich, da die anfallenden Chemikalienüberschussmengen aus der Regeneration von stark sauren Kationen- und stark basischen Anionenaustauschern zur Aufsalzung der Eluate und letztendlich zur Aufsalzung der Vorfluter beitragen.

11.5.4.2 Gegenstromregeneration

Zur Verbesserung der Wirtschaftlichkeit von Ionenaustauschanlagen wurden Ende der 1960er Jahre die ersten Gegenstromanlagen gebaut. Der Grundgedanke der Gegenstromregeneration ist schon länger bekannt. Wird das Ionenaustauschharz während des Betriebsspieles im Abstrom durchflossen, so müssen bei der Regeneration im Aufstrom die geschilderten Nachteile der Gleichstromregeneration aufgehoben werden. Jetzt werden die für den Ionenschlupf verantwortlichen unteren Harzschichten von der vollen Regenerierchemikalienmenge durchflossen. Dadurch sinkt der Regenerierchemikalienaufwand sicher unter 150%, in heutigen Anlagen auf 120% der Theorie.

Die praktische Ausführung der Gegenstromtechnik konnte jedoch lange nicht befriedigen, da neben hydraulischen Problemen auch das Problem der Harzquellung vom erschöpften zum regenerierten Zustand zu berücksichtigen war. Erst Ende der 1960er Jahre wurden praktisch realisierbare Lösungen entwickelt, die zu den ersten großtechnischen Gegenstromanlagen führten. Die patentierten Verfahren waren nicht alle großtechnisch realisierbar. Durchgesetzt haben sich im Wesentlichen drei Verfahren, die nachfolgend behandelt werden.

Zunächst muss aber noch eine Ergänzung zur Verfahrenstechnik erwähnt werden. Bei der Gleichstromregeneration wirkt der erste Kationenaustauscher gleichzeitig als mechanisches Filter. Da zu Beginn jeder Gleichstromregeneration zur Bettauflockerung immer rückgespült wird, werden auch die evtl. eingetragenen geringen mechanischen Verunreinigungen wieder ausgetragen.

Die Wirtschaftlichkeit der Gegenstromregeneration ist dadurch bedingt, dass das Harzbett während möglichst vieler Betriebsspiele in unveränderter Schichtung erhalten bleibt. Nur dann erhalten die – für geringe Ionenschlupfwerte sorgenden – unteren, kaum beladenen Harzschichten den erwünschten Regenerierchemikalienüberschuss. Deshalb ist bei Gegenstromanlagen das häufige Rückspülen unzulässig. Die erste Stufe jeder Gegenstromanlage ist daher ein mechanisch wirkendes Filter, in den meisten Fällen ein Kiesfilter. Dann sind mehr als 100 Betriebsspiele ohne Rückspülvorgang zur Harzauflockerung zu erwarten. Nach erfolgter Rückspülung müssen die Ionenaustauschharze mit erhöhtem, meist „verdoppeltem" Chemikalienaufwand regeneriert werden, damit die angestrebten geringen Ionenschlupfwerte wieder erreicht werden. Das Funktionsprinzip der Gegenstromregeneration ist in Abb. 11.31 dargestellt.

Gegenstromverfahren mit oben (in der Harzschicht) liegendem Chemikalienentnahmesystem

Abbildung 11.32 zeigt die Funktionsskizze dieses Systems. Das aufzubereitende Wasser durchfließt das Ionenaustauschharz im Abstrom, die Regeneration erfolgt

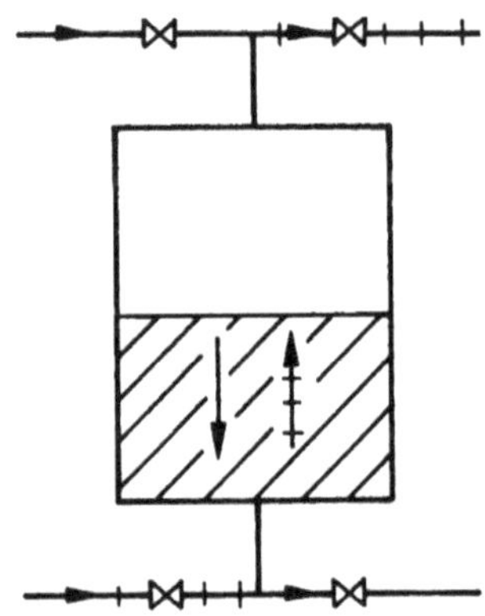

Abb. 11.31 Gegenstromregeneration (schematisch)

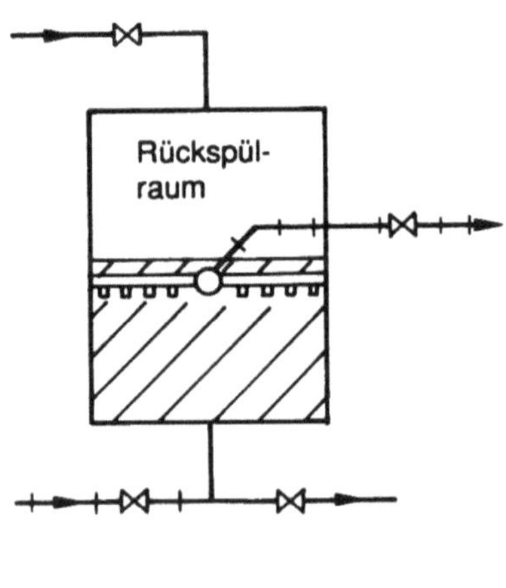

Abb. 11.32 Gegenstromregeneration mit in der Harzschicht liegendem Entnahmesystem (schematisch)

im Aufstrom. Das Chemikalienentnahmesystem musste in das Harz gelegt werden, um bei den bereits mehrfach erwähnten Volumenänderungen der Harze in Abhängigkeit ihres Beladungszustandes Umschichtungen bei der Aufstromregeneration zu vermeiden. Das Gewicht der Harze reicht während der Aufstromregeneration zur Vermeidung von Harzumschichtungen nicht aus. Deshalb wird es erforderlich, das Harzbett während der Aufstromregeneration, z. B. durch geringen Wasserabstrom, der ebenfalls durch das Chemikalienentnahmesystem abfließt, zu fixieren. Es sind auch andere Verfahren in der Anwendung, bei denen die Fixierung des Harzbettes mit Druckluft erfolgt.

Beim Abstrombetrieb ist die Lage der Ionenaustauschharze durch ihr Gewicht, das durch die Abwärtsströmung noch vergrößert wird, fixiert.

Der nach frühestens 50 Betriebsspielen notwendig werdende Rückspülschritt wird im Ionenaustauschbehälter ausgeführt. Jeder Behälter verfügt über den notwendigen Rückspülraum.

Die Nachteile dieses Verfahrens liegen in der notwendigen Lage des Entnahmesystems in der Harzschicht. Zunächst ist festzustellen, dass der Harzanteil, der über dem Entnahmesystem liegt, während des Betriebsspieles völlig erschöpft wird, ohne je regeneriert zu werden. Das führt dazu – insbesondere dann, wenn dem Ionenaustauschverfahren ein Kalkentcarbonisierungsverfahren vorgeschaltet ist – dass das Kationenaustauschharz bis zur Höhenlage des Chemikalienentnahmesystems durch unvermeidbare Nachreaktionen regelrecht zuwächst. Durch den erhöhten Druckverlust muss der Rückspülvorgang früher als erwartet eingeleitet werden. Da das Ionenaustauschharz bis in Höhe der Düsen des Chemikalienentnahmesystems von oben zugewachsen ist, wird es beim Rückspülen wie ein Kolben wirken. Der auf die Querschnittsfläche des Ionenaustauschbehälters wirkende Druck der Rückspülwasserpumpen muss vom Chemikalienentnahmesystem aufgenommen werden. Dies führt zu Abstütz- und Verstärkungskonstruktionen, welche die freie Behälter-Querschnittsfläche erheblich einschränken und Ursache hydraulischer Probleme sind.

Außerdem wird die Harzdeckschicht bei Anionenaustauschern völlig durch große organische Ionen erschöpft, da die Deckschicht bei der Gegenstromregeneration nicht vom Regenerierchemikal erreicht wird. Nach dem Rückspülen sind diese völlig durch organische Substanz erschöpften Harzteile aufgrund ihrer Schwere im unteren Teil des Harzbettes konzentriert. Da dieser Teil des Harzes völlig von organischen Großionen erschöpft ist, die bei der Regeneration nicht völlig ausgetauscht werden können, entsteht ein konstanter Schlupf an organischen Großionen im Reinwasser. Dies führt zu gravierenden Schäden an Großkesselanlagen.

Beide genannten Verfahrensnachteile führten zu anderen Problemlösungen. Zunächst schickte man einen kleinen Teil des Regenerierchemikals während der Gegenstromregeneration im Gleichstrom (Abstrom) durch das Ionenaustauschharz und erreichte damit die Mitregeneration der Harzdeckschicht. In England führte das zur sog. „split-stream“ Regeneration, bei der das Chemikalienentnahmesystem in 2/3 Harzschichthöhe untergebracht wurde und 1/3 des Regenerierchemikals das Harz im Gleichstrom durchfließt. Beide geschilderten Maßnahmen haben den Nachteil, dass der Regenerierchemikalienaufwand durch die teilweise Gleichstromregeneration wieder erhöht wird.

Es wurden auch inerte Materialien ohne ionenaustauschaktive Eigenschaften entwickelt, die als Deckschichten aufgelegt werden.

Der Vorteil des Gegenstromverfahrens mit oben in der Harzschicht liegendem Chemikalienentnahmesystem liegt im einfachen verfahrenstechnischen Aufbau und in der Rückspülbarkeit im Ionenaustauschbehälter.

Econex-Verfahren

Das Econex-Verfahren wurde von der Firma Bamag-Verfahrenstechnik-GmbH entwickelt. Das Funktionsprinzip zeigt Abb. 11.33.

Auch beim Econex-Verfahren finden Abstrombetrieb und Aufstromregeneration Anwendung. Der Vorteil des Econex-Verfahrens gegenüber den Verfahren mit in der Harzschicht liegenden Chemikalienentnahmesystemen liegt darin, dass der Behälter keine beim Rückspülen mechanisch beanspruchten Konstruktionsteile enthält. Außerdem wird das gesamte Harzbett vom Regenerierchemikal durchflossen, so dass keine Überladung der Deckschicht auftreten kann. Das aufzubereitende Wasser durchfließt das Ionenaustauschharz wiederum im Abstrom, während die Regeneration im Aufstrom ausgeführt wird. Das Harzbett wird während der Regeneration jedoch nicht durch hydraulische oder pneumatische Maßnahmen in seiner Lage fixiert, sondern mechanisch durch die in den Behälter eingefüllte Pressmasse. Um das Pressmassevolumen (Totraum) möglichst klein zu halten, kann der notwendige Rückspülraum ganz oder teilweise in einen anderen Behälter verlegt werden. Bei der Pressmasse handelt es sich um grobe Styrolkugeln mit einem Durchmesser von 3–5 mm, die leichter als Wasser sind und deshalb auch nicht mit den spezifisch schwereren Ionenaustauschern vermischt werden können. Die Chemikalienentnahme erfolgt am oberen Ende des Behälters durch die normale Wasserverteilung, deren Austrittsöffnungen kleiner als der Durchmesser der Pressmassekugeln sind. Das Econex-Verfahren verbindet die Vorteile

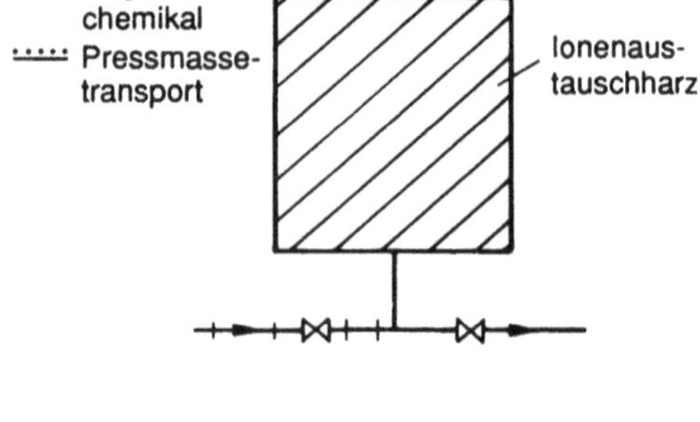

Abb. 11.33 Econex-Verfahren (schematisch)

der Gegenstromregeneration mit betriebssicheren, einfachen verfahrenstechnischen Systemen.

Schichtbettfilter

Wie in den Abschnitten Gleichgewicht und Reaktionsgeschwindigkeit bereits dargelegt wurde, ist die NK der schwach dissoziierten Ionenaustauschharze viel höher als die der stark dissoziierten, obwohl der Regenerierchemikalienaufwand nur wenig mehr als 100% beträgt. Deshalb hat man schon frühzeitig 2-Filterschaltungen angewandt: schwach-stark-sauere oder schwach-stark-basische Ionenaustauscher in Hintereinanderschaltung. Dies erforderte getrennte Ionenaustauschbehälter mit zusätzlichen Rohrsystemen und Armaturen. Der Vorteil der größeren Wirtschaftlichkeit wurde durch stark erhöhten Kapitaleinsatz geschmälert. Der nächste Schritt waren die sog. Schichtbettfilter – auch schon bei Gleichstromanlagen – deren Funktion in Abb. 11.34 dargestellt ist.

Es wurden schwach und stark dissoziierte Kationen- und Anionenaustauschharze entwickelt, deren Dichteunterschied das direkte Aufeinanderschichten von schwach und stark sauren Kationen- oder schwach und stark basischen Anionenaustauschharzen zuließ, ohne dass beim Rückspülen Harzvermischung eintrat. Das schwach dissoziierte Harz ist spezifisch leichter und erlaubt die Schichtung über das stark dissoziierte Harz.

Die Schichtbettfilter sparen zusätzliche Behälter, Rohrsysteme und Armaturen ein.

Bei der Gegenstromregeneration mit im Harz liegenden Chemikalienentnahmesystem können sich beim Rückspülen durch die die freie Behälter-Querschnittsfläche einschränkende Verstärkungskonstruktion Zonen bilden, in denen die Ionenaustauschharze durch Turbulenz vermischt werden.

Die Vorteile der Schichtbettfilter liegen in der höheren Gesamt-NK bei geringerem Regenerierchemikalienaufwand gegenüber dem alleinigen Einsatz stark dissoziierter Ionenaustauschharze.

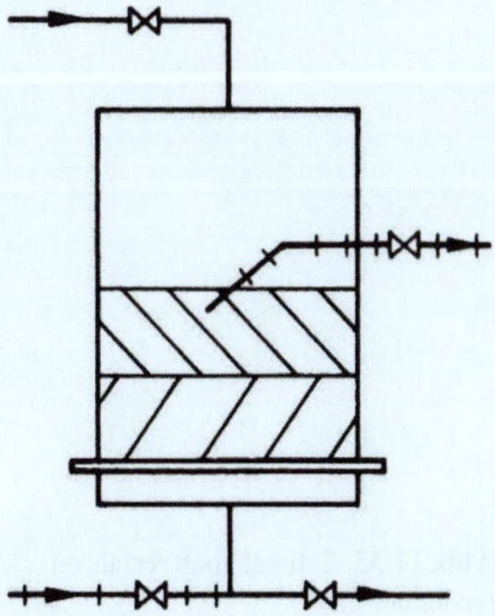

Abb. 11.34 Schichtbettfilter (schematisch)

Schwebebettverfahren

Die Funktionsskizze des Schwebebettverfahrens ist in Abb. 11.35 dargestellt. Das Verfahren wurde von der Firma Bayer AG entwickelt. Das Auffällige am Schwebebettverfahren ist zunächst, dass das Harz im Aufstrom betrieben und im Abstrom regeneriert wird. Das Ionenaustauschharz wird in den Behälter zwischen zwei Düsenböden eingefüllt. Der Freiraum zwischen den beiden Düsenböden ist nur geringfügig größer als es der Volumenzunahme der Harze beim Betrieb bzw. bei der Regeneration entspricht; je nach Harztyp beträgt der Freiraum 10–20% der Harzschichthöhe im Anlieferungszustand.

Vor Beginn eines Betriebsspieles liegen die Ionenaustauschharze auf dem unteren Düsenboden auf. Wird mit genügend großer Filtergeschwindigkeit im Aufstrom angefahren ($q_A > 10\,\mathrm{m/h}$), werden die oberen Harzschichten ohne Verwirbelung an den oberen Düsenboden angepresst, während die unteren Harzschichten ein mehr oder weniger großes Wirbelbett bilden, dessen Ausmaß von der Filtergeschwindigkeit bestimmt wird. Mit zunehmender Filtergeschwindigkeit steigt der Festbettanteil; umgekehrt steigt der Wirbelbettanteil mit abnehmender Filtergeschwindigkeit an. Natürlich muss eine bestimmte Mindestgeschwindigkeit aufrecht erhalten werden ($q_A > 5\,\mathrm{m/h}$), damit der Festbettanteil nicht soweit absinkt, dass der Ionenschlupf sich vergrößert. Diese Mindestgeschwindigkeit muss aus hydraulischen Gründen (Wasserverteilung über den gesamten Behälterquerschnitt) aber bei allen technischen Ionenaustauschverfahren eingehalten werden. Trotzdem wird beim Schwebebettverfahren zur Vermeidung der Harzschichtvermischung bei häufigem An- und Abfahren der Ionenaustauschanlage oft eine Kreislaufführung des aufbereiteten Wassers über die Gesamtanlage vorgesehen. Dadurch wird das Schwebebett auch bei Start-Stop-Betrieb aufrecht erhalten, und die Entnahmeleistung kann echt zwischen 0 und 100% frei gewählt werden. Dies ist in Abb. 11.36 dargestellt.

Im Laufe der Zeit findet durch den Aufstrombetrieb natürlich eine Harzklassierung statt. Die leichteren Harzpartikel kleineren Korndurchmessers werden die oberste Harzschicht bilden. Wie bereits im Abschnitt Reaktionsgeschwindigkeit erläutert wurde, ist die Reaktionsgeschwindigkeit beim Ionenaustausch in erster

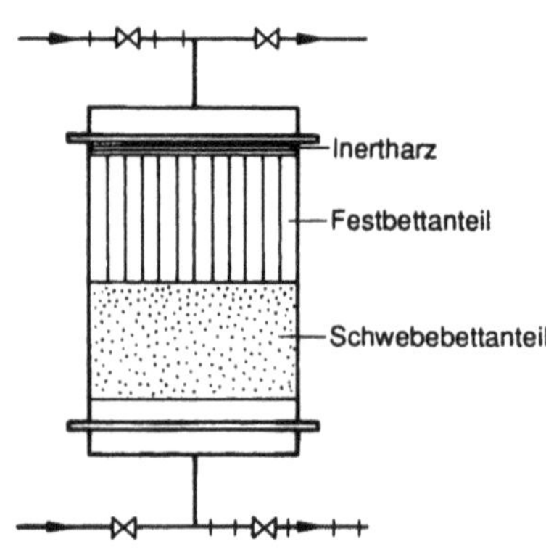

Abb. 11.35 Schwebebettverfahren (schematisch)

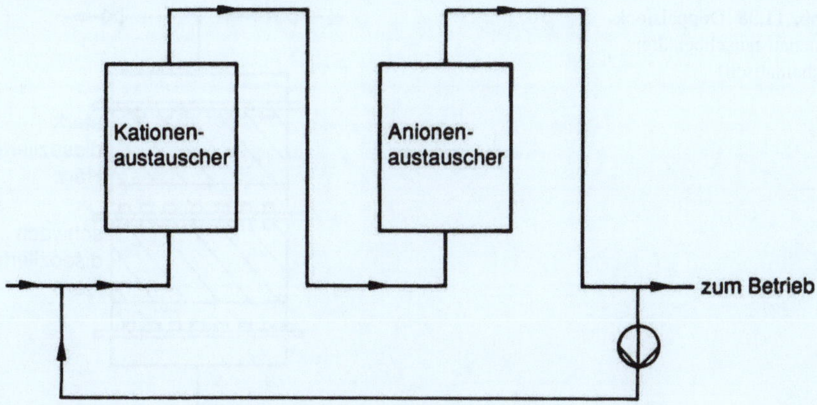

Abb. 11.36 Wasserkreislaufschaltung beim Schwebebettverfahren (schematisch)

Linie eine Funktion der Teilchengröße. Beim Schwebebettverfahren sind diese reaktionsfähigsten Teilchen in der während des Betriebes zuletzt – während der Regeneration zuerst – durchflossenen Harzschicht. Die Folge sind besonders niedrige Ionenschlupfwerte. Die Regeneration findet im Abstrom statt und bedarf keiner weiteren Fixierung des Harzbettes. Das bei aufstromregenerierten Gegenstromverfahren häufig schwierige Verdrängen des Regenerierchemikals durch spezifisch leichteres Wasser im Aufstrom kommt beim abstromregenerierten Schwebebettverfahren nicht vor.

Sowohl die Wasser- als auch die Chemikalienverteilung sind durch die Anordnung von zwei Düsenböden aus hydraulischer Sicht optimal.

Zum Rückspülen wird ein Teil des Harzes oder das gesamte Harzvolumen eines Ionenaustauschbehälters in einen speziellen Rückspülbehälter überführt (Abb. 11.37)

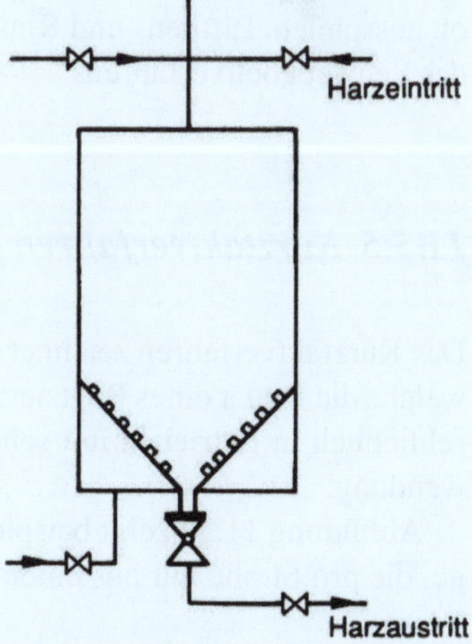

Abb. 11.37 Rückspülbehälter (schematisch)

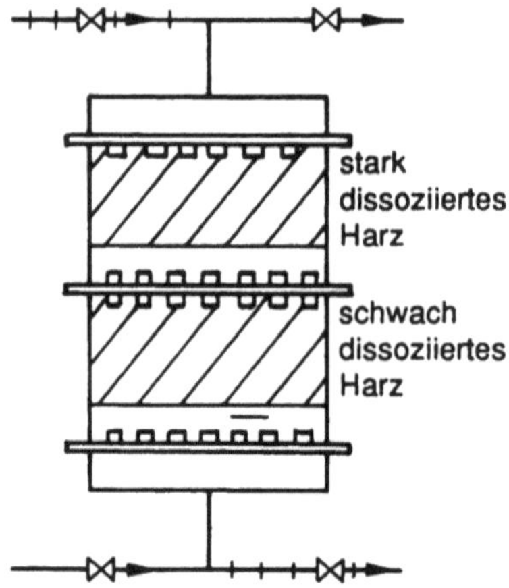

Abb. 11.38 Doppelstock-Ionenaustauschbehälter (schematisch)

und, nach erfolgter Rückspülung, wieder in den Ionenaustauschbehälter zurückgefördert.

Da das Rückspülen nur in großen Intervallen erfolgt, genügt ein Rückspülbehälter für eine mehrstraßige Ionenaustauschanlage. Schichtbettfilter können in der Schwebebetttechnik aus einleuchtenden Gründen nicht realisiert werden. Dafür werden sog. Doppelstock-Ionenaustauschbehälter eingesetzt. Abbildung 11.38 zeigt den schematischen Aufbau eines solchen Behälters.

Die Doppelstockbehälter unterscheiden sich von den Schichtbettfiltern dadurch, dass die Harzschichten im Behälter durch einen Düsenboden getrennt sind; d. h., ihre Konstruktion ist aufwändiger. Dafür bieten sie jedoch eine absolut sichere Harztrennung und somit einen Vorteil in der Betriebssicherheit, der insbesondere bei Kationenaustauschharzen nicht unterschätzt werden sollte. Die Schwebebetttechnik ist heute zweifelsfrei das fortschrittlichste, wirtschaftlichste und betriebssicherste Gegenstromsystem mit dem geringsten Ionenschlupf. Sie kann ihre Vorteile insbesondere bei den heute überwiegend gebauten Anlagen mit weitgehender Automation ausspielen. Liftbett- und Rinsebettverfahren sind spezielle Weiterentwicklungen des Schwebebettverfahrens.

11.5.5 Kurztaktverfahren

Das Kurztaktverfahren zeichnet sich durch besonders kurze Betriebsspielzeiten aus, welche die Dauer eines Regenerierspieles nur geringfügig übertreffen. Es findet ausschließlich in Betrieben mit sehr großem Deionatbedarf (mehrere 1000 m^3/h) Anwendung.

Abbildung 11.39 zeigt beispielhaft das Blockschaltbild einer vierstraßigen Anlage, die pro Straße nur aus einem stark sauren und einem stark basischen Ionenaus-

Abb. 11.39 Kurztaktverfahren (schematisch)

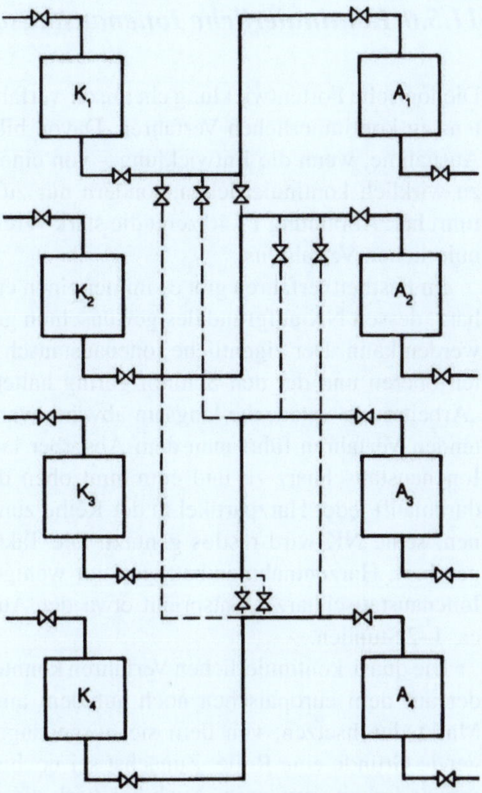

tauschbehälter besteht. Die ausgezogenen Rohrleitungen müssen auch bei „Langtaktverfahren" geführt werden, wenn vier Ionenaustauschstraßen benötigt werden. Die gestrichelten Leitungen kommen bei Anwendung des Kurzverfahrens hinzu, um den Betrieb jedes Kationenaustauschers auf jeden Anionenaustauscher sicherzustellen. Dies ist erforderlich, um die kurzen Stillstandszeiten von regenerierten Austauschern zu ermöglichen. Der Aufwand für zusätzliche Leitungen kann, je nach räumlicher Anordnung der Straßen, beträchtlich sein, da die gestrichelten Leitungen „straßenübergreifende" Leitungen sind.

Die Grenze für die Dauer eines Betriebsspieles ist einmal durch die Regenerierspieldauer gegeben, die ja keinesfalls zu unterschreiten ist, sonst käme das System zum Stillstand. Kürzere Betriebstaktzeiten als zwei Stunden sind, bei Einrechnung einer Störungsbehebungszeit von einer Stunde, nicht möglich.

Andererseits sind durch die kurzen Betriebstaktzeiten gravierende Einbußen an der NK zu erwarten, die natürlich in einer Wirtschaftlichkeitsberechnung zu berücksichtigen sind.

Das Kurztaktverfahren wurde von der BASF AG entwickelt.

11.5.6 Kontinuierliche Ionenaustauschverfahren

Die logische Fortentwicklung chemisch-verfahrenstechnischer Prozesse führt meistens zu kontinuierlichen Verfahren. Davon bildet die Ionenaustauschtechnik keine Ausnahme, wenn die Entwicklung – von einer Ausnahme abgesehen – auch nicht zu wirklich kontinuierlichen, sondern nur zu quasi-kontinuierlichen Anlagen geführt hat. Abbildung 11.40 zeigt die stark vereinfachte Funktionsskizze eines kontinuierlichen Verfahrens.

Im Festbettverfahren gibt es immer einen erheblichen Anteil an Ionenaustauschharz, dessen NK aufgrund des gewünschten geringen Ionenschlupfes nicht genutzt werden kann. Der eigentliche Ionenaustausch findet zwischen der völlig erschöpften oberen und der den Schlupf gering haltenden unteren Zone, in der mittleren „Arbeitszone", statt, die langsam abwärts wandert. Bei quasi-kontinuierlich arbeitenden Verfahren führt man dem Absorber laufend von unten frisch regeneriertes Ionenaustauschharz zu und entnimmt oben das völlig erschöpfte Harz. Dadurch durchläuft jeder Harzpartikel in der Reihe zunehmender Erschöpfung alle drei Zonen; seine NK wird restlos genutzt. Die Taktzeiten zwischen den Harzzuführungen bzw. Harzentnahmen betragen nur wenige Minuten. Die Betriebsspielzeit des Ionenaustauschharzes entspricht etwa der Aufenthaltszeit im Absorber; das sind ca. 1–2 Stunden.

Die quasi-kontinuierlichen Verfahren konnten sich trotz anfänglicher Erfolge weder auf dem europäischen noch auf dem amerikanischen oder dem japanischen Markt durchsetzen, von dem sie ausgegangen waren. Dabei spielen sicher folgende Gründe eine Rolle. Zunächst sei nochmals auf den Abschnitt Reaktionsgeschwindigkeit verwiesen. Auch bei stark dissoziierten Ionenaustauschharzen wird

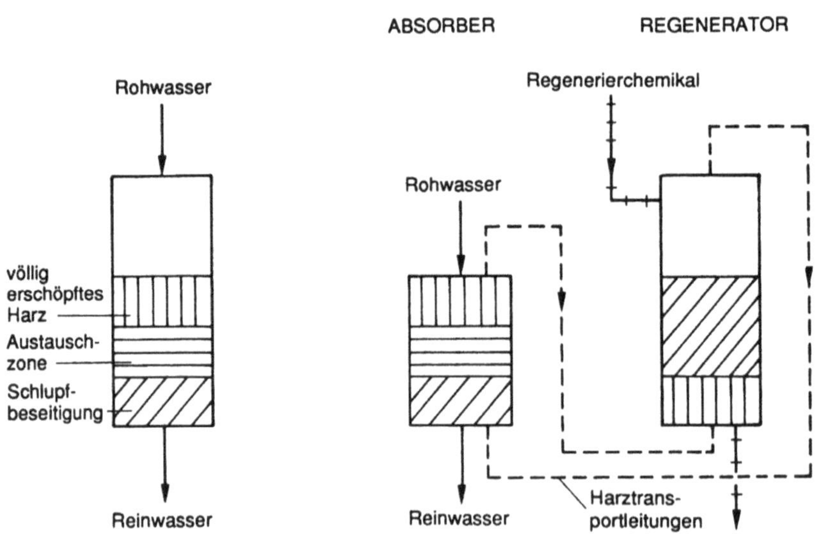

Abb. 11.40 Quasi-kontinuierliches Ionenaustauschverfahren (schematisch)

bei den angewandten kurzen Betriebsspielzeiten die NK sehr klein und der Ionenschlupf, auch bei bester Regeneration, sehr groß. Diesen Anlagen muss also immer ein Festbettmischbettfilter nachgeschaltet werden. Bei manchen Anlagen schlossen die Absperrarmaturen in den Harztransportleitungen laufend auf dem Harz, was einerseits zur Zertrümmerung der Harzstruktur und andererseits zu geringer Haltbarkeit der für den dichten Abschluss sorgenden Dichtelemente führen kann, wenn ungeeignete Armaturentypen verwendet werden. Die sonst in der Praxis der Wasseraufbereitung bevorzugt verwendeten Membranarmaturen sind zum Einbau in Harztransportleitungen völlig ungeeignet; bewährt haben sich Kugelhähne. Der ausschlaggebende Grund für das Nichtdurchsetzen dieser Anlagen auf dem Markt ist aber sicherlich, dass die Verfügbarkeit einer kontinuierlichen Ionenaustauschanlage nicht mit einer zweistraßigen Anlage zu vergleichen ist, sondern nur mit einer einstraßigen, auf einen Vorratsbehälter arbeitenden Anlage. Stellt man dies bei einer Wirtschaftlichkeitsbetrachtung in Rechnung, dann erweisen sich die heutigen quasi-kontinuierlichen Ionenaustauschanlagen noch als unwirtschaftlich.

11.5.7 Mischbettfilter

In den vorausgehenden Abschnitten wurde bereits mehrfach darauf hingewiesen, dass bei Anwenden einer zweistufigen Anlage (stark saurer Kationen- und stark basischer Anionenaustauscher) zur Erzeugung minimalen Ionenschlupfes ein unwirtschaftlich hoher Regenerierchemikalienaufwand erforderlich ist. Es kommt noch hinzu, dass der hohe Regenerierchemikalienüberschuss nicht voll zur Wirkung kommt, da er mit großen Volumina aufbereiteten Wassers ausgewaschen werden muss.

Schaltet man mehrere zweistufige Anlagen hintereinander, so wird der Ionenschlupf erheblich reduziert; allerdings steigen die Anlagekosten entsprechend. Man kann diese Vielzahl hintereinandergeschalteter zweistufiger Anlagen dadurch umgehen, dass man einer zweistufigen, aus stark saurem Kationen- und stark basischem Anionenaustauscher bestehenden Anlage eine dritte Stufe nachschaltet, in der stark saure Kationen- und stark basische Anionenaustauschharze innig vermischt vorliegen und somit eine unendliche Kette hintereinandergeschalteter zweistufiger Anlagen darstellen. Das aus einer derartigen 3. Stufe ablaufende Wasser – diese Stufe wird aufgrund der innigen Harzmischung Mischbettfilter genannt – weist den geringsten Salzgehalt auf, der mit technischen Mitteln erreicht werden kann. Es werden Leitwerte unter 0,1 μS/cm erreicht. Das aufbereitete Wasser wird als Deionat bezeichnet.

Die Dichte der eingesetzten Harze ist so aufeinander abgestimmt, dass einerseits ihre Mischung, andererseits ihre Trennung zur Regeneration möglich ist. Die Technik der Mischbettfilterregeneration ist in Abb. 11.41 schematisch dargestellt.

Phase 1 zeigt die innige Harzmischung während des Betriebsspieles. Zu Beginn des Regenerierspieles werden die Harze im aufströmenden Wasser aufgrund ihres Dichteunterschiedes getrennt (Phase 2). Nach Beendigung des Trennvorganges se-

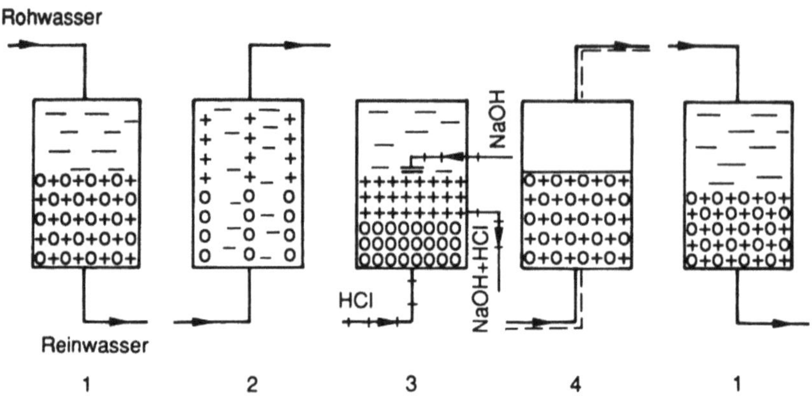

Abb. 11.41 Mischbettfilterregeneration (schematisch)

dimentieren die Harze im Behälter. Das spezifisch leichtere Anionenaustauschharz lagert sich über das spezifisch schwerere Kationenaustauschharz (Phase 3). Jetzt beginnt die Regeneration der beiden Austauschharze mit den unterschiedlichen Regenerierchemikalien, ohne dass eine Beladung der Harze mit den Anionen bzw. Kationen des anderen Regenerierchemikals stattfinden kann; die Regenerierlauge kommt nur mit dem Anionenaustauschharz, die Regeneriersäure nur mit dem Kationenaustauschharz in Berührung (Phase 3). In gleicher Weise werden die eingespeisten Regenerierchemikalien auch wieder durch einen nachgeschickten Wasservolumenstrom verdrängt. Nach Absenken des Wasserspiegels im Behälter auf etwas mehr als die Harzschichthöhe werden die Harze im aufströmenden Luftstrom wieder innig miteinander vermischt (Phase 4). Nach dem Wiederauffüllen des Behälters mit Wasser und dem Endauswaschen kann das nächste Betriebsspiel beginnen (Phase 1).

11.6 Behälterhydraulik

Bei der hydraulischen Beurteilung einer Ionenaustauschbehälterkonstruktion gilt es, zwei wesentliche Punkte zu beachten: die Wasser- bzw. Chemikalienverteilung und das Totraumvolumen. Die Problematik kann hier nur angedeutet werden.

11.6.1 Wasser- bzw. Chemikalienverteilung

Bei der Anordnung der Düsen im Düsenboden wird häufig von sog. Standardverteilungen von 60 Stück/m^2 in Kiesfiltern und 80 Stück/m^2 in Ionenaustauschbehältern ausgegangen. Die Anordnung der Düsen im Düsenboden muss in einem Raster aus lauter gleichschenkligen Dreiecken erfolgen, damit die Düsen alle den gleichen Abstand von den benachbarten Düsen haben, Abb. 11.42. Es wird häufig die Meinung vertreten, die Düsen sollten einen möglichst geringen, am besten keinen Druckverlust aufweisen. Diese in der Wasseraufbereitungspraxis weit verbreitete Ansicht widerspricht allen Gesetzen der Strömungsmechanik. Dies soll am Beispiel eines Gegenstrom-Ionenaustauschbehälters mit während des Betriebsspieles abwärts strömendem Wasser erläutert werden.

Abbildung 11.43 stellt, stark übertrieben, den Ausschnitt eines Düsenbodens dar. Die drei aus Kunststoff extrudierten Düsen weisen übertriebene Fertigungstoleranzen auf. Die Düse 3 stellt die Düse mit den größten Düsenschlitzen, die Düse 1 die Düse mit den kleinsten Düsenschlitzen dar. Werden die Düsen einfach mit der Maßgabe 80 Stück/m^2 – Düsen mit möglichst geringem Druckverlust – eingebaut, so wird das Wasser vorwiegend durch Düse 3 abfließen, da dem Wasser hier der geringste Widerstand (Δp) entgegengesetzt wird.

Der dynamische Druckverlust errechnet sich nach der Gleichung

$$\Delta p = v^2 \cdot \rho / 2\,;$$

die Kontinuitätsgleichung lautet

$$v = Q/A$$

Nimmt man an, dass die freien Düsenaustrittsflächen A der Düsen 1, 2 und 3 auch die Maßzahlen 1, 2, und 3 m^2 haben, so ergeben sich bei einem Durchfluss von $Q = 1\,m^3/s$ die Geschwindigkeiten v und Druckverluste Δp der Tabelle 11.4.

Der Volumenstrom Q an der Düse 3 wird sich also solange vergrößern, bis der Druckverlust der Düse 1 bei $Q_1 = 1\,m^3/s$ erreicht ist.

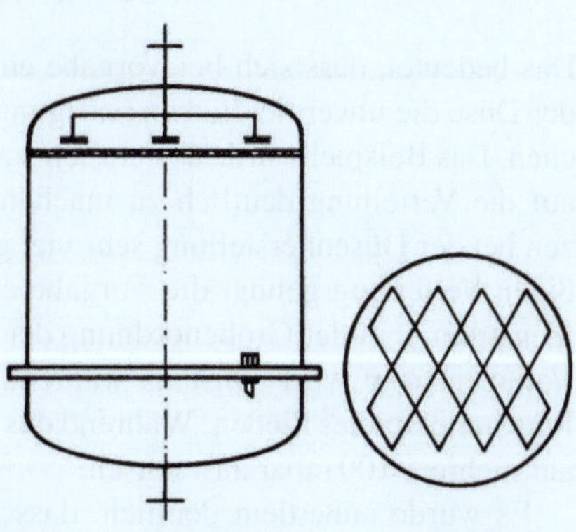

Abb. 11.42 Düsenanordnung im Düsenboden

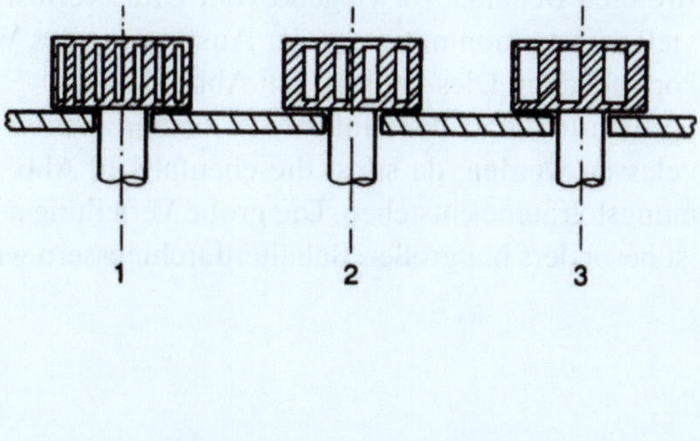

Abb. 11.43 Ausschnitt aus einem Düsenboden

Tabelle 11.4 Geschwindigkeit und Druckverlust in Abhängigkeit von der Düsenaustrittsfläche

Düsenaustrittsfläche A/m^2	Geschwindigkeit $v/\mathrm{m/s}$	Druckverlust $\Delta p/\mathrm{N/m}^2$
1	1,0	$\rho/2 \cdot 1$
2	1/2	$\rho/2 \cdot 1/4$
3	1/3	$\rho/2 \cdot 1/9$

$$\Delta p_1 = \rho/2 \cdot Q_3^2/A_3^2$$
$$Q_3 = A_3 \cdot ((2/\rho) \cdot \Delta p_1)^{1/2} = A_3 \cdot (2 \cdot \rho/2 \cdot \rho)^{1/2}$$
$$Q_3 = A_3 = 3\,\mathrm{m}^3/\mathrm{s}$$

Das bedeutet, dass durch die Düse 3 bei gleichem Druckverlust – dieser stellt sich natürlich im ganzen System „Düsenboden“ ein – der 3-fache Volumenstrom der Düse 1 fließt. Unter der fälschlicherweise getroffenen Voraussetzung, dass der Druckverlust über die Düsen möglichst klein sein soll, wird nie eine gleichmäßige Verteilung erreicht werden. Die falsche Voraussetzung wird geändert. Es wird davon ausgegangen, dass die Düse einen definierten, größeren Druckverlust haben soll:

$$\Delta p = (\rho/2) \cdot (Q/A)^2$$

Da Δp vorgegeben ist, ist dies nur durch Verringerung der Düsenaustrittsfläche A zu erreichen, was eine Verringerung des Volumenstromes Q zur Folge hat:

$$Q = ((2/\rho) \cdot \Delta p)^{1/2} \cdot A$$

Das bedeutet, dass sich bei Vorgabe eines definierten, größeren Druckverlustes an der Düse die unvermeidlichen Fertigungstoleranzen immer weniger bemerkbar machen. Das Beispiel wurde absichtlich stark übertrieben gewählt, um die Auswirkung auf die Verteilung deutlich zu machen. In der Praxis sind die Fertigungstoleranzen bei der Düsenherstellung sehr viel geringer. Zur Sicherstellung einer gleichmäßigen Verteilung genügt die Vorgabe eines Druckverlustes beim *geringsten* Volumenstrom Q in der Größenordnung der Düsenkopfhöhe (ca. 5 mbar). Der geringste Volumenstrom wird meistens während der Chemikalieneinspeisung während des Regenerierspieles fließen. Während des Betriebsspieles kann der Druckverlust dann auf mehrere 100 mbar anwachsen.

Es wurde außerdem deutlich, dass die Wasserverteilung beim abwärts durchströmten Behälter vorwiegend vom Druckverlust des Düsenbodens und nicht, wie vielfach angenommen, von der Ausführung des Wasserverteilsystems im Behälterkopf abhängt. Dies verdeutlicht Abb. 11.44.

Natürlich darf der Einfluss der oberen Wasserverteilung nicht völlig außer acht gelassen werden, da sonst die ebenfalls in Abb. 11.44 dargestellten großen Strömungstoträume entstehen. Die grobe Verteilung auf die gesamte Behälteroberfläche ist besonders bei großen Behälterdurchmessern wichtig.

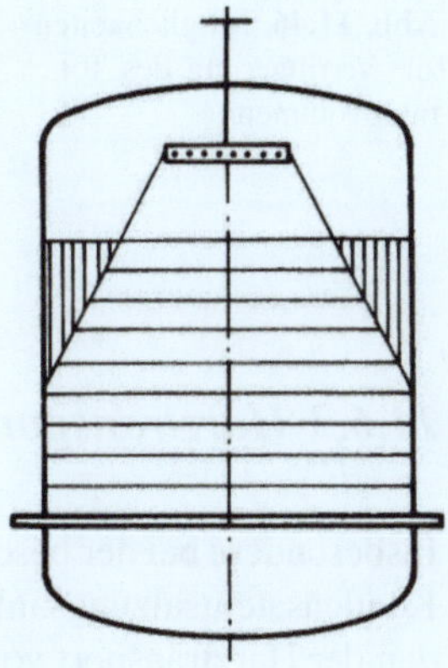

Abb. 11.44 Einfluss der Grobwasserverteilung auf die Verteilung

11.6.2 Toträume zwischen Düsen- und Abschlussboden

Düsenböden stellen eine ideale Konstruktion zur Abtrennung einer Flüssigkeit aus einer Suspension dar, solange die Größe der suspendierten Feststoffe sich im Bereich größer 0,1 mm bewegt, was bei Ionenaustauschharzen und Sand bzw. Kies der Fall ist.

Die einfache konstruktive Lösung ist jedoch aus hydraulischer Sicht, insbesondere bei Behälterdurchmessern über 2 m, nicht so ideal, da sich zwischen dem Düsenboden und dem Abschlussboden, der aus statischen Gründen in der Praxis immer ein gewölbter Boden ist, ein großer Flüssigkeitsraum ergibt. Dies zeigt Abb. 11.45.

Bei der Gegenstromregeneration eines Ionenaustauschharzes im Aufstrom ergibt sich das Problem, das in diesen Raum eingespeiste Chemikalienvolumen mit einer Dichte über $1000\,kg/m^3$ durch Wasser nach oben durch das Harz zu verdrängen. Dazu sind relativ große Volumina an aufbereitetem Wasser und lange Zeiträume erforderlich. Zumindest bei großen Behälterdurchmessern muss man der Verringerung dieses Totraumes Beachtung schenken. Dabei kann die konstruktiv günstige Lösung des Düsenbodens beibehalten und der Totraum durch nachträglich eingebrachte Sperrmassen (Beton, Kunstharz) verringert werden. Auf Reparaturmöglichkeiten am Düsenboden, insbesondere an defekten Düsen, ist dabei zu achten. Der bessere Weg scheint die Auflage eines Entnahme-/Verteilsystems auf der Sperrmasse zu sein, dessen Totraum nur noch aus dem Systeminhalt besteht. Beide Möglichkeiten sind in Abb. 11.46 schematisch dargestellt.

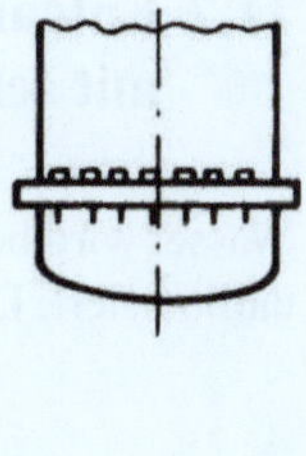

Abb. 11.45 Totraumvolumen zwischen Düsenboden und gewölbtem Boden

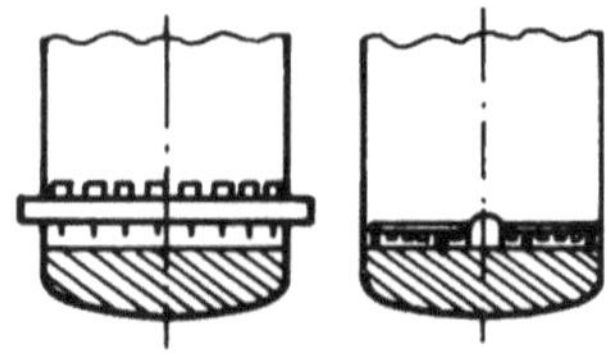

Abb. 11.46 Möglichkeiten zur Verringerung des Totraumvolumens

11.6.3 Harztransport

Insbesondere bei der beschriebenen Schwebebetttechnik und bei den in behandelten Kondensatentsalzungsanlagen mit externer Regeneration ist in periodischen Abständen der Harztransport von einem in einen anderen Behälter erforderlich. Der Harztransport mittels Feststoffstrahlern, wie er häufig betrieben wird, führt, zumindest bei den mechanisch wenig beanspruchbaren Anionenaustauschharzen, zum Harzbruch. Das Harz sollte mit wenig Wasser als Feststoff in Rohrleitungen transportiert werden. Die Erfahrung zeigt, dass dies am besten mit abströmenden Filtergeschwindigkeiten von 7 m/h bei einer aufströmenden Auflockerungsgeschwindigkeit von 0,7 m/h zu erreichen ist. Das Volumenverhältnis Harz zu Transportwasser sollte mit 80 zu 20 gewählt werden. Dann ist der Harztransport großer Harzvolumina in sehr kurzen Zeiträumen möglich.

Beispiel

$V_H = 3000\,l$

Behälterdurchmesser $= 2700\,mm$

$$A = d^2 \cdot \pi/4 = 2{,}7^2 \cdot \pi/4 = 5{,}73\,m^2$$
$$q_A\ (\text{Abstrom}) = 5{,}73 \cdot 7 = 40\,m/h$$
$$q_A\ (\text{Auflockerung}) = 5{,}73 \cdot 0{,}7 = 4\,m/h$$
$$3{,}0/0{,}8 = 3{,}75 = V\ (\text{Harz} + \text{Transportwasser})$$
$$44/60 = 3{,}75/x\,;\ x = t = 5\,\text{min.}$$

3000 l Harz werden also in 5 Minuten mit $0{,}75\,m^3$ Wasser von einem in einen anderen Behälter transportiert.

11.7 Entcarbonisierung mit schwach sauren Kationenaustauschharzen

Wasser wird beim Durchfließen eines schwach sauren Kationenaustauschharzes entcarbonisiert. Dabei läuft folgende Reaktion ab:

$$2R_K^-H^+ + Ca(HCO_3)_2 \rightleftharpoons R_{K2}^-Ca^{2+} + 2H_2O + 2CO_2$$

Beispiel

Ein Flusswasser wird geflockt, kiesfiltriert und anschließend über ein schwach saures Kationenaustauschharz entcarbonisiert. Nach Flockung und Filtration wurde folgende Wasseranalyse erstellt:

$$\vartheta = 0-25\,°\mathrm{C}$$
$$\rho^*(\text{Schwebstoffe}) \leq 0{,}50\,\text{mg/l}$$
$$\rho^*(\mathrm{KMnO_4}) \leq 10\,\text{mg/l}$$
$$\rho^*(\mathrm{PO_4^{3-}}) \leq 0{,}50\,\text{mg/l}$$
$$c(1/2\mathrm{Ca^{2+}} + 1/2\mathrm{Mg^{2+}}) \leq 6{,}43\,\text{mmol/l}$$
$$c(1/2\mathrm{Ca^{2+}}) \leq 4{,}30\,\text{mmol/l}$$
$$c(\mathrm{HCO_3^-}) \leq 1{,}91\,\text{mmol/l}$$
$$c(\mathrm{Cl^-}) \leq 3{,}74\,\text{mmol/l}$$
$$c(\mathrm{SO_4^-}) \leq 4{,}05\,\text{mmol/l}$$
$$c(1/2\mathrm{CO_2}) \leq 0{,}46\,\text{mmol/l}$$
$$\rho^*(\mathrm{SiO_2}) \leq 6{,}00\,\text{mg/l}$$

Es ist ein schwach saurer Kationenaustauscher für eine Durchsatzleistung von $50\,\mathrm{m^3/h}$ und eine Betriebsspieldauer von 48 Stunden für die Regeneration mit Salzsäure zu dimensionieren.

Die Auslegung *aller* Ionenaustauscher kann am einfachsten nach folgendem Schema vorgenommen werden. Zunächst ist die relevante Ionenbeladung $c(1/z\mathrm{B})$ (Äquivalentkonzentration) des aufzubereitenden Wassers zu errechnen. Anschließend wird die NK des Ionenaustauschharzes aus den Harzherstellerunterlagen ermittelt. Der Quotient n/NK ergibt das einzusetzende Harzvolumen V_H.

Es ist zu prüfen, ob die resultierende spezifische Harzbelastung den Maximalwert der Tabelle 11.5 nicht überschreitet. Wäre dies der Fall, dann müsste die anhand der Wasseranalyse errechnete Harzmenge entweder aufgrund hydraulischer Gegebenheiten vergrößert, oder die Zeit eines Betriebsspieles verlängert werden. Dies kommt bei den üblichen Rohwasseranalysen aber nicht vor.

Zur Realisierung kleiner Behälterdurchmesser, die gegenüber Behältern gleichen Rauminhalts aber größeren Durchmessers aufgrund der geringeren Wandstärken preiswerter sind, geht man zunächst immer von der nach Tabelle 11.5 max. zulässigen Harzschichthöhe $h = 1500\,\mathrm{mm}$ aus und errechnet aus V_H/h die Behälterfläche A und daraus den Behälterdurchmesser d. Die errechneten Werte werden dann aus fertigungstechnischen Gründen auf 100 mm gerundet.

Ionenbeladung	$c(\mathrm{HCO_3^-}) = 1{,}91\,\text{mmol/l}$
Durchsatzleistung	$Q = 50\,\mathrm{m^3/h}$
Laufzeit	$t = 48\,\mathrm{h}$
Durchsatz	$V = 50 \cdot 48 = 2400\,\mathrm{m^3}$
Gesamtbeladung	$n = 2400 \cdot 1{,}91 = 4584\,\mathrm{mol}$

Mittels Abb. 11.47 kann die NK wie folgt iterativ errechnet werden:

1. Annahme:

$$NK = 1{,}80\,\text{mol/l} \quad \text{(diese NK wird immer als 1. Annahme gewählt)}$$
$$V_H = n/NK = 4584/1{,}8 = 2547\,\text{l} \quad \text{(Harzvolumen)}$$
$$Q_B = Q/V_H = 50/2{,}547 = 19{,}6\,\text{h}^{-1} \quad \text{(spezifische Harzbelastung)}$$
$$v_1 = c(HCO_3^-) \cdot Q_B/1000 = 1{,}91 \cdot 19{,}6/1000 = 0{,}037\,\text{mol/h} \cdot \text{l}$$
(Ionentransportgeschwindigkeit)
$$NK = 2{,}15\,\text{mol/l} \quad \text{(aus Abb. 11.47)}$$

2. Annahme:

$$NK = 2{,}00\,\text{mol/l}$$
$$V_H = 4584/2{,}0 = 2292\,\text{l}$$
$$Q_B = 50/2{,}292 = 21{,}8\,\text{h}^{-1}$$
$$v_1 = 1{,}91 \cdot 21{,}8/1000 = 0{,}042\,\text{mol/h} \cdot \text{l}$$
$$NK = 2{,}10\,\text{mol/l} \quad \text{(aus Abb. 11.47)}$$

Tabelle 11.5 Hinweise zur Dimensionierung von Ionenaustauschanlagen

spez. Harzbelastung Q_B stark diss. Harze:	< 40 h^{-1}
spez. Harzbelastung Q_B schwach diss. Harze:	< 30 h^{-1}
Filtergeschwindigkeit q_A:	< 40 m/h
Harzschichthöhe h:	800 bis 1500 mm
Rückspülraum:	100%
Scavenger-filter (Gleichstromregeneration)	
spez. Harzbelastung Q_B bei der Beladung:	5 bis 20 h^{-1}
spez. Harzbelastung Q_B bei der Regeneration:	2 bis 4 h^{-1}
Rückspülgeschwindigkeit:	5 m/h
NK:	25 kg $KMnO_4$-Verbrauch/m^3 Harz
Regenerierchemikalienaufwand:	3 Bettvolumina einer Lösung mit $w(NaCl) = 0{,}1$ und $w(NaOH) = 0{,}02$
Waschwasserbedarf:	10 H_V
Stark saure Kationenaustauscher (Gegenstromregeneration)	
NK:	1,15 mol/l bei der Regeneration mit $\varrho^*(HCl) = 50$ g/l Harz
NK:	0,65 mol/l bei der Regeneration mit $\varrho^*(H_2SO_4) = 80$ g/l Harz
Mindest-Regenerierchemikalienaufwand:	120% der Theorie
Regeneriermittelkonzentration:	$w(HCl) = 3\%$; $w(H_2SO_4) = 2$ bis 4%
Rückspülgeschwindigkeit:	12 m/h
Rückspülzeit:	20 min
Waschwasserbedarf zum Verdrängen:	2 H_V
Waschwasserbedarf zum Auswaschen:	2 H_V
Regenerierchemikalien-Einspeisezeit:	30 min
Sperrwassergeschwindigkeit:	4,5 m/h
Zeitaufwand Verdrängen:	Errechnet sich aus dem Verdünnungswasserstrom bei der Chemikalieneinspeisung
Zeitaufwand Endauswaschen:	Errechnet sich aus dem Betriebsdurchsatz

Tabelle 11.5 Hinweise zur Dimensionierung von Ionenaustauschanlagen (*Fortsetzung*)

Schwach basische Anionenaustauscher (Gleichstromregeneration)	
NK:	**1,00 mol/l bei der Regeneration mit 120% der Theorie**
Belastbarkeit mit org. Substanz:	**12 g $KMnO_4$/l Harz**
Regeneriermittelkonzentration:	**w(NaOH) = 2%**
Rückspülgeschwindigkeit:	**8 m/h**
Rückspülzeit:	**10 min**
Waschwasserbedarf zum Verdrängen:	**3 H_V**
Waschwasserbedarf zum Auswaschen:	**4 H_V**
Regenerierchemikalien-Einspeisezeit:	**30 min**
Zeitaufwand Verdrängen:	**Errechnet sich aus dem Verdünnungswasserstrom bei der Chemikalieneinspeisung**
Zeitaufwand Endauswaschen:	**Errechnet sich aus dem Betriebsdurchsatz**
Kohlensäure-Rieseler	
Filtergeschwindigkeit q_A bei Einsatz von Pall-Ringen mit d = 25 mm:	**< 40 m/h**
Füllhöhe h:	**2800 mm**
zyl. Mantelhöhe:	**4200 mm**
Luftbedarf:	**35 m^3 Luft/(h · m^3 Wasser)**
Nutzinhalt Pumpenvorlage:	**mind. 3 min Vorrat bei Vollastbetrieb**
Stark basische Anionenaustauscher (Gegenstromregeneration)	
NK Typ I-Harz:	**0,40 mol/l bei der Regeneration mit ϱ^*(NaOH) = 30 g/l Harz**
NK Typ II-Harz:	**0,50 mol/l bei der Regeneration mit ϱ^*(NaOH) = 30 g/l Harz**
Mindest-Regenerierchemikalienaufwand:	**130% der Theorie**
Regeneriermittelkonzentration:	**w(NaOH) = 2%**
Rückspülgeschwindigkeit:	**12 m/h**
Rückspülzeit:	**20 min**
Waschwasserbedarf zum Verdrängen:	**3 H_V**
Waschwasserbedarf zum Auswaschen:	**2 H_V**
Regenerierchemikalien-Enspeisezeit:	**30 min**
Sperrwassergeschwindigkeit:	**4,5 m/h**
Zeitaufwand Verdrängen:	**Errechnet sich aus dem Verdünnungswasserstrom bei der Chemikalieneinspeisung**
Zeitaufwand Endauswaschen:	**Errechnet sich aus dem Betriebsdurchsatz**

3. Annahme:

$$\mathrm{NK} = 2{,}05\,\mathrm{mol/l}$$
$$V_\mathrm{H} = 4584/2{,}05 = 22361$$
$$Q_\mathrm{B} = 50/2{,}236 = 21{,}4\,\mathrm{h}^{-1}$$
$$v_1 = 1{,}91 \cdot 21{,}4/1000 = 0{,}041\,\mathrm{mol/h \cdot l}$$
$$\mathrm{NK} = 2{,}05\,\mathrm{mol/l} \quad \text{(aus Abb. 11.47)}$$

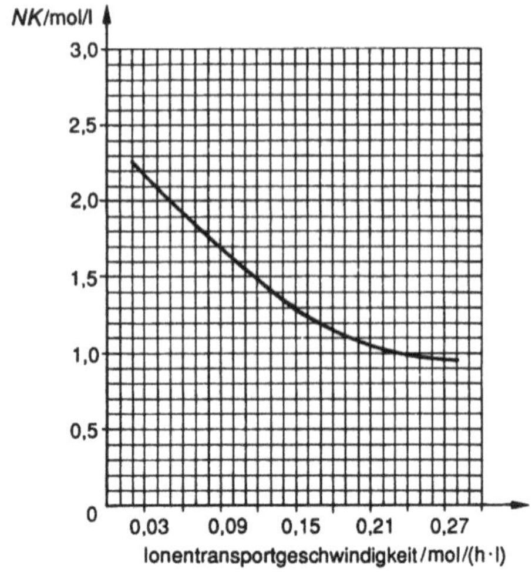

Abb. 11.47 NK schwach saurer Kationenaustauschharze in Abhängigkeit von der Ionentransportgeschwindigkeit

Die NK wurde mittels Abb. 11.47 zu 2,05 mol/l ermittelt. Es sind 2236 Liter Ionenaustauschharz erforderlich. Zur Vermeidung großer Behälterdurchmesser versucht man bei der Dimensionierung von Ionenaustauschbehältern immer die durch den möglichen Druckverlust vorgegebene max. Harzschichthöhe (Tabelle 11.5) auszunutzen.

vorläufige Behälterfläche	$A_1 = V_H/h = 2{,}236/1{,}5 = 1{,}49\,\mathrm{m}^2$
rechnerischer Behälterdurchmesser	$d_1 = 1378\,\mathrm{mm}$
gewählter Behälterdurchmesser	$d_2 = 1400\,\mathrm{mm}$
Behälterfläche	$A_2 = 1{,}54\,\mathrm{m}^2$
Filtergeschwindigkeit	$q_A = Q/A_2 = 50/1{,}54 = 32{,}5\,\mathrm{m/h}$
gewählte Harzschichthöhe	$h_{gew.} = 1452\,\mathrm{mm}$
zylindrische Mantelhöhe des Behälters	$H = 2 \cdot h = 2904\,\mathrm{mm}$
gewählte zylindrische Mantelhöhe	$H_{gew.} = 2900\,\mathrm{mm}$

Da sowohl die spezifische Harzbelastung als auch die Filtergeschwindigkeit kleiner als die nach Tabelle 11.5 max. zulässigen Werte sind, wird der Ionenaustauschbehälter in den Abmessungen $d = 1400\,\mathrm{mm}$ und $H = 2900\,\mathrm{mm}$ gefertigt.

11.8 Enthärtungsverfahren

Enthärtungsverfahren sind Verfahren, welche in der Lage sind, die Härte ($c(1/2Ca^{2+} + 1/2Mg^{2+})$) eines Wassers bedeutend zu reduzieren oder völlig zu entfernen. Neben dem bereits erwähnten Effekt der Teilenthärtung bei Kalk- und Ionenaustausch-Entcarbonisierungsverfahren sind zwei weitere Enthärtungsverfahren bekannt.

11.8.1 Fällungsenthärtung

Die früher üblichen Fällungsverfahren wurden zu Beginn der 1960er Jahre durch Ionenaustauschverfahren völlig verdrängt. Die Kenntnis der ablaufenden Reaktionen ist nur noch von historischem Interesse. Hier soll nur der Chemismus des früher häufig angewandten Kalk-Soda-Verfahrens wiedergegeben werden. Beim Kalk-Soda-Verfahren werden die Hydrogencarbonationen, die Magnesiumionen und das Kohlenstoffdioxid durch Kalkzugabe ausgefällt und die Calcium-Nichthydrogencarbonatsalze durch Sodazugabe in besser lösliche Natriumsalze überführt:

$$Ca(HCO_3)_2 + Ca(OH)_2 \rightleftharpoons 2CaCO_3 + 2H_2O$$
$$Mg(HCO_3)_2 + 2Ca(OH)_2 \rightleftharpoons Mg(OH)_2 + 2CaCO_3 + 2H_2O$$
$$MgSO_4 + Ca(OH)_2 \rightleftharpoons Mg(OH)_2 + CaSO_4$$
$$CO_2 + Ca(OH)_2 \rightleftharpoons CaCO_3 + H_2O$$
$$CaCl_2 + Na_2CO_3 \rightleftharpoons CaCO_3 + 2NaCl$$
$$CaSO_4 + Na_2CO_3 \rightleftharpoons CaCO_3 + Na_2SO_4$$

Ätznatron-Soda- und Phosphatverfahren sind ebenfalls nur noch von historischem Interesse und werden daher nicht näher erläutert. Allen Fällungsverfahren ist gemeinsam, dass zum Erreichen vernünftiger Reaktionsgeschwindigkeiten bei höheren Temperaturen (50–90 °C) gearbeitet werden musste.

11.8.2 Enthärtung durch Ionenaustausch

Die Theorie der Enthärtung mittels stark saurer Kationenaustauschharze in der Natriumionenform wurde bereits ausführlich dargestellt. An dieser Stelle wird nur auf die praktische Anwendung zur Auslegung von Enthärtungs-Ionenaustauschbehältern eingegangen.

Chemismus (beispielhaft)

$$2R_K^-Na^+ + CaCl_2 \rightleftharpoons R_{K2}^-Ca^{2+} + 2NaCl$$
$$2R_K^-Na^+ + MgSO_4 \rightleftharpoons R_{K2}^-Mg^{2+} + Na_2SO_4$$

Beispiel

Ein Industriebetrieb beabsichtigt die Anschaffung eines Niederdruckkessels, der mit enthärtetem Wasser der Restäquivalentkonzentration an Calcium- und Magnesiumionen $c(1/2Ca^{2+} + 1/2Mg^{2+}) < 0{,}01$ mmol/l zu betreiben ist. Die Ionenaustausch-Enthärtungsanlage soll für einen Volumenstrom von 20 m^3/h ausgelegt werden. Der Dimensionierung ist der nachfolgende Auszug aus der Rohwasseranalyse zugrunde zu legen:

$$c(1/2\text{Ca}^{2+} + 1/2\text{Mg}^{2+}) = 6{,}0\,\text{mmol/l}$$
$$c(\text{HCO}_3^-) = 4{,}0\,\text{mmol/l}$$
$$c(\text{Na}^+) = 2{,}1\,\text{mmol/l}$$

Die Enthärtungsbehälter sollen für eine Betriebsspieldauer von 8 Stunden für die Regeneration mit einer Kochsalzlösung mit $w(\text{NaCl}) = 10\%$ ausgelegt werden. Die Vorgehensweise bei der Dimensionierung von Ionenaustauschanlagen wurde bereits erläutert. Zur Festlegung der NK werden die Abb. 11.48 und 11.49 herangezogen.

Die Restäquivalentkonzentration an Calcium- und Magnesiumionen $c(1/2\text{Ca}^{2+} + 1/2\text{Mg}^{2+}) \leq 0{,}01\,\text{mmol/l}$ und die Äquivalentkonzentration an Natriumionen $c(\text{Na}^+) = 2{,}1\,\text{mmol/l}$ erfordern nach Abb. 11.48 einen Regenerierchemikalienaufwand an NaCl von 180 g/l. Bei diesem Regenerierchemikalienaufwand ist aus Abb. 11.49 die NK = 1,45 mol/l abzulesen.

Ionenbeladung	$c(1/2\text{Ca}^2 + 1/2\text{Mg}^{2+}) = 6{,}0\,\text{mmol/l}$
Volumenstrom	$Q = 20\,\text{m}^3/\text{h}$
Betriebsspieldauer	$t = 8\,\text{h}$
Durchsatz	$V = Q \cdot t = 20 \cdot 8 = 160\,\text{m}^3$
Gesamtbeladung	$n = V \cdot c(1/z\text{B}) = 160 \cdot 6{,}0 = 960\,\text{mol}$
Harzvolumen	$V_\text{H} = n/\text{NK} = 960/1{,}45 = 662\,\text{l}$

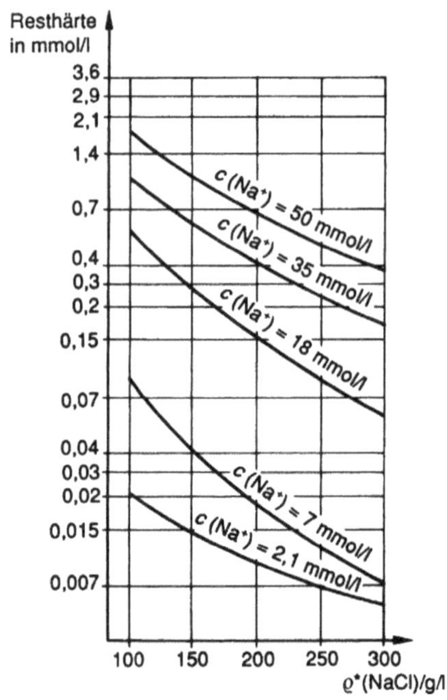

Abb. 11.48 Enthärtung: Resthärte und Regenerierchemikalienaufwand

Abb. 11.49 Enthärtung: NK und Regenerierchemikalienaufwand

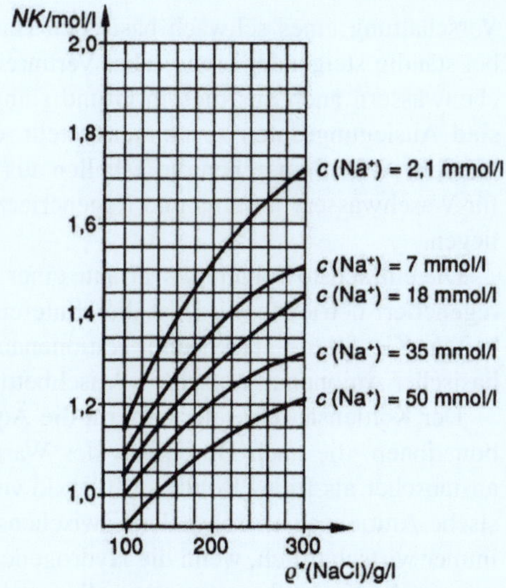

spezifische Harzbelastung	$Q_B = 20/0{,}66 = 30{,}3\,h^{-1}$; also kleiner als nach Tabelle 11.5 zulässig.
gewählte Harzschichthöhe	$h_1 = 1500\,mm$
Behälter-Querschnittsfläche	$A_1 = V_H/h_1 = 0{,}66/1{,}5 = 0{,}44\,m^2$
Behälterdurchmesser	$d_1 = 750\,mm$
Filtergeschwindigkeit	$q_A = Q/A_1 = 20/0{,}44 = 45{,}5\,m/h$; das ist mehr, als Tabelle 11.5 zulässt.
zulässige Behälter-Querschnittsfläche	$A_2 = Q/q_A = 22/40 = 0{,}5\,m^2$
resultierende Harzschichthöhe	$h_2 = V_H/A_2 = 0{,}66/0{,}5 = 1320\,mm$
resultierende zyl. Mantelhöhe	$H = 2 \cdot 1320 = 2640\,mm$
resultierender Behälterdurchmesser	$d_2 = 800\,mm$

Der Enthärtungsbehälter wird mit $d = 800\,mm$ und $H = 2640\,mm$ gefertigt.

11.9 Vollentsalzung durch Ionenaustausch

Es wurde bereits erläutert, dass man durch Hintereinanderschalten stark saurer und stark basischer Ionenaustauscher Wasser entsalzen kann. Der Kationen- und der Anionenschlupf wird in einem nachgeschalteten Mischbettfilter vollständig entfernt. Der zusätzliche Einsatz von schwach sauren und schwach basischen Ionenaustauschharzen erhöht die Gesamt-NK der Kationen- und Anionenaustauschstufen und reduziert den Regenerierchemikalienaufwand. Viele schwach basische Anionenaustauschharze besitzen außerdem eine wesentlich höhere reversible NK für organische Großionen als stark basische Anionenaustauschharze, so dass die

Vorschaltung eines schwach basischen Harzes vor das stark basische Harz heute bei ständig steigender organischer Verunreinigung in unseren Grund- und Oberflächenwässern auch aus diesem Grund sinnvoll ist. In den Tabellen 11.5 und 11.6 sind Auslegungsdaten zusammengestellt, die von vielen Harzherstellern erreicht werden. Außerdem geben die Tabellen aus der Praxis stammende Erfahrungswerte für Waschwasservolumina und Regenerierzeiten wieder, die auf der sicheren Seite liegen.

Die einfachste Schaltungsvariante einer Vollentsalzungsanlage, die gegenstromregeneriert betrieben wird, ist die Hintereinanderschaltung folgender Betriebseinheiten: Kiesfilter – stark saurer Kationenaustauscher – Kohlensäurerieseler – stark basischer Anionenaustauscher – Mischbettfilter.

Der Kohlensäurerieseler entfernt die Äquivalentkonzentration an Hydrogencarbonationen, die nach Durchfluss des Wassers durch den stark sauren Kationenaustauscher als freies Kohlenstoffdioxid vorliegt, wirtschaftlicher als der stark basische Anionenaustauscher. Die Zwischenschaltung eines Kohlensäurerieselers ist immer wirtschaftlich, wenn die Hydrogencarbonationen wenigstens 30% der Summe der Äquivalentkonzentration aller Anionen ausmachen, was bei den meisten Wässern der Fall ist. Einfache praktische Dimensionierungsdaten für Kohlensäurerieseler sind in Tabelle 11.5 angegeben. Häufig werden Kationen- und Anionenstufe noch durch Vorschalten schwach dissoziierter Harze ergänzt. Vollentsalzungsanlagen werden in der Regel als $2 \cdot 100\%$-Straßen ausgeführt, wobei der Kohlensäurerieseler häufig für beide Straßen gemeinsam benutzt wird, da er sich nicht erschöpft und keine Verschleißteile enthält.

Die Handhabung der Tabellen 11.5 und 11.6 soll an einem Auslegungsbeispiel erläutert werden.

Beispiel

Die Wasser- und Dampfverluste des Wasser-Dampf-Kreislaufes eines großen Kraftwerksblockes werden über eine Vollentsalzungsanlage mit einer Durchsatzleistung von $25\,\mathrm{m}^3/\mathrm{h}$ abgedeckt. Es ist eine $2 \cdot 100\%$-Anlage für automatischen Betrieb zu dimensionieren. Die Rückspülschritte der Gegenstromaustauscher und die Regeneration des Mischbettfilters sind im Handbetrieb auszuführen, da aufgrund der seltenen Rückspülung der Austauscher bzw. Regeneration des Mischbettfilters eine Automation unwirtschaftlich wäre. Es sollen keine schwach dissoziierten Harze eingesetzt werden. Die Filtergeschwindigkeit der Kiesfilter ist auf $10\,\mathrm{m/h}$ begrenzt. Als Regenerierchemikalien stehen Salzsäure ($w(\mathrm{HCl}) = 0{,}3$) und Natronlauge ($w(\mathrm{NaOH}) = 0{,}5$) zur Verfügung. Die Betriebsspieldauer beträgt 12 Stunden. Das aufzubereitende Wasser ist Brunnenwasser mit der nachfolgenden Durchschnittsanalyse:

$$\mathrm{pH} = 7{,}6$$

$$\vartheta = 10\,^\circ\mathrm{C}$$

$$\rho^*(\text{Schwebestoffe}) \leq 2\,\mathrm{mg/l}$$

Tabelle 11.6 Hinweise zur Dimensionierung von Mischbettfiltern und Kondensatreinigungsanlagen

Mischbettfilter	
spez. Harzbelastung Q_B:	**$< 50\ h^{-1}$**
Filtergeschwindigkeit q_A:	**< 60 m/h**
Harzschichthöhe h:	**1200 mm**
Regenerierchemikalienaufwand, Anionenaustauschharz:	**$\varrho^*(NaOH) = 80$ g/l**
Regenerierchemikalienaufwand, Kationenaustauschharz:	**$\varrho^*(HCl) = 80$ g/l**
	$\varrho^*(H_2SO_4) = 150$ g/l
Regeneriermittelkonzentration:	**$w(NaOH) = 4\%$**
	$w(HCl) = 6\%$
	$w(H_2SO_4) = 8\%$
Rückspülgeschwindigkeit:	**12 m/h**
Rückspülzeit:	**20 min**
Sperrwasser bei der Natronlaugeeinspeisung:	**4,5 m/h**
Sperrwasser bei der Säureeinspeisung:	**1,5 m/h**
Regenerierchemikalien-Einspeisezeit:	**20 min**
Verdrängungswasser Anionenaustauschharz:	**$3\ V_H$**
Verdrängungswasser Kationenaustauschharz:	**$2\ V_H$**
Waschwasserbedarf zum Auswaschen:	**$4\ V_H$**
Zeitaufwand Verdrängen:	**20 min**
Mischluftgeschwindigkeit:	**120 m/h**
Mischzeit:	**20 min**
Zeitaufwand Endauswaschen:	**Errechnet sich aus dem Betriebsdurchsatz**
Kondensatreinigungsanlagen	
Filtergeschwindigkeit q_A	
Kationenaustauscher:	**< 60 m/h**
Mischbettfilter, interne Reg.:	**< 80 m/h**
Mischbettfilter, externe Reg.:	**< 120 m/h**

$$\rho^*(KMnO_4) \leq 3\ mg/l$$

$$\rho^*(PO_4^{3-}) \leq n.\ n.$$

$$c(1/2Ca^{2+} + 1/2Mg^{2+}) \leq 6{,}50\ mmol/l$$

$$c(1/2Ca^{2+}) \leq 4{,}30\ mmol/l$$

$$c(NH_4^+) = n.\ n.$$

$$c(K^+) = n.\ n.$$

$$c(Fe^{2+}) = n.\ n.$$

$$c(Mn^{2+}) = n.\ n.$$

$$c(HCO_3^-) \leq 5{,}50\ mmol/l$$

$$c(Cl^-) \leq 0{,}31\ mmol/l$$

$$c(1/2SO_4^-) \leq 0{,}71\ mmol/l$$

$$c(NO_3^-) = n.\ n.$$

$$c(NO_2^-) = \text{n. n.}$$
$$\rho^*(CO_2) = 24{,}3\,\text{mg/l}$$
$$\rho^*(SiO_2) \leq 6{,}70\,\text{mg/l}$$

Die Vollentsalzungsanlage wird durch Erarbeiten folgender Unterlagen dimensioniert:

- Chemisch-verfahrenstechnische Auslegung anhand des Standardblattes 1 zur Festlegung der Ionenaustauschharzmengen, der Regenerierchemikalienmengen und der Behälterabmessungen.
- Hydraulische Auslegung anhand des Standardblattes 2 zur Festlegung der Rohrleitungsnennweiten, der Pumpenförderströme, der Regenerierzeiten und des Nutzinhaltes des Neutralisationsbeckens.
- Erstellen des Fließbildes der Anlage.

Die fertige chemisch-verfahrenstechnische und hydraulische Auslegung der Anlage sind in den Tabellen 11.7 bis 11.12 dargestellt. Nachfolgend werden einige Erläuterungen zum Berechnungsgang gegeben.

Vorbemerkungen

Da die Kohlensäure und die ionogen gelöste Kieselsäure auf stark basischen Anionenaustauschern als einwertige Hydrogencarbonationen bzw. Hydrogensilikationen gebunden werden, werden Kohlenstoffdioxid und Siliciumdioxid in der *Ionenaustauschtechnik* als einwertige Verbindungen betrachtet. In Standardblatt 1 und Tabelle 11.5 werden folgende Abkürzungen verwendet:

PB = Betriebsüberdruck in bar
ϑ = Wassertemperatur in °C
KF = Kiesfilter
s = Schwach saures Kationenaustauschharz
S = Stark saures Kationenaustauschharz
CO_2-R = Kohlensäurerieseler
b = Schwach basisches Anionenaustauschharz
B-I = Stark basisches Anionenaustauschharz, Typ-I
B-II = Stark basisches Anionenaustauschharz, Typ-II
$c(HCO_3^-)$ = Äquivalentkonzentration an Hydrogencarbonationen in mol/m^3
$c(1/z\text{K})$ = Summe der Äquivalentkonzentrationen aller Kationen in mol/m^3
$c(1/z\text{A})$ = Summe der Äquivalentkonzentrationen aller Anionen in mol/m^3
$c(1/z\text{B})$ = Beladungs-Ionenkonzentration der Ionenaustauschharze in mol/m^3
Q = Volumenstrom in m^3/h
t = Betriebsspieldauer in h
V_{brutto} = Bruttodurchsatz während eines Betriebsspiels in m^3
V_{netto} = Nettodurchsatz während eines Betriebsspiels in m^3
n = Harzbeladung in mol

Tabelle 11.7 Chemische Auslegung einer Vollentsalzungsanlage

Standardblatt 01
CHEMISCHE AUSLEGUNG
Proj.-Nr.:

Firma:	Tag: Bearbeiter:	Blatt:

PB in bar: 6	ϑ in °C ≥ 20	Q_{netto} in m³/h	25
Vorbehandlung des Wassers:	Vorwärmung und Filtration	t in h	12
		V_{netto} in m³	300
		$c(1/z\mathrm{K})$ in mol/m³	6,63
Schaltung:		$c(1/z\mathrm{sA})$ in mol/m³	5,61
KF / S / CO_2 – R / B – II / MBF		$c(1/z\mathrm{SA})$ in mol/m³	1,02
KF / S / CO_2 – R / B – II / MBF		$c(1/z\mathrm{A})$ in mol/m³	1,36

Wasseranalyse, alle Angaben als $c(1/z\mathrm{X})$ in mol/m³

$c(1/2\,Ca^{2+} + 1/2\,Mg^{2+})$	6,50		
$c(HCO_3^-)$	5,50		
$c(1/2Ca^{2+})$	4,30	$c(Cl^-)$	0,31
$c(1/2Mg^{2+})$	–	$c(1/2SO_4^{2-})$	0,71
$c(Na^{2+})$	–	$c(NO_3^-)$	n.n.
$c(K^+)$	–	$c(NO_3^-)$	n.n.
$c(NH_4^+)$	n.n.	$c(SiO_2)$	0,11
$c(1/2Fe^{2+})$	n.n.	$c(CO_{2geb})$	–
$c(1/2Mn^{2+})$	n.n.	$c(CO_{2frei})$	–
		$c(CO_{2n.R.})$	0,23

Harztyp	KF	S	CO_2 – R	B – II	MBF	
$c(1/z\mathrm{B})$ in mol/m³	–	6,63	–	1,36	–	
Q_{brutto} in m³/h	29	29	29	29	29	
t in h	–	12	–	12	–	
Q_{brutto} in m³	–	348	–	348	–	
Q_{netto} in m³	–	300	–	300	–	
n in mol	–	2307	–	473	–	
NK in mol/l	–	1,15	–	0,5	–	
V_H in l	6280	2006	2199	946	302	302
Q_B in h⁻¹	–	14,5	–	30,7	48	
Reg.-chemikal	–	HCl	–	NaOH	HCl/NaOH	
ϱ^* (R) in g/l	–	50	–	38,6	80	80
m (R) in kg	–	100,3	–	36,6	24,2	24,2
w (R) in %	–	3	–	2	6	4
x in %	–	119	–	193	–	–
Behälterabmessungen						
d in mm	2000	1300	1000/1400	1000	800	
h in mm	2000	1511	2800	1204	1200	
H in mm	3000	3222	4200/1000	2608	2400	
q_A in m/h	9,2	21,8	36,9	36,9	57,7	

Tabelle 11.8 Hilfstabelle zur chemischen Auslegung einer Vollentsalzungsanlage

Standardblatt 03 b
HILFSTABELLE ZUR CHEMISCHEN AUSLEGUNG
Neutralstellung der Eluate
Proj.-Nr.:

Firma: Tag: Blatt:
Bearbeiter:

	m(R) in g ($n \cdot M$ (R))	M(R) in g/mol	n in mol (m/M (R))	n in mol
Kationenaustauscher:				
Regenerierchemikal: HCl				
Regenerierchemikalienaufwand:	100300	36,5	2748	
installierte NK:			2307	
Säureüberschuss:				441
Anionenaustauscher:				
Regenerierchemikal: NaOH				
Regenerierchemikalienaufwand:	36600	40	914	
installierte NK:			473	
Natronlaugeüberschuss:				441

NK = nutzbare Kapazität in mol/l
V_H = Harzvolumen in l
Q_B = spezifische Harzbelastung in 1/h
$\rho^*(R)$ = Regenerierchemikalienaufwand pro Liter Harz in g/l
m(R) = Regenerierchemikalienaufwand pro Regeneration in kg
$n(1/z\text{R})$ = Äquivalente des Regenerierchemikalienaufwandes in mol
w(R) = Regeneriermittel-Massenanteile in %
x = Regenerierchemikalienaufwand in % der Theorie in %
$d/d_{\text{gew.}}$ = berechneter/gewählter Behälterdurchmesser in mm
$h/h_{\text{gew.}}$ = angenommene/gewählte Harzschichthöhe in mm
H = zylindrische Mantelhöhe des Behälters in mm
q_A = Filtergeschwindigkeit in m/h

Die in den Tabellen 11.7 bis 11.12 wiedergegebene chemisch-verfahrenstechnische und hydraulische Auslegung für das Berechnungsbeispiel bedürfen einiger Erläuterungen. Die Erläuterungen werden in der Reihenfolge gegeben, in welcher die Standardblätter 1, 2 und 3 ausgefüllt werden.

Chemisch-verfahrenstechnische Auslegung (Standardblätter 1 und 2)

Der Betriebsüberdruck und die Wassertemperatur sind anhand der Schaltung der Anlage festzulegen. Ist die Zwischenschaltung eines Kohlensäure-Rieselers zwi-

Tabelle 11.9 Hydraulische Auslegung eines Kationenaustauschers

Standardblatt 02 a HYDRAULISCHE AUSLEGUNG Proj.-Nr.:				
Firma:		Tag: Bearbeiter:		Blatt:
Ionenaustauschbehälter:		Kationenaustauscher		
Durchmesser d in mm		1300		
zyl. Mantelhöhe H in mm		3222		
Harzvolumen V_H in l und -art		2006 S		
Regenerierchemikalienaufwand m(R) in kg		100,3 mit w(HCl) = 1		
Regenerierchemikalienaufwand m(R) in kg		334,3 mit w(HCl) = 0,3		
Regenerierchemikalienaufwand V(R) in l		290,7 mit w(HCl) = 0,3		
Regenerierkonzentration w(R) in %		3		
Art der Regeneration:		Gegenstrom		
Regeneriertakt		Volumenstrom in m^3/h	Dauer in min	Abwasservolumen in m^3
Rückspülen:	12 m/h	15,93	20	(5,31)
Absitzen:		–	5	–
Chemikalieneinspeisung:				
Reg.-chemikal:	HCl			
w(X) in %:	30	0,58	30	0,29
H_2O:		6,00	30	3,00
Sperrwasser:	4,5 m/h	5,99	30	3,00
Verdrängen:	$2 \cdot V_H$	6,00	40	4,01
Sperrwasser:	4,5 m/h	5,99	40	3,99
Auswaschen:	$2 \cdot V_H$	29,00	8	4,01
Summe:			78	18,30
Sicherheit:	ca. 10%	–	7	1,70
Garantiewerte:		–	85	20,00

schen Kationen- und Anionenstufe wirtschaftlich, so wird die Auslegung der Behälter auf einen Überdruck von 6 bar ausreichend sein. In anderen Fällen können höhere Betriebsdrücke erforderlich werden. Für Überschlagsrechnungen kann pro Behälter einschließlich Frontrohrsystem mit einem Druckverlust von 1,5 bar gerechnet werden.

Die Wassertemperatur sollte zur Einsparung einer sonst häufig erforderlichen Schwitzwasserisolierung mittels eines Vorwärmers immer mindestens auf 20 °C angehoben werden. Bei gegenstromregenerierten Anlagen muss immer eine mechanische Filtration des Rohwassers erfolgen, damit möglichst viele Betriebsspiele vor einer notwendigen Rückspülung der Harze erreicht werden.

Im vorliegenden Beispiel wünschte der Kunde, dass keine schwach dissoziierten Harze eingesetzt werden, obwohl die Wasseranalyse den Einsatz sowohl schwach saurer als auch schwach basischer Ionenaustauschharze wirtschaftlich erscheinen ließ.

Tabelle 11.10 Hydraulische Auslegung eines Anionenaustauschers

Standardblatt 02 a HYDRAULISCHE AUSLEGUNG Proj.-Nr.:				
Firma:		Tag: Bearbeiter:		Blatt:
Ionenaustauschbehälter:		Anionenaustauscher		
Durchmesser d in mm		1000		
zyl. Mantelhöhe H in mm		2608		
Harzvolumen V_H in l und -art		946 B-II		
Regenerierchemikalienaufwand m(R) in kg		36,6 mit w(NaOH) = 1		
Regenerierchemikalienaufwand m(R) in kg		73,2 mit w(NaOH) = 0,5		
Regenerierchemikalienaufwand V(R) in l		49,1 mit w(NaOH) = 0,5		
Regenerierkonzentration w(R) in %		2		
Art der Regeneration		Gegenstrom		
Regeneriertakt		Volumenstrom in m^3/h	Dauer in min	Abwasservolumen in m^3
Rückspülen:	12 m/h	9,42	20	(3,14)
Absitzen:		–	5	–
Chemikalieneinspeisung:				
Reg.-chemikal:	NaOH			
w(X) in %:	50	0,10	30	0,05
H_2O:		3,52	30	1,76
Sperrwasser:	4,5 m/h	3,53	30	1,77
Verdrängen:	$3 \cdot V_H$	3,52	48	2,84
Sperrwasser:	4,5 m/h	3,53	48	2,82
Auswaschen:	$2 \cdot V_H$	29,00	4	1,89
Summe:			82	11,13
Sicherheit:	ca. 10%	–	8	1,87
Garantiewerte:		–	90	13,00

Die stark basischen Typ-II-Harze haben gegenüber den Typ-I-Harzen den Vorteil der um 25% höheren NK bei geringfügig kleinerer Kapazität für Hydrogensilicate. Da das nachgeschaltete Mischbettfilter den Kieselsäureschlupf eliminiert, wurde ein Typ-II-Harz vorgesehen.

Der Kunde wünschte den Einsatz von je einem Kohlensäure-Rieseler pro Ionenaustauschstraße; häufig wird nur ein Rieseler für den doppelten Bruttovolumenstrom vorgesehen.

Da die Kationen und die Anionen der Wasseranalyse bilanziert werden, *müssen* die Analysenwerte in *Äquivalentkonzentrationen* angegeben werden. Analysenwerte, die in der Kundenanalyse nicht angegeben sind und nicht errechnet werden können (zu errechnen sind: $c(1/2Mg^{2+})$, $c(Na^+)$, $c(CO_2)_{G1}$, pH_{G1}), werden als nicht nachweisbar (n.n.) festgelegt, um späteren Streitigkeiten vorzubeugen.

Bei Zwischenschaltung eines Kohlensäure-Rieselers kann im Ablauf des Rieselers mit einer Massenkonzentration an freiem Kohlenstoffdioxid $\rho^*(CO_2) \leq$

Tabelle 11.11 Hydraulische Auslegung eines Mischbettfilters

Standardblatt 02 b
HYDRAULISCHE AUSLEGUNG
Proj.-Nr.:

Firma: | Tag: | Blatt:
Bearbeiter:

Ionenaustauschbehälter:	Mischbettfilter
Durchmesser d in mm	800
zyl. Mantelhöhe H in mm	2400
Harzvolumen V_H in l und -art	302 B-I/302 S
Reg.-chemikalienaufwand Lauge m(R) in kg	24,2 mit w(NaOH) = 1
Reg.-chemikalienaufwand Lauge m(R) in kg	48,4 mit w(NaOH) = 0,5
Reg.-chemikalienaufwand Lauge V(R) in l	32,5 mit w(NaOH) = 0,5
Regenerierkonzentration Lauge w(R) in %	4
Reg.-chemikalienaufwand Säure m(R) in kg	24,2 mit w(HCl) = 1
Reg.-chemikalienaufwand Säure m(R) in kg	80,7 mit w(HCl) = 0,3
Reg.-chemikalienaufwand Säure V(R) in l	70,1 mit w(HCl) = 0,3
Regenerierkonzentration Säure w(R) in %	6
Art der Regeneration:	normal

Regeneriertakt		Volumenstrom in m³/h	Dauer in min	Abwasservolumen in m³
Rückspülen:	12 m/h	6,03	20	2,01
Absitzen I:			5	
Chemikalieneinspeisung I:				
Reg.-chemikal:	NaOH			
w(X) in %:	50	0,12	20	0,04
H_2O:		1,68	20	0,56
Sperrwasser:	4,5 m/h	2,26	20	0,75
Verdrängen:	$3 \cdot V_H$	2,73	20	0,91
Sperrwasser:	4,5 m/h	2,26	20	0,75
Chemikalieneinspeisung II:				
Reg.-chemikal:	HCl			
w(X) in %:	30	0,21	20	0,07
H_2O:		0,96	20	0,32
Sperrwasser:	1,5 m/h	0,75	20	0,25
Verdrängen:	$2 \cdot V_H$	1,80	20	0,60
Sperrwasser:	1,5 m/h	0,75	20	0,25
Absenken:		–	5	0,60
Luftmischen:	120 m/h	60,00	20	
Absitzen II:		29,00	0,5	0,24
Auffüllen:		29,00	1	–
Auswaschen:	$4 \cdot V_H$	29,00	5	2,41
Summe:		–	136	9,76
Sicherheit:	10%	–	14	1,24
Garantiewerte:			150	11,00

Tabelle 11.12 Hilfstabelle zur hydraulischen Auslegung einer Vollentsalzungsanlage

Standardblatt 03a
HILFSTABELLE ZUR HYDRAULISCHEN AUSLEGUNG
Proj.-Nr.:

Firma:	Tag: Bearbeiter:	Blatt:
Ionenaustauschbehälter:	Kationenaustauscher	
Regenerierchemikal:	HCl	
$m(\mathrm{R}) = 334{,}3$ kg		
Massenanteile des Chemikals im Lieferzustand, $w(\mathrm{R})$ in %		30
Massenanteile des Reg.-chemikals $w(\mathrm{R_g})$ in %		3
Massenanteile Verdünnungswasser $w(\mathrm{H_2O})$ in %		27
$m(\text{Verd. } \mathrm{H_2O}) = m(\mathrm{R}) \cdot w(\mathrm{H_2O})/w(\mathrm{R_g}) = 334{,}3 \cdot 27/3 = 3009$ kg		
Ionenaustauschbehälter:	Anionenaustauscher	
Regenerierchemikal:	NaOH	
$m(\mathrm{R}) = 73{,}2$ kg		
Massenanteile des Chemikals im Lieferzustand, $w(\mathrm{R})$ in %		50
Massenanteile des Reg.-chemikals $w(\mathrm{R_g})$ in %		2
Massenanteile Verdünnungswasser $w(\mathrm{H_2O})$ in %		48
$m(\text{Verd. } \mathrm{H_2O}) = m(\mathrm{R}) \cdot w(\mathrm{H_2O})/w(\mathrm{R_g}) = 73{,}2 \cdot 48/2 = 1757$ kg		
Ionenaustauschbehälter:	MBF, Anionenaustauscher	
Regenerierchemikal:	NaOH	
$m(\mathrm{R}) = 48{,}4$ kg		
Massenanteile des Chemikals im Lieferzustand, $w(\mathrm{R})$ in %		50
Massenanteile des Reg.-chemikals $w(\mathrm{R_g})$ in %		4
Massenanteile Verdünnungswasser $w(\mathrm{H_2O})$ in %		46
$m(\text{Verd. } \mathrm{H_2O}) = m(\mathrm{R}) \cdot w(\mathrm{H_2O})/w(\mathrm{R_g}) = 48{,}4 \cdot 46/4 = 557$ kg		
Ionenaustauschbehälter:	MBF, Kationenaustauscher	
Regenerierchemikal:	HCl	
$m(\mathrm{R}) = 80{,}7$ kg		
Massenanteile des Chemikals im Lieferzustand, $w(\mathrm{R})$ in %		30
Massenanteile des Reg.-chemikals $w(\mathrm{R_g})$ in %		6
Massenanteile Verdünnungswasser $w(\mathrm{H_2O})$ in %		24
$m(\text{Verd. } \mathrm{H_2O}) = m(\mathrm{R}) \cdot w(\mathrm{H_2O})/w(\mathrm{R_g}) = 80{,}7 \cdot 24/6 = 323$ kg		

10 mg/l entsprechend einer Äquivalentkonzentration $c(1/1\mathrm{CO_2}) \leq 0{,}23$ mmol/l gerechnet werden.

Die Summe der Äquivalentkonzentrationen aller Kationen $c(1/z\mathrm{K})$ wird über die Summe der Äquivalentkonzentrationen aller Anionen $c(1/z\mathrm{A})$ und die Elektroneutralitätsbeziehung ermittelt, weil die Analysenverfahren zur Bestimmung der Äquivalentkonzentrationen der Anionen sicherer als die für die Kationen sind.

Durch die Zwischenschaltung des $\mathrm{CO_2}$-Rieselers, der die Hydrogencarbonate bis auf die Rest-Äquivalentkonzentration $\rho^*(\mathrm{CO_2}) \leq 10$ mg/l mit dem Luftstrom entfernt, kann die Beladungskonzentration der Kationen- und Anionenaustauscherharze $c(1/z\mathrm{B})$ natürlich nicht mehr gleich groß sein.

Kiesfilter

Bei der vom Kunden vorgegebenen Filtergeschwindigkeit $q_{\mathrm{A}} < 10\,\mathrm{m/h}$ errechnet sich der Behälterdurchmesser zu $d = 1922\,\mathrm{mm}$; aus fertigungstechnischen Gründen wird $d_{\mathrm{gew.}} = 2000\,\mathrm{mm}$ eingesetzt. Daraus errechnet sich die Filtergeschwindigkeit $q_{\mathrm{A}} = 9{,}2\,\mathrm{m/h}$. Die Kiesschichthöhe beträgt nach Tabelle 10.1 2000 mm, der Rückspülraum 1000 mm. Daraus errechnet sich die Kieseinsatzmenge $V_{\mathrm{H}} = 6280\,\mathrm{l}$ und die zylindrische Mantelhöhe des Behälters zu 3000 mm.

Kationen- und Anionenaustauscher

Bei der Gegenstromregeneration muss das Regenerierwasser Deionatqualität aufweisen, da sonst eine Ionenbeladung der unteren Harzschichten erfolgen würde. Deshalb muss der Eigenbedarf der Anlage an Deionat zusätzlich zum Nettodurchsatz während eines Betriebsspieles V_{netto} aufbereitet werden. Der Bruttodurchsatz während eines Betriebsspieles setzt sich also aus der Summe aus V_{netto} und dem geschätzten Eigenbedarf zusammen. Bei der Regeneration der Kationenstufe mit Salzsäure kann mit 15% von V_{netto}, bei der Regeneration der Kationenstufe mit Schwefelsäure mit 20–25% von V_{netto} für den Eigenbedarf gerechnet werden.

Die NK der Harze für einen bestimmten Regenerierchemikalienaufwand $\rho^*(\mathrm{R})$ kann den Tabellen 11.5 und 11.6 entnommen werden.

Das Harzvolumen V_{H} errechnet sich aus den Quotienten aus der Harzbeladung und der NK, also n/NK.

Die spezifische Harzbelastung Q_{B} errechnet sich aus dem Quotienten aus dem Bruttovolumenstrom und dem Harzvolumen: $Q_{\mathrm{brutto}}/V_{\mathrm{H}}$.

Der Regenerierchemikalienaufwand in % der Theorie (x in %) errechnet sich aus dem Quotienten aus den Äquivalenten des Regenerierchemikalienaufwandes pro Regeneration und der Harzbeladung $\big(n(1/z\mathrm{R})/n \cdot 100\big)$. Da bei Zwischenschaltung eines $\mathrm{CO_2}$-Rieselers zwischen Kationen- und Anionenstufe die Harzbeladung n der Kationenstufe immer größer als die der Anionenstufe ist, wird man die zur Neutralisation der Eluate erforderliche Laugemenge mit über die Anionenstufe schicken, um eine höhere Kapazität zu erreichen. Man wird zur Harzbeladung der Anionenstufe den Säureüberschuss der Kationenstufe addieren. Dies ist in Standardblatt 3b bzw. in Tabelle 11.8 erläutert.

Zur Ermittlung der Behälterdurchmesser geht man immer von der max. möglichen Harzschichthöhe $h = 1500\,\mathrm{mm}$ aus (s. Tabelle 11.5). Daraus resultiert für das errechnete Harzvolumen der errechnete Behälterdurchmesser d. Aus fertigungstechnischen Gründen wird der Behälterdurchmesser auf volle 100 mm aufgerundet. Daraus wird die zutreffende Harzschichthöhe $h_{\mathrm{gew.}}$ zurückgerechnet.

Die zylindrische Mantelhöhe des Behälters H errechnet sich unter Berücksichtigung des in Tabelle 11.5 angegebenen Rückspülraumes und der notwendigen Harzdeckschicht von 200 mm.

In der Regel ist $H = 2 \cdot h_{\mathrm{gew.}} + 200\,\mathrm{mm}$.

Kohlensäure-Rieseler

Tabelle 11.5 gibt die max. zulässige Filtergeschwindigkeit mit 40 m/h an. Daraus errechnet sich der gerundete gewählte Rieselerdurchmesser $d_{\text{gew.}}$ zu 1000 mm. Das Füllkörpervolumen errechnet sich aus dem Produkt der gewählten Behälterfläche und der Standardfüllhöhe (Tabelle 11.5) von 2800 mm. Die zylindrische Mantelhöhe des Rieselers ist 4200 mm (Tabelle 11.5).

Kohlensäure-Rieseler-Sumpf

Nach Passieren des Rieselers ist das Wasser drucklos und muss in einer Pumpenvorlage, dem Rieselersumpf, gesammelt werden. Der Rieselersumpf wird häufig für eine Aufenthaltszeit des Wassers von 3 Minuten dimensioniert. Da der Rieseler bereits eine zylindrische Mantelhöhe H von 4200 mm aufweist, versucht man, den Sumpf so niedrig wie möglich, in der Regel mit einer zylindrischen Mantelhöhe H von 1000 mm, auszuführen. Aus dem Quotienten aus dem erforderlichen Volumen und der zylindrischen Mantelhöhe V/H errechnet sich die Querschnittsfläche A des Rieselersumpfes und daraus der Durchmesser d.

Mischbettfilter

Mischbettfilter in Vollentsalzungsanlagen werden meistens nicht anhand der chemischen Harzbeladung n, sondern anhand hydraulischer Gesichtspunkte dimensioniert. Die Nachrechnung der Laufzeit geschieht nur selten; deswegen wird hier darauf verzichtet.

Nach Tabelle 11.6 ist die max. zulässige Filtergeschwindigkeit $q_{\text{A}} = 60\,\text{m/h}$. Der Quotient aus dem Bruttovolumenstrom und der Filtergeschwindigkeit, $Q_{\text{brutto}}/q_{\text{A}}$, ergibt die rechnerische Querschnittsfläche A; daraus ergibt sich der rechnerische Behälterdurchmesser d und der auf 100 mm gerundete Behälterdurchmesser $d_{\text{gew.}}$. Aus $d_{\text{gew.}}$ errechnet sich aus dem Quotienten aus dem Bruttovolumenstrom und der gewählten Behälter-Querschnittsfläche, $Q_{\text{brutto}}/A_{\text{gew.}}$, die tatsächliche Filtergeschwindigkeit q_{A}.

Die Harzschichthöhe ist entsprechend Tabelle 11.6 $h_{\text{gew.}} = 1200\,\text{mm}$, die zylindrische Mantelhöhe ebenfalls nach Tabelle 11.6 $H = 2 \cdot h$.

Die Harzschichthöhe beträgt nach Tabelle 11.6 $h = 1200\,\text{mm}$. Aus dem Produkt der gewählten Behälterquerschnittsfläche und der Harzschichthöhe, $A_{\text{gew.}} \cdot h$, errechnet sich das Harzvolumen V_{H}. Da in Mischbettfiltern in Vollentsalzungsanlagen immer das Harzverhältnis 1:1 gewählt wird, ist das Einzelharzvolumen $V_{\text{H}}/2$.

Die spezifische Harzbelastung Q_{B} errechnet sich aus dem Quotienten aus Bruttovolumenstrom und Gesamtharzvolumen, also $V_{\text{brutto}}/V_{\text{H}}$.

Der Regenerierchemikalienaufwand $\rho^*(\text{R})$ entstammt ebenfalls Tabelle 11.6.

Hydraulische Auslegung

Auf die hydraulische Auslegung der vorgeschalteten Kiesfilter wird nicht mehr eingegangen, da sie bereits an einem Beispiel erläutert ist. Die Angaben, welche die Behälterabmessungen d und H, die Harzvolumina V_H, den Regenerierchemikalienaufwand $m(R)$ und die Regeneriermittelkonzentration $w(R)$ betreffen, werden aus der chemisch-verfahrenstechnischen Auslegung übernommen. Da der Regenerierchemikalienaufwand in der chemisch-verfahrenstechnischen Auslegung für $w(R) = 100\%$ errechnet wurde, wird er durch Berücksichtigung der handelsüblichen Chemikalienmassenanteile in handelsübliche Massen m umgerechnet. Salzsäure wird häufig mit $w(HCl) = 30\%$, Schwefelsäure mit $w(H_2SO_4) = 96\%$, Natronlauge mit $w(NaOH) = 50\%$ gehandelt. Die Regenerierchemikalienmasse m mit den handelsüblichen Massenanteilen errechnet sich aus dem Quotienten aus dem Regenerierchemikalienaufwand und den handelsüblichen Massenanteilen: $m(R)/w(R)$. Da die Regenerierchemikalien in flüssiger Form angeliefert und dosiert werden, muss der Regenerierchemikalienaufwand durch Berücksichtigung der Dichte in eine Volumeneinheit umgerechnet werden. Die Dichten der infrage stehenden Chemikalien sind

$$\rho(\text{HCl, mit } w(\text{HCl}) = 0{,}30) = 1{,}15\,\text{kg/l}$$
$$\rho(\text{H}_2\text{SO}_4\text{, mit } w(\text{H}_2\text{SO}_4) = 0{,}96) = 1{,}84\,\text{kg/l}$$
$$\rho(\text{H}_2\text{SO}_4 \text{ mit } w(\text{H}_2\text{SO}_4) = 0{,}30) = 1{,}29\,\text{kg/l}$$
$$\rho(\text{NaOH, mit } w(\text{NaOH}) = 0{,}50) = 1{,}49\,\text{kg/l}$$

Kationen- und Anionenaustauscher

Das Rückspülen erfolgt so selten wie möglich mit der vom Harzhersteller empfohlenen Filtergeschwindigkeit. Tabelle 11.5 gibt für die Rückspül-Filtergeschwindigkeit $q_A = 12\,\text{m/h}$ an. Der Volumenstrom ergibt sich aus dem Produkt der gewählten Behälterfläche und der Rückspülfiltergeschwindigkeit; $A_{\text{gew.}} \cdot q_A$. Die Rückspülzeit beträgt nach Tabelle 11.5 20 Minuten.

Das Verdünnungswasservolumen zur Einstellung der in den Tabellen 11.5 und 11.6 angegebenen Regenerierkonzentrationen (das sind Massenanteile) wird aus dem Mischungskreuz nach folgender Formel errechnet:

$$V_{\text{Verd.wasser}} = m(\text{R})_{\text{hand. übl.}} \cdot \text{Anteile Verd.wasser}/w(\text{R})_{\text{gew.}}$$

Beispiel für den Kationenaustauscher:

$$m(\text{R})_{\text{hand. übl.,}} = 334{,}3\,\text{kg}$$
$$w(\text{R})_{\text{gew.}} = 3{,}0\%$$
$$\text{Anteile Verd.wasser} = 30 - 3 = 27$$
$$V_{\text{Verd.wasser}} = 334{,}3 \cdot 27/3 = 3009\,\text{l}$$

Die notwendigen Volumenströme für das Regenerierchemikal und das Verdünnungswasser ergeben sich durch Berücksichtigung der aus den Tabellen 11.5 und 11.6 hervorgehenden Einspeisezeiten für die Regenerierchemikalien. Zur Harzbettfixierung ist während der Chemikalieneinspeisung und während des anschließenden Verdrängungsvorganges im Abstrom ein Wasserstrom mit einer Filtergeschwindigkeit von 4,5 m/h (Gegenstrom) zu führen. Der notwendige Volumenstrom errechnet sich aus dem Produkt der Filtergeschwindigkeit und der gewählten Behälter-Querschnittsfläche: $q_A \cdot A_{gew.}$.

Das Verdrängen des Regenerierchemikals mit den in den Tabellen 11.5 und 11.6 angegebenen Volumina erfolgt entweder mit dem gleichen Volumenstrom wie bei der Verdünnungswassereinspeisung, oder der Volumenstrom errechnet sich aus der Zeitvorgabe von 20 Minuten. Der gleiche Volumenstrom wie bei der Verdünnungswassereinspeisung wird bei Automatikbetrieb bevorzugt, weil man dadurch zusätzliche Armaturen und Rohrleitungen für einen weiteren Volumenstrom einspart. Der aus der Zeitvorgabe von 20 Minuten errechnete Volumenstrom wird bei manuell bedienten Anlagen bevorzugt.

Das Auswaschen wird mit den aus den Tabellen 11.5 und 11.6 hervorgehenden Wasservolumina mit Betriebs-Filtergeschwindigkeit ausgeführt. Beim Anionenaustauscher wird bis zum Erreichen des gewünschten Leitwertes ausgewaschen. Der errechnete Wert ist nur von sekundärer Bedeutung.

Mischbettfilter

Für die Mischbettfilterregeneration gelten grundsätzlich die im vorausgegangenen Abschnitt gemachten Ausführungen. Zusätzlich sind folgende Besonderheiten zu beachten.

Das Einhalten der Rückspülzeit von 20 Minuten ist vor allen Dingen bei der Regeneration des Mischbettfilters erforderlich, da die anschließend ausgeführte Regeneration nur bei sicher erfolgter Harztrennung erfolgreich ausgeführt werden kann.

Nach dem Rückspülen ist im Regeneriertakt Absetzen das Absetzen der getrennten Ionenaustauschharze abzuwarten.

Der Gegenstrom während der Chemikalieneinspeise- und der Verdrängungstakte dient der Verhinderung der Diffusion der Regenerierchemikalien in das jeweils andere Ionenaustauschharz. Ohne Gegenstrom würde das andere Harz im durch Diffusion erreichten Teil vollständig erschöpft werden. Die Filtergeschwindigkeiten für dieses „Sperrwasser" sind unterschiedlich (Tabelle 11.6), da die Diffusion bei abströmendem Regenerierchemikal durch die Schwerkraft unterstützt wird; dadurch ist ein größerer „Sperrwasserstrom" zur Diffusionsverhinderung erforderlich. Bei gleichzeitiger Einspeisung der Regenerierchemikalien (Lauge im Abstrom, Säure im Aufstrom) kann das „Sperrwasser" entfallen.

Nach erfolgter Regeneration müssen die Harze wieder innig vermischt werden. Um das Austragen der Harze durch die Entlüftungsleitung während des Taktes Luftmischen zu vermeiden, muss der Wasserspiegel bis ca. 0,1 m über die Harzschicht abgesenkt werden. Der Wasserverlust beträgt ca. die Hälfte des Behältervolumens. Während des Luftmischens im Aufstrom mit $q_A = 120\,\text{m/h}$ (Tabelle 11.6) werden die Harze wieder innig vermischt. Auch dieser Takt sollte mit Rücksicht auf seine Bedeutung für die Qualität des aufbereiteten Wassers 20 Minuten lang ausgeführt werden (Tabelle 11.6).

Nach erfolgtem Luftmischen ist das Harz möglichst schnell zu sedimentieren, damit keine Harztrennung mehr stattfindet. Dies geschieht durch Druckaufbau im

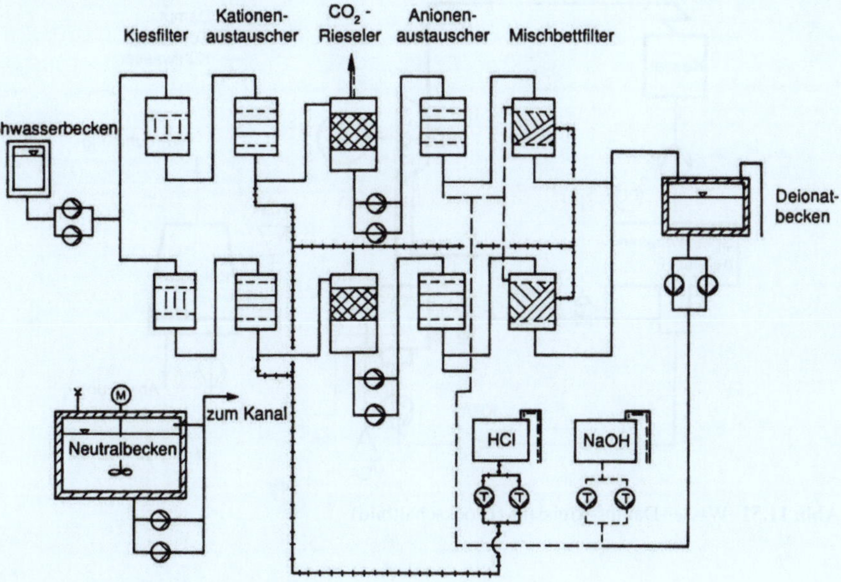

Abb. 11.50 Vollentsalzungsanlage (Blockschaltbild)

Behälter und plötzliches Öffnen der Auswaschwasser-Auslassarmatur. Der Vorgang dauert ca. 1/2 Minute.

Anschließend wird der Behälter mit der Betriebs-Filtergeschwindigkeit wieder aufgefüllt und mit der in Tabelle 11.6 angegebenen Wassermenge endausgewaschen. Das errechnete Volumen ist wie beim Auswaschen des Anionenaustauschers von sekundärer Bedeutung, da der Takt Endauswaschen solange betrieben wird, bis der gewünschte Leitwert erreicht ist.

Abbildung 11.50 zeigt das stark vereinfachte Blockschaltbild der vorstehend berechneten Vollentsalzungsanlage.

11.10 Kondensatreinigungsanlagen

Abbildung 11.51 zeigt das stark vereinfachte Blockschaltbild des Wasser-Dampf-Kreislaufes und des Hauptkühlkreislaufes eines fossil gefeuerten Kraftwerkblocks mit Kondensationsbetrieb. Werden nach Hochdruckkesselanlagen Turbinen betrieben, wird der Dampf meistens kondensiert und erneut zur Kesselspeisung eingesetzt. Je nach Druckstufe des Kessels und Kesselbauart sind nach den VGB-Richtlinien für das Kesselspeisewasser und das Kesselwasser von Dampferzeugern unterschiedliche Anforderungen an das Kesselspeisewasser zu stellen. Die höchsten Anforderungen an das Kesselspeisewasser sind bei Zwangsdurchlaufkesseln mit Kesseldrücken über 80 bar zu erfüllen. Das Kondensat reichert sich mit Korrosionsprodukten aus dem Wasser-Dampf-Kreislauf (große Oberfläche) und durch unver-

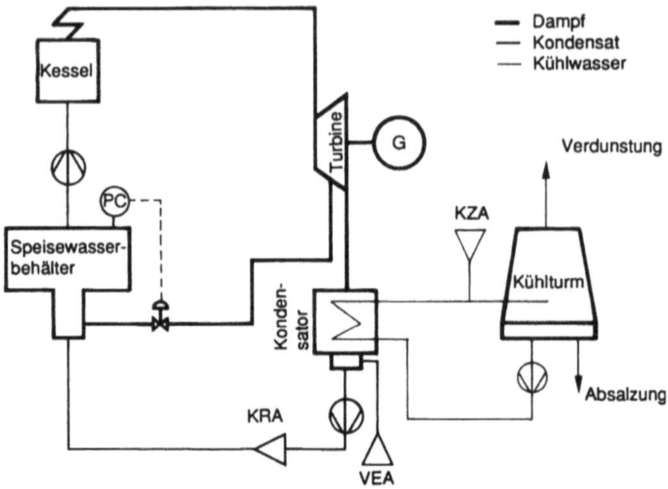

Abb. 11.51 Wasser-Dampf-Kreislauf (Blockschaltbild)

meidbare Dampfverluste und Kühlwasserleckagen des Kondensators mit Salzen an. Eine Kondensatreinigungsanlage muss also mechanische Reinigungsaufgaben und Ionenaustauschaufgaben übernehmen.

11.10.1 Mechanische Filtration

Zur mechanischen Filtration des Kondensats wurden früher häufig Kiesfilter verwendet. Heute setzt man Kiesfilter nur noch selten ein, da man erkannte, dass durch das warme Kondensat aus dem Kies Kieselsäure in Lösung gehen kann, die von der nachfolgenden Ionenaustauschstufe absorbiert werden muss.

Heute werden zur mechanischen Filtration häufig Kerzenfilter oder Anschwemmfilter eingesetzt. Abbildung 11.52 zeigt schematisch den Schnitt durch ein solches Filter.

Kerzen- und Anschwemmfilter sind ähnlich aufgebaut und unterscheiden sich im Wesentlichen nur durch die Kerzenabstände und die Kerzenmaterialien. Der Kerzenabstand muss bei Anschwemmfiltern größer sein als bei Kerzenfiltern, damit das Anschwemmmaterial in ausreichender Stärke aufgebracht werden kann.

Bei Kerzenfiltern wird das zu filtrierende Kondensat von außen durch die Kerzen filtriert. Das Wickelmaterial der Kerzen bestimmt durch seine Porenweite die Größe der noch abfiltrierten Partikel. Als Wickelmaterialien kommen Baumwoll-, Kunststoff- oder Metallfäden zur Anwendung. Baumwollwicklungen haben sich bei Kerzenfiltern in der Kondensatreinigung am stärksten durchgesetzt. Bei den Anschwemmfiltern bilden die Kerzen nur die Tragkonstruktion für das Anschwemmmaterial. Als Anschwemmmaterialien kommen inerte Materialien, aber auch pul-

Abb. 11.52 Kerzenfilter (schematisch)

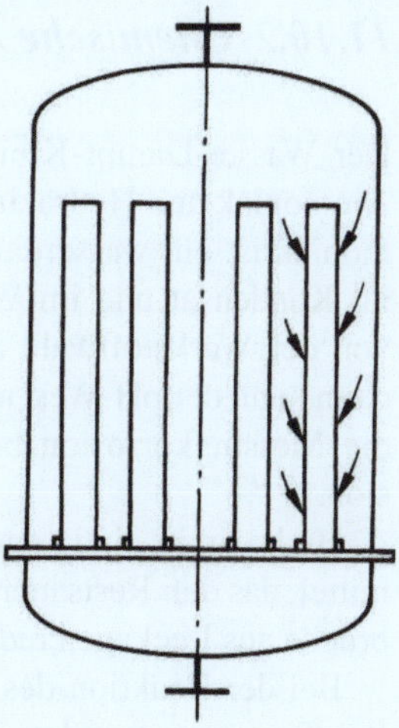

verisierte Ionenaustauschharze zur Anwendung. Pulverisierte Ionenaustauschharze übernehmen außer der Filtrationsaufgabe auch Ionenaustauschaufgaben. Allerdings ist die installierbare Ionenaustauschkapazität aufgrund der geringen Harzmengen stark eingeschränkt. Deswegen haben diese sog. Pulverharz-Anschwemmfilteranlagen nur spezielle Bedeutung in den – heute nicht mehr gebauten – Kernkraftwerken mit Siedewasserreaktor bekommen.

Die Abreinigung der Kerzen- und Anschwemmfilter erfolgt ähnlich wie bei Kiesfiltern durch kombinierte Luft-Wasser-Spülung, wobei die Spülmedien die Kerzen von innen nach außen durchfließen.

Anschwemm- und Kerzenfilter werden üblicherweise auf eine Filtrationsgeschwindigkeit bis $8\,m^3/(h \cdot m^2)$ Kerzenfläche ausgelegt.

Das Schmutzaufnahmevermögen ist ähnlich umstritten wie bei den Kiesfiltern. Im Allgemeinen kann man in der Kondensatreinigung bei Kerzenfiltern von $20\,g/m^2$, bei Anschwemmfiltern von $70\,g/m^2$ ausgehen. Während Kerzenfilter beliebigen Durchsatzänderungen unterworfen werden können, müssen Anschwemmfilter immer durchflossen werden, da sonst die Anschwemmschicht abfällt. Druckstöße sind bei Anschwemmfiltern unbedingt zu vermeiden.

Beim ersten Anfahren des Kraftwerkblockes werden häufig sog. Anfahrkerzen (Trenngrenze 10 µm) eingesetzt, da die normalen Kerzen (Trenngrenze <1 µm) zu schnell verstopft wären. Die Lebensdauer der Kerzen in Anschwemmfiltern ist erheblich länger als in Kerzenfiltern, da das Kerzenmaterial bei Anschwemmfiltern von der Anschwemmung vor dem Eindringen feiner Korrosionsprodukte, die bei der Rückspülung nicht mehr entfernbar sind, geschützt wird. Die Rückspültechnik der einzelnen Hersteller ist unterschiedlich. Das benötigte Wasservolumen entspricht etwa dem fünffachen Behältervolumen. An Spülluft wird ein Volumenstrom von $25–30\,m^3/(m^2 \cdot h)$ im Normzustand während einer Gesamtzeit von 10–15 Minuten benötigt. Die erwähnten Kiesfilter wurden mit Filtergeschwindigkeiten bis 40 m/h betrieben.

11.10.2 Chemische Aufbereitung

Der Wasser-Dampf-Kreislauf thermischer Kraftwerke wird durch Dosierung von Ammoniak und Hydrazin oder eines anderen Reduktionsmittels konditioniert. Ammoniak ist ein wasserdampfflüchtiges Alkalisierungsmittel und hebt den pH-Wert im Kondensat und im Wasserdampf an. Die Höhe der pH-Wert-Anhebung hängt von der Werkstoffwahl ab. Sind die Kondensatoren mit Messingrohren bestückt, dann kann der pH-Wert nur auf wenig über 9 angehoben werden, da pH-Werte >9,5 die Messingkorrosion beschleunigen. Die Alkalisierung verlangsamt die Korrosion.

Hydrazin ist ein in der Kraftwerkstechnik in Europa gebräuchliches Reduktionsmittel, das den Restsauerstoff im thermisch entgasten Kondensat und Sauerstoffeinbrüche aus Leckagen reduziert.

Bei der Reaktion des Hydrazins mit Sauerstoff entsteht Stickstoff und Wasser. Bei Temperaturen über 270 °C zerfällt Hydrazin in Stickstoff und Ammoniak, so dass auch Alkalisierung stattfindet:

$$N_2H_4 + O_2 \rightleftharpoons N_2 + 2H_2O \quad (60-270\,^\circ C)$$
$$3N_2H_4 \rightleftharpoons 4NH_3 + N_2 \quad (>270\,^\circ C)$$

Für die Kondensatentsalzung sind diese Zusammenhänge wichtig, da die dosierten bzw. durch den Zerfall von Hydrazin entstandenen Ammoniumionen von stark sauren Kationenaustauschharzen absorbiert werden. Bei den in Deutschland üblichen Kondensatreinigungsanlagen ist also laufend Ammoniak in den Wasser-Dampf-Kreislauf zu dosieren, da die Ammoniumionen in der Kondensatreinigungsanlage gegen Wasserstoffionen ausgetauscht werden, die sich mit den Hydroxidionen sofort zu undissoziiertem Wasser verbinden.

Durch die Ammoniakdosierung wird das stark saure Kationenaustauschharz stärker beladen als das Anionenaustauschharz, da die äquivalent zu den im Kationenaustauschharz ausgetauschten Ammoniumionen zunächst vorhandenen Hydroxidionen im in der Hydroxidionenform eingesetzten Anionenaustauschharz nicht ausgetauscht werden. Es ist also mehr Kationen- als Anionenaustauschkapazität zu installieren.

Die Ionenaustauschstufe einer Kondensatreinigungsanlage besteht in Deutschland üblicherweise aus stark sauren Kationenaustauschern und nachgeschalteten Mischbettfiltern. Der Kationenaustauscher übernimmt häufig während des Normalbetriebes auch die Aufgabe der mechanischen Filtration. In diesem Fall soll die Filtergeschwindigkeit im Kationenaustauscher 60 m/h nicht überschreiten. Das mechanische Filter wird häufig nur beim Anfahren eines Kraftwerkblockes nach längeren Stillständen und natürlich bei der Erstinbetriebnahme zugeschaltet, da dann besonders viele Korrosionsprodukte anfallen.

In England wird das Kationenaustauschharz häufig als Deckschicht auf das Mischbettfilter aufgelegt. Die Deckschichthöhe beträgt meistens nur 600 mm.

In Amerika werden bei fossil gefeuerten Kraftwerken häufig nur Mischbettfilter ohne mechanische Vorreinigung und ohne vorgeschaltete Kationenaustauscher als sog. „naked mixed bed“ eingesetzt. Hieraus entstand das Ammonex-Verfahren, das dadurch ein Kondensat besonders hoher Reinheit liefert, dass nach normal erfolgter Regeneration das *gesamte* Ionenaustauschharz noch mit einer Ammoniaklösung gewaschen wird. Dabei werden die als Kationenaustauschharzabrieb beim Trennvorgang in das Anionenaustauschharz eingetragenen und bei dessen Regeneration mit Natronlauge völlig mit Natriumionen beladenen kationenaktiven Harzbruchstücke in die Ammoniumionenform überführt; der Natriumionenschlupf ist während des Betriebes also besonders klein. Dies ist beim Einsatz höchstwertiger Materialien (Hastelloy C, Inconel 600) von Bedeutung, da diese Stähle sehr empfindlich auf Natriumionen reagieren. Die Regeneration des Kationenaustauschharzes erfolgt mit Schwefelsäure, damit der gefürchtete Chloridionenschlupf minimal gehalten wird.

In Frankreich wurde aus den gleichen Gründen das sog. Triobettverfahren entwickelt. Hierbei ist in die Mischbettfilter außer den Kationen- und Anionenaustauschharzen noch ein inertes Material eingefüllt, dessen Dichte zwischen der des Kationen- und des Anionenaustauschharzes liegt. Nach dem Trennvorgang vor der Regeneration lagert sich dieses Inertmaterial zwischen die beiden Austauschharze in den Bereich des Chemikalieneinspeise-/entnahmesystems und verhindert so, dass die Harze mit dem Regenerierchemikal des anderen Harztyps im Berührung kommen und dadurch vorbeladen werden. Die Vorbeladung wird während des Betriebes teilweise als Schlupf an das Kondensat abgegeben.

Bei großen Kraftwerksblöcken mit 100%iger Kondensatreinigung wird aus Kosteneinsparungsgründen häufig die externe Regeneration angewandt. Der wirtschaftliche Vorteil der externen Regeneration liegt in der Minimierung der Armaturen im höheren Druckbereich der Kondensatreinigungsanlage und in der Verkleinerung der Ionenaustauschbehälter. Da die Behälter keine Einbauten zur Regeneration enthalten, können sie mit Filtergeschwindigkeiten bis 120 m/h gefahren werden. Ist eine Harzfüllung der Arbeitsmischbettfilter erschöpft, wird sie in die Regenerierstation gefördert, und eine in Reserve gehaltene frisch regenerierte Harzcharge wird in das Arbeitsmischbettfilter eingespült. Anschließend beginnt die Regeneration der erschöpften Harzcharge. Hierbei wird der verfahrenstechnische Vorteil sichtbar. Das Umspülen der Harze nimmt bei richtiger Dimensionierung weniger als eine Stunde in Anspruch, während die Mischbettfilterregeneration in Kondensatreinigungsanlagen, je nach Alter der Harze und der angewandten Verfahrenstechnik, 4–10 Stunden dauern kann. Bei externer Regeneration und Vorhalten einer regenerierten Harzcharge ist das erschöpfte Arbeitsmischbettfilter bereits nach einer Stunde wieder in Betrieb.

Die Dimensionierung der Ionenaustauschbehälter in Kondensatreinigungsanlagen erfolgt wie die der Mischbettfilter in Vollentsalzungsanlagen nach hydraulischen Gesichtspunkten. Die Filtergeschwindigkeit sollte die in Tabelle 11.6 genannten Grenzwerte nicht überschreiten. Die Schichthöhe jedes Ionenaustauschharzes sollte wenigstens 600 mm betragen. Je nach Schaltungsvariante – mit oder ohne vorgeschalteten Kationenaustauscher – werden in Mischbettfiltern in Kondensatreinigungsanlagen auch andere Harzmischungsverhältnisse als 1:1 gewählt. Mischungsverhältnisse Kationen-Anionenaustauschharz größer 2:1 sind zu vermeiden, da sonst unnötig hohe Schichthöhen und damit Druckverluste entstehen.

Der Regenerierchemikalienaufwand und der verfahrenstechnische Ablauf der Regeneration entsprechen den Verhältnissen der bereits beschriebenen Mischbettfilterregeneration. Bei externer Regeneration kommen die Harztransportschritte hinzu.

11.11 Dekontaminierung radioaktiv verseuchter Wässer

Der Unfall im Kernkraftwerk Tschernobyl brachte erhebliche radioaktive Umweltbelastungen – nicht nur in der UdSSR – mit sich. In diesem Buch kann nicht auf die chemisch-physikalischen Ursachen der Radioaktivität eingegangen werden. Auch auf die gesetzlichen Grundlagen, wie z. B. das Atomgesetz, die Strahlenschutzverordnung und die Trinkwasserverordnung, wird nicht eingegangen. Lediglich der Hinweis auf das DVGW-Arbeitsblatt W 253, Stand 07.1993 bzw. Korrektur 08.1996, das die Trinkwasserversorgung und Radioaktivität behandelt, sowie die W-Information Nr. 66, 04.2002 sei gegeben. In der Trinkwasserverordnung 2001 sind erstmals Grenzwerte für Tritium mit 100 Bq/l und die Gesamtrichtdosis mit 0,1 mSv/a angegeben.

Die Kontamination des Wassers kann entweder durch in den Niederschlägen vorhandene oder durch Niederschläge gelöste Radionuklide oder durch die Abgabe radioaktiv kontaminierter Abwässer an Oberflächengewässer erfolgen. Die Abgabe radioaktiv kontaminierter Abwässer an Oberflächengewässer wird streng überwacht. In Kernkraftwerken werden diese Abwässer in Übergabebehältern gesammelt. Sie dürfen zusammen mit dem Kühlwasser nur dann an einen Vorfluter abgegeben werden, wenn eine „Entscheidungsmessung“ ergeben hat, dass die Radioaktivität einen bestimmten Wert nicht überschreitet. Während des Normalbetriebes eines Kernkraftwerkes sind die Risiken gering und gut abschätzbar.

Die Kontamination des Wassers durch in den Niederschlägen vorhandene oder durch Niederschläge gelöste Radionuklide ist erheblich schlechter zu überwachen, da die Quellen der Kontamination nicht nur im eigenen Lande liegen. Radioaktive Stoffe, die mit den Niederschlägen in den Wasserkreislauf gelangen, werden in erster Linie in Trinkwässern vorkommen, die aus Oberflächenwasser gewonnen werden. Die Gefährdung des Grundwassers durch radioaktiv kontaminierte Niederschläge ist im Allgemeinen am geringsten, da bei der natürlichen Versickerung die radioaktiven Verunreinigungen durch Adsorptions- und Ionenaustauschvorgänge im Untergrund zum größten Teil in den oberen Schichten des Bodens fixiert werden. Außerdem nimmt die Radioaktivität infolge der relativ langen Aufenthaltszeiten des Wassers im Untergrund erheblich ab.

Was kann gegen im Trinkwasser vorhandene Radioaktivität unternommen werden? Grundsätzlich ist zunächst festzustellen, dass das Wasser selbst nicht radioaktiv werden kann. Lediglich die im Wasser suspendierten oder gelösten Stoffe können radioaktiv sein. Es geht also darum, die radioaktiven gelösten oder suspendierten Stoffe aus dem Wasser zu entfernen. Die Entfernung radioaktiver Stoffe aus dem Wasser (Dekontaminierung) ist mit den herkömmlichen Methoden der Trinkwasseraufbereitung in großem Maßstab nicht möglich. Aufgrund dieser Tatsache ist mit allem Nachdruck dafür zu sorgen, dass es nicht zu einer Kontaminierung des Trinkwassers kommt.

Wie kleinere Wasservolumina dekontaminiert werden können, ist aus der Kerntechnik bekannt. Ungelöste Radionuklide werden abfiltriert, gelöste Radionuklide auf Ionenaustauschharzen zurückgehalten. Die Filterrückspülwässer bzw. die Ionenaustauscherregenerate werden zurückgehalten und durch Eindampfen stark volumenreduziert. Die letztendlich zurückbleibenden radioaktiven Abfallstoffe werden verglast und in Endlagerungsstätten eingelagert. Diese aufwändige Verfahrenstechnik kann zur Trinkwasserdekontamination aus wirtschaftlichen Gründen weder vorgehalten noch angewendet werden, da im Ernstfall das Problem der Endlagerung nicht gelöst ist.

Kapitel 12
Meerwasserentsalzungsanlagen

In manchen Ländern und auf vielen Inseln ist die Entsalzung von Meerwasser die einzige Möglichkeit, die Trinkwasserversorgung in ausreichendem Maße sicherzustellen. Ionenaustauschverfahren der beschriebenen Art scheiden aufgrund des hohen Salzgehaltes im Meerwasser aus, da die NK der Ionenaustauschharze absinkt und zur Regeneration der Harze annähernd die gesamte vorher aufbereitete Wassermenge verbraucht wird. Grundsätzlich können die nachfolgend beschriebenen Verfahren angewandt werden.

12.1 Elektrodialyse

Das Elektrodialyseverfahren ist ein spezielles Ionenaustauschverfahren, das dem angenommenen Modell zur Erläuterung des Ionenaustauschvorganges (Abb. 11.14) ähnlich ist. Das Verfahren ist bereits seit 1928 bekannt. Es wurde jedoch erst nach Erfindung der künstlichen Ionenaustauschharze auf Polystyrolbasis aufgegriffen. Die verwendeten Membranen bestehen aus Kunststoffen, wie z. B. Polyethylen, in denen feinkörnige, übliche Ionenaustauschharze fein verteilt sind. Der Anteil an Ionenaustauschharz liegt bei 70%, so dass sich die Ionenaustauschharze gegenseitig berühren. Es sind auch noch andere Verfahren zur Herstellung der Ionenaustauschmembranen bekannt.

Abbildung 12.1 zeigt den schematischen Aufbau einer Elektrodialysezelle. Sie besteht aus einer Reihe von Kammern, welche von der zu entsalzenden Lösung durchflossen werden. Die Kammern werden durch sich abwechselnde kationen- und anionendurchlässige Membranen gebildet. In den beiden Endkammern sind Elektroden angeordnet. In den Endkammern laufen die üblichen elektrolytischen Vorgänge ab. Im gewählten Beispiel entstehen nach Anlegen einer Gleichspannung im kathodischen Raum Natronlauge und Wasserstoffgas, im anodischen Raum Salzsäure und Sauerstoffgas. Die Reaktionen in den Endkammern sind jedoch von untergeordneter Bedeutung.

DOI: 10.1007/978-3-540-68887-7, © Springer 2008

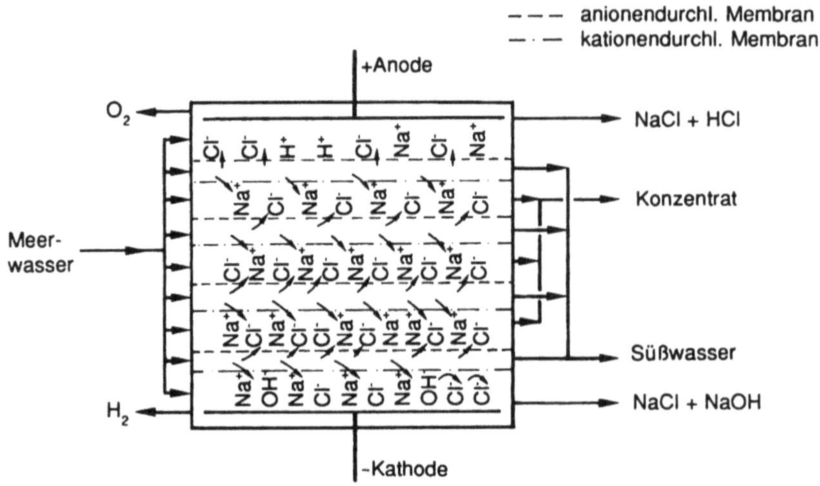

Abb. 12.1 Elektrodialysezelle (schematisch)

Jede Elektrodialyseapparatur enthält mehrere hundert Zelleinheiten. Die genannten elektrolytischen Vorgänge laufen nur in den Endkammern ab. Bei eingeschalteter Gleichspannung wandern die Kationen zur Kathode, die Anionen zur Anode. Sie werden jedoch jeweils nach Durchtritt durch eine für sie durchlässige Membran von einer Gegenmembran gestoppt, die für sie nicht passierbar ist. Daraus resultiert, dass abwechselnd in den Kammern Verarmung und Anreicherung von Natriumchlorid stattfindet. Speist man die salzhaltige Lösung in alle Kammern ein und fasst die Abläufe jeder zweiten Kammer zu einem gemeinsamen Ablauf zusammen, erhält man einerseits weitgehend entsalztes Wasser und andererseits eine aufkonzentrierte Lösung. Die aufkonzentrierte Lösung und die Lösung in den Endkammern werden ins Meer zurückgeführt. Das Verfahren hat sich in der Praxis bisher nicht im gewünschten Umfang durchgesetzt, da hohe Anforderungen an die Güte der Membranen und das zu entsalzende Wasser gestellt werden. Organische und kolloidal gelöste Bestandteile des Wassers sowie hohe Massenkonzentrationen an Calciumhydrogencarbonat und Calciumsulfat verstopfen die Membranen in den Konzentratzellen.

12.2 Umgekehrte Osmose

Die Verfahren der Membranfiltration sind in Abschnitt 10.4 behandelt. Werden Flüssigkeiten unterschiedlicher Konzentration durch eine für Wasser durchlässige, jedoch für im Wasser gelöste und natürlich auch ungelöste Stoffe undurchlässige Membran getrennt, so wird Wasser aus der Lösung geringerer Konzentration durch die Membran wandern und die konzentriertere Lösung verdünnen. In der in Abb. 12.2 wiedergegebenen, schematischen Darstellung des Osmosevorganges sinkt

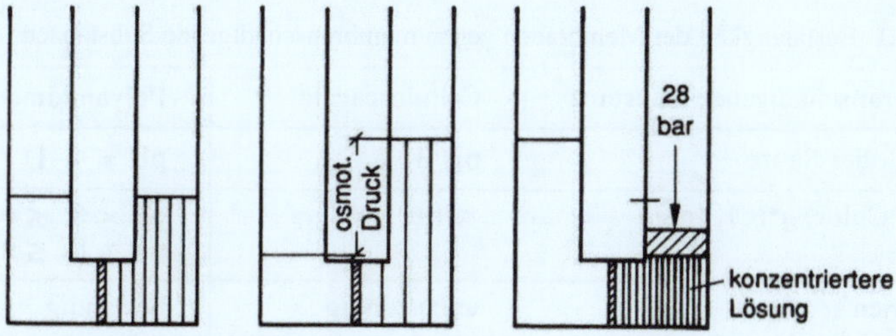

Abb. 12.2 Umkehrosmose (schematisch)

der Flüssigkeitsspiegel im Schenkel, der die Lösung geringerer Konzentration enthält. Der Flüssigkeitsspiegel im Schenkel, der die Lösung höherer Konzentration enthält, steigt solange an, bis ein Gleichgewicht eingestellt ist. Der Flüssigkeitsspiegelunterschied (Druckunterschied) wird osmotischer Druck π genannt.

Wird auf die konzentrierte Lösung ein größerer als der osmotische Druck ausgeübt, kehrt sich die Fließrichtung des Wassers um. Es wird Wasser aus der konzentrierteren Lösung durch die Membran gedrückt, wobei die Konzentration weiter ansteigt. Dieser Vorgang, der in Abb. 12.2 ebenfalls schematisch dargestellt ist, wird als umgekehrte Osmose, im Englischen „reverse osmosis", bezeichnet. Deswegen werden die Anlagen zur umgekehrten Osmose abgekürzt als RO-Anlagen bezeichnet.

Die umgekehrte Osmose kann auch bei der Entsalzung weniger salzreicher Oberflächenwässer erfolgreich und wirtschaftlich eingesetzt werden. Der Vorteil gegenüber herkömmlichen Ionenaustauschverfahren liegt vor allem in der geringen Umweltbelastung.

Die umgekehrte Osmose benötigt als physikalisches Aufbereitungsverfahren keine Regenerierchemikalien. Deionat kann allein durch umgekehrte Osmose nicht hergestellt werden. Die Nachschaltung eines Mischbettfilters ist zur Beseitigung des großen Schlupfes der Umkehrosmoseanlagen bei der Deionaterzeugung unerlässlich.

Als Module haben sich in den letzten Jahren beim Einsatz in Niederdruckanlagen Hohlfasermembranen und Wickelmembranen gut bewährt. Bei den Hohlfasermembranen wurde ein kaum noch zu steigerndes Verhältnis von Membranoberfläche zu Bauvolumen erzielt.

Grundlage für einen gesicherten Langzeitbetrieb ist die optimale Auslegung der Gesamtanlage, bestehend aus Vorreinigungs- und Umkehrosmosestufe.

12.2.1 Vorreinigungsanlage

Zur optimalen Funktion einer Umkehrosmoseanlage in Bezug auf Permeatleistung und Schlupf ist je nach Rohwasserzusammensetzung eine mehr oder weniger umfangreiche Vorbehandlung des Rohwassers erforderlich. Die Planung der Vorbe-

Tabelle 12.1 Beständigkeit der Membranen gegen membranschädigende Substanzen

Membranschädigende Substanz	Celluloseacetat	Polyamidmembran
Lauge oder Säure	pH 3–7	pH = 4–11
Freies Chlor, $\varrho^*(Cl_2)$/mg/l	≤ 1,0	pH < 8: ≤ 0,10 pH > 8: ≤ 0,25
Bakterien	**unbeständig**	**beständig**

handlungsanlage setzt die Kenntnis der im Wasser vorhandenen Störsubstanzen und ihre störende Wirkung voraus. Die Störsubstanzen können in membranschädigende und in membranblockierende Substanzen eingeteilt werden. Membranschädigende Substanzen zerstören oder verändern das Membranmaterial. Die Folge ist erhöhter Schlupf. Die Beständigkeit der Membranen gegen membranschädigende Substanzen ist in Tabelle 12.1 zusammengestellt.

Wegen der Bakterienbeständigkeit hat sich in der praktischen Anwendung eine Membran aus Polysulfon/Polyamid durchgesetzt. Die membranblockierenden Substanzen lassen sich in Substanzen einteilen, die „Fouling" oder „Scaling" verursachen. „Fouling" wird hauptsächlich durch im Rohwasser vorhandene Kolloide und Metalloxide verursacht, die bei der Aufkonzentration des Wassers auf der Membran entstabilisiert werden und ausfallen. „Scaling" wird durch Überschreiten des Löslichkeitsproduktes und Ausfällen von vorher gelösten Salzen verursacht. Hier ist besonders auf die Konzentration von Calciumsulfat, Calciumhydrogencarbonat und Kieselsäure zu achten. Im Regelfall wird vor der Behandlung in einer Umkehrosmoseanlage die Flockung, Filtration und Enthärtung des Meerwassers erforderlich sein.

12.2.2 *Umkehrosmoseanlage*

Die Durchsatzleistung und die Schlupfrate einer Umkehrosmoseanlage kann nach folgenden Gleichungen errechnet werden:

$$Q = K_W \cdot (\Delta p - \Delta \pi) \cdot A/s$$

$$SP = K_S \cdot \Delta c \cdot A/s$$

Q = Permeatdurchsatz

K_W = Membrankonstante

Δp = hydraulische Druckdifferenz über die Membran

$\Delta \pi$ = osmotische Druckdifferenz über die Membran

s = Membrandicke

SP = Salzpassage (Schlupf)

K_S = Membrankonstante

Δc = Differenz der Stoffmengenkonzentrationen vor und hinter der Membran

Da die Membranen einen hohen hydraulischen Widerstand haben, wird mit Überdrücken bis zu 28 bar gearbeitet.

12.3 Mehrstufige Entspannungsverdampfung

Entspannungsverdampferanlagen sind sehr energieintensiv und werden daher hauptsächlich in Ländern mit großen Primärenergievorkommen zur Meerwasserentsalzung eingesetzt. Zur Erzeugung der benötigten großen Dampfmengen werden große Dampferzeuger in der Größenordnung von Kraftwerkskesseln benötigt. Pro kg Heizdampf werden ca. 10 kg Süßwasser erzeugt; der Energieverbrauch der Pumpen beträgt ca. 2 kWh/m^3 Süßwasser. Bis heute hat sich ausschließlich die mehrstufige Entspannungsverdampfung (MEV) im praktischen Betrieb bei Großanlagen bewährt.

Das Funktionsprinzip der mehrstufigen Entspannungsverdampfung ist in Abb. 12.3 dargestellt.

Die Gesamtanlage besteht aus 3 Hauptteilen,

- dem Enderhitzer (Heizzone),
- der Wärmerückgewinnungszone (Entspannungszone) und
- der Rückkühlzone.

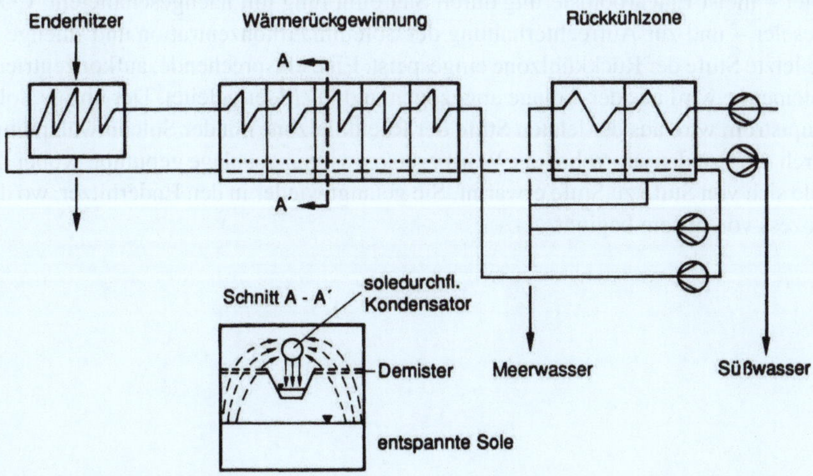

Abb. 12.3 Mehrstufige Entspannungsverdampfung (schematisch)

Der Enderhitzer ist als Heizdampfkondensator ausgebildet, die Wärmerückgewinnungszone ist in Kammern eingeteilt. Die einzelnen Kammern – meist 12–38 Stück – bestehen wiederum aus einem Entspannungsteil, einem Dampf-Flüssigkeits-Trennteil und einem Kondensationsteil.

Die Sole, die das Rohrbündel der Wärmerückgewinnungszone durchflossen hat, wird im Enderhitzer mittels des Sattdampfes aus dem Dampferzeuger auf ihre Höchsttemperatur von ca. 120 °C erhitzt. Das dabei auf der Heizseite entstehende Kondensat wird zum Speisewasserbehälter der Dampferzeugeranlage zurückgeführt. Die Sole im Inneren der Rohre steht während des Aufwärmvorganges in der Wärmerückgewinnungszone und im Enderhitzer immer unter einem höheren Druck als dem Sättigungsdruck, so dass in den Rohren keine Verdampfung stattfindet.

Die aufgeheizte Sole wird in die erste Entspannungsstufe der Wärmerückgewinnungszone eingeleitet. Hier wird ein Teil des Wärmeinhalts der Sole durch Entspannung auf einen niedrigeren Druck – entsprechend einer niedrigeren Sättigungstemperatur – in Verdampfungswärme umgesetzt. Der dabei entstehende Dampf strömt durch einen Flüssigkeitsabscheider in den Kondensationsteil, in dem die Kondensationswärme an die Sole in den Kondensatorrohren abgegeben wird. Dabei erwärmt sich die Sole. Das Kondensat wird in einer Rinne als Süßwasser aufgefangen. Die nicht kondensierbaren Gase werden abgesaugt. Die verbleibende Sole und das Kondensat gelangen durch Schleusen (Drosselstellen) aus der 1. in die 2. und alle folgenden Entspannungsstufen der Wärmerückgewinnungszone, wobei immer eine Entspannung auf einen niedrigeren Druck, entsprechend einer niedrigeren Temperatur, stattfindet und weiteres Süßwasser als Kondensat gewonnen wird.

In der Rückkühlzone wird die umlaufende Sole mithilfe des kalten Meerwassers, das als Kühlmittel durch die Kondensatorrohre gepumpt wird, wieder auf die niedrigste Kreislauftemperatur von 35–40 °C abgekühlt. Der Hauptteil des Kühlwassers wird ins Meer zurückgepumpt. Ein kleiner Teil wird entsprechend aufbereitet – meist Entcarbonisierung durch Säureimpfung mit nachgeschaltetem CO_2-Rieseler – und zur Aufrechterhaltung der Soleumlaufkonzentration und -menge in die letzte Stufe der Rückkühlzone eingespeist. Eine entsprechende, aufkonzentrierte Solemenge wird aus der Anlage abgezogen und ins Meer geleitet. Der übrige Solehauptstrom wird aus der letzten Stufe der Rückkühlzone mit der Soleumwälzpumpe durch die Kondensatorrohre der Wärmerückgewinnungsanlage gepumpt, wobei die Sole sich von Stufe zu Stufe erwärmt. Sie gelangt wieder in den Enderhitzer, wo der Prozess von neuem beginnt.

Kapitel 13
Desinfektion

Die Trinkwasserverordnung fordert, dass Wasser für den menschlichen Gebrauch frei von Krankheitserregern, genusstauglich und rein sein muss. Im Trinkwasser dürfen Krankheitserreger im Sinne des § 2 Nr. 1 des Infektionsschutzgesetzes sowie chemische Stoffe nicht in Konzentrationen enthalten sein, die eine Schädigung der menschlichen Gesundheit besorgen lassen. Die in Anlage 3 der Trinkwasserverordnung festgelegten Grenzwerte und Anforderungen für Indikatorparameter müssen eingehalten sein.

Um Grund- oder Oberflächenwässer, deren Beschaffenheit nicht der Trinkwasserverordnung entspricht, auch als seuchenhygienisch einwandfreies Trinkwasser abgeben zu können, müssen sie aufbereitet und *gegebenenfalls* desinfiziert werden. Die Desinfektion stellt den letzten Schritt zur Sicherung einer hygienisch einwandfreien Wasserbeschaffenheit dar. Sie ist aber nicht geeignet, um aus einem nachweisbar fäkal belasteten Wasser ein hygienisch einwandfreies Trinkwasser zu machen. Die Desinfektion sollte nur zur Minimierung eines Restrisikos verwandt werden. Eine einwandfreie Trinkwasserversorgung kann langfristig nur durch die Koordination von Gewässerschutz, Wasseraufbereitung, Desinfektion und Überwachung gesichert werden.

Etwa die Hälfte aller Wasserversorgungsanlagen kommt in Deutschland ohne ein Desinfektionsverfahren aus. Bei den zur Desinfektion von Trinkwasser verwendeten Stoffen gehören Chlor und Hypochlorite (Chlorbleichlauge) in Deutschland zu den gebräuchlichsten Mitteln. Der Anteil „chemiefreier" UV-Anlagen hat in den letzten Jahren jedoch zugenommen.

Zur Aufbereitung des Wassers für den menschlichen Gebrauch dürfen nur Stoffe verwendet werden, die vom Bundesministerium für Gesundheit in einer Liste im Bundesgesundheitsblatt bekannt gemacht worden sind. Die Liste, die in aktueller Fassung im Anhang aufgeführt ist, hat bezüglich dieser Stoffe Angaben zu enthalten über die

- Reinheitsanforderungen,
- Verwendungszwecke, für die sie ausschließlich eingesetzt werden dürfen,

DOI: 10.1007/978-3-540-68887-7,

- zulässige Zugabemenge,
- zulässigen Höchstkonzentrationen von im Wasser verbleibenden Restmengen und Reaktionsprodukten.

Sie enthält ferner die Mindestkonzentration an freiem Chlor nach Abschluss der Aufbereitung. Das DVGW Merkblatt W 290 gibt allgemeine Einsatz- und Anforderungskriterien an die Trinkwasserdesinfektion wieder.

Die Chemikalien Wasserstoffperoxid und Kaliumpermanganat dürfen nur zur Desinfektion von Trinkwasseranlagen und Rohrleitungen, jedoch nicht zur Trinkwasserdesinfektion eingesetzt werden.

Auch wenn sich das Verteilungssystem für das Trinkwasser in einem Zustand befindet, der eine Kontamination von außen unwahrscheinlich macht, kann es sinnvoll sein, ein Desinfektionsmittel in für die Dauer der Einwirkzeit ausreichender Konzentration zuzugeben.

In der Praxis hat sich jedoch gezeigt, dass sich einige mit dem Wasser übertragbare Krankheitserreger, z. B. Cryptosporidium parvum und Giardia lamblia, nicht durch Chlor oder Chlordioxid bei den zur Trinkwasserdesinfektion eingesetzten Konzentrationen abtöten lassen. Krankheitserreger sind häufig in Aggregate und Schleim (Klümpchen) eingebettet und dadurch vor der Einwirkung der Desinfektionsmittel geschützt. Krankheiterreger, die sich im Inneren der Klümpchen befinden, werden auch bei erhöhter Konzentration des Desinfektionsmittels oder verlängerter Einwirkzeit nicht sicher abgetötet.

13.1 Langsamfiltration

Wässer mit geringen organischen Verunreinigungen können über Langsamfilter filtriert und dabei weitgehend entkeimt werden. In den oberen Schichten der Langsamfilter bildet sich ein biologischer Rasen („Schmutzdecke") aus, der einerseits die Filtrationsschärfe durch Zuwachsen der Zwischenräume erhöht und andererseits die organische Substanz durch mikrobiologische Abbauprozesse reduziert. Die Filterschicht besteht aus Sand sehr feiner Körnung (0,1–1,0 mm), der auf entsprechenden Stützschichten aufgebaut ist. In den Stützschichten wächst die Körnung auf 2–40 mm in 3 Schichten, die zusammen eine Höhe von 30–40 cm haben. Die Höhe der eigentlichen Filterschicht beträgt 40–100 cm, der Überstau 10–150 cm. Die Filtergeschwindigkeit beträgt zwischen 0,05 und 0,3 m/h.

Die oberen Filterschichten wachsen sehr schnell zu bzw. werden durch die herausfiltrierten Stoffe sehr schnell zugesetzt. Ihre Reinigung erfolgt durch Abschälen der obersten 2–5 cm und Waschen in einer Spültrommel. Nach erfolgter Spülung wird die gereinigte Sandschicht wieder aufgebracht. Wegen des großen Platzbedarfes und der zunehmenden Verunreinigung unserer Gewässer werden die Langsamfilter heute nur noch selten angewandt. Unter Umständen muss das Filtrat durch Chlorung nachdesinfiziert werden.

13.2 Thermische Desinfektion

Wasser kann durch wenigstens 10-minütiges Erhitzen auf Temperaturen über 90 °C entkeimt werden. Das Abkochen ist auch bei belasteten Wässern, die mit der chemischen Desinfektion nicht zuverlässig behandelt werden können, ein sicheres Verfahren. Auch Krankheitserreger, die durch Anlagerung an Partikeln gegen chemische Einflüsse geschützt werden, können zuverlässig abgetötet werden.

Dieses Verfahren spielt in der großtechnischen Trinkwasseraufbereitung in hochzivilisierten Ländern aus Kostengründen natürlich keine Rolle. Im Katastrophenfall wird es jedoch vorrangig angewandt.

Im Warmwasserbereich werden zunehmend Verfahren der thermischen Trinkwasserdesinfektion zur Vermeidung von Legionellenbelastungen eingesetzt. Nach DVGW Merkblatt W 551 sollen die Vorwärmstufen täglich einmal auf mindestens 60 °C aufgeheizt werden. Im Fall einer Kontamination muss das gesamte System einschließlich aller Entnahmearmaturen erfasst werden. Hierzu ist der Trinkwassererwärmer auf über 70 °C aufzuheizen und jede Entnahmestelle bei geöffnetem Auslass für mindestens 3 Minuten mit mindestens 70 °C zu beaufschlagen.

13.3 Chlorung

Die Chlorung nimmt bei der Entkeimung in Wasserwerken den breitesten Raum ein, da sie das wirtschaftlichste der bekannten Desinfektionsverfahren ist. Beim Einsatz von Chlor und Chlorverbindungen gilt die Desinfektion weitgehend trübstofffreiem Wasser als gesichert, wenn nach einer Kontaktzeit von 20 bis 30 Minuten noch mindestens 0,1 mg/l freies Chlor im Wasser nachweisbar ist. Bei Chlordioxid sind nach einer Kontaktzeit von 15 bis 20 Minuten Restkonzentrationen über 0,05 mg/l nachzuweisen.

Bei dem „indirekten Chlorgasverfahren“ unter Verwendung von flüssigem bzw. gasförmigem Chlor wird vor Ort eine wässrige Chlorlösung hergestellt, die dem zu desinfizierenden Wasser meist in Vollvakuum-Chlorgasdosieranlagen zugesetzt wird.

Beim Einleiten von Chlorgas in Wasser laufen folgende Gleichgewichtsreaktionen ab:

$$Cl_2 + H_2O \rightleftharpoons HCl + HOCl$$
$$HOCl \rightleftharpoons H^+ + OCl^-$$
$$HOCl \rightleftharpoons HCl + \langle O \rangle$$

Die Dissoziation der unterchlorigen Säure zu Hypochloritionen und Wasserstoffionen ist stark pH-abhängig. Wie in Abb. 13.1. dargestellt, beginnt sie bei pH 5 und liegt bei pH 9 praktisch völlig auf der Seite des Hypochloritions.

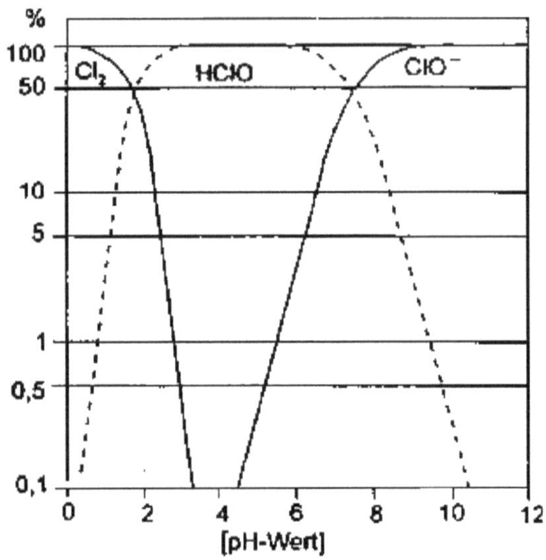

Abb. 13.1 Gleichgewichte von Chlor, hypochloriger Säure und Chlorit bei Einleitung von Chlorgas in Wasser

Die mikrocide Wirkung des Chlors in Form der unterchlorigen Säure beruht auf ihrer chemischen Einwirkung auf Fermente. Die mikrocide Wirkung des Hypochloritions beträgt nur noch ca. 1–2% derjenigen der unterchlorigen Säure. Dies ist dadurch bedingt, dass die undissoziierte Form (HOCl) wesentlich besser als das Hypochloritin (OCl^-) die Zellmembran durchdringen und die Fermente oxidieren kann. Außerdem wirkt natürlich der atomare Sauerstoff oxidierend.

Die Desinfektion mit Chlorgas kann zu erheblichen Geschmacksbeeinträchtigungen führen, wenn das Wasser (Oberflächenwasser) organische Inhaltsstoffe wie Phenole, Huminstoffe und Bromid enthält, aus denen sich Reaktionsnebenprodukte wie Chlorphenole oder Trihalogenmethane bilden können.

Ebenso kann die hypochlorige Säure mit Ammoniak und Aminen reagieren und Chloramine bilden, die als gebundenes Chlor nachgewiesen werden können:

$$NH_4^+ + HOCl \rightleftharpoons NH_2Cl + H_3O^+$$
$$NH_2Cl + HOCl \rightleftharpoons NHCl_2 + H_2O$$
$$NHCl_2 + HOCl \rightleftharpoons NCl_3 + H_2O$$

Aus diesem Grund wird empfohlen, eine Chlorung nur für Trinkwässer vorzunehmen, die Konzentrationen von Ammonium kleiner 0,1 mg/l aufweisen. Bei Erhöhen der Chlorkonzentration tritt das Phänomen der „Knickpunktchlorung“ auf, d. h. zunächst reagieren die Chloramine mit dem zusätzlichen Chlor, bilden Stickstoff und Chlorid und reduzieren damit den freien Chlorgehalt. Erst nach vollständiger Oxidation der Amine steigt die Konzentration an freiem Chlor im Wasser wieder an.

Es werden verschiedene Chlorprodukte, die wegen der oxidierenden, korrosiven und ätzenden Eigenschaften als Gefahrstoff eingestuft sind, verwendet. Die zur Chlorung eingesetzten Chemikalien können als Handelsprodukt gekauft oder auch durch Membran- oder Kammerzellenelektrolyse vor Ort hergestellt werden.

13.3.1 Hypochlorite

Die Salze der unterchlorigen Säure werden als Hypochlorite bezeichnet. Am häufigsten wird Natronbleichlauge bzw. Chlorbleichlauge NaOCl, d. h. eine 15%ige Natriumhypochloritlösung entsprechend DIN 19608 verwendet, die ohne großen apparativen Aufwand mit Dosierpumpen zugegeben werden kann. Natriumhypochlorit kann auch vor Ort durch Elektrolyse von Salzsole (oder Meerwasser) erzeugt werden:

$$2NaCl + H_2O \rightarrow NaOCl + NaCl + H_2$$

Wird Natriumhypochlorit in Wasser eingeleitet, laufen folgende Gleichgewichtsreaktionen ab:

$$NaOCl + H_2O \rightleftharpoons HOCl + NaOH$$

$$HOCl \rightleftharpoons H^+ + OCl^-$$

$$HOCl \rightleftharpoons HCl + \langle O \rangle$$

Bei der Reaktion von Natriumhypochlorit (Chlorbleichlauge) entstehen also hypochlorige Säure und Natronlauge.

Bei schwach gepufferten Wässern kann es zu einem Anstieg des pH-Wertes kommen. Dieser kann durch in der Dosierlösung enthaltene Natronlauge verstärkt werden.

Die Desinfektion durch Dosierung von Natriumhypochlorit (Chlorbleichlauge) gemäß DIN EN 901 ist in europäischen Wasserwerken meist unwirtschaftlich und wird nur für kleinere Wassermengen verwendet.

Neben Natriumhypochlorit kann auch Calciumhypochlorit $Ca(OCl)_2$ gemäß DIN EN 900 in Form von Chlorkalk eingesetzt werden.

13.3.2 Chlorgas (Cl_2)

Die Desinfektion durch Einleiten von Chlorgas ist in europäischen Wasserwerken das am meisten angewandte Verfahren. Beim Umgang mit Chlor sind besondere Sicherheitsmaßnahmen erforderlich, da es sehr toxisch und schwerer als Luft ist.

Das Chlorgas wird in Gasflaschen bzw. Gasfässern, die das Chlor in flüssiger Form enthalten, transportiert und bereitgestellt. Im Handel befinden sich Flaschen mit 65 und 100 kg sowie Fässer mit 500 und 1000 kg Inhalt.

Die Chlorgasmasse, die einem Behälter entnommen werden kann, beträgt bei 15 °C Raumtemperatur ca. 1%/h. Bei größerer Gasentnahme tritt durch den erhöhten Entzug der Verdampfungswärme eine so starke Abkühlung ein, dass sich an der Außenfläche des Behälters im Bereich des Flüssigkeitsspiegels ein Eisbelag bildet. Das flüssige Chlor scheidet sich in fester Phase aus. Werden größere Mengen benötigt, sind entweder mehrere Behälter parallel zu betreiben, oder das Chlor ist flüssig zu entnehmen und in einer Verdampfungsanlage in den gasförmigen Aggregatzustand umzuwandeln.

Wenn im Chlorbehälterraum mehr als 250 kg Chlor aufbewahrt werden, muss dieser vom Chlorgeräteraum getrennt sein. DIN 19606 und die Unfallverhütungsvorschrift Chlorungsanlagen sind streng zu beachten.

Die Dosiermenge an Chlor bei der Entkeimung durch Chlorgas beträgt meist 0,3–1,0 g/m^3 Wasser, je nach Gehalt an organischer Substanz. Die Trinkwasserverordnung erlaubt eine max. Dosierung von 1,2 g/m^3, berechnet als freies Chlor. Die Kontaktzeit sollte wenigstens 30 Minuten betragen. Die Chlorgasdosierung ist so zu bemessen, dass der Grenzwert von 0,3 g/m^3, berechnet als freies Chlor, nach der Aufbereitung nicht überschritten wird. Der Grenzwert für Reaktionsprodukte nach der Aufbereitung, berechnet als Trihalogenmethane, beträgt 0,01 g/m^3 bzw. 0,05 g/m^3 an der Zapfstelle des Verbrauchers. An der entferntesten Verbrauchsstelle soll noch eine Chlor-Restmassenkonzentration von ca. 0,1 g/m^3 nachweisbar sein.

13.3.3 Chlordioxid (ClO_2)

Chlordioxid ist ein stechend riechendes, gelbes Gas, das sehr reaktionsfähig ist und explodieren kann. Es wird daher immer vor Ort hergestellt und im flüssigen Aggregatzustand verarbeitet. Ausgangsstoff zur Herstellung ist Natriumchlorit ($NaClO_2$). Zur Umsetzung des Natriumchlorits wird Chlor verwendet:

$$2NaClO_2 + Cl_2 \rightleftharpoons 2ClO_2 + 2NaCl$$

In der Praxis stellt man eine Lösung von Chlorwasser mit einem pH-Wert <2 her, dem man eine entsprechende Menge 10%iger Natriumchloritlösung beimischt. Zur Verhinderung des Auftretens von Natriumchlorit im Trinkwasser wird die Mischung nie im stöchiometrischen Verhältnis hergestellt, sondern immer mit Chlorüberschuss. Chloritionen (ClO_2^-) sind gesundheitsschädlich.

Eine weitere Möglichkeit zur Herstellung von Chlordioxid ergibt sich beim Chlorit-Säure-Verfahren unter Verwendung von Salzsäure:

$$5NaClO_2 + 4HCl \rightleftharpoons 4ClO_2 + 5NaCl + 2H_2O\,.$$

Die Dosiermenge an Chlordioxid bei der Entkeimung beträgt max. 0,4 g/m^3 Wasser, je nach Gehalt an organischer Substanz. Die Kontaktzeit sollte wenigstens 30 Minuten betragen.

Die Chlordioxiddosierung ist so zu bemessen, dass der Grenzwert von 0,2 g/m^3, berechnet als Chlordioxid, nach der Aufbereitung nicht überschritten wird. Der Grenzwert für Reaktionsprodukte nach der Aufbereitung, berechnet als Chlorition (ClO_2^-), beträgt 0,2 g/m^3.

13.3.4 Chlorelektolyse

Bei der Chlorelektrolyse werden vor Ort Chlor oder Hypochlorit aus chloridhaltigen Lösungen in einem Gleichspannungsfeld erzeugt. Dieser elektrochemische Prozess kann entweder als Membranzellenelektrolyse durch Trennung des Anoden- und Kathodenraumes mittels einer Membran oder als Kammerzellenelektrolyse in einem ungeteilten Raum ablaufen.

Als Ausgangsstoffe kommen Natriumchlorid-Lösungen oder Salzsäure im Anodenraum und voll enthärtetes Wasser im Kathodenraum zum Einsatz. Die Elektrolyse einer Natriumchlorid-Lösung bewirkt, dass Natriumionen durch die ionenspezifische Membran zur Kathode wandern und mit den dort entstandenen Hydroxidionen zu Natronlauge reagieren, während sich an der Anode Chlor bildet, das direkt zur Desinfektion eingesetzt werden kann. Alternativ kann die chlorhaltige „Magersole“ der Anodenseite auch zur Reaktion mit der Natronlauge der Kathodenseite zur Bildung von Natriumhypochlorit verwendet werden. Der in der Kathodenkammer anfallende Wasserstoff muss unter Beachtung der Sicherheitsvorschriften entsprechend entsorgt werden.

Beim Einsatz von Salzsäure wird entweder das entstandene Chlor direkt oder die im Wasserstrom gebildete hypochlorige Säure zur Desinfektion verwendet.

Bei der Kammerzellenelektrolyse wird eine wässrige Natriumchloridlösung in der ungeteilten Elektrolysekammer zu Chlor, Hydroxidionen und Wasserstoff aufgespalten. In Folge entsteht eine Hypochloritlösung aus Natronlauge und Chlor, die zur Desinfektion mit 0,5 bis 0,8% freiem Chlor verwendet wird.

13.4 Ozonisierung

Die Ozonisierung ist bisher aufgrund der hohen Kosten in der Trinkwasserentkeimung wenig verbreitet. Die gereinigte und getrocknete Luft wird in Platten- oder Röhrenozonisatoren zwischen Hochspannungselektroden hindurchgeführt. Die Elektrodenspannung beträgt zwischen 6000 und 24 000 V, die Frequenz 50–500 Hz. Die Luft muss gut getrocknet sein, um eine ausreichende Elektrodenhaltbarkeit und Ozonausbeute zu erzielen. Durch die elektrische Entladung entsteht Ozon (O_3), und zwar je nach Typ zwischen 50 und 150 g/m^2 Dielektrikumfläche und Stunde.

O_3 zerfällt in O_2 und $\langle O \rangle$. Der atomare Sauerstoff wirkt stark oxidierend und dadurch keimtötend. Die ozonhaltige Luft wird in entsprechenden Kontaktsäulen in innigen Kontakt mit dem zu behandelnden Wasser gebracht. Hierzu kommen zunehmend statische Mischer mit nachgeschalteten Reaktionsbehältern zum Einsatz.

Zur Desinfektion von 1 m^3 Wasser sind je nach Wasserverunreinigung ca. 0,5–2,0 g O_3 erforderlich. Die Einwirkungsdauer muss $\geq$ 4 Minuten sein. Nach 4 Minuten sollten noch 0,3–0,4 g/m^3 nachweisbar sein. Die Ozonung sollte wegen der Bildung von biologisch abbaubaren Verbindungen (Oxidationsprodukte) nicht als Abschluss der Aufbereitung, sondern vor einer Filterstufe angewendet werden. Für eine hygienisch einwandfreie Arbeitsweise sind vor allem trübstoffarme Wässer erforderlich.

13.5 UV-Strahlen

Ultraviolettes Licht schädigt im Wellenlängenbereich von 240–290 nm das Erbgut von im Trinkwasser vorhandenen Mikroorganismen und wirkt damit desinfizierend. Im Gegensatz zum Einsatz der beschriebenen Oxidantien werden durch UV-Strahlen nicht Zellhülle und Enzyme angegriffen, sondern die DNA der Zelle bzw. die RNA der Viren und damit das Vermehrungsvermögen der Mikroorganismen zerstört. Die Bildung photochemischer Reaktionsprodukte kann vernachlässigt werden, wenn die zur Desinfektion empfohlene Raumbestrahlung (Fluenz) von mindestens 400 J/m^2 eingehalten wird.

UV-Strahlen werden in Quecksilberdampf-Lampen mit sehr niedrigem Druck erzeugt. Die verwendeten Niederdruck-, Hochleistungsniederdruck- und Mitteldrucklampen unterscheiden sich vor allem in der spektralen Emissionsverteilung.

Das zu entkeimende Wasser muss in Bestrahlungskammern in möglichst dünner Schicht nahe an der Lampe vorbeifließen, da die UV-Strahlen vom Wasser schnell absorbiert werden. Das Wasser muss völlig klar sein. Meistens erfolgt die Behandlung unter Druck. Das Wasser wird durch eine Leitung geführt, in deren Mitte ein Quarzrohr untergebracht ist, in dem sich die Bestrahlungslampe befindet. Auf diese Weise wird das zu entkeimende Wasser in dünner Schicht der UV-Strahlung ausgesetzt. Im Gegensatz zum Einsatz chemischer Desinfektionsmittel kann die Wirksamkeit nicht durch eine Restkonzentration im aufbereiteten Wasser nachgewiesen werden, da das UV-Licht nur im Bestrahlungsraum wirkt. Durch die Absorption des UV-Lichtes an organischen Wasserinhaltsstoffen, z. B. Huminstoffen muss eine ausreichende Raumbestrahlung vorhanden sein. Das Absorptionsvermögen wird im unfiltrierten Wasser in Form des spektralen Schwächungskoeffizienten SSK 254 bei 254 nm gemessen werden. Anlagen zur UV-Desinfektion werden nach dem Verfahren der Biodosimetrie, d. h. der Bestimmung der Desinfektionswirksamkeit unter definierten Betriebsbedingungen mithilfe der Abtötungsrate zugesetzter Mikroorganismen mit bekannter UV-Empfindlichkeit.

13.6 Silberungsverfahren (Oligodynamie)

Silberionen wirken keimtötend. Die genauen Zusammenhänge sind nicht bekannt. In das aufzubereitende Wasser werden zwei Elektroden, die Silberanode und eine Kohle- oder Edelstahlkathode, eingehängt und an eine Gleichstrom-Spannungsquelle angeschlossen. Es werden 25–75 mg Ag^+-Ionen pro m^3 Wasser benötigt. Das Wasser muss völlig klar sein. Die Einwirkungsdauer muss mindestens sechs Stunden betragen. Die Anwendung des Verfahrens ist sehr umstritten und kommt aus Kostengründen für die kommunale Trinkwasseraufbereitung nicht in Frage. Das Verfahren kommt ausschließlich zur Haltbarmachung von Trinkwasser auf See oder in Katastrophenfällen zum Einsatz.

13.7 Wasserstoffperoxid

Wasserstoffperoxid ist zur Trinkwasserdesinfektion nicht zugelassen, kann aber zur Desinfektion von Anlagen zur Trinkwasserversorgung eingesetzt werden. Bedeutung hat der Einsatz von Wasserstoffperoxid zur Desinfektion von neu installierten Wasserversorgungsleitungen oder von Reparaturstrecken durch die Begrenzung der Massenkonzentration an freiem Chlor in Wasser bekommen, das der öffentlichen Kanalisation oder einem Vorfluter zugeführt werden soll. Nordrhein-Westfalen legte einen Grenzwert fest, der niedriger als der Grenzwert für Trinkwasser war. Demzufolge hätte Trinkwasser nicht in einen Vorfluter eingeleitet werden dürfen.

Da bisher vergleichbare Grenzwerte für Wasserstoffperoxid nicht festgelegt worden sind, hat man sich in Großversuchen (Stadtwerke Düsseldorf) mit dem Einsatz von Wasserstoffperoxid zur Desinfektion von Rohrleitungen auseinandergesetzt. Wasserstoffperoxid reagiert als starkes Oxidationsmittel.

$$H_2O_2 + 2H^+ + 2e^- \Rightarrow 2H_2O$$

Bewährt haben sich Konzentrationen von ca. 150 mg/l bei einer Einwirkungsdauer von 24 Stunden. Gegenüber Chlorgas und chlorhaltigen Verbindungen bietet Wasserstoffperoxid deutliche Vorteile bei der Handhabung und insbesondere bei der Entsorgung der desinfektionsmittelhaltigen Wässer. Eine direkte Einleitung in Abwasseranlagen ist häufig möglich.

Kapitel 14
Maßnahmen zur Verringerung der Nitrationenkonzentration im Trinkwasser

Die Trinkwasserverordnung 2001 – gültig ab 01.01.2003 – legt unverändert zur vorangegangenen Verordnung einen Grenzwert für die Nitratkonzentration von 50 mg/l und für Nitrit einen Grenzwert von 0,5 mg/l im Trinkwasser fest. Die Summe aus Nitratkonzentration in mg/l geteilt durch 50 und Nitritkonzentration in mg/l geteilt durch 3 darf dabei nicht größer als 1 mg/l sein. Am Ausgang des Wasserwerks darf der Wert von 0,1 mg/l für Nitrit nicht überschritten werden.

Diese Summenformel hat den Hintergrund, dass bei Sauerstoffmangel das toxische Nitrit durch Nitratreduktion entstehen kann. Das Vorhandensein von Nitrit im Trinkwasser deutet daher auf eine schlechte Wasserqualität hin.

Auch die Weltgesundheitsorganisation (WHO) legt in der Richtlinie EFP/82.35 mit einer Massenkonzentration von rund 45 mg/l einen Grenzwert ähnlicher Größenordnung fest.

Der ursprünglich höhere Grenzwert der Massenkonzentration an Nitrationen von 90 mg/l der älteren Verordnung resultierte aus der Erkenntnis, dass ein Teil der Nitrationen im menschlichen Organismus mikrobiell zu Nitritionen reduziert wird. Bei Säuglingen wird durch Nitritionen der Sauerstofftransport durch die roten Blutkörperchen behindert. Die Säuglinge erkranken an „Blausucht“ (Methämoglobinämie).

Bis zu dem genannten alten Grenzwert der Massenkonzentration an Nitrationen von 90 mg/l ist nicht mit dem Auftreten der „Blausucht“ bei Säuglingen zu rechnen.

Bei Erwachsenen werden die durch Nitrit blockierten roten Blutkörperchen ständig enzymatisch abgebaut. Das entsprechende Enzym ist bei Säuglingen noch nicht vorhanden. Bei Erwachsenen kann es also nicht zum Krankheitsbild der „Blausucht“ kommen. Neuere Untersuchungen zeigen jedoch, dass die im Wesentlichen in der Mundhöhle durch bakterielle Reduktion aus Nitrationen gebildeten Nitritionen im Magen mit nitrosierbaren Aminen und Amiden Nitrosamine und Nitrosamide bilden können, die unter dem Verdacht stehen, karzinogen zu wirken.

Aus diesem Grund wurde der Grenzwert für die Massenkonzentration an Nitrationen international zunächst auf 50 mg/l gesenkt. Der anzustrebende Richtwert wurde nach der EG-Richtlinie auf eine Massenkonzentration an Nitrationen von 25 mg/l festgelegt.

S. Wilhelm, *Wasseraufbereitung*
DOI: 10.1007/978-3-540-68887-7, © Springer 2008

14.1 Ursachen der erhöhten Nitrationenbelastung des Grundwassers

Nitrationenvorkommen im Grundwasser können sowohl natürliche als auch zivilisationsbedingte Gründe haben. Hier sei nur die steigende zivilisationsbedingte Nitrationenbelastung beschrieben.

Lokale Nitrationenbelastungsquellen, wie Abwasserversickerung und Sickerwässer von Abfalldeponien, können zur Erklärung der vielerorts auftretenden, ständig ansteigenden Nitrationenbelastung des Grundwassers nicht herangezogen werden.

Als großflächige Belastungsquellen kommen in Betracht:

- Nitrat aus Niederschlägen
- Nitrat aus der Infiltration von Oberflächenwasser
- Nitrat aus Düngemitteln
- Nitrat aus dem organisch gebundenen Stickstoffvorrat des Bodens.

Rohmann und Sontheimer erbrachten den Nachweis, dass wesentlich nur die beiden letztgenannten großflächigen Belastungsquellen die ständige Zunahme der Nitrationenkonzentration im Trinkwasser verursachen.

Nach Bischoffsberger führte in der EG seit 1953 die Verfünffachung des Einsatzes von Handelsdünger zu einer Verdoppelung der Getreideernte und zu einer Erzeugung von 139% des Getreidebedarfs der EG. Der größte Teil dieses Überschusses wird vernichtet!

Die stark stickstoffhaltigen Abfälle aus der intensiven Massentierhaltung (Stallmist, Jauche, Gülle) – in ihrer Gesamtheit als Wirtschaftsdünger bezeichnet – werden ebenfalls zur Düngung eingesetzt, wenngleich das Ausbringen dieser Produkte häufig mehr dem Ziel der Beseitigung dient.

Durch falsches Ausbringen des Wirtschaftsdüngers – außerhalb der Vegetationsperioden, in zu großen Mengen – und wesentlich zu großem Einsatz von Handelsdünger wird ein großer Teil des Anstiegs des Nitrationengehaltes im Grundwasser verursacht.

Ackerboden enthält in der Krume ein großes Reservoir an organisch gebundenem Stickstoff, der im Humus konzentriert ist. Ein Teil dieses Stickstoffreservoirs wird durch Mikroorganismen zu anorganischen Stickstoffverbindungen abgebaut. Dieser Vorgang wird als Mineralisierung bezeichnet. Immergrüne Flächen, wie Nadelwälder und Grünland, zeigen nur geringe Nitratauswaschungen. Der Grund dafür liegt in der ganzjährigen Bodenbedeckung mit hoher Bewuchsdichte. Dadurch werden dem Boden ständig Nitrationen entzogen.

Beim Umbruch von Grünland können durch die starke Bodenbelüftung innerhalb weniger Jahre sehr große Mengen des Bodenstickstoffs mineralisiert werden und dann zum Anstieg der Nitrationenkonzentration im Grundwasser führen.

Das Problem der Düngung in der Landwirtschaft kann hier nur angedeutet werden. Es ist sehr komplex und tangiert die wirtschaftlichen Interessen vieler.

Die Untersuchungen von Rohmann und Sontheimer beweisen eindeutig, dass die intensive Nutzung der landwirtschaftlichen Flächen die Ursache für den starken

Anstieg der Nitrationenkonzentration im Grundwasser ist. Langfristig kann dieses Problem nur durch Reduktion der Düngung auf das notwendige Maß gelöst werden. Diese Lösung benötigt Zeit und zeigt außerdem keine sofortige Wirkung. Also müssen in einer Übergangsperiode, welche sicher einige Jahrzehnte dauern wird, von den Wasserversorgungsunternehmen Maßnahmen zur Verringerung der Nitrationenkonzentration im Trinkwasser ergriffen werden.

14.2 Denitrifikation im Grundwasserleiter

Unter Denitrifikation versteht man die mikrobielle Reduktion von Nitrationen zu gasförmigem Stickstoff. Die Denitrifikation ist einer von drei mikrobiellen Prozessen, welche zu einem erheblichen Nitratabbau im Boden beitragen. Die assimilatorische Nitratreduktion und die Nitratammonifikation seien nicht betrachtet. Fakultativ anaerobe Mikroorganismen, welche zur Aufrechterhaltung ihrer Stoffwechselprozesse Nitrationen zu gasförmigem Stickstoff reduzieren, werden Denitrifikanten genannt. Grundsätzlich können zwei unterschiedliche Arten der Denitrifikation unterschieden werden:

- Denitrifaktion durch heterotrophe Mikroorganismen und
- Denitrifaktion durch autotrophe Mikroorganismen.

Heterotrophe Organismen benötigen als Substrat eine organische Kohlenstoffquelle. Als Wasserstoffdonator dient bei der heterotrophen Nitrationenreduktion ebenfalls organische Substanz. Die heterotrophe Nitrationenreduktion lässt sich wie folgt formulieren:

$$5C_n(H_2O)_n + 4nNO_3^- \rightarrow 2nN_2 + 4nHCO_3^- + nCO_2 + 3nH_2O$$

Die Gleichung lässt erkennen, dass pro Mol abgebauter Nitrationen auch ein Mol Hydrogencarbonationen entsteht. Die Carbonathärte des Wassers wird erhöht. Autotrophe Organismen sind in der Lage, anorganisch gebundenen Kohlenstoff zu organischen Kohlenstoffverbindungen aufzubauen. Zur autotrophen Nitrationenreduktion sind nur wenige Mikroorganismen in der Lage. Oft sind sie an das Vorhandensein einer oxidierbaren Schwefelverbindung gebunden. Mit Pyrit (FeS_2) als oxidierbarer Schwefelverbindung lautet die Reaktionsgleichung:

$$5FeS_2 + 14NO_3^- + 4H^+ \rightarrow 7N_2 \uparrow + 10\,SO_4^{2-} + 5Fe^{2+} + 2H_2O$$

Man erkennt, dass die Nitrationenreduktion mit einer deutlichen Erhöhung der Konzentration an Sulfationen und Eisenionen verbunden ist. Neben einer verwertbaren Kohlenstoff- und einer Stickstoffquelle benötigen die Denitrifikanten auch eine Phosphorquelle und Spurenelemente. Phosphor ist in Wirtschafts- und Handelsdünger, ebenso wie die Spurenelemente, vorhanden.

Die häufige Beobachtung, dass mit einem Anstieg der Nitrationenkonzentration im Grundwasserleiter auch ein Ansteigen der Konzentration an Hydrogencarbonat-

oder Sulfat- und Eisenionen verbunden ist, kann also durch die natürliche Denitrifikation im Untergrund erklärt werden.

14.3 Technische Reduktion der Nitrationenkonzentration in Trinkwasser

Grundsätzlich stehen zur Verminderung der Nitrationenkonzentration in Trinkwasser folgende Möglichkeiten zu Verfügung:

- Wasserwirtschaftliche Maßnahmen
- Physikalische Verfahren
- Chemische Verfahren
- Biochemische Verfahren

14.3.1 Wasserwirtschaftliche Maßnahmen

Unter wasserwirtschaftlichen Maßnahmen versteht man alle Maßnahmen, welche die Verwendung nitrationenärmerer Wässer anderer Herkunft verfolgen. Nitrationenärmere Wässer können durch Fremdwasserbezug oder Erschließung nitrationenärmerer Grundwasservorkommen erreicht werden. Die Erschließung nitrationenärmerer Grundwasservorkommen beinhaltet den Brunnenneubau in weniger belasteten Gebieten, das Tieferbohren bestehender Flachbrunnen, die Erschließung von Tiefengrundwasser und die selektive Grundwasserförderung nach dem Abwehrbrunnenkonzept. Besteht Hoffnung, dass die genannten Verfahren auf Dauer Abhilfe schaffen, und sind sie finanzierbar, so sind sie allen anderen Verfahren vorzuziehen.

14.3.2 Physikalische Verfahren

Allen physikalischen Verfahren gemeinsam ist, dass sie keine nitrationenspezifischen Verfahren sind. Sowohl die Umkehrosmose als auch die Elektrodialyse sind Verfahren, welche den Gesamtsalzgehalt eines Wassers, also auch die Nitrationenkonzentration, verringern.

Die Elektrodialyse hat wegen der geringen Membranstandzeiten bisher nur geringe großtechnische Anwendung gefunden, obwohl das Verfahren seit 1928 bekannt ist. Die Umkehrosmose ist ein Verfahren, das zur Entsalzung salzreicher Wässer (z. B. Meerwasserentsalzung) angewendet wird. Das Verfahrensprinzip beruht auf einer Membran, welche für Wassermoleküle durchlässig, für die größeren hydratisierten Ionen aber undurchlässig ist.

14.3.3 Chemische Verfahren

Auch die chemische Verfahrenstechnik des Ionenaustauschs stellt kein nitrationenspezifisches Verfahren dar. Anionenaustauschharze, welche ausschließlich Nitrationen austauschen, sind nicht verfügbar. Ohne näher auf die Ionenaustauschtechnik einzugehen, werden folgende Aufbereitungsmöglichkeiten erwähnt. Die Ionenaustauschtechnik ist in Abschn. 11.5 ausführlich dargestellt.

14.3.3.1 Anionenaustausch

Setzt man ein stark basisches Anionenaustauschharz in der Chloridionenform ein, dann können aus dem Wasser alle Anionen gegen Chloridionen ausgetauscht werden. Dies ist nachfolgend am Beispiel von Calciumsalzen formuliert:

$$2R_A^+Cl^- + Ca(HCO_3)_2 \rightleftharpoons 2R_A^+HCO_3^- + CaCl_2$$

$$2R_A^+Cl^- + CaSO_4 \rightleftharpoons R_{A2}^+SO_4^{2-} + CaCl_2$$

$$2R_A^+Cl^- + Ca(NO_3)_2 \rightleftharpoons 2R_A^+NO_3^- + CaCl_2$$

Es werden also HCO_3^-, SO_4^{2-} und NO_3^--Ionen gegen Chloridionen ausgetauscht. Da die Hydrogencarbonationen über die Dauer eines Betriebsspiels nicht gleichbleibend ausgetauscht werden, entsteht nicht nur ein Wasser hoher Chloridionenkonzentration, sondern auch wechselnder Hydrogencarbonationenkonzentration. Dieses Verfahren stellt also sowohl an die Rohwasserzusammensetzung als auch an die weitergehende Aufbereitung erhebliche Anforderungen. Für den Normalbetrieb kann das Verfahren nicht angewendet werden. Setzt man ein stark basisches Anionenaustauschharz in der Hydrogencarbonationenform ein, dann können aus dem Wasser alle Anionen gegen Hydrogencarbonationen ausgetauscht werden. Dies ist nachfolgend am Beispiel von Calciumsalzen formuliert:

$$2R_A^+HCO_3^- + CaSO_4 \rightarrow R_{A2}^+SO_4^{2-} + Ca(HCO_3)_2$$

$$2R_A^+HCO_3^- + CaCl_2 \rightarrow 2R_A^+Cl^- + Ca(HCO_3)_2$$

$$2R_A^+HCO_3^- + Ca(NO_3)_2 \rightarrow 2R_A^+NO_3^- + Ca(HCO_3)_2$$

Dabei kann es durch die Verschiebung des Kalk-Kohlensäure-Gleichgewichts leicht zur Ausscheidung unlöslichen Calciumcarbonats kommen. Außerdem wird die Hydrogencarbonationenkonzentration des Wassers stark erhöht, was in den meisten Fällen nicht vertretbar ist. Es müsste also eine Entcarbonisierungsanlage nachgeschaltet werden. Die Wirtschaftlichkeit des Verfahrens ist sehr gering, da durch die Beladungsform mit Hydrogencarbonationen mit großen Überschüssen an Regenerierchemikalien gearbeitet werden muss. Für den Normalbetrieb kann das Verfahren ebenfalls nicht angewendet werden.

14.3.3.2 Kombinierter Kationen- und Anionenaustausch

Der kombinierte Kationen- und Anionenaustausch kann entweder mittels einer Teilstromentsalzung oder mit der Teilentsalzung realisiert werden.

Bei der *Teilstromentsalzung* wird ein Wasserteilstrom hintereinander über stark saure Kationenaustauschharze in der Wasserstoffionenform und stark basische Anionenaustauschharze in der Hydroxidionenform geleitet und dabei weitgehend entsalzt. Dies ist nachfolgend am Beispiel einer wässerigen Kochsalzlösung formuliert:

$$R_K^- H^+ + NaCl \rightleftharpoons R_K^- Na^+ + HCl$$
$$R_A^+ OH^- + HCl \rightarrow R_A^+ Cl^- + H_2O$$

In Abhängigkeit vom Mischungsverhältnis mit Rohwasser lässt sich die Nitrationenkonzentration im Mischwasser beeinflussen. Das Kalk-Kohlensäure-Gleichgewicht muss nachträglich eingestellt werden. Bei der *Teilentsalzung* wird das gesamte Wasser nacheinander über ein schwach saures Kationenaustauschharz in der Wasserstoffionenform und ein schwach basisches Anionenaustauschharz in der Hydroxidionenform geführt. Zur Entfernung des freien Kohlenstoffdioxids ist noch ein CO_2-Rieseler nachzuschalten.

Bei dieser Schaltung werden die äquivalent zu den Hydrogencarbonatanionen vorhandenen Calcium- und Magnesiumionen im Kationenaustauschharz gegen Wasserstoffionen ausgetauscht. Der Ablauf des Kationenaustauschers enthält also große Mengen an Hydrogencarbonationen, welche das schwach basische Anionenaustauschharz nicht austauschen kann. Dagegen tauscht es die SO_4^{2-}–, die Cl^-- und die NO_3^--Ionen aus. Dies ist nachfolgend am Beispiel von Calciumsalzen formuliert:

$$2R_K^- H^+ + Ca(HCO_3)_2 \rightarrow R_{K2}^- Ca^{2+} + 2H_2O + 2CO_2$$
$$2R_K^- H^+ + Ca(NO_3)_2 \leftarrow \text{keine Ionenaustauschreaktion!}$$
$$2R_A^+ OH^- + Ca(NO_3)_2 \rightleftharpoons 2R_A^+ NO_3^- + Ca(OH)_2$$

Es entsteht also ein gegenüber dem Rohwasser im Salzgehalt stark vermindertes Wasser, das als Anionen fast ausschließlich Hydrogencarbonationen und Hydroxidionen enthält. Das Kalk-Kohlensäure-Gleichgewicht muss nachträglich eingestellt werden.

14.3.3.3 Teilentsalzung nach dem CARIX-Verfahren

Das CARIX-Verfahren ist ein besonderes Ionenaustauschverfahren, das ausschließlich zum Zweck der Entcarbonisierung und gleichzeitigen Reduzierung der starken Mineralsäureanionen (SO_4^{2-}, NO_3^-, Cl^-) vom Kernforschungszentrum Karlsruhe getestet und von der Firma WABAG zur großtechnischen Anwendung weiterentwickelt wurde. Es ist das bisher einzige Ionenaustauschverfahren, das speziell zur Aufbereitung von Trinkwasser entwickelt wurde.

Zum Einsatz kommt ein schwach saures Kationenaustauschharz in der Wasserstoffionenform und ein stark basisches Anionenaustauschharz in der Hydrogencarbonationenform. Das Besondere ist der Einsatz in einem Mischbett und die Regeneration mit Kohlenstoffdioxid unter Druck im Mischbettzustand.

Die Regeneration mit Kohlenstoffdioxid, das bei der Regeneration unter Wasseraufnahme Kohlensäure bildet, ist aufgrund des geringen Dissoziationsgrades der Kohlensäure wenig effektiv, wenn man, wie in anderen Bereichen der Ionenaustauschtechnik üblich, geringe Ionenschlupfwerte erreichen will. Dies ist bei der Trinkwasseraufbereitung aber weder erforderlich noch erwünscht. Der Reaktionschemismus ist nachfolgend vereinfacht dargestellt:

$$CO_2 + H_2O \rightleftharpoons H_2CO_3$$
$$H_2CO_3 \rightleftharpoons H^+ + HCO_3^-$$

Die beim Einleiten von Kohlenstoffdioxid in Wasser entstehende Kohlensäure dissoziiert in der ersten Dissoziationsstufe zu Wasserstoff- und Hydrogencarbonationen. Die Wasserstoffionen regenerieren das schwach saure Kationenaustauschharz, die Hydrogencarbonationen das stark basische Anionenaustauschharz:

$$R_{K2}^-Ca^{2+} + 2H^+ \rightleftharpoons 2R_K^-H^+ + Ca^{2+}$$
$$R_A^+NO_3^- + HCO_3^- \rightleftharpoons R_A^+HCO_3^- + NO_3^-$$
$$H^+ + HCO_3^- \rightarrow H_2O + CO_2$$
$$Ca^{2+} + 2NO_3^- \rightleftharpoons Ca(NO_3)_2$$

Die beiden erstgenannten Gleichungen zeigen von links nach rechts die Reaktionen, welche – beispielhaft für die Beladung des Anionenaustauschers mit Nitrationen – während der Regeneration ablaufen. Von rechts nach links zeigen die Gleichungen die Austauschreaktionen während des Betriebes.

Die Steuerung der Gleichgewichte wird über die Konzentration der über die Ionenaustauscherharze fließenden Lösungen vorgenommen. Die geringe Ionenkonzentration während des Betriebes (Aufbereitung von vergleichsweise ionenarmem Trinkwasser) verlagert das Gleichgewicht einseitig auf die linke Seite, die hohe Ionenkonzentration während der Regeneration verlagert das Gleichgewicht einseitig auf die rechte Seite.

Das während des Betriebes entstehende überschüssige freie Kohlenstoffdioxid wird in einem nachgeschalteten CO_2-Rieseler entfernt.

Das bei der Regeneration im gewählten Beispiel anfallende Calciumnitrat ist ein Neutralsalz. Die bei der Regeneration anfallenden Eluate können daher ohne vorherige Neutralisation an die Kanalisation abgegeben werden. Die abgegebene Salzfracht entspricht, im Gegensatz zu allen anderen Ionenaustauschverfahren, lediglich der während des Betriebes aufgenommenen Salzfracht, da nicht mit starken Mineralsäuren und Laugen als Regenerierchemikalien gearbeitet wird. Das überschüssige Kohlenstoffdioxid wird aus den Eluaten in einem Vakuumentgaser zurück gewonnen. Das Kalk-Kohlensäure-Gleichgewicht muss evtl. durch Säure- oder Laugedosierung eingestellt werden. Über die Veränderung des Harzmischungsverhältnisses kann in weiten Grenzen variiert werden, je nachdem, ob vorrangig entcarbonisiert werden soll oder ob die Entfernung von starken Mineralsäureanionen im Vordergrund steht.

Das CARIX-Verfahren ist zwar kein nitrationenspezifisches Verfahren, kann aber sowohl zur Nitrationenreduktion als auch zur Sulfationenreduktion und zur Entcarbonisierung wirtschaftlich und umweltschonend eingesetzt werden. Es stellt die einzige chemische Aufbereitungsalternative zu den nitrationenspezifischen biochemischen Verfahren dar.

Eventuell vom Anionenaustauschharz von Ionenaustauschanlagen an das Trinkwasser abgegebene Amine können bei allen Ionenaustauschanlagen durch Nachschalten eines Aktivkohlefilters wieder aus dem Trinkwasser entfernt werden.

14.3.4 Technische biochemische Verfahren

Biochemische Verfahren beruhen auf Stoffwechselprozessen von Mikroorganismen. Die natürliche mikrobielle Denitrifikation ist in Abschnitt 14.2 behandelt. Die biochemischen Verfahren sind bisher die einzigen nitrationenspezifischen Verfahren.

Bei den technischen mikrobiellen Denitrifikationsverfahren zur Nitrationenreduktion im geförderten Grundwasser handelt es sich ausnahmslos um Verfahren, welche die natürlichen, im Boden verlaufenden Prozesse nachahmen. Die technische Anwendung des Verfahrens findet in Bioreaktoren statt. Es werden aus Gründen des besseren Verständnisses bei der Behandlung der Verfahren nur die theoretischen Reaktionsmechanismen – unter Vernachlässigung der entstehenden Biomasse – dargestellt. Zur technischen Denitrifikation können heterotrophe oder autotrophe Mikroorganismen herangezogen werden. Sie werden in Bioreaktoren unter für sie günstigen Voraussetzungen im Massenwachstum gezüchtet. Aus dem denitrifizierten Wasser müssen sie durch Filtration entfernt werden. Eventuell durch die Filter durchschlagende Mikroorganismen werden durch Desinfektionsmittel abgetötet.

14.3.4.1 Heterotrophe Denitrifikation

Die heterotrophen Denitrifikanten benötigen eine organische Kohlenstoffquelle. Leicht abbaubare, organische Kohlenstoffverbindungen sind Methanol, Ethanol und Ethansäure. Die theoretischen stöchiometrischen Reaktionsverläufe stellen sich wie folgt dar:

$$5CH_3OH + 6NO_3^- \rightarrow 5HCO_3^- + OH^- + 7H_2O + 3N_2$$
$$5C_2H_5OH + 12NO_3^- \rightarrow 10HCO_3^- + 2OH^- + 9H_2O + 6N_2$$
$$5CH_3COOH + 8NO_3^- \rightarrow 8HCO_3^- + 2CO_2 + 6H_2O + 4N_2$$

Aus den vorstehenden Gleichungen ist zu ersehen, dass, bei den organischen Kohlenstoffsubstraten Methanol und Ethanol Hydroxidionen entstehen, welche bei schwach gepufferten Wässern erhebliche pH-Werterhöhungen bewirken können. Beim organischen Kohlenstoffsubstrat Ethansäure entsteht Kohlenstoffdioxid, das beim infrage stehenden pH-Wert weitgehend zu Hydrogencarbonationen dissoziiert:

$$CO_2 + H_2O \rightleftharpoons H_2CO_3$$

$$H_2CO_3 \rightleftharpoons H^+ + HCO_3^-$$

Bei allen drei organischen Kohlenstoffsubstraten ergibt sich eine erhebliche Vergrößerung der Hydrogencarbonationenkonzentration im Wasser. Dadurch wird der Langelier'sche Sättigungsindex und somit das Kalk-Kohlensäure-Gleichgewicht beeinflusst.

Das Kohlenstoffsubstrat Methanol bietet erhebliche gesundheitliche Risiken und wird daher bisher von keinem Anlagenhersteller verwendet.

14.3.4.2 Autotrophe Denitrifikation

Die autotrophen Denitrifikanten benötigen keine organische Kohlenstoffquelle. Sie sind in der Lage, anorganisch gebundenen Kohlenstoff, der im Wasser als CO_2 vorhanden ist, organisch zu fixieren.

Der Energiestoffwechsel der autotrophen Denitrifikanten wird durch Oxidation von Wasserstoff oder Schwefel sichergestellt.

Die theoretischen stöchiometrischen Reaktionsverläufe stellen sich wie folgt dar:

$$5H_2 + 2H^+ + 2NO_3^- \rightarrow N_2 + 6H_2O$$

$$1{,}67S + 2NO_3^- + 0{,}67H_2O \rightarrow N_2 + 1{,}67SO_4^{2-} + 1{,}34H^+$$

Bei Verwendung der Energiequelle Wasserstoff werden Wasserstoffionen verbraucht. Das heißt, der pH-Wert würde ansteigen, wenn die Pufferkapazität des Wassers nicht ausreichend ist. Bei Verwendung der Energiequelle Schwefel entstehen Wasserstoffionen. Das heißt, der pH-Wert würde absinken, wenn die Pufferkapazität des Wassers nicht ausreichend ist. Außerdem wird die Konzentration an Sulfationen im denitrifizierten Wasser erheblich erhöht. Deshalb spielt der Einsatz von Schwefel als Energielieferant bei den technischen Verfahren keine Rolle. Bei allen Denitrifikationsverfahren, sowohl bei den heterotrophen als auch bei dem autotrophen, wird das Kalk-Kohlensäure-Gleichgewicht verändert. Es müssen also in einer nachgeschalteten Stufe verfahrenstechnische Möglichkeiten zur Einstellung des Kalk-Kohlensäure-Gleichgewichts vorgesehen werden (pH-Wert-Korrektur).

14.3.4.3 Grundsätzlicher Aufbau der Anlagen zur Denitrifikation

Die eigentliche Denitrifikation findet in den bereits erwähnten Bioreaktoren statt. Neben den Bioreaktoren gehören zu allen Denitrifikationsanlagen Vorbehandlungsstufen (Konditionierungsanlagen) und Nachbehandlungsstufen. An die einzelnen Anlagenkomponenten sind folgende Anforderungen zu stellen:

Vorbehandlung

Heterotrophe Verfahren arbeiten mit den organischen Kohlenstoffquellen Ethanol oder Ethansäure.

Autotrophe Verfahren arbeiten mit Wasserstoff als Energiequelle. Diese Chemikalien müssen gelagert und dosiert werden.

Sowohl bei der heterotrophen als auch bei der autotrophen Denitrifikation muss zusätzlich Phosphor – meist in Form von Phosphorsäure oder Natriumphoshat – gelagert und dosiert werden.

Die Dosierung von Spurenelementen ist normalerweise nicht erforderlich, da diese im Grundwasser vorhanden sind. Zur Einstellung optimaler pH-Werte bei der Durchführung der Denitrifikation kann die Dosierung von Säuren oder Laugen erforderlich werden.

Bioreaktoren

Zur Denitrifikation von Trinkwasser werden fast ausschließlich Festbettreaktoren im Aufstrombetrieb eingesetzt.

Als Trägermaterialien dienen Materialien mit möglichst großer Oberfläche und guter Haftmöglichkeit für die Mikroorganismenkolonien, z. B. Styroporkugeln, Blähton oder Kunststoffelemente mit großer spezifischer Oberfläche. Die max. Filtergeschwindigkeit liegt bei $q_A \leq 10\,\mathrm{m/h}$.

Die Biomasse ist durch regelmäßige Spülprozesse in Grenzen zu halten.

Nachbehandlung

Nach den Bioreaktoren muss das Wasser aus korrosionstechnischen Gründen und wegen des Geschmacks mit Sauerstoff angereichert werden. Dabei wird auch evtl. in den Reaktoren gebildetes Nitrit zu Nitrat oxidiert. Bei druckloser Belüftung findet auch teilweises Ausgasen von Kohlenstoffdioxid und Stickstoff statt.

Anorganische und organische (Mikroorganismen) Trübstoffe werden über einen Filter abfiltriert. Die Flockungsfiltration kann die Ergebnisse verbessern.

In einem nachgeschalteten Aktivkohlefilter werden bei den heterotrophen Verfahren die Restsubstratmengen und wasserlösliche, organische Stoffwechselprodukte der Mikroorganismen vollständig zurückgehalten.

Anschließend wird das Wasser durch Zugabe von Desinfektionsmitteln desinfiziert. Über eine pH-Wert-Korrektur wird das Kalk-Kohlensäure-Gleichgewicht eingestellt.

Abwasserentsorgung

Bei den biochemischen Verfahren fallen lediglich die Spülwässer aus den Bioreaktoren und den Nachbehandlungsfiltern an. Diese Spülwässer enthalten im Wesentlichen die produzierte Biomasse, welche in Einzelfällen direkt in die Kanalisation eingeleitet werden kann oder, nach der Entwässerung, deponiert wird. Das Rückspülwasservolumen beträgt zwischen 3 und 5% der erzeugten Reinwassermenge.

14.3.5 Diskussion einiger Fließbilder verschiedener Anlagenhersteller

Abbildung 14.1 zeigt das Fließbild einer großtechnisch ausgeführten Anlage nach dem CARIX-Verfahren der Firma WABAG.

Das (evtl. mechanisch filtrierte) Rohwasser (5) durchfließt die Mischbettfilter (1) im Abstrom, die eine Harzmischung aus schwach saurem Kationenaustauschharz in der Wasserstoffionenform und stark basischem Anionenaustauschharz in der Hydrogencarbonationenform enthalten. Zwei Mischbettfilter übernehmen den Be-

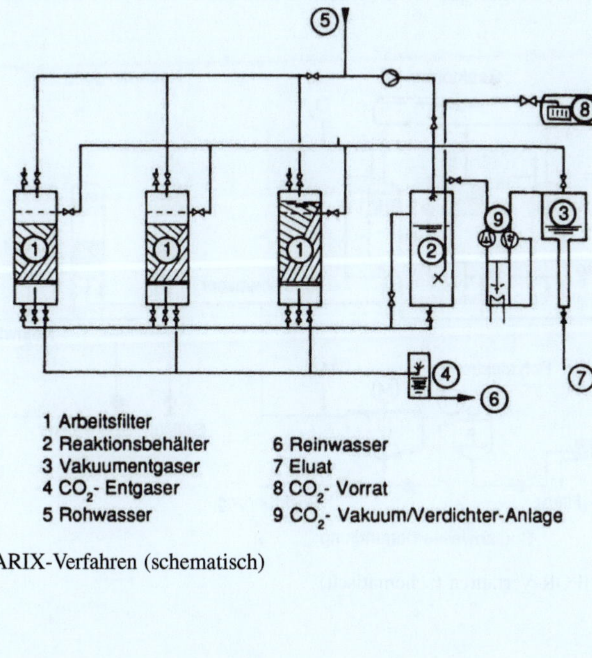

Abb. 14.1 CARIX-Verfahren (schematisch)

trieb, während das 3. Mischbettfilter regeneriert wird und anschließend in Reserve steht.

Das schwach saure Kationenaustauschharz tauscht, äquivalent zu der Hydrogencarbonationenkonzentration, Calcium- und Magnesiumionen aus dem aufzubereitenden Wasser gegen Wasserstoffionen aus, entcarbonisiert also das Wasser. Das stark basische Anionenaustauschharz tauscht einen Teil der starken Mineralsäureanionen des Wassers (SO_4^{2-}, NO_3^-, Cl^-) gegen Hydrogencarbonationen aus.

Das überschüssige Kohlenstoffdioxid wird im nachgeschalteten CO_2-Rieseler entfernt. Das Reinwasser (6) wird, evtl. nach einer pH-Wertkorrektur, in das Versorgungsnetz eingespeist.

Zur Regeneration wird Kohlenstoffdioxid aus dem CO_2-Vorratsbehälter (8) im Reaktionsbehälter unter Druck in Wasser zu Kohlensäure gelöst, die dann im Aufstrom die Mischbettfilter durchströmt und die Ionenaustauschharze regeneriert. Das überschüssige Kohlenstoffdioxid wird aus den Eluaten im Vakuumentgaser (3) entfernt. Die neutralen Eluate fließen anschließend der Kanalisation zu. Das im Vakuumentgaser (3) zurück gewonnene Kohlenstoffdioxid wird in der Verdichteranlage (9) verdichtet und erneut im Reaktionsbehälter (2) in Wasser unter Druck als Kohlensäure gelöst.

Abbildung 14.2 zeigt das Fließbild einer Anlage nach dem DENIPOR-Verfahren der Firma PREUSSAG. Es handelt sich um ein heterotrophes Denitrifikationsverfahren, das unter Druck arbeitet.

Das (evtl. mechanisch filtrierte) Rohwasser wird zunächst mit dem organischen Kohlenstoffsubstrat Ethanol, dem Phosphat und, falls erforderlich, Spurenelementen und Natronlauge zur pH-Wert-Korrektur vermischt. Während des Betriebes werden die Reaktoren im Aufstrom durchflossen. Eine Rezirkulation bis 500% zur Intensivierung des Stoffüberganges ist möglich. Das denitrifizierte Wasser aus den Reak-

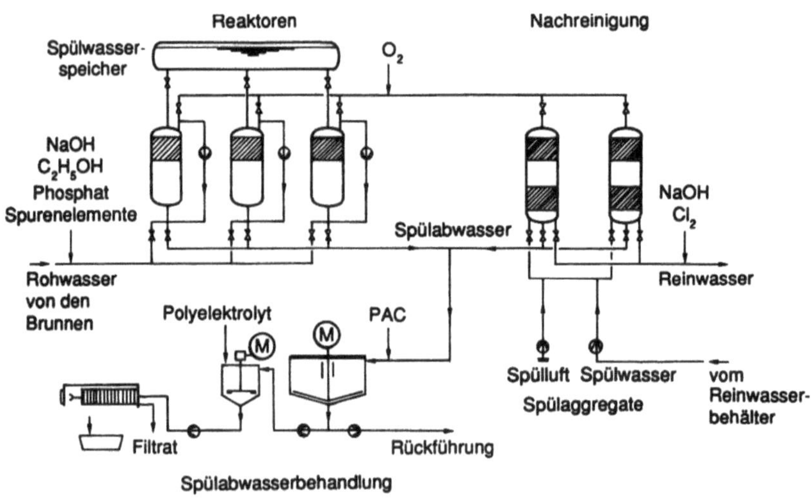

Abb. 14.2 DENIPOR-Verfahren (schematisch)

toren wird mit Sauerstoff angereichert. Die Nachreinigung erfolgt in abwärts durchströmten Doppelstockfiltern, deren obere Stufe mit Kies und deren untere Stufe mit Aktivkohle gefüllt sind. Die Leistungsaufteilung bei den Bioreaktoren ist $3 \cdot 50\%$, bei den Filtern $2 \cdot 100\%$. Das Filtrat wird anschließend durch Chlorgasdosierung desinfiziert und durch Natronlaugedosierung ins Kalk-Kohlensäure-Gleichgewicht gestellt.

Die Bioreaktoren werden im Abstrom, die Doppelstockfilter im Aufstrom gespült.

In diesem Fließbild ist die bekannte Spülwasseraufbereitung mit dargestellt.

Abbildung 14.3 zeigt das Fließbild einer Anlage nach dem NITRAZUR-Verfahren der Firma DEGREMONT. Es handelt sich um ein heterotrophes, druckloses Denitrifikationsverfahren.

Das (evtl. mechanisch filtrierte) Rohwasser wird zunächst mit dem organischen Kohlenstoffsubstrat Ethansäure und dem Phosphat vermischt. Während des Betriebes werden die Reaktoren im Aufstrom durchflossen. Das denitrifizierte Wasser aus den Reaktoren wird über eine dreistufige Kaskade zur Sauerstoffanreicherung geleitet. Gleichzeitig werden Stickstoff und CO_2 teilweise ausgegast. Die Nachreinigung erfolgt nach Dosierung eines Flockungsmittels in abwärts durchströmten Aktivkohlefiltern. Das Filtrat wird anschließend durch Chlorgasdosierung desinfiziert und durch Säure- oder Laugedosierung ins Kalk-Kohlensäure-Gleichgewicht gestellt. Die Bioreaktoren und Aktivkohlefilter werden im Aufstrom gespült.

Abbildung 14.4 zeigt das Fließbild einer Anlage nach dem DENITROPUR-Verfahren der Firma SULZER. Es handelt sich, im Gegensatz zu den beiden vor-

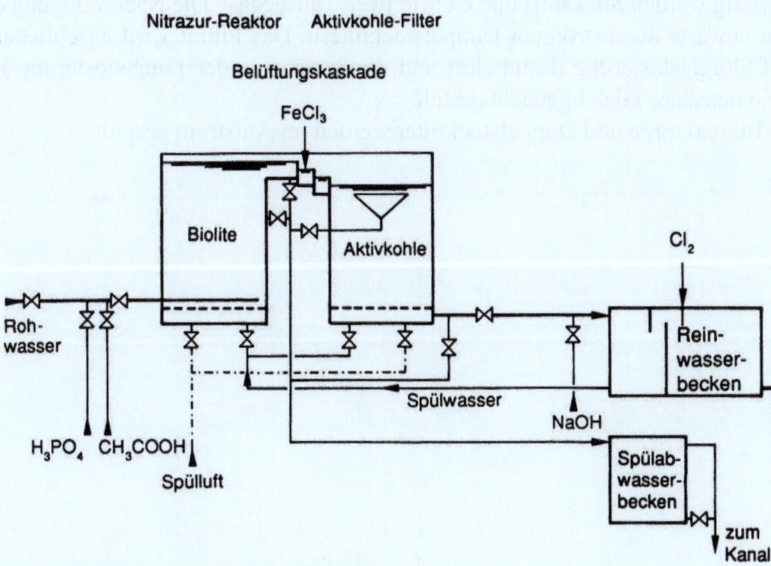

Abb. 14.3 NITRAZUR-Verfahren (schematisch)

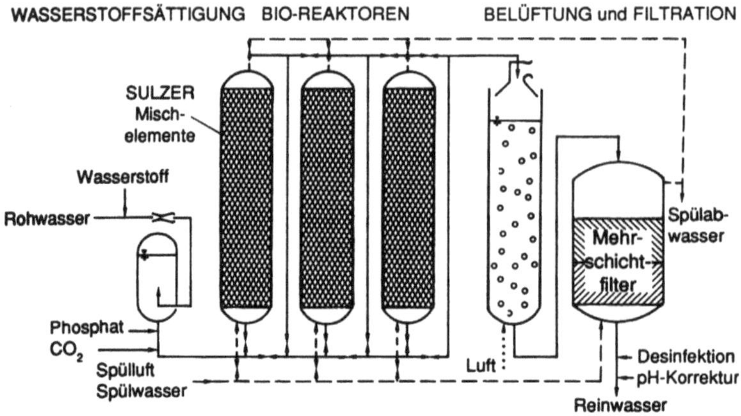

Abb. 14.4 DENITROPUR-Verfahren (schematisch)

hergehenden Verfahren, um ein autotrophes, unter Druck arbeitendes Denitrifikationsverfahren.

Das (evtl. mechanisch filtrierte) Rohwasser wird zunächst unter einem Überdruck von 6–8 bar mit Wasserstoffgas gesättigt. Der hohe Druck ist zwingend erforderlich, damit sich genügend Wasserstoffgas löst. Danach werden Phosphate und zur pH-Wertverringerung Kohlenstoffdioxid zudosiert und gleichmäßig auf den gesamten Wasservolumenstrom verteilt. Während des Betriebes werden die nachgeschalteten Bioreaktoren im Aufstrom durchflossen. Das denitrifizierte Wasser aus den Reaktoren wird in einem drucklosen Belüftungsverfahren mit Sauerstoff angereichert. Gleichzeitig werden Stickstoff und CO_2 teilweise ausgegast. Die Nachreinigung erfolgt in abwärts durchströmten Doppelstockfiltern. Das Filtrat wird anschließend durch Chlorgasdosierung desinfiziert und durch Säure- oder Laugedosierung ins Kalk-Kohlensäure-Gleichgewicht gestellt.

Die Bioreaktoren und Doppelstockfilter werden im Aufstrom gespült.

Kapitel 15
Schwimmbadwasseraufbereitung

Die Anforderungen an Schwimmbadwasser weichen nur geringfügig von denen an Trinkwasser ab. Die Aufbereitung von Schwimmbadwasser wird in DIN 19643 behandelt. Alle Aufbereitungsmaßnahmen dienen der Erhaltung der (Trink-)Wasserqualität. Dies wird durch drei unterschiedliche Aufbereitungsmaßnahmen erzielt:

- Desinfektion
- Filtration
- Wassererneuerung.

15.1 Desinfektion

Die Desinfektion führt man nach den in Kap. 13 dargestellten Desinfektionsverfahren aus. Im Beckenwasser dürfen nicht mehr als 100 Keime/ml, im Reinwasser (nach der Filtration) nicht mehr als 20 Keime/ml nachgewiesen werden. Escherichia coli oder coliforme Bakterien dürfen in 100 ml Wasser nicht nachgewiesen werden.

Im Rein- und im Beckenwasser sind mindestens 0,3 mg/l freies Chlor oder Chlordioxid einzustellen. Nach oben sind keine Grenzwerte gesetzt.

15.2 Filtration

Das Schwimmbadwasser wird durch den Badebetrieb mit ungelösten und kolloidal gelösten organischen Substanzen verunreinigt. Deshalb muss das gesamte Beckenwasser stündlich über eine Flockungsfiltrationsanlage umgewälzt werden, welche die ungelösten und kolloidal gelösten organischen Verunreinigungen vor der Desinfektion abfiltriert. Zur Anwendung kommen Einschicht- und Mehrschichtfilter der in Kap. 10 beschriebenen Ausführung und Anschwemmfilteranlagen.

S. Wilhelm, *Wasseraufbereitung*
DOI: 10.1007/978-3-540-68887-7, © Springer 2008

In Abweichung zu Kap. 10 sind geringere Schichthöhen (1,2 m) und höhere Filtergeschwindigkeiten (bis 30 m/h) üblich. Natürlich ist darauf zu achten, dass die für die eingesetzten Flockungschemikalien optimalen Fällungs-pH-Werte eingehalten werden, die für Aluminiumsalze bei 6,5–7,2 und für Eisensalze bei 6,5–7,5 liegen. Insbesondere bei der Dosierung von Aluminiumsalzen ist darauf zu achten, dass der pH-Wert 7,2 nicht überschritten wird, da sonst wieder lösliches Aluminat entsteht.

15.3 Wassererneuerung

Bei der Desinfektion und bei der Flockung von natürlichen Wässern wird durch die entstehende Salzsäure (oder durch andere Mineralsäuren) die schwächere Kohlensäure aus ihren Salzen vertrieben; es wird Calciumhydrogencarbonat verbraucht.

Desinfektion mit Chlorgas

$$\begin{aligned} Cl_2 + H_2O &\rightleftharpoons HCl + HOCl \\ HOCl &\rightleftharpoons HCl + \langle O \rangle \\ Ca(HCO_3)_2 + 2HCl &\rightleftharpoons CaCl_2 + 2H_2O + 2CO_2 \end{aligned}$$

Flockung mit Eisenchlorid

$$\begin{aligned} 2FeCl_3 + 6H_2O &\rightleftharpoons 2Fe(OH)_3 + 6HCl \\ 3Ca(HCO_3)_2 + 6HCl &\rightleftharpoons 3CaCl_2 + 6H_2O + 6CO_2 \end{aligned}$$

Beide Reaktionen verringern die Stoffmengenkonzentration an Calciumhydrogencarbonat, d. h., sie verringern das Puffervermögen des Wassers. Die in DIN 19643 vorgeschriebene Wassererneuerung von 30 l pro Besucher und Tag dient also nicht nur der Hygiene, sondern ist aus chemischen Gründen unerlässlich. Anders als bei der Trinkwasseraufbereitung wird das Schwimmbadwasser mehrmals geflockt und desinfiziert, so dass ein laufender Verbrauch von Calciumhydrogencarbonat zur Abpufferung der entstehenden Mineralsäuren gegeben ist. Es muss durch Zusatz von Frischwasser also laufend soviel Calciumhydrogencarbonat nachgespeist werden, wie zur Abpufferung der freien Mineralsäuren erforderlich ist. Die Reststoffmengenkonzentration an Hydrogencarbonaten im Beckenwasser sollte keinesfalls weniger als 0,7 mmol/l betragen.

Kapitel 16
Korrosion in Trinkwassersystemen

16.1 Einführung

Der Begriff Korrosion wird in DIN EN ISO 8044 (ehemals DIN 50900 Teil 1) wie folgt definiert:

„Unter Korrosion versteht man die Zerstörung von Werkstoffen durch chemische oder elektrochemische Reaktion mit ihrer Umgebung."

Diese Definition ist sehr umfassend, da der Begriff Werkstoff nicht auf metallische Werkstoffe beschränkt ist. Also wird darunter neben der Korrosion metallischer Werkstoffe auch z. B. die Korrosion von Beton und Kunststoffen verstanden. Der Begriff der Betonkorrosion hat sich durchgesetzt. Bei Kunststoffen spricht man nach wie vor von ihrer Beständigkeit gegenüber bestimmten Medien.

Metallische Werkstoffe, deren Abtragung bei Korrosionsversuchen kleiner $2\,g/(m^2 d)$ ist, bezeichnet man als gegen das Angriffsmedium beständig.

Nachfolgende Betrachtungen beschränken sich im Wesentlichen auf die Behandlung elektrochemischer Reaktionen bei der Korrosion der Metalle in Wasser. Die chemische Korrosion (z. B. Hochtemperaturkorrosion erhitzter Metalle in Luft oder anderen Gasgemischen) sei nicht beschrieben. Beiden Korrosionsarten gemeinsam ist der erste Schritt der Korrosion. Metallatome treten unter Zurücklassen einer äquivalenten Anzahl von Elektronen aus dem Metallgitter heraus. Wenn ein Elektronenakzeptor vorhanden ist, dann kann der Korrosionsprozess ablaufen:

$$Me^0 \rightarrow Me^+ + 1\,e^-$$

Die elektrochemische Reaktion durch Wasser ist durch zwei voneinander abhängige, jedoch an verschiedenen Stellen des Metalls ablaufende Reaktionen gekennzeichnet. Metallatome verlassen unter Zurücklassen einer äquivalenten Anzahl an Elektronen das Metallgitter und treten als Kationen in das Wasser ein. In der Elektrochemie wird die Elektrode, an der Kationen in den Elektrolyten übertreten, als Anode bezeichnet. Die Kathode ist die Elektrode, über die der Elektronenstrom an

DOI: 10.1007/978-3-540-68887-7, © Springer 2008

den Elektrolyten weitergegeben wird. Die Elektronen werden von Elektronenakzeptoren, z. B. Wasserstoffionen, verbraucht:

$$2\mathrm{Me}^0 \rightarrow 2\mathrm{Me}^+ + 2\,\mathrm{e}^-$$
$$2\mathrm{H}^+ + 2\,\mathrm{e}^- \rightarrow \mathrm{H}_2$$

Die Korrosion lässt sich also auf elektrochemische Reaktion zurückführen. Da die Korrosion durch das Vorhandensein von zwei Elektroden an unterschiedlichen Stellen der Metalloberfläche gekennzeichnet ist, handelt es sich um galvanisch-elektrolytische Vorgänge. Es bilden sich lokale, galvanische Elemente aus, in denen infolge chemischer Reaktion zwischen Metall und Elektrolyt ein Stromdurchgang stattfindet. Eine Metalloberfläche, die dem Angriff eines Elektrolyten ausgesetzt ist, kann nicht als homogen bezeichnet werden. Selbst reinstes Metall zeichnet sich an der Oberfläche durch Bereiche unterschiedlicher Reaktionsfähigkeit aus, die einzelne Lokalelemente bilden. Andere Inhomogenitäten entstehen z. B. durch Bildung von Deckschichten oder durch Vorhandensein unterschiedlicher Gefügebestandteile. In wasserführenden Leitungssystemen stehen häufig verschiedene Metalle miteinander in leitender Verbindung. Ebenso können aber auch örtliche Unterschiede in der Zusammensetzung des Wassers Ursache von Korrosionselementen sein.

Die Korrosion der Metalle ist ein natürlicher Vorgang. Unedle Metalle kommen in der Natur nicht in metallischer Form sondern nur als Metalloxide, -carbonate oder -sulfide vor. Diese Metalloxide werden unter erheblichem Energieaufwand zum Metall reduziert. Das Metall befindet sich also nicht in einem natürlichen Zustand. Es wird durch Reaktion mit seiner Umgebung versuchen, wieder in den Zustand geringster freier Enthalpie überzugehen. Dies ist in sauerstoffhaltigem Wasser besonders schnell und leicht herbeizuführen. Dieser natürliche Vorgang wird als Korrosion bezeichnet.

Die Korrosion hat also elektrochemische Ursachen. Sie wird durch kleine Lokalelemente ausgelöst, die eigene Stromkreise darstellen.

Der Begriff der galvanischen Lokalelemente wird wegen ihrer Bedeutung in nachfolgender Systematik zusammengefasst. Korrosionselemente können gebildet werden aus

- unterschiedlichen Metallen,
- chemischen oder physikalischen Ungleichheiten, die sich auf der Metalloberfläche befinden,
- Ablagerungen und Deckschichten auf der Metalloberfläche,
- verschiedenen Gefügebestandteilen einer heterogenen Legierung,
- örtlich unterschiedlichen Elektrolytkonzentrationen,
- örtlich unterschiedlichen Gaskonzentrationen in gleicher Lösung,
- pH-Wert Änderungen in der Lösung.

Alle genannten Ursachen erzeugen auf der Metalloberfläche ein Mosaik anodischer und kathodischer Bereiche, welche bei Anwesenheit eines Elektrolyten zur Korrosion führen.

Art, Umfang und Stärke des Metallangriffs werden bestimmt durch:

- die gelösten Gase,
- die Salze,
- die Temperatur des Elektrolyten.

Bei den Gasen handelt es sich bei natürlichen Wässern um Sauerstoff und Kohlenstoffdioxid, bei den Salzen vorrangig um solche, deren Anionen Hydrogencarbonate, Chloride oder Sulfate sind.

Große Bedeutung kommt aber auch dem Zustand der Metalloberfläche zu. Blanke Metalloberflächen neigen natürlich zu starker Korrosion. Wird die Metalloberfläche durch eine Deckschicht aus Korrosionsprodukten (z. B. Metalloxiden) oder aus ausgefallenen Salzen des Elektrolyten geschützt, so kann die Korrosion erheblich verringert werden, wenn diese Deckschichten sich dicht und weiträumig ausbilden. In Rohrleitungssystemen ist der Zustand der Metalloberfläche nicht beurteilbar, so dass der Verlauf der Korrosion mittels thermodynamischer oder chemisch-technischer Rechenmethoden nicht vorausbestimmt werden kann.

Das Korrosionselement besteht also aus Anode und Kathode. An der Anode geht das Metall als Kation in Lösung. An den anodischen Bereichen der Metalloberfläche wird sich also ein Elektronenüberschuss einstellen. Die Elektronen wandern auf der Metalloberfläche zur Kathode und werden hier, durch unterschiedliche Kathodenreaktionen, verbraucht. Die Anode löst sich also auf, während die Kathode nicht angegriffen wird. Gelingt es, das Potential zwischen den anodischen und kathodischen Bereichen auszugleichen, so wird der Stromfluss und damit die Korrosion beendet.

Die Bedeutung des Wassers als Mittler der Korrosion sei am Beispiel der Eisenkorrosion erläutert. Eisen reagiert in einer Vielzahl (24) von Reaktionen mit Wasser. Eine kleine Auswahl ist nachfolgend wiedergegeben:

$$\begin{aligned} Fe + 2H_2O &\rightleftharpoons Fe(OH)_2 + 2H^+ + 2\,e^- \\ Fe + 2OH^- &\rightleftharpoons Fe(OH)_2 + 2\,e^- \\ Fe(OH)_2 + H_2O &\rightleftharpoons Fe(OH)_3 + H^+ + e^- \\ 2Fe + 3H_2O &\rightleftharpoons Fe_2O_3 + 6H^+ + 6\,e^- \\ 3Fe + 4H_2O &\rightleftharpoons Fe_3O_4 + 8H^+ + 8\,e^- \end{aligned}$$

Ohne Wasser laufen diese Reaktionen nicht ab. In reiner Luft ohne Feuchtigkeit korrodiert Eisen nicht. Die 2000 Jahre alte Säule von Delhi korrodiert nicht, weil die Luftfeuchtigkeit in Delhi ganzjährig kleiner 65% ist.

Die Eisenkorrosion in Wasser wird durch den Dipolcharakter des Wassers gefördert. Hieraus erklärt sich die Eigenschaft des Wassers, Ionenbindungen aufzulösen und die entstehenden Ionen durch Hydratation elektrisch zu isolieren, so dass zwischen Kationen und Anionen kein Ladungsausgleich stattfinden kann. Die Ionen werden zusammen mit den gelösten Gasen an die Metalloberfläche herangeführt und verstärken die Potentialdifferenzen, erhöhen also die Korrosion. Erheblichen Einfluss auf die Korrosion von Metallen in Wasser hat die Sauerstoffkonzentration des Wassers. Trinkwasser weist fast immer Massenkonzentrationen an Sauerstoff $\rho^*(O_2) > 4\,mg/l$ auf. Häufig nähert sich die Massenkonzentration an Sauerstoff dem Sättigungswert bei der entsprechenden Temperatur. Trinkwasser muss wenigstens eine Massenkonzentration an Sauerstoff von $4\,mg/l$ aufweisen, da sich bei geringeren Sauerstoffkonzentrationen die Kalk-Rost-Schutzschicht nicht ausbilden kann und der Korrosionsschutz durch Inhibitoren nicht wirksam wird. Außerdem schmeckt Trinkwasser ohne den Gehalt an Sauerstoff fade.

Die Sättigungs-Massenkonzentrationen an Sauerstoff in Wasser in Abhängigkeit von der Temperatur sind in Tabelle 16.1 wiedergegeben.

Das zweite in natürlichen Wässern gelöste Gas, das Kohlenstoffdioxid, hat ebenfalls Einfluss auf die Korrosion. Es gibt keine natürlichen Wässer, die kein Kohlenstoffdioxid gelöst enthalten. Die Wasserlöslichkeit von Kohlenstoffdioxid in Abhängigkeit von der Temperatur zeigt Tabelle 16.2.

Die Massenkonzentration an Kohlenstoffdioxid liegt in Trinkwasser immer weit unter der Sättigungsgrenze; deswegen entweicht bei Erwärmung auch kein Kohlenstoffdioxid aus der Lösung. Das Kohlenstoffdioxid bildet in Wasser nach folgender Gleichung Kohlensäure:

$$CO_2 + H_2O \rightleftharpoons H_2CO_3$$

Die Kohlensäure greift, wie andere Säuren auch, metallische Werkstoffe nach folgender Gleichung an:

$$Fe + 2H_2CO_3 \rightarrow Fe(HCO_3)_2 + H_2$$
$$Fe + 2HCl \rightarrow FeCl_2 + H_2$$
$$Fe + H_2SO_4 \rightarrow FeSO_4 + H_2$$

Tabelle 16.1 Sauerstofflöslichkeit in Wasser in Abhängigkeit von der Temperatur

t/°C	$\varrho^*(O_2)$/mg/l
0	14,6
10	11,3
20	9,1
30	7,5
50	5,5
70	3,8
90	1,6

Tabelle 16.2 Kohlenstoffdioxidlöslichkeit in Wasser in Abhängigkeit von der Temperatur

t/°C	$\varrho^*(CO_2)$/mg/l
0	3346
10	2318
20	1688
30	1257
50	761

Bei der Säurekorrosion handelt es sich um einen Flächenangriff auf das Metall. Der Korrosionsangriff ist in Gegenwart von Sauerstoff erheblich größer als in sauerstofffreien Wässern.

Aggressiv wirkt nur das überschüssige Kohlenstoffdioxid. Das freie, zugehörige Kohlenstoffdioxid, das zum in Lösung halten des Calciumhydrogencarbonats erforderlich ist, wirkt nicht aggressiv. Trinkwässer sollten sich also im Kalk-Kohlensäure-Gleichgewicht befinden. Dann ist kein aggressives freies Kohlenstoffdioxid vorhanden, und die Kalk-Rost-Schutzschicht kann sich unter günstigen Umständen ausbilden.

Die Beurteilung, unter welchen Voraussetzungen natürliche Wässer zur Ausbildung von Schutzschichten neigen, ist schwierig. Nach DIN 50930 neigt kaltes Wasser zur Schutzschichtbildung, wenn Wasser die Analysenwerte der Tabelle 16.3 einhält und keine Bedingungen vorhanden sind, welche die ungleichmäßige Flächenkorrosion begünstigen.

Nichtrostende Stähle verhalten sich in allen Wässern passiv und bilden daher keine Schutzschichten aus. Der pH-Wert des Wassers ist als der negative dekadische Logarithmus des Zahlenwertes der Stoffmengenkonzentration an Wasserstoffionen definiert:

$$\mathrm{pH} = -\log c(\mathrm{H}^+)$$

Je kleiner der pH-Wert ist, desto größer ist die Stoffmengenkonzentration an Wasserstoffionen, desto aggressiver ist das Wasser. Der pH-Wert allein ist allerdings in Verbindung mit natürlichen Wässern wenig aussagekräftig, da eine bestimmte Stoffmengenkonzentration an Kohlenstoffdioxid für das In-Lösunghalten des Calciumhydrogencarbonats erforderlich ist. Aussagekräftiger ist der Langelier'sche Sättigungsindex, der die Abweichung des pH-Wertes vom Gleichgewichts-pH-Wert angibt:

$$I_\mathrm{S} = \mathrm{pH}_\mathrm{gem} - \mathrm{pH}_\mathrm{Gleichgewicht}$$

Der Sättigungsindex sollte maximal $\pm 0{,}2$ betragen, der pH-Wert sollte wenigstens 8,0 betragen. Bei Zementmörtelauskleidung muss der Gleichgewichts-pH-Wert eingestellt werden.

Die Summe der Äquivalentkonzentrationen an Calcium- und Magnesiumionen $c(\frac{1}{2}\mathrm{Ca}^{2+} + \frac{1}{2}\mathrm{Mg}^{2+})$ wird als Härte bezeichnet.

Tabelle 16.3 Neigung von kaltem Wasser zur Ausbildung von Schutzschichten in Abhängigkeit vom Werkstoff nach DIN 50930, Teile 1–5

Unlegierte und niedrig legierte Eisenwerkstoffe	Feuerverzinkte Eisenwerkstoffe	Kupfer und Kupferwerkstoffe
pH-Wert > 7 $\varrho^*(O_2)$ > 3 mg/l $c(Ca^{2+})$ > 0,5 mmol/l $K_S(4,3)$ > 2,0 mmol/l	$K_B(8,2) < 0{,}7$ mmol/l $K_S(4,3) > 1{,}0$ mmol/l	K_S (4,3) > 1,0 mmol/l

Nach dem Wasch- und Reinigungsmittelgesetz (WRMG) 2007 gilt folgende Einteilung der Wasserhärte:

Härtebereich	Calciumcarbonat (mmol/l)	°dH (alte Bezeichnung)
weich	<1,5	<8,4°
mittel	1,5–2,5	8,4°–14°
hart	>2,5	>14°

Weiche, natürliche Wässer weisen nicht nur geringe Äquivalentkonzentrationen an Calcium- und Magnesiumionen auf, sondern sind fast immer auch sehr salzarm. Sie gehören häufig aufgrund hoher Massenkonzentrationen an Kohlenstoffdioxid zu den aggressiven Wässern. Sie bilden fast nie natürliche Schutzschichten aus. Harte, natürliche Wässer lassen sich gut aufbereiten und bilden bei richtiger Wasserbehandlung, häufig natürliche Schutzschichten aus. Sehr harte Wässer verursachen häufig Carbonatausscheidungen, die zum Zuwachsen der Rohrleitungssysteme führen können.

Der Salzgehalt in natürlichen Trinkwässern wird hauptsächlich durch die Kationen Ca^{2+}, Mg^{2+} und Na^+ und die Anionen HCO_3^-, SO_4^{2-}, Cl^- und NO_3^- verursacht. Der Gesamtsalzgehalt wird häufig durch die Aufaddition aller Massenkonzentrationen in mg/l errechnet. Dieser Wert ist wenig aussagekräftig, da die Wertigkeit der einzelnen Ionen unberücksichtigt bleibt. Besser ist es, den Gesamtsalzgehalt z. B. als Ionenstärke μ oder als Massenkonzentration $\rho^*(\text{NaCl})$ oder als Leitwert auszudrücken. Bei 20 °C kann in erster Näherung folgende Beziehung zwischen $\rho^*(\text{NaCl})$ und dem Leitwert in µS/cm gelten:

$$1\,\mu\text{S/cm} \mathrel{\widehat{=}} \rho^*(\text{NaCl}) = 0{,}55\,\text{mg/l}$$

Gute Trinkwässer weisen Leitwerte zwischen 300–750 µS/cm entsprechend Massenkonzentrationen an Natriumchlorid zwischen 150 und 400 mg/l auf. Das Korrosionsverhalten metallischer Werkstoffe gegenüber im Wasser gelösten Salzen ist in DIN 50930, Teile 1–5, beschrieben. Hervorzuheben ist beispielhaft, dass Lochkorrosion begünstigt wird, wenn die in Tabelle 16.4 aufgeführten Werte überschritten werden.

Tabelle 16.4 Gefahr der Lochkorrosion in Abhängigkeit von Werkstoffen und Wasserzusammensetzung nach DIN 50930, Teile 1–5

Werkstoff	Ionenverhältnis
Unlegierte und niedrig legierte Eisenwerkstoffe	$(c(\text{Cl}^-) + 2c(\text{SO}_4^{2-}))/K_\text{S}(4{,}3) < 1$
Feuerverzinkte Eisenwerkstoffe	$(c(\text{Cl}^-) + 2c(\text{SO}_4^{2-}))/K_\text{S}(4{,}3) < 1$ $K_\text{S}(4{,}3) > 2{,}0$ mmol/l $c(\text{Ca}^{2+}) > 0{,}5$ mmol/l
Kupfer und Kupferlegierungen	$K_\text{S}(4{,}3)/c(\text{SO}_4^{2-}) > 2$
Nichtrostende Stähle	$c(\text{Cl}^-) < 6$ mmol/l

Bei allen Werkstoffen ist die Schadenswahrscheinlichkeit gering, wenn die Massenkonzentration an Sauerstoff kleiner als 0,1 mg/l beträgt.

Die dritte mögliche Einflussgröße auf das Korrosionsverhalten metallischer Werkstoffe in Wasser, die Temperatur, ist in der Wasserversorgung im Kaltwasserbereich unerheblich. Im Warmwasserbereich sollte sie aus korrosionstechnischer Sicht im Dauerbetrieb 50 °C nicht überschreiten.

16.2 Korrosionstypen

Die verschiedenen Korrosionstypen seien am Beispiel der Eisenkorrosion erläutert.

16.2.1 Wasserstoffkorrosionstyp

An der Anode geht metallisches Eisen nach folgender Gleichung als Ion in Lösung:

$$Fe^0 \rightleftharpoons Fe^{2+} + 2\,e^-$$

Die zurückbleibenden Elektronen wandern auf der Metalloberfläche zu kathodischen Bereichen. Als Elektronenakzeptor dienen beim Wasserstoffkorrosionstyp Wasserstoffionen:

$$2H^+ + 2\,e^- \rightleftharpoons H_2$$

Es bleibt eine zu den verbrauchten H^+-Ionen äquivalente Konzentration an OH^--Ionen zurück. Der pH-Wert des Wassers steigt also in unmittelbarer Nähe der Kathodenoberfläche an (Wandalkalität). Die OH^--Ionen reagieren mit den Fe^{2+}-Ionen weiter:

$$Fe^{2+} + 2OH^- \rightleftharpoons Fe(OH)_2$$

Das entstehende Eisenhydroxid $\left(Fe(OH)_2\right)$ ist schlecht wasserlöslich und scheidet sich daher als unlösliches Produkt aus der Lösung aus. Deshalb kann sich kein chemisches Gleichgewicht einstellen; die Korrosion kommt nicht zum Stillstand, sondern schreitet bis zur völligen Auflösung des Metalls fort.

16.2.2 Sauerstoffkorrosionstyp

An der Anode geht metallisches Eisen nach folgender Gleichung als Ion in Lösung:

$$2Fe^0 \rightleftharpoons 2Fe^{2+} + 4\,e^-$$

Die zurückbleibenden Elektronen wandern auf der Metalloberfläche zu kathodischen Bereichen. Als Elektronenakzeptor dienen beim Sauerstoffkorrosionstyp

Sauerstoffmoleküle:

$$O_2 + 2H_2O + 4e^- \rightleftharpoons 4OH^-$$

oder

$$O_2 + 4H^+ + 4e^- \rightleftharpoons 2H_2O$$

Es werden OH^--Ionen erzeugt oder es bleibt eine zu den verbrauchten H^+-Ionen äquivalente Konzentration an OH^--Ionen zurück. Der pH-Wert des Wassers steigt also in unmittelbarer Nähe der Kathodenoberfläche an (Wandalkalität). Die OH^--Ionen reagieren mit den Fe^{2+}-Ionen weiter:

$$2Fe^{2+} + 4OH^- \rightleftharpoons 2Fe(OH)_2$$

16.2.3 Sauerstoff-Konzentrationselement

Abbildung 16.1 zeigt zwei Eisenbleche, die in zwei getrennte, aber mittels einer durchlässigen Membran verbundene Gefäße in Salzwasser eintauchen. Die beiden Eisenbleche bilden, je nachdem, ob die Lösung mit Sauerstoff oder mit Stickstoff begast wird, zwei unterschiedliche Potentiale aus.

Die mit Stickstoff begaste Elektrode ist unedler und löst sich auf (Anode), während die mit Sauerstoff begaste Elektrode beständig bleibt (Kathode). Im äußeren Stromkreis fließt ein Strom von der Anode zur Kathode. Die Anode wird nach dem ersten Faraday'schen Gesetz äquivalent zur Strommenge aufgelöst.

Bemerkenswert ist, dass im Sauerstoff-Konzentrationselement der Metallangriff an der sauerstoffarmen Metalloberfläche beginnt. Dieser Korrosionstyp erklärt die Tatsache, dass in Wasserleitungsrohren die Korrosion innerhalb von Sprüngen und Rissen am intensivsten ist und nicht an der Oberfläche, die laufend von sauerstoffhaltigem Wasser benetzt wird.

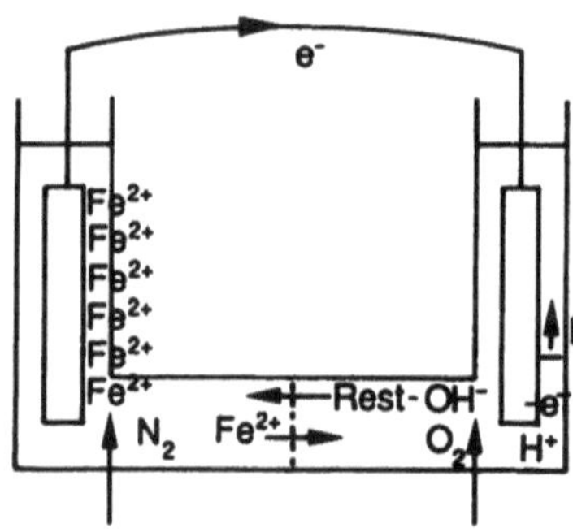

Abb. 16.1 Sauerstoff-Korrosionselement

16.2.4 Schmutzteilchen-Korrosionstyp

Dieser Korrosionstyp tritt auf, ohne dass Wasserstoffionen oder gelöster Sauerstoff beteiligt sind. Wenn sich in wasserführenden Metallleitungen eingeschleuste Schmutzteilchen festsetzen, dann ist das meist der Beginn von Lochkorrosion. Solche Schmutzteilchen müssen keine Metallteilchen oder Eisen- oder Manganschlämme sein. Es können auch nichtmetallische Teilchen, z. B. Sand, sein. Sie entziehen der unter ihnen liegenden Metallfläche Elektronen, dienen also als Elektronenakzeptoren. Dadurch gehen örtlich begrenzt Metallionen in Lösung.

16.3 Korrosionsformen

Die Korrosion tritt in verschiedenen Formen auf. Es sei zunächst eine unvollständige Auflistung einiger Korrosionsformen gegeben. Bei der ebenmäßigen Korrosion (Flächenkorrosion) werden Metalle annähernd auf der gesamten Metalloberfläche parallel abgetragen. Unter dem Lochfraß versteht man einen lokal begrenzten Korrosionsvorgang, der zu kraterförmigen Vertiefungen im metallischen Werkstoff und schließlich zur Durchlöcherung des Werkstoffs führt. Das Auftreten dieser Korrosionsform muss unbedingt vermieden werden. Andere Korrosionsformen, z. B. Bewuchskorrosion, interkristalline Korrosion, Korngrenzenkorrosion, transkristalline Korrosion, Spannungskorrosion, Spaltkorrosion, selektive Korrosion und Schichtkorrosion, werden nicht behandelt, da sie im Bereich der Wasserversorgung nur eine nachgeordnete Rolle spielen.

16.4 Instationäre Korrosion

Die Arbeiten von Kuch beweisen, dass nicht das Kalk-Kohlensäure-Gleichgewicht, sondern die Reaktionen und Eigenschaften der sich bei den Korrosionsvorgängen bildenden, schwerlöslichen Eisenverbindungen entscheidend für das Auftreten von Störungen durch Korrosionsvorgänge beim Wasserabnehmer sind. Nach Stumm gibt es zwischen der Korrosionsrate und dem Sättigungsindex keinen erkennbaren Zusammenhang. Der Sättigungsindex eines Wassers reicht in der Praxis nicht aus um Rückschlüsse auf Korrosionsvorgänge zu ziehen. Ausschlaggebend sind offenbar die Betriebsbedingungen (Fließgeschwindigkeit, Wasserdruck, Sauerstoffkonzentration, Stagnation, Werkstoffeigenschaften usw.).

Allerdings muss erwähnt werden, dass bis heute keine bessere Theorie als die des Kalk-Kohlensäure-Gleichgewichts bekannt ist, aufgrund derer die korrosiven Eigenschaften eines Wassers zahlenmäßig erfasst werden könnten.

Praktische Erfahrungen belegen, dass hohe Hydrogencarbonationen- und Huminsäurekonzentrationen die Deckschichtbildung begünstigen.

Nach Kuch nimmt die Eisenkorrosion (Eisenabgabe) mit sinkender Sauerstoffkonzentration zu. Er erkennt den linearen Zusammenhang zwischen Sauerstoffkorrosionsrate und Sauerstoffkonzentration. Dagegen ist die Eisenabgabe am größten bei vollständiger Sauerstofffreiheit. Zwischen 0 und 2 mg/l Sauerstoffmassenkonzentration wird mehr Eisen an das Wasser abgegeben, als durch Oxidation des Metalls an den anodischen Bereichen entsteht. Nach Kuch ist die Eisenabgabe bei geringer Deckschichtstärke ausschließlich von der Konzentration an freiem Kohlenstoffdioxid abhängig.

Kuch stellt den Vorgang der instationären Korrosion wie folgt dar:

Sauerstoffkorrosion (primäre Reaktion) (16.1)

$$4Fe^0 \rightarrow 4Fe^{2+} + 8\,e^-$$

$$2O_2 + 4H_2O + 8\,e^- \rightarrow 8OH^-$$

Ausfällen und Oxidation (sekundäre Reaktion) (16.2)

$$4Fe^{2+} + O_2 + 8OH^- \rightarrow 4FeOOH + 2H_2O$$

Instationäre Stillstandskorrosion (O_2-Mangel, beispielhafte Reaktion) (16.3)

$$4Fe^0 \rightarrow 4Fe^{2+} + 8\,e^-$$

$$8FeOOH + 8H^+ + 8\,e^- \rightarrow 8Fe(OH)_2$$

Reoxidation bei fließendem Wasser (erneutes O_2-Angebot) (16.4)

$$8Fe(OH)_2 + 2O_2 \rightarrow 8FeOOH + 4H_2O\ .$$

Die meisten Literaturangaben bestätigen, dass Korrosionserscheinungen dann gering sind, wenn in einem Wasser die Hydrogencarbonationenkonzentration gegenüber der Summe der Mineralsalzanionenkonzentrationen überwiegt. Die Vorgänge bei der instationären Korrosion sollen anhand der Gleichungen 16.1 bis 16.4 erläutert werden. Die oxidierte Phase (rechte Seite Gl. 16.2) erfährt durch das metallische Eisen (Gl. 16.3) Reduktion die zur reduzierten Oxidphase (rechte Seite Gl. 16.3 führt. Die Produkte $\left(\text{z. B. } Fe(OH)_2\right)$ werden bei erneuter O_2-Anwesenheit wieder oxidiert (rechte Seite Gl. 16.4) usw. Kuch bewies, dass die Änderung der Sauerstoffkonzentration allein für den Wechsel des Reaktionsverlaufes verantwortlich ist.

Kuch hat diese Vorgänge anschaulich am Beispiel einer Korrosionsmulde dargestellt. Bei Anwesenheit von Sauerstoff findet der Korrosionsvorgang aufgrund der geringeren Sauerstoffkonzentration (Sauerstoffkonzentrationselement) an der Metallwandung der Korrosionsmulde statt. Es kommt infolge der Trennung von kathodischen und anodischen Vorgängen zu einer starken pH-Absenkung. Die kathodische Umsetzung erfolgt an den Stellen des Metalls, die für den Antransport des Sauerstoffs geeignet sind und führt zur Reduktion des Sauerstoffs zu OH^--Ionen unter Verbrauch der durch das Metall transportierten Elektronen.

Bei der instationären Korrosion erfolgt durch die beschriebene Potentialumkehr die Korrosion jetzt an den bisher (korrosionsgeschützten) kathodischen Bereichen.

16.5 Erhöhte Korrosion in Warmwassersystemen

In anderen Bereichen der Technik, z. B. in der Kraftwerkstechnik, sind Korrosionsvorgänge längst vollständig erforscht, da besonders finanzielle Interessen der Kraftwerksbetreiber die Forschung vorangetrieben haben. Außerdem liegen die Verhältnisse relativ einfach, da man das Medium „Wasser“ beliebig in Richtung geringer Konzentration beeinflussen kann. Man kann aus dem Wasser alle gelösten Gase und Salze entfernen und anschließend noch den pH-Wert günstig beeinflussen. Lediglich die erhöhte Temperatur trägt hier zu erhöhter Korrosion bei.

In Trinkwassersystemen sind die Verhältnisse ungleich schwieriger. Zunächst unterscheiden sich die Wasserqualitäten an unterschiedlichen Orten, in ungünstigen Fällen sogar an unterschiedlichen Netzpunkten in einem Wasserversorgungsnetz. Man hat es also nicht, wie im Kraftwerksbereich, mit einer definierten Wasserqualität (Deionat) zu tun, sondern mit Wässern sehr unterschiedlicher Zusammensetzung. Außerdem ist Trinkwasser nicht beliebig manipulierbar, da es, z. B. in Deutschland, über die Trinkwasserverordnung der Lebensmittelgesetzgebung unterliegt. Ein großes Interesse der Hersteller von Trinkwassersystemen (in Gebäuden) an der Korrosionsverhütung fehlt, so dass die Forschung auf diesem Gebiet unterentwickelt ist. Die Korrosion in Warmwassersystemen hat in den letzten 30 Jahren erheblich zugenommen. Die Ursachen dafür sind zu suchen in

- dem erhöhten Salzgehalt im Trinkwasser,
- der zunehmend notwendigen Desinfektion von Trinkwasser,
- den in Spuren im Trinkwasser vorhandenen Detergentien.

Bedingt durch den steigenden Wasserbedarf und die zum Teil sehr unvernünftige Haltung der Industrie, die hochwertiges Grundwasser als Kühlwasser missbraucht, musste in den letzten 30 Jahren in zunehmendem Maße bei der Trinkwassergewinnung auch auf Oberflächenwasser zurückgegriffen werden, das häufig erhöhte Salzgehalte aufweist. Aber auch Grundwasser zeigt steigende Tendenzen im Salzgehalt, z. B. verursacht durch das Salzstreuen im Winter und durch die Überdüngung in der Landwirtschaft. Oberflächenwasser, das zu Trinkwasser aufbereitet werden soll, muss häufig – Grundwasser ebenfalls in zunehmendem Maße – desinfiziert werden. Die eingesetzten Desinfektionsmittel, wie Chlorgas, Chlordioxid und Ozon, verbleiben in geringer Konzentration im Trinkwasser und tragen wahrscheinlich im Warmwasserbereich zu erhöhter Korrosion bei. Systematische Untersuchungen zu diesem Thema fehlen. Fließende Oberflächengewässer dienen heute fast immer auch als Vorfluter zur Einleitung mehr oder weniger gut gereinigter Abwässer. Die biologisch gereinigten Abwässer enthalten immer noch Spuren von Detergentien aus Wasch- und Spülmitteln. Es ist wahrscheinlich, dass die oberflächenaktiven Eigenschaften der Detergentien auch die Korrosion der metallischen Werkstoffe beeinträchtigt. Systematische Untersuchungen fehlen leider auch hier. Der falsche Einsatz von „Haushaltsgeräten“ zur Enthärtung, zum Korrosionsschutz oder zur Härtestabilisierung trägt sicher auch zu erhöhter Korrosion in der Warmwasserinstallation bei.

Kapitel 17
Werkstoffe in der Trinkwasserversorgung

In der Trinkwasserversorgung werden heute vorrangig folgende Werkstoffe eingesetzt:

- Stahl
- duktiles Gusseisen
- Kunststoff
- Asbestzement
- Beton.

In der Hausinstallation sind zusätzlich folgende Werkstoffe im Einsatz:

- Verzinkter Stahl
- Kupfer und Kupferlegierungen
- hochvernetztes Polyethylen.

Bei der nachfolgenden Behandlung der Werkstoffe wird davon ausgegangen, dass das Wasser vor der Netzeinspeisung so aufbereitet wurde, dass es keine erkennbar aggressiven Eigenschaften mehr aufweist.

17.1 Stahl

Stahl- und Gussrohre – der Marktanteil duktiler Gussrohre bei den Gussrohren beträgt heute 100% – sind altbewährte Wasserrohrwerkstoffe. Gussrohre sind, u. a. wegen ihrer größeren Wandstärke, meist korrosionsbeständiger als Stahlrohre. Wird Wasser ohne erkennbar aggressive Eigenschaften ohne Feststoffgehalt eingespeist, dann liegt die zu erwartende Betriebsdauer über den Abschreibungszeiträumen. In Abhängigkeit von der Konzentration an Sauerstoff im Wasser treten beim Stahl folgende Korrosionsvorgänge auf:

$$2Fe^{2+} + 4OH^- \rightleftharpoons 2Fe(OH)_2$$

$$2Fe(OH)_2 + 1/2O_2 \rightleftharpoons Fe_2O_3 \cdot H_2O + H_2O$$

S. Wilhelm, *Wasseraufbereitung*
DOI: 10.1007/978-3-540-68887-7, © Springer 2008

$$3Fe(OH)_2 + 1/2O_2 \rightleftharpoons Fe_3O_4 \cdot H_2O + 2H_2O$$
$$Fe_3O_4 \cdot H_2O \rightleftharpoons Fe_3O_4 \cdot H_2O$$
$$Fe(OH)_2 \rightleftharpoons FeO + H_2O$$

Sehr häufig findet man auf Stahl mehrere Korrosionsschichten, die man farblich voneinander unterscheiden kann. Die äußerste Schicht besteht aus rötlichbraunem Rost ($Fe_2O_3 \cdot H_2O$), darunter folgt das grüne Magnetithydrat ($Fe_3O_4 \cdot H_2O$), darunter der schwarze Magnetit (Fe_3O_4) darunter Eisenoxid (FeO). Das bedeutet, dass die sich zuerst bildende Schicht aus Rost den Sauerstoffzutritt durch Diffusion zum Stahl behindert und es deshalb darunter nur zur unvollständigen Oxidation der Eisenionen kommt. Die Korrosion von Stahl in Wasser wird durch die bereits genannten Einflussgrößen Sauerstoffkonzentration im Wasser, Salzkonzentration (Ionenstärke) und die Temperatur beeinflusst.

Den zahlenmäßig größten Einfluss hat die Sauerstoffkonzentration des Wassers. Bei gleicher Temperatur und gleichem Salzgehalt wird die Korrosion von sauerstoffgesättigtem Wasser gegenüber sauerstoffarmem Wasser um mehr als das Zehnfache gesteigert. Dies muss in Kauf genommen werden, da aus Gründen des Geschmacks und der Ausbildung von natürlichen oder künstlichen Korrosionsschutzschichten mindestens eine Massenkonzentration an Sauerstoff von 4 mg/l im Trinkwasser anzustreben ist.

Bis zu einer Massenkonzentration von 1000 mg/l an Sulfat- oder Chloridionen ist ein stetiger geringer Anstieg der Korrosion festzustellen. Größere Massenkonzentrationen vergrößern die Korrosion nicht mehr. Ein Einfluss der Ionenart (Sulfat- oder Chloridionen) auf die Korrosion ist nicht feststellbar.

Die Temperatur des Wassers übt wesentlichen Einfluss auf die Korrosion aus. Im Temperaturbereich von 10 °C bis 80 °C vergrößert sich die Korrosion ebenfalls fast um den Faktor 10. Deshalb sollte man im Warmwasserbereich keine unnötig hohen Temperaturen einstellen. Aus hygienischer Sicht reichen 50 °C völlig aus. Das „Legionellenproblem“ muss auf andere Art und Weise, nicht durch *dauernde* Temperatursteigerung über 60 °C im Warmwasser gelöst werden, da sonst viele bestehende Warmwasserinstallationen sehr starker Korrosion unterliegen, insbesondere, wenn verzinkter Stahl installiert wurde.

17.2 Duktiles Gusseisen

Guss unterscheidet sich von Stahl durch größere Massenanteile an Kohlenstoff und geringe Massenanteile anderer Legierungszuschläge, z. B. Magnesium. Die Legierungszuschläge beeinflussen die vorliegende Form des Graphits im Guss. Man unterscheidet Gusseisen mit kugeliger Graphitstruktur (duktiles Gusseisen) und Gusseisen mit lamellarer Graphitstruktur (Grauguss). Duktiles Gusseisen weist gegenüber dem Grauguss fast die gleichen Festigkeitskennwerte wie Stahl auf und kann aufgrund seiner Duktilität auch auf Biegung beansprucht werden. Deshalb hat es den Grauguss vom Markt verdrängt. Korrosionstechnisch gilt mit nachfolgenden Einschränkungen das gleiche, was für unlegierten Stahl ausgesagt wurde. Die Anfangskorrosion kann durch die vielen Mikroelemente zwischen Eisen und Kohlenstoff größer sein als bei unlegiertem Stahl. Allerdings wird das Graphitgerüst während des weiteren Korrosionsvorganges sehr schnell durch Korrosionsprodukte überlagert, so dass die Korrosion zum Stillstand kommt. Die Korrosionsbeständigkeit ist im Allgemeinen größer als die unlegierten Stahls, insbesondere der Einfluss der Salzkonzentration ist geringer.

17.3 Kunststoffe

Kunststoffe werden seit mehr als 50 Jahren erfolgreich in der Wasserversorgung eingesetzt. Bei Kunststoffen könnte man nach DIN EN ISO 8044 zwar erlaubt von Korrosion sprechen. Allerdings unterscheidet sich die Kunststoffkorrosion erheblich von der Metallkorrosion. Deshalb bevorzugt der Autor den Begriff „Beständigkeit“. Bei der Metallkorrosion löst sich der metallische Werkstoff als Ion im Wasser auf. Der Werkstoff verliert also an Masse und Volumen. Bei der Kunststoffkorrosion findet der genau gegenteilige Vorgang statt. Der Kunststoff nimmt Lösungsmittel auf und verliert dadurch seine Festigkeitseigenschaften. Die Kunststoffkorrosion ist mit einer Zunahme an Masse und Volumen verbunden.

Gegen die in natürlichen Wässern gelösten Gase und Salze sind die üblichen Kunststoffe völlig beständig.

Die Vorteile der Kunststoffe gegenüber metallischen Werkstoffen liegen in ihrer geringen Dichte (Transportkosten, Handhabung), ihren einfacheren Fertigungsverfahren (oft in einem Arbeitsgang), ihrer Abriebsfestigkeit und ihrer glatten Oberfläche, welche keine Steinansätze zulässt und geringere Reibungsverlustbeiwerte aufweist. Ein großer Vorteil liegt in ihrer absoluten Beständigkeit gegenüber chemischen, biologischen und mikrobiologischen Angriffen, die von Trinkwasser ausgehen können.

Ihre Nachteile liegen in den großen Wärmeausdehnungskoeffizienten, ihrer geringen Temperaturbeständigkeit und der Tatsache, dass Stoßbeanspruchungen bei Hartkunststoffen sofort zum Bruch führen.

Die Wärmeausdehnungskoeffizienten sind eine Zehnerpotenz größer als die metallischer Werkstoffe. Dies war bis zu Beginn der 80er Jahre der Grund, warum sie in der Hauswasserversorgungsinstallation nicht einsetzbar waren.

Seit der Entwicklung von hochvernetztem Polyethylen (VPE), das bei einem Überdruck von 10 bar bis 90 °C temperaturbeständig ist, fanden Kunststoffe auch Eingang in die Warmwasserinstallation. Die nach wie vor hohen Wärmeausdehnungskoeffizienten beherrscht man durch das Verlegen von „VPE-Schläuchen“ in Schutzrohren, welche die Installation in ähnlicher Art und Weise wie die Elektroinstallation gestatten und die Wärmeausdehnung aufnehmen können. Die anfänglichen Dichtheitsprobleme beim Übergang auf metallische Formstücke und Armaturen gehören der Vergangenheit an. Im Einsatz sind Rohre und Formstücke aus folgenden Kunststoffen:

- PVC
- PE-hart und PE-weich
- VPE
- PP.

Außerdem kommen Kunststoffe auch als Beschichtungsmaterialien in Rohrleitungen und insbesondere auch in Behältern zum Einsatz. Wenn die Beschichtungsrichtlinien der Hersteller bezüglich des „Klimas“ (Luftfeuchte und Temperatur) im Behälter während der Beschichtungsarbeiten und der Aushärtzeiten eingehalten werden, dann sind Kunststoffbeschichtungen problemlos. Werden sie, insbesondere bei kurzzeitigen Reparaturen, nicht eingehalten, dann sind durch das In-Lösung-Gehen der organischen Lösungsmittel ins Wasser erhebliche Keimbelastungen im Wasser häufig.

17.4 Asbestzement

Asbestzement spielt ausschließlich als Rohrleitungsmaterial eine Rolle. Der Asbestanteil stellt quasi die „Bewehrung“ des Rohres, der Zementanteil sorgt für Dichtheit und Korrosionsbeständigkeit. Asbest wird in einigen Jahren durch Kunststoffe als „Bewehrungsmaterialien“ abgelöst werden. Befürchtungen, dass durch Korrosion von Asbestzementrohren durch Trinkwasser im Magen-Darmtrakt Erkrankungen ausgelöst werden, sind vom Bundesgesundheitsamt heftig bestritten worden. Trotzdem ist der Einsatz von Asbestzementrohren bei Neuinstallation seit 1993 nicht mehr zugelassen. Asbestzement oder „Ersatzprodukte“ sind ein korrosionsbeständiger, gut zu verlegender und einfach zu bearbeitender Rohrleitungswerkstoff, wenn bei der Bearbeitung Atemschutz gewährleistet ist.

17.5 Beton

Beton kommt in der Wasserversorgung sowohl als Behälter- als auch als Rohrleitungswerkstoff zum Einsatz. Beton ist gegen nicht erkennbar aggressive Wässer beständig, solange die Massenkonzentration an Sulfationen kleiner als 400 mg/l ist.

17.6 Verzinkter Stahl

Verzinkter Stahl ist ein im Kaltwasserbereich der Hauswasserinstallation häufig eingesetzter Werkstoff. Die Grundidee ist das Aufbringen einer „Opferanode“. Zink steht in der Redoxreihe mit einem Normalpotential gegenüber der Wasserstoffelektrode von $-0{,}76\,V$ (siehe Tab. 17.1) über dem Eisen mit $-0{,}44\,V$, ist also unedler und wird daher auf seiner ganzen Oberfläche zur Anode. Kommt es also auf Grund der Aggressivität des Wassers zu Korrosion, dann geht der anodische Zinküberzug zuerst in Lösung und schützt zunächst den Stahl vor Korrosion.

Die Schutzfunktion der Verzinkung ist stark von der Güte des Aufbringens der Verzinkung abhängig. Die gehäuften Korrosionsschäden Anfang der 70er Jahre sind nach Wagner eindeutig auf importierte Rohre mit mangelhafter Verzinkung zurückzuführen, welche nicht DIN EN 10240 entsprach. Die Schichtdicken lagen weit unter dem in DIN EN 10240 geforderten Wert von 55 μm.

Es ist unbestritten, dass verzinkte Stahlrohre im Temperaturbereich über 60 °C starker Korrosion unterliegen können. Die korrosionsbegünstigende Wirkung der an die Oberfläche reichenden Zink-Eisen-Legierungsphasen ist darauf zurückzuführen, dass diese besonders zu der als Potentialumkehr des Zinks bezeichneten Erscheinung neigen, die sich darin äußert, dass das Korrosionspotential von feuerverzinktem Stahl positiver (edler) wird als das von Stahl. Neuere Untersuchungen haben gezeigt, dass die unterschiedliche Hemmung der kathodischen Sauerstoffreduktion durch die gebildete Deckschicht von entscheidender Bedeutung ist.

Zur sog. Potentialumkehr des Zinks kommt es ausschließlich bei Temperaturen über 60 °C. Wird die Temperatur unter 60 °C abgesenkt, dann wird die Potentialumkehr vermieden oder rückgängig gemacht.

Zur Potentialumkehr des Zinks kommt es auch nicht, wenn Orthophosphate als Korrosionsinhibitor dosiert werden oder die Leitungen kathodisch geschützt sind.

Andere Korrosionsursachen an verzinkten Stahlrohren sind nicht abgearbeitete zerklüftete Schweißnähte, an die Oberfläche reichende Zink-Eisen-Legierungsphasen und Kupferionen im Wasser.

Bei nach DIN EN 10240 verzinkten Rohren geht bei der unvermeidbaren Anfangskorrosion zunächst ein Teil der Verzinkung durch Korrosion in Lösung. Die darunter liegende Zink-Eisen-Legierung wird durch die Korrosionsprodukte, deren Hauptbestandteil basisches Zinkcarbonat ist, verstopft; es bildet sich eine Schutzschicht aus.

Gegenüber erhöhten pH-Werten (>9,5) im Wasser – insbesondere, wenn der hohe pH-Wert durch Ammoniak verursacht wird – sind verzinkte Stahlrohre nicht beständig. Das Zink geht dann sehr stark in Lösung. Das ist neben der Gefahr der sog. Potentialumkehr des Zinks der Grund dafür, dass verzinkte Stahlrohre in der Heizungsinstallation keine Anwendung finden.

17.7 Kupfer

Kupfer ist ein sowohl in der Hauswasserversorgung als auch in der Heiztechnik beliebter Installationswerkstoff. Dies ist auf seine hohe Korrosionsbeständigkeit, seine glatte Oberfläche (neigt nicht zur Inkrustation und hat geringe Reibungsverlustbeiwerte) und auf seine gute Bearbeitbarkeit und einfache Verbindungstechnik (Löten) zurückzuführen.

Kupfer zeigt gegenüber Stahl im Temperaturbereich von 10 °C bis 70 °C eine um eine Zehnerpotenz geringere Abtragung, ist also ein sehr korrosionsbeständiger Werkstoff. Allerdings sollte man auch berücksichtigen, dass die insbesondere während der nächtlichen Systemstillstandzeit in Lösung gehenden Kupferionen aus der Hauswasserversorgungsinstallation der Grund dafür sind, dass kommunale Klärschlämme durch Überschreiten der in der Klärschlammverordnung begrenzten Massenanteile von 1200 mg Kupfer pro kg Klärschlammtrockensubstanz nicht immer landwirtschaftlich verwertet werden können. Die Trinkwasserverordnung 2001 schreibt bei Versorgungsgebieten mit einem pH-Wert unter 7,4 einen Grenzwert für Kupfer von 2 mg/l vor, da es bei Säuglingen bei längerem Einwirken zu Gesundheitsschäden in Form der frühkindlichen Kupfer-assoziierten Leberzirrhose geführt hat.

Bei der Kupferkorrosion sind durch Kupferionen verursachte und in Kupferrohren stattfindende Korrosion zu unterscheiden.

In Lösung gehende Kupferionen verursachen in nachgeschalteten verzinkten Stahlrohren verheerende Korrosionsschäden. Der Grund liegt im gegenüber Zink positiven Normalpotential des Kupfers. Ist man bei der Installation beim Kupferrohr angelangt, dann dürfen in Fließrichtung keine Rohre aus unedleren Werkstoffen mehr installiert werden.

In den 70er Jahren sind große Korrosionsschäden im westdeutschen Raum an im Kaltwasserversorgungsnetz installierten Kupferrohren bekannt geworden. Es konnte nachgewiesen werden, dass die Ursache hierfür die Verwendung unreinen Kupfers war, das bei der Herstellung nicht genügend entoxidiert (vom Sauerstoff befreit) wurde. Das Kupfer(I)-oxid bildete ein Eutektikum, das als Kupfer(I)-oxid die Kupferkristalle umgab. Somit lag kein einheitliches Kristallgefüge vor. Wird desoxidiertes Kupfer mit Massenanteilen an Kupfer $>99{,}9\%$ zur Herstellung der Kupferrohre verwendet, dann kommt es im Kaltwasserbereich nur stellen zu Korrosionsschäden.

Es gibt unbekannte Abhängigkeiten zwischen Wasseranalysewerten und verstärkter Kupferkorrosion in der Warmwasserinstallation. Es gibt Städte in Deutschland, in denen die Warmwasserinstallation mit Kupferrohren aus korrosionstechnischen Gründen nicht möglich ist. Vermutungen über die Ursachen werden nicht angeführt. Allerdings gibt es statistische Auswertungen solcher Schäden. Kruse führt aus, dass es zur Kupferlochkorrosion nur dann kommt, wenn folgende Faktoren zusammentreffen. Der Ausfall eines Faktors verhindert die Kupferlochkorrosion: Verwendung von Tiefbrunnenwasser, Verwendung von mit kohlenstoffhaltigen Ziehfetten gezogenen Rohren, Ausbildung der sog. 3-Phasengrenze im installierten Rohr. Man kann vermuten, dass bei der Verwendung von aufbereiteten Oberflächenwässern als Trinkwasser die in Spuren vorhandenen Phosphationen Korrosionsschutz bieten. Heute werden keine kohlenstoffhaltigen Ziehfette mehr eingesetzt. Die sog. 3-Phasengrenze bedeutet, dass das Rohr nach der Installation nur teilweise mit Wasser gefüllt steht, also sowohl luft- als auch wasserberührt ist. Dies kann einfach verhindert werden, indem das Rohrsystem nach der Wasserdruckprobe nach der Installation nicht mehr entleert wird. Ebenso wie beim verzinkten Stahlrohr steigern beim Kupferrohr erhöhte pH-Werte ($>9{,}5$) die Korrosion, insbesondere dann, wenn der hohe pH-Wert durch Ammoniak verursacht wird.

Kupferrohre werden nach der Herstellung zur Schutzschichtbildung mit Salpetersäure gebeizt. Dadurch bildet sich eine Kupfer(I)-oxid-Schutzschicht aus, deren Konsistenz allerdings eher gelartige Struktur aufweist und die daher sehr verletzungsanfällig ist. Die Rohre sollten also mit Endverschlüssen gelagert werden. Dies trifft allerdings auch auf Rohre aus anderen Materialien zu.

17.8 Kupferhaltige Werkstoffe

Bei Armaturen und Formstücken werden kupferhaltige Werkstoffe bevorzugt. Es handelt sich dabei meistens um Messing ($w(\mathrm{Zn}) = 25-45\%$), Zinnbronze ($w(\mathrm{Sn}) = 1-20\%$), Aluminiumbronze ($w(\mathrm{Al}) = 1-14\%$) oder um Kupfer-Nickel-Legierungen ($w(\mathrm{Ni}) = 10-30\%$). Alle diese Werkstoffe weisen ein dem reinen Kupfer sehr ähnliches Korrosionsverhalten auf. Sie sind meistens noch etwas korrosionsbeständiger als reines Kupfer, aber auch korrosionsempfindlich gegenüber höheren pH-Werten.

17.9 Kennwerte für Trinkwasser bei Einsatz verschiedener Werkstoffe

Die Schutzschichtbildung wird begünstigt, die Wassergüte nur in vertretbarem Ausmaß beeinflusst, die Korrosionswahrscheinlichkeit ist gering, wenn folgende Werte bzw. Verhältniswerte eingehalten werden.

Tabelle 17.1 Schutzschichtbildung und Korrosionswahrscheinlichkeit

Unlegierte und niedrig legierte Eisenwerkstoffe	Feuerverzinkte Eisenwerkstoffe	Kupfer und Kupferwerkstoffe
$pH > 7$ $\varrho^*(O_2) > 3{,}0$ mg/l $c(Ca^{2+}) > 0{,}5$ mmol/l $K_S(4{,}3) > 2{,}0$ mmol/l $\dfrac{c(Cl^-)+2c(SO_4^{2-})}{K_S(4{,}3)} < 1$	$pH > 7{,}3$ $c(Ca^{2+}) > 0{,}5$ mmol/l $K_B(8{,}2) < 0{,}5$ mmol/l $K_S(4{,}3) > 2{,}0$ mmol/l $K_S(4{,}3) < 5{,}0$ mmol/l $\dfrac{c(Cl^-)+2c(SO_4^{2-})}{K_S(4{,}3)} < 1$ $\dfrac{c(Cl^-)+2c(SO_4^{2-})}{c(NO_3^-)} > 2$	$pH > 7$ $K_B(8{,}2) < 1{,}0$ mmol/l $K_S(4{,}3) > 1{,}0$ mmol/l $K_S(4{,}3) < 5{,}0$ mmol/l $\dfrac{K_S(4{,}3)}{c(SO_4^{2-})} > 2$
Edelstähle: $c(Cl^-) < 6$ mmol/l $\dfrac{c(Cl^-)+2c(SO_4^{2-})}{K_S(4{,}3)} < 0{,}5$		

17.10 Kontaktkorrosion

Die Korrosion der im vorangegangenen Kapitel diskutierten Werkstoffe ist natürlich nicht nur vom Werkstoff abhängig. Sie ist ein Zusammenspiel zwischen Werkstoff und Wasserqualität. Eine entscheidende Rolle spielt außerdem die meist unbekannte Beschaffenheit der Werkstoffoberfläche.

Jedes Metall besitzt nach Nernst eine Lösungstension, die zur Folge hat, dass positiv geladene Metallionen aus dem Gitterverband des Metalls in das Wasser in Lösung gehen, wobei freie Elektronen auf der Metalloberfläche zurückbleiben und dieser eine negative elektrische Ladung geben. Dieser Lösungsvorgang hat eine Spannungsdifferenz Metall/Lösung zur Folge, welche für jedes Metall bei bestimmter Lösungskonzentration einen charakteristischen Wert aufweist. Nernst hat diese Tatsache untersucht und durch eine thermodynamische Gleichung, rechnerisch auflösbar, beschrieben:

$E \quad = E_0 + (0{,}0582/z) \cdot \log c(\mathrm{X})$
E Elektroden- oder Lösungsspannung
E_0 Normalpotential
z Ladungszahl des Metallions
$c(\mathrm{X})$ Stoffmengenkonzentration der Lösung

Die Normalpotentiale (Potentiale der Metalle gegenüber einer Maßlösung, welche die Metallionen in einer Äquivalentkonzentration von 1 mol/l enthält, gegenüber der Wasserstoffelektrode) einiger Metalle sind in Tab. 17.2 wiedergegeben. Sie unterscheiden sich um den Faktor +0,25 von den Potentialen gegenüber der besser handhabbaren Kalomelelektrode.

Mit der Nernst'schen Gleichung kann man einfach nachweisen, dass z. B. die sauerstofffreie Eisenkorrosion mit steigendem pH-Wert abnimmt:

$$\mathrm{Fe}^0 = \mathrm{Fe}^{2+} + 2\,\mathrm{e}^- \qquad \text{(Anodenreaktion)}$$
$$2\mathrm{H}^+ + 2\,\mathrm{e}^- = \mathrm{H}_2 \qquad \text{(Kathodenreaktion)}$$
$$E(\mathrm{H}) = E_0 + (0{,}058/1) \cdot \log(\mathrm{H}^+)$$
$$E(\mathrm{H}) = 0{,}06 \cdot (-)\mathrm{pH}$$
$$E(\mathrm{Fe}) = -0{,}44 + (0{,}058/2) \cdot \log c(\mathrm{Fe}^{2+})$$
$$E(\mathrm{Fe}) = -0{,}44 + 0{,}029 \cdot \log c(\mathrm{Fe}^{2+})$$

Normalerweise ist $E(\mathrm{Fe}) < E(\mathrm{H})$. Während des Korrosionsvorganges steigt $E(\mathrm{Fe})$ an. Die Korrosion kommt zum Stillstand bei

$$E(\mathrm{Fe}) = E(\mathrm{H})\,.$$
$$-0{,}44 + 0{,}029 \cdot \log c(\mathrm{Fe}^{2+}) = -0{,}06\mathrm{pH}$$
$$\log c(\mathrm{Fe}^{2+}) = 15{,}2 - 2\mathrm{pH}$$
$$c(\mathrm{Fe}^{2+}) = 10^{15{,}2-2\mathrm{pH}}$$

Tabelle 17.2 Normalpotentiale einiger Redoxpaare

Metall	Redoxpaar	U/V
Magnesium	Mg^0/Mg^{2+}	−2,35
Aluminium	Al^0/Al^{3+}	−1,66
Zink	Zn^0/Zn^{2+}	−0,76
Eisen	Fe^0/Fe^{2+}	−0,44
Wasserstoff	H^0/H^+	0,00
Kupfer	Cu^0/Cu^{2+}	+0,35
Kupfer	Cu^0/Cu^+	+0,52

Folglich ist die Korrosion von Eisen in sauerstofffreiem Wasser bei möglichst hohem pH-Wert am geringsten.

Die theoretische Spannungsreihe der Tab. 17.2 ist in der Praxis von untergeordneter Bedeutung, da Trinkwasser an jedem Ort eine andere Zusammensetzung aufweist und wesentlich geringere Salzkonzentrationen als eine Äquivalentkonzentration von 1 mol/l hat. Es ergeben sich also bei der Messung andere Potentiale. Ohne hierauf näher einzugehen, kann jedoch festgestellt werden, dass die Reihenfolge der Metalle die gleiche wie in Tab. 17.2 angegeben bleibt. Aus Messungen kann abgeleitet werden, dass folgende Werkstoffpaarungen gut verträglich sind:

- Stahl/Edelstahl
- Kupfer/Edelstahl
- Kupfer/Bronze
- Bronze/Edelstahl
- Kupfer-Nickel-Legierungen/Stahl
- Kupfer-Nickel-Legierungen/Guss
- Kupfer-Nickel-Legierungen/Messing,

nicht verträglich sind folgende Werkstoffpaarungen:

- Stahl/Zink
- Stahl/Kupfer
- Stahl/Bronze
- Zink/Kupfer
- Zink/Bronze
- Zink/Aluminium.

Zur Kontaktkorrosion kann es nur kommen, wenn die Werkstoffe im Wasser metallische Berührung haben. Ist zwischen den beiden Werkstoffen keine Wasserbrücke vorhanden, dann kann kein Korrosionsstrom fließen. Dichte Muffen- oder Flanschverbindungen (mit Gummidichtung) verhindern also die Kontaktkorrosion.

Kapitel 18
Korrosionsschutz in Trinkwasserversorgungssystemen

Zum Korrosionsschutz in Trinkwasserversorgungssystemen stehen folgende Verfahren zur Verfügung:

- Ausbilden natürlicher Schutzschichten
- Auskleidungen mit künstlichen Schutzüberzügen
- Dosieren von Korrosionsinhibitoren
- Kathodischer Schutz.

18.1 Natürliche Schutzschichten

Natürliche Wässer haben heute häufig hohe Massenkonzentrationen an aggressivem, freien Kohlenstoffdioxid. Eine natürliche Schutzschicht kann nur ausgebildet werden, wenn das Wasser sich nahe dem Kalk-Kohlensäure-Gleichgewicht befindet. Die sog. Kalk-Rost-Schutzschicht entsteht durch die anfangs in neuen Rohrleitungen stattfindende Korrosion, bei der hohe Wandalkalität entsteht, die zum Ausfallen des löslichen Calciumhydrogencarbonats als unlösliches Calciumcarbonat führt. Die Korrosionsprodukte und das Calciumcarbonat lagern sich an der Rohrwandung an und bilden die sog. Kalk-Rost-Schutzschicht, welche nach ihrer Ausbildung den weiteren direkten Kontakt des Wassers mit dem Rohrleitungswerkstoff – und damit weitere Korrosion – verhindert. Zur Ausbildung der Kalk-Rost-Schutzschicht ist das Vorhandensein von Sauerstoff unerlässlich. Es ist eine Massenkonzentration von >4 mg/l erforderlich. Vorteilhaft wirkt sich eine vorübergehende Dosierung von Kalkmilch aus, welche zur Umsetzung von löslichem Calciumhydrogencarbonat in unlösliches Calciumcarbonat führt. Dies ist aus wirtschaftlichen Gründen jedoch nur selten möglich. Der Einfluss bestimmter, in natürlichen Wässern enthaltener Ionen auf die Ausbildung der Kalk-Rost-Schutzschicht ist bis heute noch nicht nachgewiesen.

DOI: 10.1007/978-3-540-68887-7,

18.2 Künstliche Schutzüberzüge

In der Wasserversorgung spielen bei Rohrauskleidungen nur zwei Auskleidungswerkstoffe eine Rolle, die Zementmörtelauskleidung und die Auskleidung mit Bitumen. Beide Auskleidungen haben den Sinn, den Rohrleitungswerkstoff dauerhaft vor dem direkten Kontakt mit dem Wasser zu schützen. Die Zementmörtelauskleidung kann den Rohrleitungswerkstoff nur dann vor Korrosion schützen, wenn das Wasser kein aggressives, freies Kohlenstoffdioxid enthält; sie weist unter dieser Voraussetzung aber gute Beständigkeit auf. Die Bitumenauskleidung zeigt gute Beständigkeit auch gegen Wässer mit leicht korrosiven Eigenschaften. Sie ist allerdings empfindlich gegen Abrieb. Außerdem sollte man überlegen, ob die Bitumenauskleidung noch ein zeitgemäßer Auskleidungswerkstoff für Trinkwasserleitungen sein kann. Bitumen ist ein Erdölprodukt. Viele Erdölprodukte weisen krebserregende Eigenschaften auf. Bei der Auskleidung und Abdichtung von Behältern spielen Bitumen und Kunststoffbeschichtungen eine Rolle. Die verwendeten Kunststoffe dürfen keine Lösungsmittel an das Trinkwasser abgeben. Bei allen Beschichtungen ist darauf zu achten, dass nicht nur die wasserberührten Flächen, sondern auch die über dem Wasserspiegel liegenden Flächen vollständig beschichtet werden, da insbesondere die im Kondensationsbereich liegenden Flächen starken Korrosionsbeanspruchungen unterliegen.

18.3 Korrosionsinhibitoren

Trinkwasser dürfen nur solche Inhibitoren zugesetzt werden, die in der Trinkwasserverordnung bzw. in der vom Umweltbundesamt geführten Stoffliste zugelassen sind. Bei den Korrosionsinhibitoren sind das im Wesentlichen Phosphate und Silikate.

Beide Inhibitoren werden häufig als Gemisch unter Fantasienamen gehandelt. Korrosionsschützend wirken nur Orthophosphate, z. B. Trinatriumphosphat (Na_3PO_4). Kondensierte Phosphate (z. B. Natriumtriphosphat, $Na_5P_3O_{10}$) wirken carbonathärtestabilisierend. Die Korrosionsschutzwirkung der Orthophosphate ist bis heute nicht restlos aufgeklärt. Allerdings ist zu ihrem Wirksamwerden eine Massenkonzentration an Sauerstoff $\geq 4\,\mathrm{mg/l}$ im Wasser erforderlich. Es ist wahrscheinlich, dass die alkalische Wirkung der Orthophosphate zur Ausbildung einer Schutzschicht führt, an der sowohl die Phosphate als auch Calciumcarbonat beteiligt sind. Silikate haben passivierende Eigenschaften. Auch hier ist die Korrosionsschutzwirkung noch nicht restlos aufgeklärt.

Eisenionen und Silikate bilden wahrscheinlich eine gelartige Struktur, die sich als Schutzschicht auf der Metalloberfläche niederschlägt. Die Dosierkonzentrationen sind von Hersteller zu Hersteller sehr unterschiedlich, da die Massenanteile an Inhibitor in den Handelsprodukten sehr schwanken. Normalerweise reicht die Dosierung von einigen Gramm je m^3 aus.

Kapitel 19
Härtestabilisierung

Wie im Abschnitt „Kalk-Kohlensäure-Gleichgewicht" dargestellt, ist die Löslichkeit von Calciumhydrogencarbonat auch von der Temperatur abhängig. Mit steigender Temperatur sinkt die Löslichkeit von Calciumhydrogencarbonat, wenn konstante Konzentration an zugehörigem Kohlenstoffdioxid vorausgesetzt wird. Beim Erwärmen scheidet sich aus dem Wasser vorher lösliches Calciumhydrogencarbonat als unlösliches Calciumcarbonat aus:

$$Ca(HCO_3)_2 \rightarrow CaCO_3 + H_2O + CO_2 \,.$$

Der Zusatz kettenförmiger kondensierter Phosphate verzögert die Reaktion nach der vorgenannten Reaktionsgleichung, man spricht von der härtestabilisierenden Wirkung kondensierter Phosphate. Die Produkte werden mit Handelsnamen wie z. B. Calgon, Budex, Aquatubin, Hydrogel, vertrieben. Die Wirkungsursache ist nicht erforscht. Auffallend ist, dass die Dosierung nicht stöchiometrisch erfolgt, sondern nur in Spuren. Die kondensierten Phosphate zögern die vorgenannte Reaktion bis zu einer Temperatur von 80 °C zum einen erheblich hinaus. Andererseits verändert die Dosierung die Kristallform des entstehenden Calciumcarbonats. Es entsteht nicht mehr der anlagerungsfähige Calcitkristall, sondern der Aragonit, der sich nicht an rauen Oberflächen anlagert, sondern mit dem Wasser weitertransportiert wird. Soll bei höheren Temperaturen als 80 °C Härte im Wasser stabilisiert werden, dann werden Organophosphate dosiert. Orthophosphate zeigen keine härtestabilisierende, sondern korrosionsschützende Eigenschaften. Umgekehrt zeigen kondensierte Phosphate keine korrosionsschützende Eigenschaften, solange sie als kondensierte Phosphate vorhanden sind. Beim Zerfall zu Orthophosphaten ist auch Korrosionsschutz feststellbar.

Physikalische Wasserstabilisierungsgeräte bestehen entweder aus Permanentmagneten oder aus aufgebauten Elektromagnetfeldern oder aus anderen elektrischen Wirkungsmechanismen. Ihr Einsatz ist heute umstritten. Der wissenschaftliche Nachweis ihrer Wirksamkeit konnte trotz zahlreicher Untersuchungen bisher nicht erbracht werden. Eigene Untersuchungen über 18 Monate im praxisnahen Versuch konnten keine Wirksamkeit nachweisen.

S. Wilhelm, *Wasseraufbereitung*
DOI: 10.1007/978-3-540-68887-7, © Springer 2008

Kapitel 20
Kathodischer Schutz

Im Bereich der Wasserversorgung wird der sog. kathodische Schutz nicht wie bei den bisher beschriebenen Verfahren zum Innenschutz von Rohrleitungen, sondern meistens zu deren äußerem Schutz in sauren Böden angewandt.

Bei der Behandlung der Korrosionstypen wurde dargelegt, dass sich auf der Metalloberfläche anodische und kathodische Bereiche ausbilden. Dabei gehen an den anodischen Bereichen Metallionen in Lösung, d.h., die Korrosion findet an den anodischen Bereichen statt. Die kathodischen Bereiche unterliegen dagegen keiner Korrosion. Dies ist der Ausgangspunkt zu Überlegungen zum sog. kathodischen Schutz; die Metalloberfläche soll in ihrer Gesamtheit zur Kathode gemacht und dadurch vor Korrosion geschützt werden.

Sobald es gelingt, das Mosaik anodischer und kathodischer Bereiche weitgehend auszugleichen und die Potentialdifferenzen verschwinden zu lassen, wird der Stromfluss und damit die Korrosion beendet. Dies kann durch Gegenschalten einer künstlichen galvanischen Zelle erreicht werden. Dies geschieht entweder mit Magnesiumanoden, die Eigenstrom erzeugen, oder mithilfe eines eingespeisten Fremdstroms.

Die Wirkungsweise der Magnesiumanode ist in den Abb. 20.1 und 20.2 dargestellt. Abbildung 20.1 zeigt die anodischen und kathodischen Bereiche an einem metallischen Werkstück.

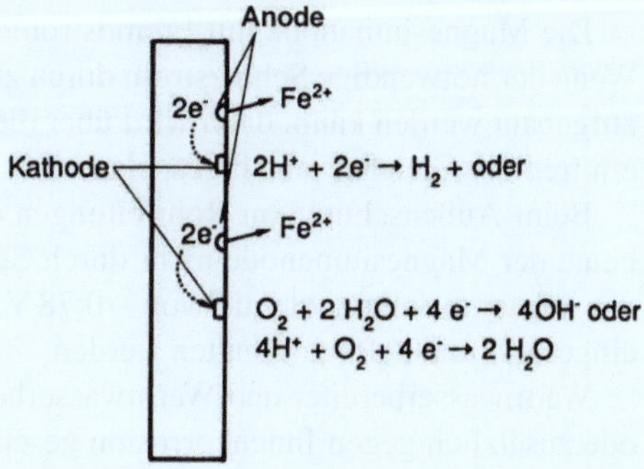

Abb. 20.1 Korrosion an einer Eisenplatte

S. Wilhelm, *Wasseraufbereitung*
DOI: 10.1007/978-3-540-68887-7, © Springer 2008

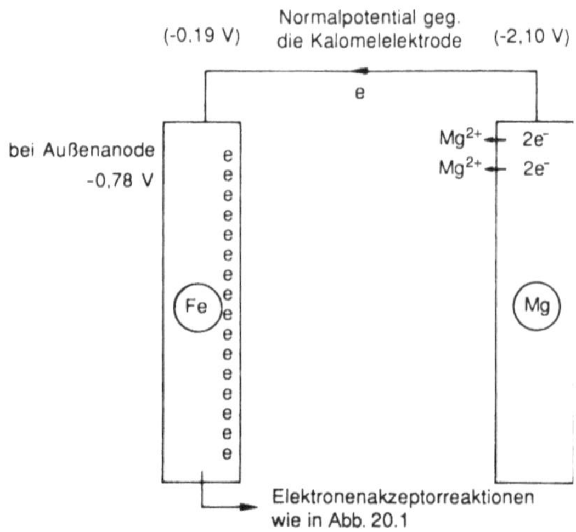

Abb. 20.2 Magnesiumanode ohne Fremdstromeinspeisung

Schaltet man diesem Werkstück ein anderes Metall elektrisch entgegen, das unedler als der zu schützende Werkstoff ist, also in der Spannungsreihe ein stärker negatives Normalpotential aufweist, so wird das unedlere Metall auf seiner ganzen Oberfläche zur Anode und das edlere Metall auf seiner ganzen Oberfläche zur Kathode. Meistens verwendet man Magnesium als Anodenmaterial, da Magnesium eines der unedelsten Metalle ist und in großer Häufigkeit in der Erdrinde und im Meerwasser vorkommt.

Abbildung 20.2. zeigt den Korrosionsschutz durch Gegenschalten der sog. Opferanode, die ihre Schutzwirkung ja durch ihre Auflösung ausübt.

Aufgrund des Potentialgefälles ist auf der Eisenoberfläche ein großer Überschuss an Elektronen vorhanden, an der Oberfläche der Magnesiumanode überwiegen dagegen die positiven Ladungen. Es werden also immer mehr Magnesiumionen in Lösung gehen, um das Defizit an Elektronen an der Magnesiumanode auszugleichen. An der Eisenkathode herrscht gegenüber dem Gleichgewichtszustand großer Elektronenüberschuss, der verhindert, dass durch das In-Lösung-gehen von Eisenionen noch mehr Elektronen hinzukommen. Das Eisen ist also durch den Elektronenüberschuss an der gesamten Oberfläche zur Kathode geworden.

Die Magnesiumanode mit Fremdstromeinspeisung ist in Abb. 20.3. dargestellt. Wenn der notwendige Schutzstrom durch zu geringe Leitfähigkeit des Bodens nicht aufgebaut werden kann, dann wird über die isoliert eingebrachte Magnesiumanode ein fremder Gleichstrom eingespeist.

Beim Außenschutz von Rohrleitungen oder Stahlbehältern wird die Stromausbeute der Magnesiumanode nicht durch Schutzschichtbildung verlängert. Es muss das bekannte Schutzpotential von −0,78 V, gemessen gegen die Kalomelelektrode, eingestellt und aufrechterhalten werden.

Warmwasserbereiter und Warmwasserbehälter werden durch die Magnesiumanode zusätzlich gegen Innenkorrosion geschützt. Mit zunehmender Wassertemperatur und Stoffmengenkonzentration an Hydrogencarbonationen im Wasser kommt es

Abb. 20.3 Magnesiumanode mit Fremdstromeinspeisung

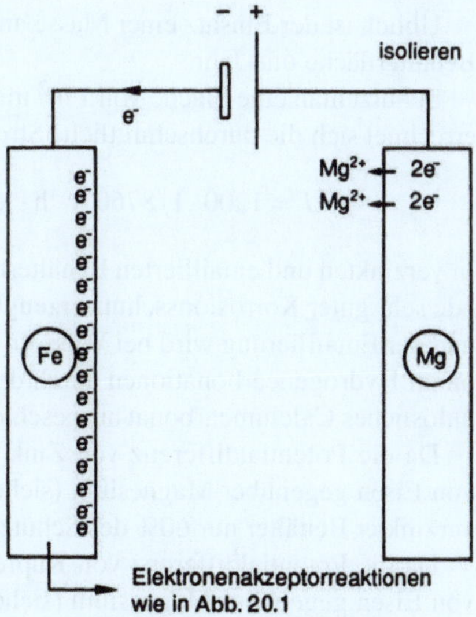

zur Ausbildung von Calciumcarbonatschutzschichten, da die Löslichkeit von Calciumhydrogencarbonat temperaturabhängig ist. Dieser Zusammenhang ist bei der Behandlung des Kalk-Kohlensäure-Gleichgewichts ausführlich dargestellt worden. Durch die Schutzschichtbildung vergrößert sich das Schutzpotential durch die isolierende Wirkung der Schutzschicht auf $-1{,}2$ bis $-1{,}4$ V. Der Schutzstrombedarf wird durch die isolierende Wirkung laufend geringer. Die Lebensdauer der Magnesiumanode kann sich erheblich verlängern.

Das Potential kennzeichnet die Neigung der Magnesiumanode, in Lösung zu gehen. Das Potential in natürlichen Wässern, gemessen gegen die Kalomelelektrode, beträgt ca. $-1{,}8$ V.

Das Potential von Eisen in natürlichen Wässern, gemessen gegenüber der Kalomelelektrode, beträgt ca. $-0{,}48$ V.

Das Differenzpotential von Magnesium gegen Eisen beträgt also $(-1{,}8) - (-0{,}48) = -1{,}32$ V. Der geschilderte Vorgang der Schutzschichtausbildung durch Ausfallen und Anlagern von Calciumcarbonat vergrößert das Eisenpotential auf bis zu $-1{,}4$ V.

Wenn sich an der Kathode keine isolierende Schutzschicht ausbilden kann, bildet sich ein geringeres Potential aus, da mehr Elektronen an den Elektrolyten abgegeben werden. Wenn die Stoffmengenkonzentration an Hydrogencarbonationen gering ist, ist das Potential, wie bereits erwähnt, ca. $-0{,}78$ V. Nach dem 1. Faraday'schen Gesetz ist die theoretische Stromausbeute der Magnesiumanode

$$m = c \cdot Q$$

$$Q = m/c = 1\,000\,000/(0{,}1259 \cdot 3600)\mathrm{mg/kg \cdot A \cdot s/mg \cdot h/s} = 2206\,\mathrm{A \cdot h/kg}\,.$$

Die praktische Stromausbeute der Magnesiumanode beträgt nur 55% der theoretischen Ausbeute, also $2206 \cdot 0{,}55 = 1200\,\mathrm{A \cdot h/kg}$.

Üblich ist der Einsatz einer Masse an Magnesium von 1 kg pro m zu schützender Behälterfläche und Jahr.

Schützt man eine Fläche von 1 m^2 mit einer Masse an Magnesium von 1 kg, dann errechnet sich die durchschnittliche Stromdichte zu

$$J = 1200 \cdot 1/8760\,\mathrm{A} \cdot \mathrm{h} \cdot \mathrm{kg}/(\mathrm{kg} \cdot \mathrm{h} \cdot \mathrm{m}^2) = 0{,}14\,\mathrm{A}/\mathrm{m}^2$$

In verzinkten und emaillierten Behältern wird durch den Einsatz der Magnesiumanode sehr guter Korrosionsschutz erzeugt. Gerade an den Fehlstellen der Verzinkung und der Emaillierung wird bei Wässern mit ausreichender Stoffmengenkonzentration an Hydrogencarbonationen durch den Einfluss der Magnesiumanode bevorzugt unlösliches Calciumcarbonat ausgeschieden.

Da die Potentialdifferenz von Zink gegenüber Magnesium geringer ist als die von Eisen gegenüber Magnesium (siehe Tab. 17.2), beträgt der Schutzstrombedarf verzinkter Behälter nur 60% des Schutzstrombedarfs von blanken Stahlbehältern.

Da die Potentialdifferenz von Kupfer gegenüber Magnesium größer ist als die von Eisen gegenüber Magnesium (siehe Tab. 17.2), beträgt der Schutzstrombedarf von Kupferteilen 120% des Schutzstrombedarfs von blanken Stahlbehältern.

Der Schutzstrombedarf emaillierter Behälter ist theoretisch 0, da hochohmige Überzüge keine elektrische Leitfähigkeit haben. Der Verbrauch an Anodenmaterial bezieht sich also ausschließlich auf die Fehlstellen in der Emaillierung. Bei 4% Fehlstellen beträgt er ca. 20% des Schutzstrombedarfs von blanken Stahlbehältern.

Die Beeinflussung des Wassers durch den Einsatz der Magnesiumanode in der Warmwasserbereitung bleibt gering. Nach dem 1. Faradayschen Gesetz errechnet sich die Erhöhung der Masse an Magnesiumionen zu

$$m(\mathrm{Mg}^{2+}) = 0{,}1259 \cdot 0{,}14 \cdot 3600 \cdot \mathrm{mg} \cdot \mathrm{A} \cdot \mathrm{s}/(\mathrm{A} \cdot \mathrm{s} \cdot \mathrm{m}^2 \cdot \mathrm{h})$$
$$m(\mathrm{Mg}^{2+}) = \mathrm{ca.}\ 63\,\mathrm{mg}/(\mathrm{h} \cdot \mathrm{m}^2)\ .$$

Dieser Wert ist im Allgemeinen völlig unerheblich.

Literaturverzeichnis

1. Arden, T.V.: Water Purification by Ion Exchange. London: Butterworth 1968
2. Aurand, K. et al.: Die Trinkwasserverordnung. Einführung und Erläuterungen für Wasserversorgungsunternehmen und Überwachungsbehörden. Berlin: Erich Schmidt 1987
3. DIN 1310 (1984-2): Zusammensetzung von Mischphasen, Begriffe, Formelzeichen. Berlin: Beuth 1984
4. DIN 1345 (1993-12): Thermodynamik, Grundbegriffe. Berlin: Beuth 1993
5. DIN 32625 (1989-12; ISO/DIS 31-8-1990): Größen und Einheiten in der Chemie, Stoffmenge und davon abgeleitete Größen, Begriffe und Definitionen. Berlin: Beuth 1989 und 1990
6. DIN 38404-10 (1995-04): Deutsche Einheitsverfahren zur Wasser-, Abwasser- und Schlammuntersuchung – Physikalische und physikalisch-chemische Stoffkenngrößen (Gruppe C) – Teil 10: Calcitsättigung eines Wassers (C 10). Berlin: Beuth 1995
7. DIN EN ISO 8044 (1999-02): Korrosion von Metallen und Legierungen, Grundbegriffe und Definitionen. Berlin: Beuth 1999
8. DIN EN 12502 Teile 1–5 (2005-03) Korrosionsschutz metallischer Werkstoffe. Beuth, Berlin
9. Dorfner K (1970) Ionenaustauscher. de Gruyter, Berlin, New York
10. DVGW W 213 Teile 1–6 (2005-06): Filtrationsverfahren zur Partikelentfernung. Eschborn: DVGW 2005
11. DVGW W 224 (1986-04) Chlordioxid in der Wasseraufbereitung. Eschborn: DVGW 1986
12. DVGW W 225 (2002-05): Ozon in der Wasseraufbereitung. Eschborn: DVGW 2002
13. DVGW W 229 Entwurf (2006-09): Trinkwasserdesinfektion mit Chlor und Hypochloriten. Eschborn: DVGW 2006
14. DVGW W 290 (2005-02): Trinkwasserdesinfektion – Einsatz- und Anforderungskriterien. Eschborn: DVGW 2005
15. DVGW W 294 Teile 1–3 (2006-06): UV-Geräte zur Desinfektion in der Wasserversorgung. Eschborn: DVGW 2006
16. DVGW W 551 (2004-04): Trinkwassererwärmungs- und Trinkwasserleitungsanlagen. Eschborn: DVGW 2004
17. Eberhardt, M.: Enteisenung und Entmanganung. DVGW Schriftenreihe Wasser Nr. 206. Frankfurt: ZfGW-Verlag 1983
18. Gimbel, R.; Panglisch, S.: Die Membranfiltration bei der Trinkwasseraufbereitung in Deutschland. GWF 142, Nr. 13, 2001, S. 78
19. Hässelbarth, U.; Lüdemann, D.: Die biologische Enteisenung und Entmanganung. Vom Wasser 38 (1971) S. 233
20. Herre, E.: Korrosionsschutz in der Sanitärtechnik. Düsseldorf: Krammer 1972
21. Höll, K.; Grohmann, A.: Wasser. Nutzung im Kreislauf. Hygiene, Analyse und Bewertung. 8. Aufl. Berlin: Walter de Gruyter 2002
22. Holluta, J.; Velten, S.: Untersuchungen über die Enteisenung. Vom Wasser 29 (1962) S. 58

23. Klahre, J.; Robert, M.: Ultrafiltration zur Gewinnung von Trinkwasser. GWA, Sonderdruck Nr. 1465 des SVGW 2002
24. Kruse, C. L.: Korrosionsschutz in der Sanitärtechnik. IKZ-Haustechnik 6 (1985) S. 46
25. Melin, T.; Rautenbach, R.: Membranverfahren. Grundlagen der Modul- und Anlagenauslegung. 3. Aufl. Berlin/Heidelberg/New York: Springer 2007
26. Rohmann, U.; Sontheimer, H.: Nitrat im Grundwasser. Ursachen, Bedeutung, Lösungswege. DVGW-Forschungsstelle am Engler-Bunte-Institut der Universität Karlsruhe 1985
27. Sontheimer, H.; Sprindler, P.; Rohmann, U.: Wasserchemie für Ingenieure. DVGW-Forschungsstelle am Engler-Bunte-Institut der Universität Karlsruhe 1980
28. Staude, E.: Membranen und Membranprozesse. Weinheim: VCH 1992
29. Veröffentlichungen des Lehrstuhls für Wasserchemie: Heft 3: Flockung. Institut für Gastechnik, Feuerungstechnik und Wasserchemie der Universität Karlsruhe 1967
30. Veröffentlichungen des Lehrstuhls für Wasserchemie: Heft 5: Filtration. Engler-Bunte-Institut der Universität Karlsruhe 1971

Anhang

Bundesgesetzblatt
Jahrgang 2001

Teil I Nr. 24, ausgegeben zu Bonn am 28. Mai 2001

Verordnung zur Novellierung der Trinkwasserverordnung
Vom 21. Mai 2001

Es verordnen

- auf Grund des § 37 Abs. 3 und des § 38 Abs. 1 des Infektionsschutzgesetzes vom 20. Juli 2000 (BGBl. 1 S. 1045) das Bundesministerium für Gesundheit und

- auf Grund des § 9 Abs. 1 Nr. 1 Buchstabe a, Nr. 3 und 4 Buchstabe a in Verbindung mit Abs. 3, des § 10 Abs. 1 Satz 1, des § 12 Abs. 1 Nr. 1 und Abs. 2 Nr. 1 in Verbindung mit Abs. 3; des § 16 Abs. 1 Satz 2 und des § 19 Abs. 1 Nr. 1 und 2 Buchstabe b des Lebensmittel- und Bedarfsgegenständegesetzes in der Fassung der Bekanntmachung vom 9. September 1997 (BGBl. 1 S. 2296), von denen § 9 gemäß Artikel 13 der Verordnung vom 13. September 1997 (BGBl. I S. 2390) geändert worden ist, in Verbindung mit Artikel 56 Abs. 1 des Zuständigkeitsanpassungs-Gesetzes vom 18. März 1975 (BGBl. 1 S. 705) und den Organisationserlassen vom 27. Oktober 1998 (BGBl. I S. 3288) und vom 22. Januar 2001 (BGBl. I S.127) das Bundesministerium für Verbraucherschutz, Ernährung und Landwirtschaft im Einvernehmen mit dem Bundesministerium für Wirtschaft und Technologie und, soweit § 12 des Lebensmittel- und Bedarfsgegenständegesetzes betroffen ist, auch im Einvernehmen mit dem Bundesministerium für Umwelt, Naturschutz und Reaktorsicherheit:

Artikel 1

Verordnung über die Qualität von Wasser für den menschlichen Gebrauch (Trinkwasserverordnung - TrinkwV 2001)*)

1. Abschnitt

Allgemeine Vorschriften

§ 1

Zweck der Verordnung

Zweck der Verordnung ist es, die menschliche Gesundheit vor den nachteiligen Einflüssen, die sich aus der Verunreinigung von Wasser ergeben, das für den menschlichen Gebrauch bestimmt ist, durch Gewährleistung seiner Genusstauglichkeit und Reinheit nach Maßgabe der folgenden Vorschriften zu schützen.

§ 2

Anwendungsbereich

(1) Diese Verordnung regelt die Qualität von Wasser für den menschlichen Gebrauch.
Sie gilt nicht für

*) Diese Verordnung dient der Umsetzung der Richtlinie 98/83/EG des Rates über die Qualität von Wasser für den menschlichen Gebrauch vom 3. November 1998 (ABl. EG Nr. L 330 S. 32).

1. natürliches Mineralwasser im Sinne des § 2 der Mineral- und Tafelwasserverordnung vom 1. August 1984 (BGBl. I S. 1036), die zuletzt durch Artikel 2 § 1 der Verordnung vom 21. Mai 2001 (BGBl. I S. 959) geändert worden ist,
2. Heilwasser im Sinne des § 2 Abs. 1 des Arzneimittelgesetzes.

(2) Für Anlagen und Wasser aus Anlagen, die zur Entnahme oder Abgabe von Wasser bestimmt sind, das nicht die Qualität von Wasser für den menschlichen Gebrauch hat, und die zusätzlich zu den Wasserversorgungsanlagen nach § 3 Nr. 2 im Haushalt verwendet werden, gilt diese Verordnung nur, soweit sie auf solche Anlagen ausdrücklich Bezug nimmt.

§ 3

Begriffsbestimmungen

Im Sinne dieser Verordnung

1. ist "Wasser für den menschlichen Gebrauch" "Trinkwasser" und "Wasser für Lebensmittelbetriebe". Dabei ist

    a) "Trinkwasser" alles Wasser, im ursprünglichen Zustand oder nach Aufbereitung, das zum Trinken, zum Kochen, zur Zubereitung von Speisen und Getränken oder insbesondere zu den folgenden anderen häuslichen Zwecken bestimmt ist:

    - Körperpflege und -reinigung,

    - Reinigung von Gegenständen, die bestimmungsgemäß mit Lebensmitteln in Berührung kommen,

    - Reinigung von Gegenständen, die bestimmungsgemäß nicht nur vorübergehend mit dem menschlichen Körper in Kontakt kommen.

    Dies gilt ungeachtet der Herkunft des Wassers, seines Aggregatzustandes und ungeachtet dessen, ob es für die Bereitstellung auf Leitungswegen, in Tankfahrzeugen, in Flaschen oder anderen Behältnissen bestimmt ist;

    b) "Wasser für Lebensmittelbetriebe" alles Wasser, ungeachtet seiner Herkunft und seines Aggregatzustandes, das in einem Lebensmittelbetrieb für die Herstellung, Behandlung, Konservierung oder zum Inverkehrbringen von Erzeugnissen oder Substanzen, die für den menschlichen Gebrauch bestimmt sind, sowie zur Reinigung von Gegenständen und Anlagen, die bestimmungsgemäß mit Lebensmitteln in Berührung kommen können, verwendet wird, soweit die Qualität des verwendeten Wassers die Genusstauglichkeit des Enderzeugnisses beeinträchtigen kann;

2. sind Wasserversorgungsanlagen

    a) Anlagen einschließlich des dazugehörenden Leitungsnetzes, aus denen auf festen Leitungswegen an Anschlussnehmer pro Jahr mehr als 1000 m^3 Wasser für den menschlichen Gebrauch abgegeben wird,

    b) Anlagen, aus denen pro Jahr höchstens 1000 m^3 Wasser für den menschlichen Gebrauch entnommen oder abgegeben wird (Kleinanlagen), sowie sonstige, nicht ortsfeste Anlagen,

    c) Anlagen der Hausinstallation, aus denen Wasser für den menschlichen Gebrauch aus einer Anlage nach Buchstabe a oder b an Verbraucher abgegeben wird;

3. sind Hausinstallationen

die Gesamtheit der Rohrleitungen, Armaturen und Geräte, die sich zwischen dem Punkt der Entnahme von Wasser für den menschlichen Gebrauch und dem Punkt der Übergabe von Wasser aus einer Wasserversorgungsanlage nach Nummer 2 Buchstabe a oder b an den Verbraucher befinden;

4. ist Gesundheitsamt

die nach Landesrecht für die Durchführung dieser Verordnung bestimmte und mit einem Amtsarzt besetzte Behörde;

5. ist zuständige Behörde

die von den Ländern auf Grund Landesrechts durch Rechtssatz bestimmte Behörde.

2. Abschnitt

Beschaffenheit des Wassers für den menschlichen Gebrauch

§ 4

Allgemeine Anforderungen

(1) Wasser für den menschlichen Gebrauch muss frei von Krankheitserregern, genusstauglich und rein sein. Dieses Erfordernis gilt als erfüllt, wenn bei der Wassergewinnung, der Wasseraufbereitung und der Verteilung die allgemein anerkannten Regeln der Technik eingehalten werden und das Wasser für den menschlichen Gebrauch den Anforderungen der §§ 5 bis 7 entspricht.

(2) Der Unternehmer und der sonstige Inhaber einer Wasserversorgungsanlage dürfen Wasser, das den Anforderungen des § 5 Abs. 1 bis 3 und des § 6 Abs. 1 und 2 oder den nach § 9 oder § 10 zugelassenen Abweichungen nicht entspricht, nicht als Wasser für den menschlichen Gebrauch abgeben und anderen nicht zur Verfügung stellen.

(3) Der Unternehmer und der sonstige Inhaber einer Wasserversorgungsanlage dürfen Wasser, das den Anforderungen des § 7 nicht entspricht, nicht als Wasser für den menschlichen Gebrauch abgeben und anderen nicht zur Verfügung stellen.

§ 5

Mikrobiologische Anforderungen

(1) Im Wasser für den menschlichen Gebrauch dürfen Krankheitserreger im Sinne des § 2 Nr. 1 des Infektionsschutzgesetzes nicht in Konzentrationen enthalten sein, die eine Schädigung der menschlichen Gesundheit besorgen lassen.

(2) Im Wasser für den menschlichen Gebrauch dürfen die in Anlage 1 Teil I festgesetzten Grenzwerte für mikrobiologische Parameter nicht überschritten werden.

(3) Im Wasser für den menschlichen Gebrauch, das zum Zwecke der Abgabe in Flaschen oder sonstige Behältnisse abgefüllt wird, dürfen die in Anlage 1 Teil II festgesetzten Grenzwerte für mikrobiologische Parameter nicht überschritten werden.

(4) Soweit der Unternehmer und der sonstige Inhaber einer Wasserversorgungs-oder Wassergewinnungsanlage oder ein von ihnen Beauftragter hinsichtlich mikrobieller Belastungen des Rohwassers Tatsachen feststellen, die zum Auftreten einer übertragbaren Krankheit führen können, oder annehmen; dass solche Tatsachen vorliegen, muss eine Aufbereitung, erforderlichenfalls unter Einschluss einer Desinfektion, nach den allgemein anerkannten Regeln der Technik erfolgen. In Leitungsnetzen oder Teilen davon, in denen die Anforderungen nach Absatz 1 oder 2 nur durch Desinfektion eingehalten werden können, müssen der Unternehmer und der sonstige Inhaber einer Wasserversorgungsanlage eine hinreichende Desinfektionskapazität durch freies Chlor oder Chlordioxid vorhalten.

§ 6

Chemische Anforderungen

(1) Im Wasser für den menschlichen Gebrauch dürfen chemische Stoffe nicht in Konzentrationen enthalten sein, die eine Schädigung der menschlichen Gesundheit besorgen lassen.

(2) Im Wasser für den menschlichen Gebrauch dürfen die in Anlage 2 festgesetzten Grenzwerte für chemische Parameter nicht überschritten werden. Die lfd. Nr. 4 der Anlage 2 Teil I tritt am 1. Januar 2008 in Kraft. Vom 1. Januar 2003 bis zum 31. Dezember 2007 gilt der Grenzwert von 0,025 mg/l. Die lfd. Nr. 4 der Anlage 2 Teil II tritt am 1. Dezember 2013 in Kraft; vom 1. Dezember 2003 bis zum 30. November 2013 gilt der Grenzwert von 0,025 mg/l; vom 1. Januar 2003 bis zum 30. November 2003 gilt der Grenzwert von 0,04 mg/l.

(3) Konzentrationen von chemischen Stoffen, die das Wasser für den menschlichen Gebrauch verunreinigen oder seine Beschaffenheit nachteilig beeinflussen können, sollen so niedrig gehalten werden, wie dies nach den allgemein anerkannten Regeln der Technik mit vertretbarem Aufwand unter Berücksichtigung der Umstände des Einzelfalles möglich ist.

§ 7

Indikatorparameter

Im Wasser für den menschlichen Gebrauch müssen die in Anlage 3 festgelegten Grenzwerte und Anforderungen für Indikatorparameter eingehalten sein. Die lfd. Nrn. 19 und 20 der Anlage 3 treten am 1. Dezember 2003 in Kraft.

§ 8

Stelle der Einhaltung

Die nach § 5 Abs. 2 und § 6 Abs. 2 festgesetzten Grenzwerte sowie die nach § 7 festgelegten Grenzwerte und Anforderungen müssen eingehalten sein

1. bei Wasser, das auf Grundstücken oder in Gebäuden und Einrichtungen oder in Wasser-, Luft- oder Landfahrzeugen auf Leitungswegen bereitgestellt wird, am Austritt aus denjenigen Zapfstellen, die der Entnahme von Wasser für den menschlichen Gebrauch dienen,

2. bei Wasser aus Tankfahrzeugen an der Entnahmestelle am Tankfahrzeug,

3. bei Wasser, das in Flaschen oder andere Behältnisse abgefüllt und zur Abgabe bestimmt ist, am Punkt der Abfüllung,

4. bei Wasser, das in einem Lebensmittelbetrieb verwendet wird, an der Stelle der Verwendung des Wassers im Betrieb.

§ 9

Maßnahmen im Falle der Nichteinhaltung von Grenzwerten und Anforderungen

(1) Wird dem Gesundheitsamt bekannt, dass im Wasser aus einer Wasserversorgungsanlage im Sinne von § 3 Nr. 2 Buchstabe a, b oder c, sofern daraus Wasser für die Öffentlichkeit im Sinne des § 18 Abs. 1 bereitgestellt wird, die nach § 5 Abs. 2 oder § 6 Abs. 2 festgesetzten Grenzwerte nicht eingehalten werden oder die Anforderungen des § 5 Abs. 1 oder § 6 Abs. 1 oder die Grenzwerte und Anforderungen des § 7 nicht erfüllt sind, hat es unverzüglich zu entscheiden, ob die Nichteinhaltung oder Nichterfüllung eine Gefährdung der menschlichen Gesundheit der betroffenen Verbraucher besorgen lässt und ob die betroffene Wasserversorgung bis auf weiteres weitergeführt werden kann.

Dabei hat es auch die Gefahren zu berücksichtigen, die für die menschliche Gesundheit, durch eine Unterbrechung der Bereitstellung oder durch eine Einschränkung der Verwendung des Wassers für den menschlichen Gebrauch entstehen würden. Das Gesundheitsamt unterrichtet den Unternehmer und den sonstigen Inhaber der betroffenen Wasserversorgungsanlage unverzüglich über seine Entscheidung und ordnet die zur Abwendung der Gefahr für die menschliche Gesundheit erforderlichen Maßnahmen an. In allen Fällen, in denen die Ursache der Nichteinhaltung oder Nichterfüllung unbekannt ist, ordnet das Gesundheitsamt eine unverzügliche entsprechende Untersuchung an oder führt sie selbst durch.

(2) Ist eine Gefährdung der menschlichen Gesundheit zu besorgen, so ordnet das Gesundheitsamt an, dass der Unternehmer oder der sonstige Inhaber einer Wasserversorgungsanlage für eine anderweitige Versorgung zu sorgen hat. Ist dies dem Unternehmer oder dem sonstigen Inhaber einer Wasserversorgungsanlage auf zumutbare Weise nicht möglich, so prüft das Gesundheitsamt, ob eine Weiterführung der betroffenen Wasserversorgung mit bestimmten Auflagen gestattet werden kann, und ordnet die insoweit erforderlichen Maßnahmen an.

(3): Lässt sich eine Gefährdung der menschlichen Gesundheit auch durch Anordnungen oder Auflagen nach Absatz 2 nicht ausschließen, ordnet das Gesundheitsamt die Unterbrechung der betroffenen Wasserversorgung an.
Die Wasserversorgung ist in betroffenen Leitungsnetzen oder Teilen davon sofort zu unterbrechen, wenn das Wasser im Leitungsnetz mit Krankheitserregern im Sinne des § 5 in Konzentrationen verunreinigt ist, die eine akute Schädigung der menschlichen Gesundheit erwarten lassen und keine Möglichkeit zur hinreichenden Desinfektion des verunreinigten Wassers mit Chlor oder Chlordioxid besteht, oder wenn es durch chemische Stoffein Konzentrationen verunreinigt ist, die eine akute Schädigung der menschlichen Gesundheit erwarten lassen.

(4) Das Gesundheitsamt ordnet in allen Fällen der Nichteinhaltung eines der nach § 5 Abs. 2 oder § 6 Abs. 2 festgesetzten Grenzwerte oder der Nichterfüllung der Anforderungen des § 5 Abs. 1 oder § 6 Abs. 1 oder der Grenzwerte und Anforderungen des § 7 an, dass unverzüglich die notwendigen Abhilfemaßnahmen zur Wiederherstellung der Wasserqualität getroffen werden und dass deren Durchführung Vorrang erhält. Die Dringlichkeit der Abhilfemaßnahmen richtet sich nach dem Ausmaß der Überschreitung der entsprechenden Grenzwerte und dem Grad der Gefährdung der menschlichen Gesundheit.

(5) Gelangt das Gesundheitsamt bei der Prüfung nach Absatz 1 Satz 1 zu dem Ergebnis, dass eine Abweichung für die Gesundheit der betroffenen Verbraucher unbedenklich ist und durch Abhilfemaßnahmen gemäß Absatz 4 innerhalb von höchstens 30 Tagen behoben werden kann, legt es den während dieses Zeitraums zulässigen Wert für den betreffenden Parameter sowie die zur Behebung der Abweichung eingeräumte Frist fest. Satz 1 gilt nicht für Parameter der Anlage 1 Teil I lfd. Nr. 1 und 2 und nicht, wenn der betreffende Grenzwert nach Anlage 1 Teil 1 lfd. Nr. 3 oder nach Anlage 2 bereits während der der Prüfung vorangegangenen zwölf Monate über insgesamt mehr als 30 Tage nicht eingehalten worden ist.

(6) Gelangt das Gesundheitsamt bei den Prüfungen nach Absatz 1 zu dem Ergebnis, dass die Nichteinhaltung einer der nach § 6 Abs. 2 festgesetzten Grenzwerte für chemische Parameter nicht durch Abhilfemaßnahmen innerhalb von 30 Tagen behoben werden kann, die Weiterführung der Wasserversorgung für eine bestimmte Zeit über diesen Zeitraum hinaus nicht zu einer Gefährdung der menschlichen Gesundheit führt und die Wasserversorgung in dem betroffenen Gebiet nicht auf andere zumutbare Weise aufrechterhalten werden kann, kann es zulassen, dass von dem betroffenen Grenzwert in einer von dem Gesundheitsamt festzusetzenden Höhe während eines von ihm festzulegenden Zeitraums abgewichen werden kann. Die Zulassung der Abweichung ist so kurz wie möglich zu befristen und darf drei Jahre nicht überschreiten. Bei Wasserversorgungsanlagen im Sinne von § 3 Nr. 2 Buchstabe a unterrichtet das Gesundheitsamt auf dem Dienstweg das Bundesministerium für Gesundheit oder eine von diesem benannte Stelle über die getroffene Entscheidung.

(7) Vor Ablauf des zugelassenen Abweichungszeitraums prüft das Gesundheitsamt, ob der betroffenen Abweichung mit geeigneten Maßnahmen abgeholfen wurde. Ist dies nicht der Fall, kann das Gesundheitsamt nach Zustimmung der zuständigen obersten Landesbehörde oder einer von ihr benannten Stelle die Abweichung nochmals für höchstens drei Jahre zulassen. Bei Wasserversorgungsanlagen im Sinne von § 3 Nr. 2 Buchstabe a unterrichtet die zuständige oberste

Landesbehörde das Bundesministerium für Gesundheit oder eine von diesem benannte Stelle über die Gründe für die weitere Zulassung.

(8) Unter außergewöhnlichen Umständen kann die zuständige oberste Landesbehörde oder eine von ihr benannte Stelle auf Ersuchen des Gesundheitsamtes dem Bundesministerium für Gesundheit oder einer von diesem benannten Stelle für Wasserversorgungsanlagen im Sinne von § 3 Nr. 2 Buchstabe a spätestens fünf Monate vor Ablauf des zugelassenen zweiten Abweichungszeitraums mitteilen, dass die Beantragung einer dritten Zulassung einer Abweichung für höchstens drei Jahre bei der Kommission der Europäischen Gemeinschaften erforderlich ist. Für Wasserversorgungsanlagen im Sinne von § 3 Nr. 2 Buchstabe b und c kann die oberste Landesbehörde oder eine von ihr benannte Stelle einen dritten Abweichungszeitraum von höchstens drei Jahren zulassen. Das Bundesministerium für Gesundheit ist hierüber innerhalb eines Monats zu unterrichten.

(9) Die Absätze 6 bis 8 gelten für die Zulassung von Abweichungen von den Grenzwerten und Anforderungen des § 7 entsprechend mit der Maßgabe, dass das Gesundheitsamt die zuständige oberste Landesbehörde über die erste und zweite erteilte Zulassung zu unterrichten hat, und dass für die dritte Zulassung die Zustimmung der zuständigen obersten Landesbehörde erforderlich ist.

(10) Die Zulassungen nach den Absätzen 6 und 7 Satz 2 sowie die entsprechenden Mitteilungen an das Bundesministerium für Gesundheit und die Mitteilungen nach Absatz 8 müssen mindestens die folgenden Feststellungen enthalten:

1. Grund für die Nichteinhaltung des betreffenden Grenzwertes;

2. frühere einschlägige Überwachungsergebnisse;

3. geographisches Gebiet, gelieferte Wassermenge pro Tag, betroffene Bevölkerung und die Angabe, ob relevante Lebensmittelbetriebe betroffen sind oder nicht;

4. geeignetes Überwachungsprogramm, erforderlichenfalls mit einer erhöhten Überwachungshäufigkeit;

5. Zusammenfassung des Plans für die notwendigen Abhilfemaßnahmen mit einem Zeitplan für die Arbeiten, einer Vorausschätzung der Kosten und mit Bestimmungen zur Überprüfung;

6. erforderliche Dauer der Abweichung und der für die Abweichung vorgesehene höchstzulässige Wert für den betreffenden Parameter.

(11) Das Gesundheitsamt hat bei der Zulassung von Abweichungen oder der Einschränkung der Verwendung von Wasser für den menschlichen Gebrauch durch entsprechende Anordnung sicherzustellen, dass die von der Abweichung oder Verwendungseinschränkung betroffene Bevölkerung von dem Unternehmer und dem sonstigen Inhaber einer Wasserversorgungsanlage oder von der zuständigen Behörde unverzüglich und angemessen über diese Maßnahmen und die damit verbundenen Bedingungen in Kenntnis gesetzt sowie gegebenenfalls auf mögliche eigene Schutzmaßnahmen hingewiesen wird. Außerdem hat das Gesundheitsamt sicherzustellen, dass bestimmte Bevölkerungsgruppen, für die die Abweichung eine besondere Gefahr bedeuten könnte, entsprechend informiert und gegebenenfalls auf mögliche eigene Schutzmaßnahmen hingewiesen werden.

(12) Die Absätze 1 bis 11 gelten nicht für Wasser für den menschlichen Gebrauch, das zur Abgabe in Flaschen oder anderen Behältnissen bestimmt ist.

§ 10

Besondere Abweichungen für Wasser für Lebensmittelbetriebe

(1) Die zuständige Behörde kann für bestimmte Lebensmittelbetriebe zulassen, dass für bestimmte Zwecke Wasser verwendet wird, das nicht die Qualitätsanforderungen der §§ 5 bis 7 oder § 11 Abs. 1 erfüllt, soweit sichergestellt ist, dass die in dem Betrieb hergestellten oder behandelten Lebensmittel

durch die Verwendung des Wassers nicht derart beeinträchtigt werden, dass durch ihrer Genuss eine Schädigung der menschlichen Gesundheit zu besorgen ist. Dies gilt insbesondere für das Gewinnen von Lebensmitteln in landwirtschaftlichen Betrieben. Die zuständige Behörde kann anordnen, dass dieses Wasser in mikrobiologischer Hinsicht oder auf bestimmte Stoffe der Anlage 2 in bestimmten Zeitabständen zu untersuchen ist.

(2) Abweichend von Absatz 1 darf auf Fischereifahrzeugen zur Bearbeitung des Fanges und zur Reinigung der Arbeitsgeräte Meerwasser verwendet werden, wenn sich das Fischereifahrzeug nicht im Bereich eines Hafens oder eines Flusses einschließlich des Mündungsgebietes befindet. Die zuständige Behörde kann für bestimmte Teile der Küstengewässer die Verwendung von Meerwasser für die in Satz 1 genannten Zwecke verbieten, wenn die Gefahr besteht, dass die gefangenen Fische, Schalen- oder Krustentiere derart beeinträchtigt werden, dass durch ihren Genuss die menschliche Gesundheit geschädigt werden kann. Zur Herstellung von Eis darf nur Wasser mit der Beschaffenheit von Wasser für den menschlichen Gebrauch verwendet werden.

(3) Absatz 1 gilt in Betrieben, in denen Lebensmittel tierischer Herkunft, ausgenommen Speisefette und Speiseöle, gewerbsmäßig hergestellt oder behandelt werden oder die diese Lebensmittel gewerbsmäßig in den Verkehr bringen, sowie in Einrichtungen zur Gemeinschaftsverpflegung nur für Wasser, das zur Speisung von Dampfgeneratoren oder zur Kühlung von Kondensatoren in Kühleinrichtungen dient. Absatz 2 bleibt unberührt.

3. Abschnitt

Aufbereitung

§ 11

Aufbereitungsstoffe und Desinfektionsverfahren

(1) Zur Aufbereitung des Wassers für den menschlichen Gebrauch dürfen nur Stoffe verwendet werden, die vom Bundesministerium für Gesundheit in einer Liste im Bundesgesundheitsblatt bekannt gemacht worden sind. Die Liste hat bezüglich dieser Stoffe Angaben zu enthalten über die

1. Reinheitsanforderungen,

2. Verwendungszwecke, für die sie ausschließlich eingesetzt werden dürfen,

3. zulässige Zugabemenge,

4. zulässigen Höchstkonzentrationen von im Wasser verbleibenden Restmengen und Reaktionsprodukten.

Sie enthält ferner die Mindestkonzentration an freiem Chlor nach Abschluss der Aufbereitung. In der Liste wird auch der erforderliche Untersuchungsumfang für die Aufbereitungsstoffe spezifiziert; ferner können Verfahren zur Desinfektion sowie die Einsatzbedingungen, die die Wirksamkeit dieser Verfahren sicherstellen, aufgenommen werden.

(2) Die in Absatz 1 genannte Liste wird vom Umweltbundesamt geführt. Die Aufnahme in die Liste erfolgt nur, wenn die Stoffe und Verfahren hinreichend wirksam sind und keine vermeidbaren oder unvertretbaren Auswirkungen auf Gesundheit und Umwelt haben. Die Liste wird nach Anhörung der Länder, der zuständigen Stellen im Bereich der Bundeswehr sowie des Eisenbahnbundesamtes sowie der beteiligten Fachkreise und Verbände erstellt und fortgeschrieben. Stoffe nach Absatz 1, die in einem anderen Mitgliedstaat der Europäischen Gemeinschaft oder einem anderen Vertragsstaat des Abkommens über den Europäischen Wirtschaftsraum rechtmäßig hergestellt und rechtmäßig in den Verkehr gebracht werden oder die aus einem Drittland stammen und sich in einem Mitgliedstaat der Europäischen Gemeinschaft oder einem anderen Vertragsstaat des Abkommens über den Europäischen Wirtschaftsraum rechtmäßig im Verkehr befinden, werden in die in Absatz 1 genannte

Liste aufgenommen, wenn das Umweltbundesamt festgestellt hat, dass die Stoffe keine vermeidbaren oder unvertretbaren Auswirkungen auf die Gesundheit haben.

(3) Der Unternehmer und der sonstige Inhaber einer Wasserversorgungsanlage dürfen Wasser, dem entgegen Absatz 1 Aufbereitungsstoffe zugesetzt worden sind, nicht als Wasser für den menschlichen Gebrauch abgeben und anderen nicht zur Verfügung stellen.

§ 12

Aufbereitung in besonderen Fällen

(1) Die in Anlage 6 Spalte b aufgeführten Stoffe gelten als zugelassen für Zwecke der Aufbereitung, sofern die Aufbereitung für den Bedarf der Bundeswehr im Auftrag des Bundesministeriums der Verteidigung, für den zivilen Bedarf in einem Verteidigungsfall im Auftrag des Bundesministeriums des Innern sowie in Katastrophenfällen bei ernsthafter Gefährdung der Wasserversorgung mit Zustimmung der für den Katastrophenschutz zuständigen Behörden erfolgt.

(2) Die in Absatz 1 genannten Stoffe dürfen nur für den in Anlage 6 Spalte d genannten Zweck verwendet werden. Die in Anlage 6 lfd. Nr. 1 genannten Aufbereitungsstoffe dürfen nur in Tabletten mit den in Spalte e genannten zulässigen Mengen zugesetzt werden; die in Anlage 6 lfd. Nr. 3 genannten Aufbereitungsstoffe dürfen nur mit den in Spalte e genannten zulässigen Mengen zugesetzt werden.

(3) Die in Absatz 2 Satz 2 genannten Tabletten dürfen nur in den Verkehr gebracht werden, wenn auf den Packungen, Behältnissen oder sonstigen Tablettenumhüllungen in deutschte Sprache, deutlich sichtbar, leicht lesbar und unverwischbar angegeben ist:

1. die Menge des in einer Tablette enthaltenen Dichlorisocyanurats in Milligramm,

2. die Menge des mit einer Tablette zu desinfizierenden Wassers in Liter,

3. eine Gebrauchsanweisung, die insbesondere die Dosierung, die vor dem Genuss des Wassers abzuwartende Einwirkzeit und die Verbrauchsfrist für das desinfizierte Wasser nennt,

4. das Herstellungsdatum.

Bei Abgabe von Tabletten aus Packungen, Behältnissen oder sonstigen Umhüllungen an Verbraucher können die Angaben nach den Nummern 1 bis 3 auch auf mitzugebenden Handzetteln enthalten sein. Von der Angabe des Herstellungsdatums auf den Handzetteln kann abgesehen werden.

4. Abschnitt

Pflichten des Unternehmers und des sonstigen Inhabers einer Wasserversorgungsanlage

§ 13

Anzeigepflichten

(1) Soll eine Wasserversorgungsanlage errichtet oder erstmalig oder wieder in Betrieb genommen werden oder soll sie an ihren Wasser führenden Teilen baulich oder betriebstechnisch so verändert werden, dass dies auf die Beschaffenheit des Wassers für den menschlichen Gebrauch Auswirkungen haben kann, oder geht das Eigentum oder das Nutzungsrecht an einer Wasserversorgungsanlage auf eine andere Person über, so haben der Unternehmer und der sonstige Inhaber dieser Wasserversorgungsanlage dies dem Gesundheitsamt spätestens vier Wochen vorher anzuzeigen. Auf Verlangen des Gesundheitsamtes sind die technischen Pläne der Wasserversorgungsanlage vorzulegen; bei einer baulichen oder betriebstechnischen Änderung sind die Pläne oder Unterlagen nur für den von der Änderung betroffenen Teil der Anlage vorzulegen. Soll eine

Wassergewinnungsanlage in Betrieb genommen werden, sind Unterlagen über Schutzzonen oder, soweit solche nicht festgesetzt sind, über die Umgebung der Wasserfassungsanlage vorzulegen, soweit sie für die Wassergewinnung von Bedeutung sind. Bei bereits betriebenen Anlagen sind auf Verlangen des Gesundheitsamtes entsprechende Unterlagen vorzulegen. Wird eine Wasserversorgungsanlage ganz oder teilweise stillgelegt, so haben der Unternehmer und der sonstige Inhaber dieser Wasserversorgungsanlage dies dem Gesundheitsamt innerhalb von drei Tagen anzuzeigen.

(2) Absatz 1 gilt nicht für Wasserversorgungsanlagen an Bord von nicht gewerblich genutzten Wasser-, Luft- und Landfahrzeugen. Für den Unternehmer und den sonstigen Inhaber einer Wasserversorgungsanlage, nach § 3 Nr. 2 Buchstabe c gilt Absatz 1 nur, soweit daraus Wasser für die Öffentlichkeit im Sinne des § 18 Abs. 1 Satz 1 bereitgestellt wird.

(3) Der Unternehmer und der sonstige Inhaber von Anlagen, die zur Entnahme oder Abgabe von Wasser bestimmt sind, des nicht die Qualität von Wasser für den menschlichen Gebrauch hat und die im Haushalt zusätzlich zu den Wasserversorgungsanlagen im Sinne des § 3 Nr. 2 installiert werden, haben diese Anlagen der zuständigen Behörde bei Inbetriebnahme anzuzeigen. Soweit solche Anlagen bereits betrieben werden, ist die Anzeige unverzüglich zu erstatten. Im Übrigen gilt Absatz 1 Satz 1, 2 und 5 entsprechend.

§ 14

Untersuchungspflichten

(1) Der Unternehmer und der sonstige Inhaber einer Wasserversorgungsanlage im Sinne von § 3 Nr. 2 Buchstabe a oder b haben folgende Untersuchungen des Wassers gemäß § 15 Abs. 1 und 2 durchzuführen oder durchführen zu lassen, um sicherzustellen, dass das Wasser für den menschlichen Gebrauch an der Stelle, an der das Wasser in die Hausinstallation übergeben wird, den Anforderungen dieser Verordnung entspricht:

1. mikrobiologische Untersuchungen zur Feststellung, ob die in § 5 Abs. 2 oder 3 in Verbindung mit Anlage 1 festgesetzten Grenzwerte eingehalten werden,

2. chemische Untersuchungen zur Feststellung, ob die in § 6 Abs. 2 in Verbindung mit Anlage 2 festgesetzten Grenzwerte eingehalten werden,

3. Untersuchungen zur Feststellung, ob die nach § 7 in Verbindung mit Anlage 3 festgelegten Grenzwerte und Anforderungen eingehalten werden,

4. Untersuchungen zur Feststellung, ob die nach § 9 Abs. 5 bis 9 zugelassenen Abweichungen eingehalten werden,

5. Untersuchungen zur Feststellung, ob die Anforderungen des § 11 eingehalten werden.

Umfang und Häufigkeit der Untersuchungen bestimmen sich nach Anlage 4. Der Unternehmer und der sonstige Inhaber einer Wasserversorgungsanlage im Sinne von § 3 Nr. 2 Buchstabe a haben ferner mindestens einmal jährlich, der Unternehmer und der sonstige Inhaber einer Wasserversorgungsanlage nach § 3 Nr. 2 Buchstabe b mindestens alle drei Jahre Untersuchungen zur Bestimmung der Säurekapazität sowie des Gehalts an Calcium, Magnesium und Kalium gemäß § 15 Abs. 2 durchzuführen oder durchführen zu lassen.

(2) Der Unternehmer und der sonstige Inhaber einer Wasserversorgungsanlage im Sinne von § 3 Nr. 2 Buchstabe a oder b haben regelmäßig Besichtigungen der zur Wasserversorgungsanlage gehörenden Schutzzonen, oder, wenn solche nicht festgesetzt sind, der Umgebung der Wasserfassungsanlage, soweit sie für die Gewinnung von Wasser für den menschlichen Gebrauch von Bedeutung ist, vorzunehmen, oder vornehmen zu lassen, um etwaige Veränderungen zu erkennen, die Auswirkungen auf die Beschaffenheit des Wassers für den menschlichen Gebrauch haben können. Soweit nach dem Ergebnis der Besichtigungen erforderlich, sind Untersuchungen des Rohwassers vorzunehmen oder vornehmen zu lassen.

(3) Der Unternehmer und der sonstige Inhaber einer Wasserversorgungsanlage im Sinne von § 3 Nr. 2 Buchstabe a oder b haben das Wasser ferner auf besondere Anordnung der zuständigen Behörde nach § 9 Abs. 1 Satz 4 oder § 20 Abs. 1 zu untersuchen oder untersuchen zulassen.

(4) Absatz 1 gilt für Wasserversorgungsanlagen an Bord von Wasser-, Luft- und Landfahrzeugen nur, wenn diese gewerblichen Zwecken dienen. Der Unternehmer und der sonstige Inhaber einer Wasserversorgungsanlage an Bord eines Wasserfahrzeuges sind zur Untersuchung nur verpflichtet, wenn die letzte Prüfung oder Kontrolle durch das Gesundheitsamt länger als zwölf Monate zurückliegt. Sofern die Wasserversorgungsanlage an Bord eines gewerblich genutzten Wasserfahrzeuges vorübergehend stillgelegt war, ist bei Wiederinbetriebnahme eine Untersuchung nach Absatz 1 Nr. 1 durchzuführen, auch wenn die letzte Prüfung oder Kontrolle weniger als zwölf Monate zurückliegt.

(5) Absatz 1 Nr. 2 bis 5 gilt nicht für Anlagen zur Gewinnung von Wasser für den menschlichen Gebrauch aus Meerwasser durch Destillation oder andere gleichwertige Verfahren an Bord von Wasserfahrzeugen, die von der See-Berufsgenossenschaft zugelassen und überprüft werden, sowie für Wasserversorgungsanlagen an Bord von Wasser-, Luft- oder Landfahrzeugen, bei denen Wasser für den menschlichen Gebrauch aus untersuchungspflichtigen Wasserversorgungsanlagen übernommen wird.

(6) Der Unternehmer und der sonstige Inhaber einer Wasserversorgungsanlage im Sinne von § 3 Nr. 2 Buchstabe c haben das Wasser auf Anordnung der zuständigen Behörde zu untersuchen oder untersuchen zu lassen. Die zuständige Behörde ordnet die Untersuchung an, wenn es unter Berücksichtigung der Umstände des Einzelfalles zum Schutz der menschlichen Gesundheit oder zur Sicherstellung einer einwandfreien Beschaffenheit des Wassers für den menschlichen Gebrauch erforderlich ist; dabei sind Art, Umfang und Häufigkeit der Untersuchung festzulegen.

§ 15

Untersuchungsverfahren und Untersuchungsstellen

(1) Bei den Untersuchungen nach § 14 sind die in Anlage 5 bezeichneten Untersuchungsverfahren anzuwenden. Andere als die in Anlage 5 Nr. 1 bezeichneten Untersuchungsverfahren können angewendet werden, wenn das Umweltbundesamt allgemein festgestellt hat, dass die mit ihnen erzielten Ergebnisse im Sinne der allgemein anerkannten Regeln der Technik mindestens gleichwertig sind wie die mit den vorgegebenen Verfahren ermittelten Ergebnisse und nachdem sie vom Umweltbundesamt in einer Liste alternativer Verfahren im Bundesgesundheitsblatt veröffentlicht worden sind.

(2) Die Untersuchungen auf die in Anlage 5 Nr. 2 und 3 genannten Parameter sind nach Methoden durchzuführen, die hinreichend zuverlässige Messwerte liefern und dabei die in Anlage 5 Nr. 2 und 3 genannten spezifizierten Verfahrenskennwerte einhalten.

(3) Der Unternehmer und der sonstige Inhaber einer Wasserversorgungsanlage haben das Ergebnis jeder Untersuchung unverzüglich schriftlich oder auf Datenträgern mit den Angaben nach Satz 2 aufzuzeichnen. Es sind der Ort der Probenahme nach Gemeinde, Straße, Hausnummer und Entnahmestelle, die Zeitpunkte der Entnahme sowie der Untersuchung der Wasserprobe und das bei der Untersuchung angewandte Verfahren anzugeben. Die zuständige oberste Landesbehörde oder eine andere auf Grund Landesrechts zuständige Stelle kann bestimmen, dass für die Niederschriften einheitliche Vordrucke oder EDV-Verfahren zu verwenden sind. Der Unternehmer und der sonstige Inhaber einer Wasserversorgungsanlage haben eine Kopie der Niederschrift innerhalb von zwei Wochen nach dem Zeitpunkt der Untersuchung dem Gesundheitsamt zu übersenden und das Original ebenso wie die in § 19 Abs. 3 Satz 2 genannte Ausfertigung vom Zeitpunkt der Untersuchung an mindestens zehn Jahre lang aufzubewahren. Der Unternehmer und der sonstige Inhaber einer Wasserversorgungsanlage an Bord eines Wasserfahrzeuges haben, soweit sie zu Untersuchungen nach den §§ 14 und 20 verpflichtet sind, eine Kopie der Niederschriften über die Untersuchungen unverzüglich dem für den Heimathafen des Wasserfahrzeuges zuständigen Gesundheitsamt zu übersenden.

(4) Die nach § 14 Abs. 1, Abs. 2 Satz 2, Abs. 3 und Abs. 6 Satz 1, § 16 Abs. 2 und 3, § 19 Abs. 1 Satz 2, Abs. 2 Satz 1, Abs. 6 und Abs. 7 Satz 1 und § 20 Abs. 1. und 2 erforderlichen Untersuchungen einschließlich der Probenahmen dürfen nur von solchen Untersuchungsstellen

durchgeführt werden, die nach den allgemein anerkannten Regeln der Technik arbeiten, über ein System der internen Qualitätssicherung verfügen, sich mindestens einmal jährlich an externen Qualitätssicherungsprogrammen erfolgreich beteiligen, über für die entsprechenden Tätigkeiten hinreichend qualifiziertes Personal verfügen und eine Akkreditierung durch eine hierfür allgemein anerkannte Stelle erhalten haben. Die zuständige oberste Landesbehörde hat eine Liste der im jeweiligen Land ansässigen Untersuchungsstellen, die die Anforderungen nach Satz 1 erfüllen, bekannt zu machen.

(5) Eine von den Untersuchungsstellen unabhängige Stelle, die von der zuständigen obersten Landesbehörde bestimmt wird, überprüft regelmäßig, ob die Voraussetzungen des Absatzes 4 Satz 1 bei den im jeweiligen Land niedergelassenen Untersuchungsstellen erfüllt sind.

§ 16

Besondere Anzeige- und Handlungspflichten

(1) Der Unternehmer und der sonstige Inhaber einer Wasserversorgungsanlage im Sinne von § 3 Nr. 2 Buchstabe a oder b haben dem Gesundheitsamt unverzüglich anzuzeigen,

1. wenn die in § 5 Abs. 2 oder § 6 Abs. 2 in Verbindung mit den Anlagen 1 und 2 festgelegten Grenzwerte überschritten worden sind,

2. wenn die Anforderungen des § 5 Abs. 1, § 6 Abs. 1 oder die Grenzwerte und Anforderungen des § 7 in Verbindung mit Anlage 3 nicht erfüllt sind,

3. wenn Grenzwerte oder Mindestanforderungen von Parametern nicht eingehalten werden, auf die das Gesundheitsamt eine Untersuchung nach § 20 Abs. 1 Nr. 4 angeordnet hat,

4. wenn die nach § 9 Abs. 6 Satz 1 oder Abs. 7 Satz 2 oder Abs. 8 oder 9 zugelassenen Höchstwerte für die betreffenden Parameter überschritten werden,

5. wenn ihnen Belastungen des Rohwassers bekannt werden, die zu einer Überschreitung der Grenzwerte führen können.

Sie haben ferner grobsinnlich wahrnehmbare Veränderungen des Wassers sowie außergewöhnliche Vorkommnisse in der Umgebung des Wasservorkommens oder an der Wasserversorgungsanlage, die Auswirkungen auf die Beschaffenheit des Wassers haben können, dem Gesundheitsamt unverzüglich anzuzeigen. Vom Zeitpunkt der Anzeige bis zur Entscheidung des Gesundheitsamtes nach § 9 über die zu treffenden Maßnahmen im Falle der Nichteinhaltung von Grenzwerten oder Anforderungen gilt die Abgabe des Wassers für den menschlichen Gebrauch als erlaubt, wenn nicht nach § 9 Abs. 3 Satz 2 eine sofortige Unterbrechung der Wasserversorgung zu erfolgen hat. Um den Verpflichtungen aus den Sätzen 1 und 2 nachkommen zu können, stellen der Unternehmer und der sonstige Inhaber einer Wasserversorgungsanlage vertraglich sicher, dass die von ihnen beauftragte, Untersuchungsstelle sie unverzüglich über festgestellte Abweichungen von den in den §§ 5 bis 7 festgelegten Grenzwerten oder Anforderungen in Kenntnis zu setzen hat.

(2) Bei Feststellungen nach Absatz 1 Satz 1 oder wahrgenommenen Veränderungen nach Absatz 1 Satz 2 sind der Unternehmer und der sonstige Inhaber einer Wasserversorgungsanlage im Sinne von § 3 Nr. 2 Buchstabe a oder b verpflichtet, unverzüglich Untersuchungen zur Aufklärung der Ursache und Sofortmaßnahmen zur Abhilfe durchzuführen oder durchführen zu lassen.

(3) Der Unternehmer und der sonstige Inhaber einer Wasserversorgungsanlage im Sinne von § 3 Nr. 2 Buchstabe c haben in den Fällen, in denen ihnen die Feststellung von Tatsachen bekannt wird, nach welchen das Wasser in der Hausinstallation in einer Weise verändert wird, dass es den Anforderungen der §§ 5 bis 7 nicht entspricht, erforderlichenfalls unverzüglich Untersuchungen zur Aufklärung der Ursache und Maßnahmen zur Abhilfe durchzuführen oder durchführen zu lassen und darüber das Gesundheitsamt unverzüglich zu unterrichten.

(4) Der Unternehmer und der sonstige Inhaber einer Wasserversorgungsanlage im Sinne von § 3 Nr. 2 Buchstabe a oder b haben die verwendeten Aufbereitungsstoffe nach § 11 Abs. 1 Satz 1 und ihre Konzentrationen im Wasser für den menschlichen Gebrauch schriftlich oder auf Datenträgern mindestens wöchentlich aufzuzeichnen. Die Aufzeichnungen sind vom Zeitpunkt der Verwendung der Stoffe an sechs Monate lang für die Anschlussnehmer und Verbraucher während der üblichen Geschäftszeiten zugänglich zu halten. Sofern das Wasser an Anschlussnehmer oder Verbraucher abgegeben wird, haben der Unternehmer und der sonstige Inhaber einer Wasserversorgungsanlage im Sinne von § 3 Nr. 2 Buchstabe a oder b ferner bei Beginn der Zugabe eines Aufbereitungsstoffes nach § 11 Abs. 1 Satz 1 diesen unverzüglich und alle verwendeten Aufbereitungsstoffe regelmäßig einmal jährlich in den örtlichen Tageszeitungen bekannt zu geben. Satz 3 gilt nicht, wenn den betroffenen Anschlussnehmern und Verbrauchern unmittelbar die Verwendung der Auftbereitungsstoffe schriftlich bekannt gegeben wird.

(5) Der Unternehmer und der sonstige Inhaber einer Wasserversorgungsanlage im Sinne von § 3, Nr. 2 Buchstabe c, die dem Wasser für den menschlichen Gebrauch Aufbereitungsstoffe nach § 11 Abs. 1 Satz 1 zugeben, haben den Verbrauchern die verwendeten Aufbereitungsstoffe und ihre Menge im Wasser für den menschlichen Gebrauch unverzüglich durch Aushang oder sonstige schriftliche Mitteilung bekannt zu geben.

(6) Der Unternehmer und der sonstige Inhaber einer Wasserversorgungsanlage im Sinne von § 3 Nr. 2 Buchstabe a oder b haben, sofern das Wasser aus dieser gewerblich genutzt oder an Dritte abgegeben wird, bis zum 1. April 2003 einen Maßnahmeplan nach Satz 2 aufzustellen, der die örtlichen Gegebenheiten der Wasserversorgung berücksichtigt. Dieser Maßnahmeplan muss Angaben darüber enthalten,

1. wie in den Fällen, in denen nach § 9 Abs. 3 Satz 2 die Wasserversorgung sofort zu unterbrechen ist, die Umstellung auf eine andere Wasserversorgung zu erfolgen hat und

2. welche Stellen im Falle einer festgestellten Abweichung zu informieren sind und wer zur Übermittlung dieser Information verpflichtet ist.

Der Maßnahmeplan bedarf der Zustimmung des zuständigen Gesundheitsamtes.

§ 17

Besondere Anforderungen

(1) Für die Neuerrichtung oder die Instandhaltung von Anlagen für die Aufbereitung oder die Verteilung von Wasser für den menschlichen Gebrauch dürfen nur Werkstoffe und Materialien verwendet werden, die in Kontakt mit Wasser Stoffe nicht in solchen Konzentrationen abgeben, die höher sind als nach den allgemein anerkannten Regeln der Technik unvermeidbar, oder den nach dieser Verordnung vorgesehenen Schutz der menschlichen Gesundheit unmittelbar oder mittelbar mindern, oder den Geruch oder den Geschmack des Wassers verändern; § 31 des Lebensmittel- und Bedarfsgegenständegesetzes in der Fassung der Bekanntmachung vom 9. September 1997 (BGBl. I S. 2296) bleibt unberührt. Die Anforderung des Satzes 1 gilt als erfüllt, wenn bei Planung, Bau und Betrieb der Anlagen mindestens die allgemein anerkannten Regeln der Technik eingehalten werden.

(2) Wasserversorgungsanlagen, aus denen Wasser für den menschlichen Gebrauch abgegeben wird, dürfen nicht mit Wasser führenden Teilen verbunden werden, in denn sich Wasser befindet oder fortgeleitet wird, das nicht für den menschlichen Gebrauch im Sinne des § 3 Nr. 1 bestimmt ist. Der Unternehmer und der sonstige Inhaber einer Wasserversorgungsanlage im Sinne von § 3 Nr. 2 haben die Leitungen unterschiedlicher Versorgungssysteme beim Einbau dauerhaft farblich unterschiedlich zu kennzeichnen oder kennzeichnen zu lassen. Sie haben Entnahmestellen von Wasser, das nicht für den menschlichen Gebrauch im Sinne des § 3 Nr. 1 bestimmt ist, bei der Errichtung dauerhaft als solche zu kennzeichnen oder kennzeichnen zu lassen.

(3) Absatz 2 gilt nicht für Kauffahrteischiffe im Sinne des § 1 der Verordnung über die Unterbringung der Besatzungsmitglieder an Bord von Kauffahrteischiffen vom 8. Februar 1973 (BGBl. I S. 66), die durch Artikel 1 in Verbindung mit Artikel 2 der Verordnung vom 23. August 1976 (BGBl. I S. 2443) geändert worden ist.

5. Abschnitt

Überwachung

§ 18

Überwachung durch das Gesundheitsamt

(1) Das Gesundheitsamt überwacht die Wasserversorgungsanlagen im Sinne von § 3 Nr. 2 Buchstabe a und b sowie diejenigen Wasserversorgungsanlagen nach § 3 Nr. 2 Buchstabe c und Anlagen nach § 13 Abs. 3, aus denen Wasser für die Öffentlichkeit, insbesondere in Schulen, Kindergärten, Krankenhäusern, Gaststätten und sonstigen Gemeinschaftseinrichtungen, bereitgestellt wird, hinsichtlich der Einhaltung der Anforderungen der Verordnung durch entsprechende Prüfungen. Werden dem Gesundheitsamt Beanstandungen einer anderen Wasserversorgungsanlage nach § 3 Nr. 2 Buchstabe c oder einer anderen Anlage nach § 13 Abs. 3 bekannt, so kann, diese in die Überwachung einbezogen werden, sofern dies unter Berücksichtigung der Umstände des Einzelfalles zum Schutz der menschlichen Gesundheit oder zur Sicherstellung einer einwandfreien Beschaffenheit des Wassers für den menschlichen Gebrauch erforderlich ist.

(2) Soweit es im Rahmen der Überwachung nach Absatz 1 erforderlich ist, sind die Beauftragten des Gesundheitsamtes befugt,

1. die Grundstücke, Räume und Einrichtungen sowie Wasser-, Luft- und Landfahrzeuge, in denen sich Wasserversorgungsanlagen befinden, während der üblichen Betriebs- oder Geschäftszeit zu betreten,

2. Proben nach den allgemein anerkannten Regeln der Technik zu entnehmen, die Bücher und sonstigen Unterlagen einzusehen und hieraus Abschriften oder Auszüge anzufertigen,

3. vom Unternehmer und vom sonstigen Inhaber einer Wasserversorgungsanlage alle erforderlichen Auskünfte zu verlangen, insbesondere über den Betrieb und den Betriebsablauf einschließlich dessen Kontrolle,

4. zur Verhütung drohender Gefahren für die öffentliche Sicherheit und Ordnung die in Nummer 1 bezeichneten Grundstücke, Räume und Einrichtungen und Fahrzeuge auch außerhalb der dort genannten Zeiten und auch dann, wenn sie zugleich Wohnzwecken dienen, zu betreten. Das Grundrecht der Unverletzlichkeit der Wohnung (Artikel 13 Abs. 1 des Grundgesetzes) wird insoweit eingeschränkt.

Zu den Unterlagen nach Nummer 2 gehören insbesondere die Protokolle über die Untersuchungen nach den §§ 14 und 20, die dem neuesten Stand entsprechenden technischen Pläne der Wasserversorgungsanlage sowie Unterlagen über die dazugehörigen Schutzzonen oder, soweit solche nicht festgesetzt sind, der Umgebung der Wasserfassungsanlage, soweit sie für die Wassergewinnung von Bedeutung sind.

(3) Der Unternehmer und der sonstige jnhaber einer Wasserversorgungsanlage sowie der sonstige Inhaber der tatsächlichen Gewalt über die in Absatz 2 Nr. 1 und 4 bezeichneten Grundstücke, Räume, Einrichtungen und Fahrzeuge sind verpflichtet,

1. die die Oberwachung durchführenden Personen bei der Erfüllung ihrer Aufgabe zu unterstützen, insbesondere ihnen auf Verlangen, die Räume, Einrichtungen und Geräte zu bezeichnen, Räume und Behältnisse zu öffnen und die Entnahme von Proben zu ermöglichen,

2. die verlangten Auskünfte zu erteilen.

(4) Der zur Auskunft Verpflichtete kann die Auskunft auf solche Fragen verweigern, deren Beantwortung ihn selbst oder einen der in § 383 Abs. 1 Nr. 1 bis 3 der Zivilprozessordnung bezeichneten Angehörigen der Gefahr strafgerichtlicher Verfolgung oder eines Verfahrens nach dem Gesetz über Ordnungswidrigkeiten aussetzen würde.

§ 19

Umfang der Überwachung

(1) Im Rahmen der Überwachung nach § 18 hat das Gesundheitsamt die Erfüllung der Pflichten zu prüfen, die dem Unternehmer und dem sonstigen Inhaber einer Wasserversorgungsanlage auf Grund dieser Verordnung obliegen. Die Prüfungen umfassen auch die Besichtigungen der Wasserversorgungsanlage einschließlich der dazugehörigen Schutzzonen, oder, wenn solche nicht festgesetzt sind, der Umgebung der Wasserfassungsanlage, soweit sie für die Wassergewinnung von Bedeutung ist, sowie die Entnahme und Untersuchung von Wasserproben. Für den Untersuchungsumfang gilt § 14 Abs. 1, für das Untersuchungsverfahren § 15 Abs. 1 und 2, für die Aufzeichnung der Untersuchungsergebnisse § 15 Abs. 3 Satz 1 bis 3 und für die Untersuchungsstelle § 15 Abs. 4 Satz 1 entsprechend.

(2) Soweit das Gesundheitsamt die Entnahme oder Untersuchung von Wasserproben nach Absatz 1 Satz 2 nicht selbst durchführt, muss es diese durch eine von der zuständigen obersten Landesbehörde zu diesem Zweck bestellte Stelle durchführen lassen. Das Gesundheitsamt kann sich statt dessen auf die Überprüfung der Niederschriften (§ 15 Abs. 3) über die Untersuchungen nach § 14 beschränken, sofern der Unternehmer und der sonstige Inhaber einer Wasserversorgungsanlage diese in einer nach Satz 1 bestellten und vom Wasserversorgungsunternehmen unabhängigen Stelle haben durchführen lassen. Bei Wasserversorgungsanlagen an Bord von Wasser-, Luft- und Landfahrzeugen sind stets Wasserproben zu untersuchen oder untersuchen zu lassen.

(3) Die Ergebnisse der Überwachung sind in einer Niederschrift festzuhalten. Eine Ausfertigung der Niederschrift sind dem Unternehmer und dem sonstigen Inhaber der Wasserversorgungsanlage auszuhändigen. Das Gesundheitsamt hat die Niederschrift zehn Jahre lang aufzubewahren.

(4) Die Überwachungsmaßnahmen nach Absatz 1 sind mindestens einmal jährlich vorzunehmen; wenn die Überwachung während eines Zeitraums von vier Jahren keinen Grund zu wesentlichen Beanstandungen gegeben hat, kann das Gesundheitsamt die Überwachung in größeren Zeitabständen, die jedoch zwei Jahre nicht überschreiten dürfen, durchführen. Bei Wasserversorgungsanlagen an Bord von Wasserfahrzeugen sollen sie unbeschadet des Satzes 3 mindestens einmal jährlich, bei Wasserversorgungsanlagen an Bord von Wassertransportbooten mindestens viermal im Jahr durchgeführt werden. Bei Wasserversorgungsanlagen an Bord von Luft- und Landfahrzeugen sowie an Bord von nicht gewerblich genutzten Wasserfahrzeugen bestimmt das Gesundheitsamt, ob und in welchen Zeitabständen es die Maßnahmen durchführt. Die Maßnahmen dürfen vorher nicht angekündigt werden.

(5) Das Gesundheitsamt kann, bei Wasserversorgungsanlagen im Sinne von § 3 Nr. 2 Buchstabe a die Anzahl der Probenahmen für die in Anlage 4 Teil 1 Nr. 1 genannten Parameter verringern, wenn

1. die Werte der in einem Zeitraum von mindestens zwei aufeinander folgenden Jahren durchgeführten Probenahmen konstant und erheblich besser als die in den Anlagen 1 bis 3 festgesetzten Grenzwerte und Anforderungen sind und

2. es davon ausgeht, dass keine Umstände zu erwarten sind, die sich nachteilig auf die Qualität des Wassers für den menschlichen Gebrauch auswirken können.

Die Mindesthäufigkeit der Probenahmen darf nicht weniger als die Hälfte der in Anlage 4 Teil II genannten Anzahl betragen.

(6) Bei Wasserversorgungsanlagen im Sinne von § 3 Nr. 2 Buchstabe b bestimmt das Gesundheitsamt, welche Untersuchungen nach § 14 Abs. 1 Nr. 2 bis 4 durchzuführen sind und in

welchen Zeitabständen sie zu erfolgen haben; wobei die Zeitabstände nicht mehr als drei Jahre betragen dürfen.

(7) Bei Wasserversorgungsanlagen nach § 3 Nr. 2 Buchstabe c, aus denen Wasser für die Öffentlichkeit im Sinne des § 18 Abs. 1 bereitgestellt wird, hat das Gesundheitsamt im Rahmen der Überwachung mindestens diejenigen Parameter der Anlage 2 Teil II zu untersuchen oder untersuchen zu lassen, von denen anzunehmen ist, dass sie sich in der Hausinstallation nachteilig verändern können. Zur Durchführung richtet das Gesundheitsamt ein Überwachungsprogramm auf der Grundlage geeigneter stichprobenartiger Kontrollen ein.

§ 20

Anordnungen des Gesundheitsamtes

(1) Wenn es unter Berücksichtigung der Umstände des Einzelfalles zum Schutz der menschlichen Gesundheit oder zur Sicherstellung einer einwandfreien Beschaffenheit des Wassers für den menschlichen Gebrauch erforderlich ist, kann das Gesundheitsamt anordnen, dass der Unternehmer und der sonstige Inhaber einer Wasserversorgungsanlage

1. die zu untersuchenden Proben an bestimmten Stellen und zu bestimmten Zeiten zu entnehmen oder entnehmen zu lassen haben,

2. bestimmte Untersuchungen außerhalb der regelmäßigen Untersuchungen sofort durchzuführen oder durchführen zu lassen haben,

3. die Untersuchungen nach § 14 Abs. 1 bis 4 und Abs. 6

   a) in kürzeren als den in dieser Vorschrift genannten Abständen,

   b) an einer größeren Anzahl von Proben

   durchzuführen oder durchführen zu lassen haben,

4. die Untersuchungen auszudehnen oder ausdehnen zu lassen haben zur Feststellung,

   a) ob andere als die in Anlage I genannten Mikroorganismen, insbesondere Salmonella spec., Pseudomonas aeruginosa, Legionella spec., Campylobacter spec., enteropathogene E. coli, Cryptosporidium parvum, Giardia lamblia, Coliphagen oder enteropathogene Viren in Konzentrationen im Wasser enthalten sind,

   b) ob andere als die in den Anlagen 2 und 3 genannten Parameter in Konzentrationen enthalten sind,

   die eine Schädigung der menschlichen Gesundheit besorgenlassen,

5. Maßnahmen zu treffen haben, die erforderlich sind, um eine Verunreinigung zu beseitigen, auf die die Überschreitung der nach § 5 Abs. 2 und § 6 Abs. 2 in Verbindung mit den Anlagen 1 und 2 festgesetzten Grenzwerte, die Nichteinhaltung der nach § 7 in Verbindung mit Anlage 3 und § 11 Abs. 1 Satz 1 festgelegten Grenzwerte und Anforderungen oder ein anderer Umstand hindeutet und um künftigen Verunreinigungen vorzubeugen.

(2) Wird aus einer Wasserversorgungsanlage Wasser für den menschlichen Gebrauch an andere Wasserversorgungsanlagen abgegeben, so kann das Gesundheitsamt regeln, welcher Unternehmer oder sonstige Inhaber die Untersuchungen nach § 14 durchzuführen oder durchführen zu lassen hat.

(3) Werden Tatsachen bekannt, wonach eine Nichteinhaltung der in den §§ 5 bis 7 festgesetzten Grenzwerte oder Anforderungen auf die Hausinstallation oder deren unzulängliche Instandhaltung zurückzuführen ist, so kann das Gesundheitsamt anordnen, dass

1. geeignete Maßnahmen zu ergreifen sind, um die aus der Nichteinhaltung möglicherweise resultierenden gesundheitlichen Gefahren auszuschalten oder zu verringern und

2. die betroffenen Verbraucher über etwaige zusätzliche Abhilfemaßnahmen oder Verwendungseinschränkungen des Wassers, die sie vornehmen sollten, angemessen zu unterrichten und zu beraten sind.

Zu Zwecken des Satzes 1 hat das Gesundheitsamt den Unternehmer und den sonstigen Inhaber der Anlage der Hausinstallation über mögliche Abhilfemaßnahmen zu beraten und kann diese erforderlichenfalls anordnen; das Gesundheitsamt kann ferner anordnen, dass bis zur Behebung der Nichteinhaltung zusätzliche Maßnahmen, wie geeignete Aufbereitungstechniken,ergriffen werden, die zum Schutz des Verbrauchers erforderlich sind.

§ 21

Information der Verbraucher und Berichtspflichten

(1) Der Unternehmer und der sonstige Inhaber einer Wasserversorgungsanlage im Sinne von § 3 Nr. 2 Buchstabe a oder b haben den Verbraucher durch geeignetes und aktuelles Informationsmaterial über die Qualität des ihm zur Verfügung gestellten Wassers für den menschlichen Gebrauch auf der Basis der Untersuchungsergebnisse nach § 14 zu informieren. Dazu gehören auch Angaben über die verwendeten Aufbereitungsstoffe und Angaben, die für die Auswahl geeigneter Materialien für die Hausinstallation nach den allgemein anerkannten Regeln der Technik erforderlich sind. Der Unternehmer und der sonstige Inhaber einer Wasserversorgungsanlage im Sinne von § 3 Nr. 2 Buchstabe c haben die ihnen nach Satz 1 zugegangenen Informationen allen Verbrauchern in geeigneter Weise zur Kenntnis zu geben.

(2) Das Gesundheitsamt übermittelt bis zum 15. März für das vorangegangene Kalenderjahr der zuständigen obersten Landesbehörde oder der von ihr benannten Stelle die über die Qualität des für den menschlichen Gebrauch bestimmten Wassers nach Absatz 3 erforderlichen Angaben für Wasserversorgungsanlagen im Sinne von § 3 Nr. 2 Buchstabe a. Die zuständige oberste Landesbehörde kann bestimmen, dass die Angaben auf Datenträgern oder auf anderem elektronischen Weg übermittelt werden und dass die übermittelten Daten mit der von ihr bestimmten Schnittstelle kompatibel sind. Die zuständige oberste Landesbehörde leitet ihren Bericht bis zum 15. April dem Bundesministerium für Gesundheit zu.

(3) Für die Berichte nach Absatz 2 ist das von der Kommission der Europäischen Gemeinschaften nach Artikel 13 Abs. 4 der Richtlinie 98/83/EG des Rates vom 3. November 1998 über die Qualität von Wasser für den menschlichen Gebrauch festzulegende Format einschließlich der dort genannten Mindestinformationen zu verwenden. Das Format wird im Bundesgesundheitsblatt vom Bundesministerium für Gesundheit veröffentlicht.

6. Abschnitt

Sondervorschriften

§ 22

Aufgaben der Bundeswehr

Der Vollzug dieser Verordnung obliegt im Bereich der Bundeswehr sowie im Bereich der auf Grund völkerrechtlicher Verträge in der Bundesrepublik stationierten Truppen den zuständigen Stellen der Bundeswehr.

§ 23

Aufgaben des Eisenbahnbundesamtes

Der Vollzug dieser Verordnung obliegt im Bereich der Eisenbahnen des Bundes für Wasserversorgungsanlagen in Schienenfahrzeugen sowie für ortsfeste Anlagen zur Befüllung von Schienenfahrzeugen dem Eisenbahnbundesamt.

7. Abschnitt

Straftaten und Ordnungswidrigkeiten

§ 24

Straftaten

(1) Nach § 75 Abs. 2, 4 des Infektionsschutzgesetzes wird bestraft, wer als Unternehmer oder sonstiger Inhaber einer Wasserversorgungsanlage im Sinne von § 3 Nr. 2 Buchstabe a oder b oder Buchstabe c, soweit daraus Wasser für die Öffentlichkeit im Sinne von § 18 Abs. 1 Satz 1 bereitgestellt wird, vorsätzlich oder fahrlässig entgegen § 4 Abs. 2 oder § 11 Abs. 3 Wasser als Wasser für den menschlichen Gebrauch abgibt oder anderen zur Verfügung stellt.

(2) Wer durch eine in § 25 bezeichnete vorsätzliche Handlung eine in § 6 Abs. 1 Nr. 1 des Infektionsschutzgesetzes genannte Krankheit oder einen in § 7 des Infektionsschutzgesetzes genannten Krankheitserreger verbreitet, ist nach § 74 des Infektionsschutzgesetzes strafbar.

§ 25

Ordnungswidrigkeiten

Ordnungswidrig im Sinne des § 73 Abs. 1 Nr. 24 des Infektionsschutzgesetzes handelt, wer vorsätzlich oder fahrlässig

1. entgegen § 5 Abs. 4 Satz 2 eine hinreichende Desinfektionskapazität nicht vorhält,

2. einer vollziehbaren Anordnung nach § 9 Abs. 1 Satz 4 oder Abs. 4 Satz 1, § 14 Abs. 6 Satz 2 oder § 20 Abs. 1 oder 3 Satz 2 zuwiderhandelt,

3. entgegen § 13 Abs. 1 Satz 1 oder 5, jeweils auch in Verbindung mit Abs. 3 Satz 3, oder § 16 Abs. 1 Satz 1 oder 2 eine Anzeige nicht, nicht richtig, nicht vollständig oder nicht rechtzeitig erstattet,

4. entgegen § 14 Abs. 1 eine Untersuchung nicht, nicht richtig, nicht vollständig oder nicht in der vorgeschriebenen Weise durchführt und nicht, nicht richtig, nicht vollständig oder nicht in der vorgeschriebenen Weise durchführen lässt,

5. entgegen § 15 Abs. 3 Satz 1 das Untersuchungsergebnis nicht, nicht richtig, nicht vollständig, nicht in der vorgeschriebenen Weise oder nicht rechtzeitig aufzeichnet,

6. entgegen § 15 Abs. 3 Satz 4 oder 5 eine Kopie nicht oder nicht rechtzeitig übersendet oder das Original oder eine dort genannte Ausfertigung nicht oder nicht mindestens zehn Jahre aufbewahrt,

7. entgegen § 15 Abs. 4 Satz 1 eine Untersuchung durchführt,

8. entgegen § 16 Abs. 2 eine Untersuchung oder eine Sofortmaßnahme nicht oder, nicht rechtzeitig durchführt und nicht oder nicht rechtzeitig durchführen lässt,

9. entgegen § 16 Abs. 4 Satz 1 oder 2 eine Aufzeichnung nicht, nicht richtig, nicht vollständig, nicht in der vorgeschriebenen Weise oder nicht rechtzeitig macht oder nicht oder nicht mindestens sechs Monate zugänglich hält,

10. entgegen § 16 Abs. 4 Satz 3 oder Abs. 5 einen Aufbereitungsstoff oder dessen Menge im Wasser nicht, nicht richtig, nicht vollständig, nicht in der vorgeschriebenen Weise oder nicht rechtzeitig bekannt gibt,

11. entgegen § 16 Abs. 6 Satz 1 einen Maßnahmeplan nicht, nicht richtig, nicht vollständig oder nicht rechtzeitig aufstellt,

12. entgegen § 17 Abs. 2 Satz 1 eine Wasserversorgungsanlage mit einem dort genanntem Wasser führenden Teil verbindet,

13. entgegen § 17 Abs. 2 Satz 2 oder 3 eine Leitung oder eine Entnahmestelle nicht, nicht richtig oder nicht rechtzeitig kennzeichnet oder

14. entgegen § 18 Abs. 3 eine Person nicht unterstützt oder eine Auskunft nicht, nicht richtig, nicht vollständig oder nicht rechtzeitig erteilt.

8. Abschnitt

Übergangs- und Schlussbestimmungen

§ 26

Übergangs- und Schlussbestimmungen

(1) Haben der Unternehmer und der sonstige Inhaber einer Wasserversorgungsanlage vor Inkrafttreten dieser Verordnung Untersuchungen des Wassers für den menschlichen Gebrauch durchgeführt oder durchführen lassen, die denen dieser Verordnung vergleichbar sind, kann das Gesundheitsamt bei der Berechnung des in § 19 Abs. 5 genannten Zeitraums einen vor Inkrafttreten dieser Verordnung liegenden Zeitraum von zwei Jahren berücksichtigen.

(2) Hat das Gesundheitsamt vor Inkrafttreten dieser Verordnung Prüfungen im Rahmen der Überwachung durchgeführt, die denen dieser Verordnung vergleichbar sind, kann bei der Berechnung der in § 19 Abs. 4 genannten Zeiträume ein vor Inkrafttreten dieser Verordnung liegender Zeitraum berücksichtigt werden.

Artikel 2

Änderung anderer Rechtsvorschriften

§1

Änderung der Mineral- und Tafelwasser-Verordnung

Die Mineral- und Tafelwasser-Verordnung vom 1. August 1984 (BGBl. I S. 1036), zuletzt geändert durch Artikel 1 der Verordnung vom 14. Dezember 2000 (BGBl. I S. 1728), wird wie folgt geändert:

1. In § 11 Abs. 3 werden die Wörter "in § 2 in Verbindung mit Anlage 2" durch die Wörter "in § 6 in Verbindung mit Anlage 2" ersetzt.

2. § 17 Abs. 1 Nr. 2 Buchstabe a wird wie folgt gefasst:

   "a) entgegen § 16 Nr. 2 natürliches Mineralwasser, Quellwasser oder Tafelwasser,".

3. In § 18 werden die Wörter "gelten § 4 Abs. 1 und 3 sowie die §§ 15 und 16 Nr. 2" durch die Wörter "gilt § 15" ersetzt.

§ 2

Änderung der Lebensmittelhygiene-Verordnung

§ 2 Nr. 4 der Lebensmittelhygiene-Verordnung vom 5. August 1997 (BGBl. I S. 2008) wird wie folgt gefasst:
"4. Wasser:

Wasser im Sinne des § 3 Nr. 1 Buchstabe b der Trinkwasserverordnung vom 21. Mai 2001 (BGBl. I S. 959); § 10 der Trinkwasserverordnung bleibt unberührt."

Artikel 3

Inkrafttreten, Außerkrafttreten

Diese Verordnung tritt am 1. Januar 2003 in Kraft. Gleichzeitig tritt die Trinkwasserverordnung in der Fassung der Bekanntmachung vom 5. Dezember 1990 (BGBl. I S. 2612, 1991 1 S. 227), zuletzt geändert durch Artikel 2 der Verordnung vom 14. Dezember 2000 (BGBl. I S.1728), außer Kraft.

Der Bundesrat hat zugestimmt.

Bonn, den 21. Mai 2001

Die Bundesministerin für Gesundheit
Ulla Schmidt

Die Bundesministerin für Verbraucherschutz, Ernährung und Landwirtschaft
Renate Künast

ANLAGE 1
(zu § 5 Abs. 2 und 3)

MIKROBIOLOGISCHE PARAMETER

TEIL I: Allgemeine Anforderungen an Wasser für den menschlichen Gebrauch

Lfd. Nr.	PARAMETER	GRENZWERT (Anzahl/100 ml)
1	Escherichia coli (E. coli)	0
2	Enterokokken	0
3	Coliforme Bakterien	0

TEIL II: Anforderungen an Wasser für den menschlichen Gebrauch, das zur Abfüllung in Flaschen oder sonstige Behältnisse zum Zwecke der Abgabe bestimmt ist

Lfd. Nr.	PARAMETER	GRENZWERT
1	Escherichia coli (E. coli)	0/250 ml
2	Enterokokken	0/250 ml
3	Pseudomonas aeruginosa	0/250 ml
4	Koloniezahl bei 22° C	100/ml
5	Koloniezahl bei 36° C	20/ml
6	Coliforme Bakterien	0/250 ml

ANLAGE 2
(zu § 6 Abs. 2)

CHEMISCHE PARAMETER

TEIL I: Chemische Parameter, deren Konzentration sich im Verteilungsnetz einschließlich der Hausinstallation in der Regel nicht mehr erhöht

Lfd. Nr.	Parameter	Grenzwert mg/l	Bemerkungen
1	Acrylamid	0,0001	Der Grenzwert bezieht sich auf die Restmonomerkonzentration im Wasser, berechnet auf Grund der maximalen Freisetzung nach den Spezifikationen des entsprechenden Polymers und der angewandten Polymerdosis
2	Benzol	0,001	
3	Bor	1	
4	Bromat	0,01	
5	Chrom	0,05	Zur Bestimmung wird die Konzentration von Chromat auf Chrom umgerechnet
6	Cyanid	0,05	
7	1,2-Dichlorethan	0,003	
8	Fluorid	1,5	
9	Nitrat	50	Die Summe aus Nitratkonzentration in mg/l geteilt durch 50 und Nitritkonzentration in mg/l geteilt durch 3 darf nicht größer als 1 mg/l sein
10	Pflanzenschutzmittel und Biozidprodukte	0,0001	Pflanzenschutzmittel und Biozidprodukte bedeutet: organische Insektizide, organische Herbizide, organische Fungizide, organische Nematizide, organische Akarizide, organische Algizide, organische Rodentizide, organische Schleimbekämpfungsmittel, verwandte Produkte (u. a. Wachstumsregulatoren) und die relevanten Metaboliten, Abbau- und Reaktionsprodukte. Es brauchen nur solche Pflanzenschutzmittel und Biozidprodukte überwacht zu werden, deren Vorhandensein in einer bestimmten Wasserversorgung wahrscheinlich ist. Der Grenzwert gilt jeweils für die einzelnen Pflanzenschutzmittel und Biozidprodukte. Für Aldrin, Dieldrin, Heptachlor und Heptachlorepoxid gilt der Grenzwert von 0,00003 mg/l
11	Pflanzenschutzmittel und Biozidprodukte insgesamt	0,0005	Der Parameter bezeichnet die Summe der bei dem Kontrollverfahren nachgewiesenen und mengenmäßig bestimmten einzelnen Pflanzenschutzmittel und Biozidprodukte
12	Quecksilber	0,001	
13	Selen	0,01	
14	Tetrachlorethen und Trichlorethen	0,01	Summe der für die beiden Stoffe nachgewiesenen Konzentrationen

TEIL II: Chemische Parameter, deren Konzentration im Verteilungsnetz einschließlich der Hausinstallation ansteigen kann

Lfd. Nr.	Parameter	Grenzwert mg/l	Bemerkungen
1	Antimon	0,005	
2	Arsen	0,01	
3	Benzo-(a)-pyren	0,00001	
4	Blei	0,01	Grundlage ist eine für die durchschnittliche wöchentliche Wasseraufnahme durch Verbraucher repräsentative Probe; hierfür soll nach Artikel 7 Abs. 4 der Trinkwasserrichtlinie ein harmonisiertes Verfahren festgesetzt werden. Die zuständigen Behörden stellen sicher, dass alle geeigneten Maßnahmen getroffen werden, um die Bleikonzentration in Wasser für den menschlichen Gebrauch innerhalb des Zeitraums, der zur Erreichung des Grenzwertes erforderlich ist, so weit wie möglich zu reduzieren. Maßnahmen zur Erreichung dieses Wertes sind schrittweise und vorrangig dort durchzuführen, wo die Bleikonzentration in Wasser für den menschlichen Gebrauch am höchsten ist
5	Cadmium	0,005	Einschließlich der bei Stagnation von Wasser in Rohren aufgenommenen Cadmiumverbindungen
6	Epichlorhydrin	0,0001	Der Grenzwert bezieht sich auf die Restmonomerkonzentration im Wasser, berechnet auf Grund der maximalen Freisetzung nach den Spezifikationen des entsprechenden Polymers und der angewandten Polymerdosis
7	Kupfer	2	Grundlage ist eine für die durchschnittliche wöchentliche Wasseraufnahme durch Verbraucher repräsentative Probe; hierfür soll nach Artikel 7 Abs. 4 der Trinkwasserrichtlinie ein harmonisiertes Verfahren festgesetzt werden. Die Untersuchung im Rahmen der Überwachung nach § 19 Abs. 7 ist nur dann erforderlich, wenn der pH-Wert im Versorgungsgebiet kleiner als 7,4 ist
8	Nickel	0,02	Grundlage ist eine für die durchschnittliche wöchentliche Wasseraufnahme durch Verbraucher repräsentative Probe; hierfür soll nach Artikel 7 Abs. 4 der Trinkwasserrichtlinie ein harmonisiertes Verfahren festgesetzt werden
9	Nitrit	0,5	Die Summe aus Nitratkonzentration in mg/l geteilt durch 50 und Nitritkonzentration in mg/l geteilt durch 3 darf nicht höher als 1 mg/l sein. Am Ausgang des Wasserwerks darf der Wert von 0,1 mg/l für Nitrit nicht überschritten werden
10	Polyzyklische aromatische Kohlenwasserstoffe	0,0001	Summe der nachgewiesenen und mengenmäßig bestimmten nachfolgenden Stoffe: Benzo-(b)-fluoranthen, Benzo-(k)-fluoranthen, Benzo-(ghi)-perylen und Indeno-(1,2,3-cd)-pyren
11	Trihalogenmethane	0,05	Summe der am Zapfhahn des Verbrauchers nachgewiesenen und mengenmäßig bestimmten Reaktionsprodukte, die bei der Desinfektion oder Oxidation des Wassers entstehen: Trichlormethan (Chloroform), Bromdichlormethan, Dibromchlormethan und Tribrommethan (Bromoform); eine Untersuchung im Versorgungsnetz ist nicht erforderlich, wenn am Ausgang des Wasserwerks der Wert von 0,01 mg/l nicht überschritten wird
12	Vinylchlorid	0,0005	Der Grenzwert bezieht sich auf die Restmonomerkonzentration im Wasser, berechnet auf Grund der maximalen Freisetzung nach den Spezifikationen des entsprechenden Polymers und der angewandten Polymerdosis

ANLAGE 3
(zu § 7)

INDIKATORPARAMETER

Lfd. Nr.	Parameter	Einheit, als	Grenzwert/ Anforderung	Bemerkungen
1	Aluminium	mg/l	0,2	
2	Ammonium	mg/l	0,5	Geogen bedingte Überschreitungen bleiben bis zu einem Grenzwert von 30 mg/l außer Betracht. Die Ursache einer plötzlichen oder kontinuierlichen Erhöhung der üblicherweise gemessenen Konzentration ist zu untersuchen
3	Chlorid	mg/l	250	Das Wasser sollte nicht korrosiv wirken (Anmerkung 1)
4	Clostridium perfringens (einschließlich Sporen)	Anzahl/100 ml	0	Dieser Parameter braucht nur bestimmt zu werden, wenn das Wasser von Oberflächenwasser stammt oder von Oberflächenwasser beeinflusst wird. Wird dieser Grenzwert nicht eingehalten, veranlasst die zuständige Behörde Nachforschungen im Versorgungssystem, um sicherzustellen, dass keine Gefährdung der menschlichen Gesundheit auf Grund eines Auftretens krankheitserregender Mikroorganismen, z. B. Cryptosporidium, besteht. Über das Ergebnis dieser Nachforschungen unterrichtet die zuständige Behörde über die zuständige oberste Landesbehörde das Bundesministerium für Gesundheit
5	Eisen	mg/l	0,2	Geogen bedingte Überschreitungen bleiben bei Anlagen mit einer Abgabe von bis zu 1000 m³ im Jahr bis zu 0,5 mg/l außer Betracht
6	Färbung (spektraler Absorptionskoeffizient Hg 436 nm)	m^{-1}	0,5	Bestimmung des spektralen Absorptionskoeffizienten mit Spektralphotometer oder Filterphotometer
7	Geruchsschwellenwert		2 bei 12 °C 3 bei 25 °C	Stufenweise Verdünnung mit geruchsfreiem Wasser und Prüfung auf Geruch
8	Geschmack		für den Verbraucher annehmbar und ohne anormale Veränderung	
9	Koloniezahl bei 22 °C		ohne anormale Veränderung	Bei der Anwendung des Verfahrens nach Anlage 1 Nr. 5 TrinkwV a. F. gelten folgende Grenzwerte: 100/ml am Zapfhahn des Verbrauchers; 20/ml unmittelbar nach Abschluss der Aufbereitung im desinfizierten Wasser; 1000/ml bei Wasserversorgungsanlagen nach § 3 Nr. 2 Buchstabe b sowie in Tanks von Land-, Luft- und Wasserfahrzeugen. Bei Anwendung anderer Verfahren ist das Verfahren nach Anlage 1 Nr. 5 TrinkwV a. F. für die Dauer von mindestens einem Jahr parallel zu verwenden, um entsprechende Vergleichswerte zu erzielen. Der Unternehmer oder sonstige Inhaber einer Wasserversorgungsanlage hat unabhängig vom angewandten Verfahren einen plötzlichen oder kontinuierlichen Anstieg unverzüglich der zuständigen Behörde zu melden
10	Koloniezahl bei 36 °C		ohne anormale Veränderung	Bei der Anwendung des Verfahrens nach Anlage 1 Nr. 5 TrinkwV a. F. gilt der Grenzwert von 100/ml. Bei Anwendung anderer Verfahren ist das Verfahren nach Anlage 1 Nr. 5 TrinkwV a. F. für die Dauer von mindestens einem Jahr parallel zu verwenden, um entsprechende Vergleichswerte zu erzielen.Der Unternehmer oder sonstige Inhaber einer Wasserversorgungsanlage hat unabhängig vom angewandten Verfahren einen plötzlichen oder kontinuierlichen Anstieg unverzüglich der zuständigen Behörde zu melden
11	Elektrische Leitfähigkeit	µS/cm	2500 bei 20 °C	Das Wasser sollte nicht korrosiv wirken (Anmerkung 1)
12	Mangan	mg/l	0,05	Geogen bedingte Überschreitungen bleiben bei Anlagen mit einer Abgabe von bis zu 1000 m³ im Jahr bis zu einem Grenzwert von 0,2 mg/l außer Betracht

13	Natrium	mg/l	200	
14	Organisch gebundener Kohlenstoff (TOC)		ohne anormale Veränderung	Bei Versorgungssystemen mit einer Abgabe von weniger als 10000 m³ pro Tag braucht dieser Parameter nicht bestimmt zu werden
15	Oxidierbarkeit	mg/l O_2	5	Dieser Parameter braucht nicht bestimmt zu werden, wenn der Parameter TOC analysiert wird
16	Sulfat	mg/l	240	Das Wasser sollte nicht korrosiv wirken (Anmerkung 1). Geogen bedingte Überschreitungen bleiben bis zu einem Grenzwert von 500 mg/l außer Betracht
17	Trübung	nephelometrische Trübungseinheiten (NTU)	1,0	Der Grenzwert gilt am Ausgang des Wasserwerks. Der Unternehmer oder sonstige Inhaber einer Wasserversorgungsanlage hat einen plötzlichen oder kontinuierlichen Anstieg unverzüglich der zuständigen Behörde zu melden
18	Wasserstoffionen-Konzentration	pH-Einheiten	$\geq$ 6,5 und $\leq$ 9,5	Das Wasser sollte nicht korrosiv wirken (Anmerkung 1). Die berechnete Calcitlösekapazität am Ausgang des Wasserwerks darf 5 mg/l $CaCO_3$ nicht überschreiten; diese Forderung gilt als erfüllt, wenn der pH-Wert am Wasserwerksausgang $\geq$7,7 ist. Bei der Mischung von Wasser aus zwei oder mehr Wasserwerken darf die Calcitlösekapazität im Verteilungsnetz den Wert von 10 mg/l nicht überschreiten. Für in Flaschen oder Behältnisse abgefülltes Wasser kann der Mindestwert auf 4,5 pH-Einheiten herabgesetzt werden. Für in Flaschen oder Behältnisse abgefülltes Wasser, das von Natur aus kohlensäurehaltig ist oder das mit Kohlensäure versetzt wurde, kann der Mindestwert niedriger sein
19	Tritium	Bq/l	100	Anmerkungen 2 und 3
20	Gesamtrichtdosis	mSv/Jahr	0,1	Anmerkungen 2 bis 4

Anmerkung 1: Die entsprechende Beurteilung, insbesondere zur Auswahl geeigneter Materialien im Sinne von § 17 Abs. 1, erfolgt nach den allgemein anerkannten Regeln der Technik.

Anmerkung 2: Die Kontrollhäufigkeit, die Kontrollmethoden und die relevantesten Überwachungsstandorte werden zu einem späteren Zeitpunkt gemäß dem nach Artikel 12 der Trinkwasserrichtlinie festgesetzten Verfahren festgelegt.

Anmerkung 3: Die zuständige Behörde ist nicht verpflichtet, eine Überwachung von Wasser für den menschlichen Gebrauch im Hinblick auf Tritium oder der Radioaktivität zur Festlegung der Gesamtrichtdosis durchzuführen, wenn sie auf der Grundlage anderer durchgeführter Überwachungen davon überzeugt ist, dass der Wert für Tritium bzw. der berechnete Gesamtrichtwert deutlich unter dem Parameterwert liegt. In diesem Fall teilt sie dem Bundesministerium für Gesundheit über die zuständige oberste Landesbehörde die Gründe für ihren Beschluss und die Ergebnisse dieser anderen Überwachungen mit.

Anmerkung 4: Mit Ausnahme von Tritium, Kalium-40, Radon und Radonzerfallsprodukten.

ANLAGE 4
(zu § 14 Abs. 1)

Umfang und Häufigkeit von Untersuchungen

I. Umfang der Untersuchung

1. Routinemäßige Untersuchungen

Folgende Parameter sind routinemäßig zu untersuchen*:

Aluminium (Anmerkung 1)
Ammonium
Clostridium perfringens (einschl. Sporen) (Anmerkung 2)
Coliforme Bakterien
Eisen (Anmerkung 1)
elektrische Leitfähigkeit
Escherichia coli (E. coli)
Färbung
Geruch
Geschmack
Koloniezahl bei 22 °C und 36 °C
Nitrit (Anmerkung 3)
Pseudomonas aeruginosa- (Anmerkung 4)
Trübung
Wasserstoffionen-Konzentration

* Die Einzeluntersuchung entfällt bei Parametern, für die laufend Messwerte bestimmt und aufgezeichnet werden.

Anmerkung 1: Nur erforderlich bei Verwendung als Flockungsmittel*

Anmerkung 2: Nur erforderlich, wenn das Wasser von Oberflächenwasser stammt oder von Oberflächenwasser beeinflusst wird*

Anmerkung 3: Gilt nur für Wasserversorgungsanlagen im Sinne von § 3 Nr. 2 Buchstabe b und c

Anmerkung 4: Nur erforderlich bei Wasser, das zur Abfüllung in Flaschen oder andere Behältnisse zum Zwecke der Abgabe bestimmt ist

* In allen anderen Fällen sind die Parameter in der Liste für die periodischen Untersuchungen enthalten

2. Periodische Untersuchungen

Alle gemäß Anlagen 1 bis 3 festgelegten Parameter, die nicht unter den routinemäßigen Untersuchungen aufgeführt sind, sind Gegenstand der periodischen

Untersuchungen, es sei denn, die zuständigen Behörden können für einen von ihnen festzulegenden Zeitraum feststellen, dass das Vorhandensein eines Parameters in einer bestimmten Wasserversorgung nicht in Konzentrationen zu erwarten ist, die die Einhaltung des entsprechenden Grenzwertes gefährden könnten. Der periodischen Untersuchung unterliegt auch die Untersuchung auf Legionellen in zentralen Erwärmungsanlagen der Hausinstallation nach § 3 Nr. 2 Buchstabe c, aus denen Wasser für die Öffentlichkeit bereitgestellt wird. Satz 1 gilt nicht für die Parameter für Radioaktivität, die vorbehaltlich der Anmerkungen 1 bis 3 in Anlage 3 überwacht werden.

II. Häufigkeit der Untersuchungen

Mindesthäufigkeit der Probenahmen und Analysen bei Wasser für den menschlichen Gebrauch, das aus einem Verteilungsnetz oder einem Tankfahrzeug bereitgestellt oder in einem Lebensmittelbetrieb verwendet wird.
Die Proben sind an der Stelle der Einhaltung nach § 8 zu nehmen, um sicherzustellen, dass das Wasser für den menschlichen Gebrauch die Anforderungen der Verordnung erfüllt. Bei einem Verteilungsnetz können jedoch für bestimmte Parameter alternativ Proben innerhalb des Versorgungsgebietes oder in den Aufbereitungsanlagen entnommen werden, wenn daraus nachweislich keine nachteiligen Veränderungen beim gemessenen Wert des betreffenden Parameters entstehen.

<table>
<tr><th>Menge des in einem Versorgungsgebiet abgegebenen oder produzierten Wassers
m^3/Tag
(Anmerkungen 1 und 2)</th><th>Routinemäßige Untersuchungen
Anzahl der Proben/Jahr
(Anmerkungen 3 und 4)</th><th>Periodische Untersuchungen
Anzahl der Proben/Jahr
(Anmerkungen 3 und 4)</th></tr>
<tr><td>≤ 3</td><td>1
oder nach § 19 Abs. 5 und 6</td><td>1
oder nach § 19 Abs. 5 und 6</td></tr>
<tr><td>> 3 ≤ 1 000</td><td>4</td><td>1</td></tr>
<tr><td>> 1 000 ≤ 1 333</td><td>8</td><td rowspan="5">1
zuzüglich jeweils 1
pro 3 300 m^3/Tag
(kleinere Mengen werden auf 3 300 aufgerundet)</td></tr>
<tr><td>> 1 333 ≤ 2 667</td><td>12</td></tr>
<tr><td>> 2 667 ≤ 4 000</td><td>16</td></tr>
<tr><td>> 4 000 ≤ 6 667</td><td>24</td></tr>
<tr><td>> 6 667 ≤ 10 000</td><td>36</td></tr>
<tr><td>> 10 000 ≤ 100 000</td><td rowspan="2">36
zuzüglich jeweils 3
pro weitere 1 000 m^3/Tag
(kleinere Mengen werden auf 1 000 aufgerundet)</td><td>3
zuzüglich jeweils 1
pro 10 000 m^3/Tag
(kleinere Mengen werden auf 10 000 aufgerundet)</td></tr>
<tr><td>> 100 000</td><td>10
zuzüglich jeweils 1
pro 25 000 m^3/Tag
(kleinere Mengen werden auf 25 000 aufgerundet)</td></tr>
</table>

Anmerkung 1: Ein Versorgungsgebiet ist ein geographisch definiertes Gebiet, in dem das Wasser für den menschlichen Gebrauch aus einem oder mehreren Wasservorkommen stammt und in dem die Wasserqualität als nahezu einheitlich im Sinne der anerkannten Regeln der Technik angesehen werden kann.

Anmerkung 2: Die Mengen werden als Mittelwerte über ein Kalenderjahr hinweg berechnet. Anstelle der Menge des abgegebenen oder produzierten Wassers kann zur Bestimmung der Mindesthäufigkeit auch die Einwohnerzahl eines Versorgungsgebiets herangezogen und ein täglicher Pro-Kopf-Wasserverbrauch von 200 l angesetzt werden.

Anmerkung 3: Bei zeitweiliger kurzfristiger Wasserversorgung wird das in Tankfahrzeugen bereitgestellte Wasser alle 48 Stunden untersucht, wenn der betreffende Tank nicht innerhalb dieses Zeitraums gereinigt oder neu befüllt worden ist.

Anmerkung 4: Nach Möglichkeit sollte die Zahl der Probenahmen im Hinblick auf Zeit und Ort gleichmäßig verteilt sein.

III. Mindesthäufigkeit der Probenahmen und Analysen bei Wasser, das zur Abfüllung in Flaschen oder andere Behältnisse zum Zwecke der Abgabe bestimmt ist

Menge des Wassers, das zur Abgabe in Flaschen oder andere Behältnisse bestimmt ist m^3/Tag *	Routinemäßige Untersuchungen Anzahl der Proben/Jahr	Periodische Untersuchungen Anzahl der Proben/Jahr
≤ 10	1	1
$> 10 \quad \leq 60$	12	1
> 60	1 pro 5 m^3 (kleinere Mengen werden auf 5 m^3 aufgerundet)	1 pro 100 m^3 (kleinere Mengen werden auf 100 m^3 aufgerundet)

* Für die Berechnung der Mengen werden Durchschnittswerte - ermittelt über ein Kalenderjahr - zugrunde gelegt.

ANLAGE 5
(zu § 15 Abs. 1 und 2)

SPEZIFIKATIONEN FÜR DIE ANALYSE DER PARAMETER

1. Parameter, für die Analyseverfahren spezifiziert sind

Die nachstehenden Verfahrensgrundsätze für mikrobiologische Parameter haben Referenzfunktion, sofern ein CEN/ISO-Verfahren angegeben ist; andernfalls dienen sie - bis zur etwaigen künftigen Annahme weiterer internationaler CEN/ISO-Verfahren für diese Parameter - als Orientierungshilfe.

Coliforme Bakterien und Escherichia coli (E. coli) (ISO 9308-1)
Enterokokken (ISO 7899-2)
Pseudomonas aeruginosa (prEN ISO 12780)
Bestimmung kultivierbarer Mikroorganismen - Koloniezahl bei 22 °C (nach Anlage 1 Nr. 5 TrinkwV a. F. oder nach EN ISO 6222)
Bestimmung kultivierbarer Mikroorganismen - Koloniezahl bei 36 °C (nach Anlage 1 Nr. 5 TrinkwV a. F. oder nach EN ISO 6222)
Clostridium perfringens (einschließlich Sporen)
(Membranfiltration, dann anaerobe Bebrütung der Membran auf m-CP-Agar (Anmerkung 1) bei 44 ± 1°C über 21 ± 3 Stunden. Auszählen aller dunkelgelben Kolonien, die nach einer Bedampfung mit Ammoniumhydroxid über eine Dauer von 20 bis 30 Sekunden rosafarben oder rot werden)

Anmerkung 1: Zusammensetzung des m-CP-Agar:

Basismedium	
Tryptose	30 g
Hefeextrakt	20 g
Saccharose	5 g
L-Cysteinhydrochlorid	1 g
$MgSO_4 \bullet 7H_2O$	0,1 g
Bromkresolpurpur	0,04 g
Agar	15 g
Wasser	1 000 ml

Die Bestandteile des Basismediums auflösen und einen pH-Wert von 7,6 einstellen. Autoklavieren bei 121 °C für eine Dauer von 15 Minuten. Abkühlen lassen und Folgendes hinzufügen:

D-Cycloserin	0,4 g
Polymyxin-B-Sulfat	0,025 g
Indoxyl-β-D-Glukosid aufgelöst in 8 ml sterilem Wasser	0,06 g
Sterilfiltrierte 0,5 %ige Phenolphthalein-Diphosphat-Lösung	20 ml
Sterilfiltrierte 4,5 %ige Lösung von $FeCl_3 \bullet 6 H_2O$	2 ml

2. Parameter, für die Verfahrenskennwerte spezifiziert sind

Für folgende Parameter sollen die spezifizierten Verfahrenskennwerte gewährleisten, dass das verwendete Analyseverfahren mindestens geeignet ist, dem Grenzwert entsprechende Konzentrationen mit den nachstehend genannten Spezifikationen für Richtigkeit, Präzision und Nachweisgrenze zu messen. Unabhängig vor der Empfindlichkeit des verwendeten Analyseverfahrens ist das Ergebnis mindestens bis auf die gleiche Dezimalstelle wie bei dem jeweiligen Grenzwert in Anlagen 2 und 3 anzugeben.

Parameter	Richtigkeit in % des Grenzwertes (Anmerkung 1)	Präzision in % des Grenzwertes (Anmerkung 2)	Nachweisgrenze in % des Grenzwertes (Anmerkung 3)	Bedingungen	Anmerkungen
Acrylamid				anhand der Produktspezifikation zu kontrollieren	
Aluminium	10	10	10		
Ammonium	10	10	10		
Antimon	25	25	25		
Arsen	10	10	10		
Benzo-(a)-pyren	25	25	25		
Benzol	25	25	25		
Blei	10	10	10		
Bor	10	10	10		
Bromat	25	25	25		
Cadmium	10	10	10		
Chlorid	10	10	10		
Chrom	10	10	10		
Cyanid	10	10	10		4)
1,2-Dichlorethan	25	25	10		
Eisen	10	10	10		
elektrische Leitfähigkeit	10	10	10		
Epichlorhydrin				anhand der Produktspezifikation zu kontrollieren	
Fluorid	10	10	10		
Kupfer	10	10	10		
Mangan	10	10	10		
Natrium	10	10	10		
Nickel	10	10	10		
Nitrat	10	10	10		
Nitrit	10	10	10		
Oxidierbarkeit	25	25	10		5)
Pflanzenschutzmittel und Biozidprodukte	25	25	25		6)
Polyzyklische aromatische Kohlenwasserstoffe	25	25	25		7)
Quecksilber	20	10	10		
Selen	10	10	10		
Sulfat	10	10	10		
Tetrachlorethen	25	25	10		8)
Trichlorethen	25	25	10		8)
Trihalogenmethane	25	25	10		7)
Vinylchlorid				anhand der Produktspezifikation zu kontrollieren	

Für die Wasserstoffionen-Konzentration sollen die spezifizierten Verfahrenskennwerte gewährleisten, dass das verwendete

Analyseverfahren geeignet ist, dem Grenzwert entsprechende Konzentrationen mit einer Richtigkeit von 0,2 pH-Einheiten und einer Präzision von 0,2 pH-Einheiten zu messen.

Anmerkung 1: Dieser Begriff ist in ISO 5725 definiert.

Anmerkung 2: Dieser Begriff ist in ISO 5725 definiert.

Anmerkung 3: Nachweisgrenze ist entweder
- die dreifache relative Standardabweichung (innerhalb einer Messwertreihe) einer natürlichen Probe mit einer niedrigen Konzentration des Parameters oder
- die fünffache relative Standardabweichung (innerhalb einer Messwertreihe) einer Blindprobe.

Anmerkung 4: Mit dem Verfahren sollte der Gesamtcyanidgehalt in allen Formen bestimmt werden können.

Anmerkung 5: Die Oxidation ist über 10 Minuten bei 100 °C in saurem Milieu mittels Permanganat durchzuführen.

Anmerkung 6: Die Verfahrenskennwerte gelten für jedes einzelne Pflanzenschutzmittel und Biozidprodukt und hängen von dem betreffenden Mittel ab. Die Nachweisgrenze ist möglicherweise derzeit nicht für alle Pflanzenschutzmittel und Biozidprodukte erreichbar, die Erreichung dieses Standards sollte jedoch angestrebt werden.

Anmerkung 7: Die Verfahrenskennwerte gelten für die einzelnen spezifizierten Stoffe bei 25 % des Grenzwertes in Anlage 2.

Anmerkung 8: Die Verfahrenskennwerte gelten für die einzelnen spezifizierten Stoffe bei 50 % des Grenzwertes in Anlage 2.

3. Parameter, für die kein Analyseverfahren spezifiziert ist

Färbung
Geruch
Geschmack
Organisch gebundener Kohlenstoff
Trübung (Anmerkung 1)

Anmerkung 1: Für die Kontrolle der Trübung von aufbereitetem Oberflächenwasser sollen die spezifizierten Verfahrenskennwerte gewährleisten, dass das angewandte Analyseverfahren mindestens geeignet ist, den Trübungswert mit einer Richtigkeit, einer Präzision und einer Nachweisgrenze von jeweils 25 % zu messen.

ANLAGE 6
(zu § 12 Abs. 1 und 2)

Mittel für die Aufbereitung in besonderen Fällen

Lfd. Nr.	Bezeichnung	EWG Nr.	Verwendungszweck	Zulässige Zugabe mg/l
a	b	c	d	e
1	Natriumdichlorisocyanurat Kaliumdichlorisocyanurat		Desinfektion	40 [1]
2	Natriumcarbonat Natriumhydrogencarbonat Adipinsäure Natriumbenzoat Polyoxymethylenpoly-glykolwachse Natriumchlorid Weinsäure	500 500 500 335 E 211 E 334	Tablettierhilfsmittel	
3	Natrium- Calcium- Magnesiumhypochlorit	925	Oxidation; Desinfektion	200 [2,3]

1) Die Mindestmenge beträgt 33 mg/l.

2) Berechnet als aktives Chlor.

3) Die Mindestmenge beträgt 100 mg/l.

Sachverzeichnis

O

P

Q

R

S

T